STEAM PLANT OPERATION

The Institution of Mechanical Engineers

STEAM PLANT OPERATION

A Convention sponsored by
the Verein Deutscher Ingenieure
and
the Steam Plant Group
of the Institution of Mechanical Engineers
2nd–4th May 1973

1 BIRDCAGE WALK · WESTMINSTER · LONDON

ISBN 0 85298 204 6
Library of Congress Catalog Card Number 72–93567

CONTENTS

Steam Plant Operation

A convention, Steam Plant Operation, sponsored by the Verein Deutscher Ingenieure (Fachgruppe Energietechnik) and the Steam Plant Group of the Institution of Mechanical Engineers, was held at the Institution, 1 Birdcage Walk, Westminster, London, on 2nd–4th May 1973. 232 delegates registered to attend.

The convention was formally opened by Mr A. Sherry and Professor H. Rögener.

The presentation of papers and the discussion were arranged in eight sessions as follows:

Session 1. Chairman: Mr D. E. Upton. Papers C130/73, C114/73, C115/73 and C116/73.

Session 2. Chairman: Mr A. Sherry. Papers C117/73, C118/73 and C131/73.

Session 3. Chairman: Mr H. Morris. Papers C119/73 and C132/73.

Session 4. Chairman: Mr E. Brünecke. Papers C120/73, C121/73 and C122/73.

Session 5. Chairman: Mr H. Watson. Papers C123/73 and C124/73.

Session 6. Chairman: Mr J. A. Fuller. Papers C125/73 and C126/73.

Session 7. Chairman: Mr E. Adrian. Papers C128/73 and C127/73.

Session 8. Chairman: Mr A. Sherry. Papers C129/73 and C113/73.

C130/73 THE RELIABILITY OF POWER STATION PLANT

R. A. W. GREEN   A. A. LEADBEATER

SYNOPSIS The paper traces the connection between increase in capacity of power generating units and decline in availability. Some reasons for this decline are suggested and the paper postulates that availability will continue to fall with increase in unit size unless progressively higher standards are adopted in the design, manufacture and management of the plant.

INTRODUCTION

1. In the industrially advanced countries of the world there has been a rapid increase in the capacity of generating units in recent years. This has been accompanied by a decline in availability.

There is now a general acceptance that the difficulties cannot be dismissed as 'teething troubles' and that a more fundamental understanding of the situation must be gained in order to direct effective action.

Some light can be thrown upon the reasons for this decline by a study of reliability, which has been explored extensively in the field of electronic components and has been given considerable impetus by the American space programme.

2. Increase in Capacity of Generating Units

There have been compelling reasons for the rapid increase in the capacity of generating units and the developments in all countries at a comparable stage of technology have been similar.

2.1 In broad terms the load demand has been doubling every ten years, and it is not practical to manufacture and erect sufficient generating units of small size to match this compound growth rate. Manufacturing capacity, skilled manpower, and the availability of suitable sites for new stations would quickly be outstripped by the growth in demand.

2.2 The capital cost of plant per unit of output can be drastically reduced by an increase in capacity of the generating unit (Figure 1). In addition, the physical size of the plant has not increased in proportion to the output capacity, so that foundation and building costs and the cost of land can be similarly reduced. In a situation where the capital cost of new generating plant represents a significant proportion of the national investment, this is a compelling reason for developing larger generating units.

2.3 Larger plant has an intrinsically better thermal efficiency than small plant. Turbine, pump and fan leakage areas are reduced in relation to the total fluid flow area, and boiler radiation loss is relatively smaller. Much more significantly however, it becomes economic to adopt a higher steam temperature and pressure, to include additional stages of feed heating, and to employ a reheat cycle. Smaller gains can be realised by the integration of a feed pump turbine into the bled steam system, and the recovery of alternator heat losses in the condensate. Figure 2 shows the improvement in thermal efficiency which has accompanied the increase in unit capacity. Significant savings can therefore be made in fuel costs as larger units are developed, although it must be recognised that the 'law of diminishing returns' begins to operate as thermal efficiency approaches the theoretical limit.

Operating manpower requirements also fall as unit size is increased from approximately 1 man per MW total requirement for units of 30 MW output to 0.2 men per MW at the 500 MW rating. In an age when fuel and labour costs are rising steeply, there is again a strong incentive to adopt generating units of greater output.

2.4 The objective of savings in capital and running costs by the development of large units has indeed been realised, but a factor which had not been sufficiently appreciated was the inevitable decline in availability which this development entailed (Figure 3).

3. Availability

The reduction in availability of large generating units, particularly in the early years of operation, has been common experience. Figure 4 summarises experience with a large number of generating units in the U.S.A. (1) The values shown in Figures 3 and 4 cannot be compared because the data is assembled and presented on a different basis but a clear trend toward lower availability with unit size can be seen. It is interesting to note that the shape of this curve is different from that shown in Figure 3 which reflects British experience. There appears to be no very marked reduction in unit availability until the 200 MW size is reached, but thereafter the decline in availability becomes progressively steeper. This may be due in part to the fact that many of the larger units in the U.S.A. operate at supercritical pressure, with the complexity which that entails.

It is significant also that the major plant components which constitute the generating unit, all contribute to the decline in availability.

Figure 3 illustrates the fact that units with greater capacity take more time to work up to their mature availability. This very largely reflects the extended outage time for repair or replacement which follows a major failure in a complex modern unit.

3.1 To some degree there is a direct relationship between size of generating unit and availability. Consider two supply systems, one of which has a 500 MW unit and the other ten units each of 50 MW capacity. Very roughly, the large boiler has about the same amount of tubing as the ten small boilers. If the quality control in tube manufacture is such that one tube failure can be expected per year, then the single unit system will suffer a loss of availability of 500 MW for say three days, whilst the second system will lose 50 MW for three days, i.e. a ten-fold improvement in quality control is necessary in order to maintain an equivalent standard of availability. In practice the repair time for the large boiler will be considerably greater than that for the small boiler. More time is required for cooling and draining, in many cases a major scaffold must be erected to gain access to the failure, the tube cutting, preparation and welding has a greater work content, and more time is necessary for boiler filling, pressure test and subsequent pressure raising.

The reliability ratio is probably twelve to one and this is a measure of the degree to which standards must be improved in design, manufacture, operation and maintenance if the decline in availability is to be arrested.

In addition to the boiler, plant items which increase in size in proportion to the generating unit capacity, such as the condenser and the electrostatic precipitator, must be given special attention from the reliability point of view with each advance in unit output.

The relationship between size and reliability offers an explanation of the progressive decline in the availability of major plant components which was noted in Figure 4.

3.2 The technological advances which have made possible generating units of larger capacity without a corresponding increase in physical dimensions, have resulted in considerable complexity. A 30 MW alternator, for wxample, had a simple air cooling system, with a fan mounted on the rotor or separately driven, passing air through the alternator and to an air/water cooler mounted in the foundation block. Virtually the only emergency condition which could arise was loss of water supply to the cooler, and this was catered for by emergency dampers which admitted air direct from the engine room to the alternator cooling system. A 500 MW alternator has a hydrogen cooling system, basically similar to the air cooling system but under pressure and with the addition of CO_2 and compressed air purging systems, hydrogen purity instruments, hydrogen drier etc. In addition, it is necessary to provide a seal oil system to prevent hydrogen leakage along the shaft, and a distilled water system for direct cooling of the stator conductors. Although each pump, cooler, control device, alarm etc. is highly reliable, the addition of each component reduces the reliability of the total generator system. The number of emergency conditions which can arise is obviously very much greater. For example loss of seal oil pressure or distilled water flow, requires the immediate trip of the unit and the automatic trip circuit with its associated sensing devices has a small but finite probability of inadvertent operation.

The increase in unit output therefore has resulted in considerable plant complexity which has inevitably entailed a reduction in unit availability. It is not suggested of course that we should revert to solid-wound, air-cooled generators but there is sometimes a choice, in overcoming a plant problem, between adding controls and complexity, and reverting to a more fundamental and simple solution.

3.3 A number of subsidiary factors have all tended in the direction of lower availability.

Ideally each plant item should have a capacity margin which is just sufficient to maintain the full load rating of the unit after making allowance for plant deterioration between overhauls. In practice, it is difficult to estimate the reduction in plant capacity which will arise from deterioration. If only one plant item has been allotted an insufficient margin however, the result is likely to be costly in terms of reduced unit availability. The boiler induced draught fan is an example of a plant item which has commonly been alloted an insufficient margin of capacity on modern plant. The very considerable surface area of a large boiler tends to give heavy air ingress, and the fouling of boiler surfaces (particularly the airheater) may then result in a fully loaded I.D. fan at something less than boiler design rating, even before any deterioration has occurred in the fan itself.

The method adopted in many American undertakings is to allocate a 'nameplate' rating and an 'ultimate' rating to the generating unit. The latter rating is defined as the unit output with turbine steam valves fully open, 5% over-pressure on the boiler and all other conditions standard. All plant auxiliaries are designed to the 'ultimate' rating which is typically 10% greater than 'nameplate'. The feed pump for example would be given an additional 5% margin for pump deterioration, 5% margin for control range and 5% margin for unforeseen factors, resulting in a total margin of 25% above the capacity required to meet the unit 'nameplate' load. In normal circumstances, a unit designed on this basis can operate without difficulty in the load range between the two ratings.

The high pressures which have been a feature of the development of larger units have of course produced problems such as pipe flexibility and thick turbine flanges. In addition a leak in a feed pump or a boiler tube frequently results in serious erosion of adjacent parts and neccessitates extended down-time for repairs. The use of elevated steam temperatures has forced designers to employ high alloy steels in order to obtain the necessary creep strength. In general such materials are 'difficult' in the sense that there is little tolerance in the welding and heat treatment process, they may be notch sensitive and susceptible to corrosion. The margins which remain for the plant to operate off the design mode are likely to be slim, and materials problems are a significant item in the availability balance sheet of modern units.

4. Efficiency

The high thermal efficiency which is part of the justification for large modern units, depends to a considerable extent upon operating the unit continuously at or near its full load rating.

The loss of availability which has been outlined in previous sections has entailed frequent stopping and starting of the unit with the accompanying thermal losses, and prolonged operation at partial load.

Figure 5 illustrates the relationship between availability and thermal efficiency for units of comparable designed performance.

This relationship must be taken into account when assessing the economic merits of alternative plant designs, and justifies additional expenditure on plant of improved reliability.

5. Reliability

There is no generally accepted definition of the reliability of an item of plant but we may consider this factor to be the ratio of the time during which the item functions to an acceptable standard, to the total time in service.

Now what is an 'acceptable standard' under one set of circumstances, may not be acceptable under another. The factor will be affected not only by initial design but by the manufacture, inspection, erection, operating regime, environment, and the frequency and quality of maintenance. It is sometimes puzzling to find that a machine which performs well in one station is a source of constant difficulty in another. These points should be borne in mind in reading the sections which follow.

5.1 Plant in series

If a component has a reliability of 98% then 100 such components in series will give a system reliability of only 14%.

Because in modern units there are many more plant components in the 'critical path' between fuel input and electrical output, the reliability of the complete generating unit is reduced, even though the reliability of the individual components may be high. The fall in reliability which can be caused by increasing the number of components in the critical path is summarised in Figure 6. The sequence control system found in some modern plants provides an example of a long chain of components in series.

5.2 Plant in parallel

Whilst increasing the number of components in series reduces the system reliability, placing components in parallel improves reliability.

If three full-duty plant items, each with a reliability of 90% are placed in parallel, the system reliability becomes 99.9%. The provision of 'redundancy' must however be carefully appraised. Plant items in parallel will normally involve complexity in pipework; isolating and non-return valves must be provided to isolate the faulty plant from the healthy, and a complex control system may be superimposed to provide automatic start of standby plant in the event of a failure.

The provision of standby plant is a valuable means of obtaining the reliability required, as an alternative to improving the inherent reliability of the individual plant item, provided that the prime objective is not lost sight of in increasing complexity.

Appendix 1 gives a practical example of reliability applied to a standby plant situation.

5.3 Plant in mesh connection

This is best illustrated by an example. In many large modern units, the main feed pump is driven by an auxiliary turbine which is supplied by steam from an extraction point on the main turbine. The auxiliary turbine exhausts to a feed heater and has one or more bled steam tapping points which also supply steam to feed heaters. The system has the advantage of improved thermal efficiency, and a reduction in the quantity of steam to be handled by the main L.P. turbine and by the condenser. However, for the system to function as intended, the main feed pump, the auxiliary turbine and the associated feed heaters together with the respective peripheral equipment must all be available. If any one of these items is out of service, the final feed temperature is low, the boiler firing rate is increased (resulting in slagging and high superheater metal temperatures) and there is an abnormal demand for de-superheating spray water which can only be met by excessive throttling at the feed regulating valve. From a reliability standpoint, major plant items which were formerly independent have been placed in series and the electrically driven standby feed pumps can no longer fulfill all of the functions of the main feed pumps.

6. Development

Because a comparatively small number of units are necessary to meet the growth of load, there is little opportunity for a given design to undergo the evolutionary development which has taken place on smaller units.

Referring again to Figure 4, it may be significant that the group which contains the largest number of generating units (in the range 130 - 199 MW) shows a reversal of the trend towards lower availability with increase in unit capacity.

7. Conclusions

It is not suggested that a study of reliability can reverse the availability trend, but by throwing new light on the underlying causes it will assist in directing resources to areas where positive gains may be made.

References

I. Report of The Edison Electric Institute for the period 1960 - 1970.

APPENDIX I

Standby plant reliability

Three full duty motor generator sets were provided to maintain essential supplies to a power plant instrumentation and control system. Two sets were kept running, but a difficulty with the automatic voltage regulators resulted in the electrical protection being unable to discriminate between a faulty and a healthy machine. What is the reliability of the system supply?

R = Reliability of each motor-generator set
P = Probability that a fault will trip the faulty machine only.
R_s = System reliability.

Figure 7 shows diagramatically the probabilities of failure. By adding the system outages arising from each of the machine outages, we have

$$R_s = 1 - (1-P)(1-R) - R(1-R)(1-P) - P(1-R)^2$$

$$= R^2 - 2PR^2 + 2PR \quad \text{-------- I}$$

Check:

a) If $P = 1$, this is equivalent to two machines in parallel each with reliability R and R_s becomes equal to $2R - R^2$. This is verified by putting $P = 1$ in equation I above.

b) If $P = 0$, this is equivalent to two machines in series each with reliability R and we have $R_s = R^2$.

Again this is confirmed by putting $P = 0$ in equation I.

In the practical case, there was a 50% probability that a fault would trip the healthy machine.

Substituting $P = 0.5$ in equation I we have $R_s = R$.

This means that the reliability of the supply was equal to the reliability of one motor-generator set, and there was no gain in system security by running a second set in parallel.

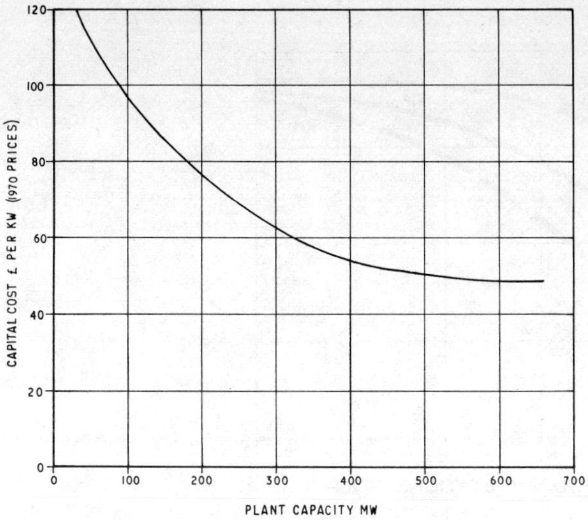

Fig.1

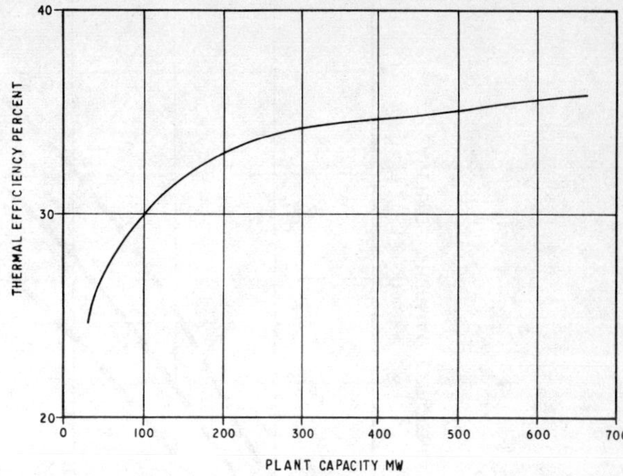

Fig.2

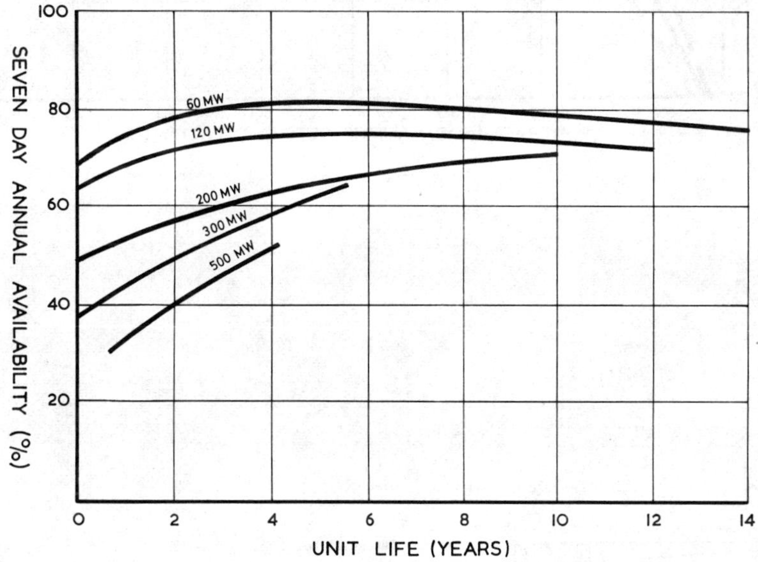

Fig.3

11 YEAR PERIOD 1960 - 1970

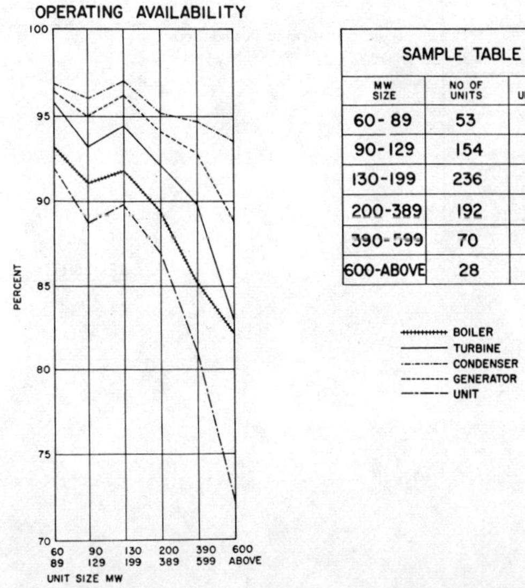

SAMPLE TABLE

MW SIZE	NO OF UNITS	NO OF UNIT YEARS
60-89	53	175
90-129	154	512
130-199	236	1009
200-389	192	914
390-599	70	203
600-ABOVE	28	63

Fig.4

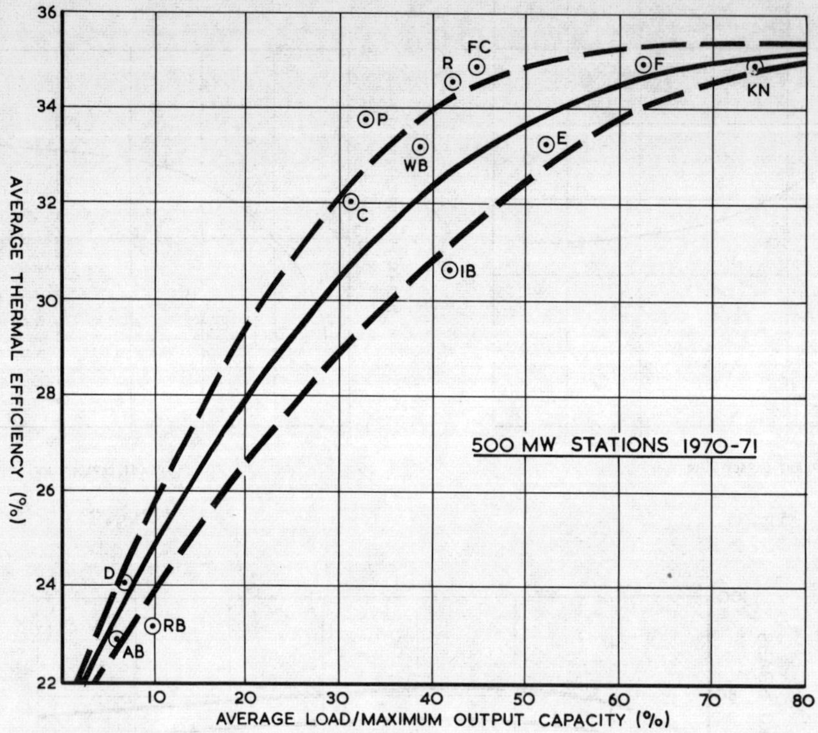

Fig.5

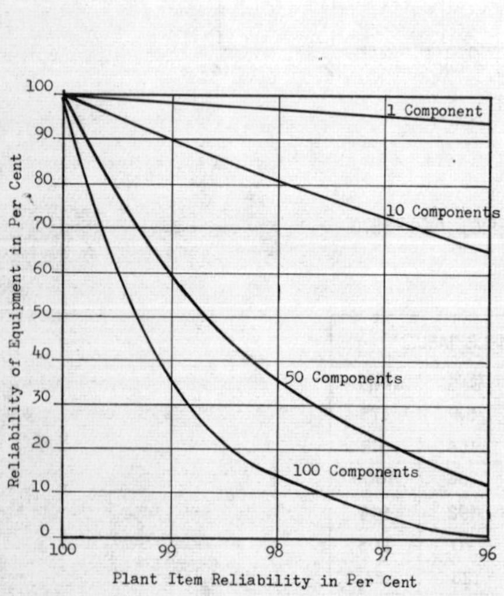

Fig.6

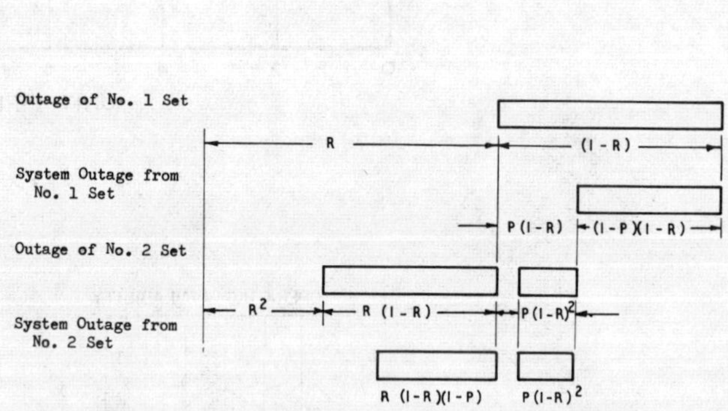

RELIABILITY OF TWO MACHINES IN PARALLEL.

Fig.7

C114/73

AUSLEGUNG, BETRIEBSVERHALTEN UND BETRIEBSERFAHRUNGEN VON GLEITDRUCK-BLOCKKRAFTWERKEN

K. BUCHWALD   L. von ENZENBERG   H. MÜLLER
W. RIESS   H. WALDMANN

Zusammenfassung

Zunächst werden die Betriebsverhältnisse in deutschen Kraftwerken geschildert, die zur Anwendung des Gleitdruckbetriebes und zur Entwicklung der Gleitdruck-Gleittemperatur-Anfahrmethode geführt haben, und die verschiedenen möglichen Regelungsarten sowie der grundsätzliche Aufbau der Blockregelung für Gleitdruck- und Festdruckbetrieb gegenübergestellt. Die Auswirkungen der Regelungsmethode auf die Thermodynamik des Dampfkraftprozesses, das Verhalten der Kesselspeisepumpe und der spezifische Wärmeverbrauch des Blockes in beiden Fällen werden verglichen. Bei konsequenter Anwendung des Blockprinzipes und der Gleitdruck-Anfahrtechnik lassen sich beträchtliche Vereinfachungen im gesamten Blockaufbau erzielen. Anfahrschaltungen und Sicherheitseinrichtungen müssen dabei in das Gesamtkonzept einbezogen werden. Für den Dampferzeuger werden die Auswirkungen auf thermodynamische Fragen, Betriebsverhalten, Werkstoffauslegung und Wärmespannungen sowie die Anfahreinrichtungen untersucht. Ebenso wird Betriebsverhalten und konstruktive Ausbildung der Dampfturbine durch die Regelungsart beeinflußt. Die unterschiedliche Beanspruchung durch Wärmespannungen ist von wesentlicher Bedeutung. Abschließend werden die Betriebserfahrungen bei Kaltstart, Warmstart, Lastwechsel und Abstellen in deutschen Kraftwerken mit Gleitdruckbetrieb aufgezeigt. Die praktisch erreichten Werte für Anfahrzeiten, Laständerungsgeschwindigkeiten und die Erfahrungen bei Beteiligung an der Frequenzregelung werden angegeben.

Einleitung

Die Entwicklung zum Gleitdruckbetrieb in der Bundesrepublik Deutschland

In einem Rückblick sei kurz die allgemeine Entwicklung der Stromversorgung in der Bundesrepublik Deutschland in Erinnerung gebracht:

Vor Einführung der Zwischenüberhitzung in den 50er Jahren waren aus Gründen möglichst sicherer Elektrizitätsversorgung viele Kraftwerke mit Dampfsammelschienen ausgerüstet, in die die einzelnen Kessel einspeisen mußten und aus denen die einzelnen Turbinen ihre Energie entnahmen. Ganz Vorsichtige wählten sogar Doppelsammelschienen und erhielten damit zwar noch mehr Möglichkeiten, aber durch die Vielzahl der notwendigen Absperrungen auch wesentlich mehr Störquellen. Die Sammelschiene arbeitete damals in einem Druckgebiet von ca. 80 bar bei Temperaturen um 525 °C. Jeder Kessel mußte beim Anfahren über eine gesonderte Anfahranlage - einen Energievernichtungskondensator - auf etwa diese Werte gebracht werden, ehe er mit dem Netz verbunden werden konnte. Abgestellten Maschinen standen auch nur diese Festdruck-Festtemperaturwerte zur Verfügung. Sie mußten also durch besondere, recht zeitraubende Maßnahmen erst auf angenähert gleich hohe Temperatur gebracht werden, ehe man ihnen größere Dampfmengen zur Leistungserzeugung anbieten durfte. Die Konstruktion wurde für diese Verhältnisse optimiert; das ergab teilbeaufschlagte Maschinen mit Düsengruppenventilen und Regelrad. Die Kessel waren anfänglich Naturumlaufkessel, also Wasserrohrkessel mit Obertrommel. Der Wunsch größerer Wirtschaftlichkeit trieb Druck und versuchsweise auch Temperaturen hoch. Man führte zudem die Zwischenüberhitzung ein. Dadurch mußte man das Sammelschienensystem wegen zu großer Komplikation verlassen und zum Blocksystem übergehen. In Einzelfällen blieb man bis 160 bar bei Trommelkesseln. Für höhere Drücke, die heute vor Turbine zwischen ca. 180 und 250 bar und Temperaturen HD-seitig von 530 °C, MD-seitig 530 °C liegen, setzte sich mehr und mehr der Zwangdurchlaufkessel (System Benson und Sulzer) durch, zumal er im Betrieb bei Teillasten bis herunter auf ca 35 % im HD-Teil des Kessels die Temperaturen konstant zu halten gestattet.

Die ursprünglich speziell für diese Dampferzeugerbauart entwickelte Anfahrmethode mit Wasserphase durch den HD-Überhitzer verzögerte den Anfahrvorgang des Blockes und verursachte höhere Anfahr-Wärmeverluste als beispielsweise ein Trommelkessel. Allerdings fuhren die meisten Kraftwerke Grundlast und konnten sich nachts und an Wochenenden mit Teillastbetrieb behelfen. Das Abstellen und Anfahren war damals eine sehr unerwünschte Maßnahme, da sie viel Zeit kostete, große Aufmerksamkeit zahlreichen Personals verlangte und leider auch oft Störungen erbrachte, was für die sichere Zurverfügungstellung zu einem vom Lastverteiler geforderten Zeitpunkt höchst unerwünscht war. Etwa ab 1960 wurde besonders im süddeutschen Raum, wo noch ein verhältnismäßig großes, aber stark wechselndes Laufwasserdargebot zur Verfügung stand, klar, daß auch neue, größere Blockeinheiten in einem Teil des Jahres in Spitzenfunktionen abgedrängt würden, also an Wochenenden und sogar täglich abgestellt werden mußten. Man rechnete damals mit ca. 3500 Betriebsstunden im Grundlasteinsatz und ca. 1500 Betriebsstunden im Spitzenlasteinsatz. Man verlangte daher Blockeinheiten, einmal mit günstigem spezifischen Wärmeverbrauch, zum anderen verlustarmes und vor allem risikoarmes Absetzen und Wiederanfahren dieser Einheiten aus allen Restwärmezuständen. Es wurden für derartige Blöcke folgende Forderungen aufgestellt:

1. hohe Verfügbarkeit auch bei häufigen Anfahrten
2. schnelle Startbereitschaft
3. kurze Anfahrzeiten bei größtmöglicher Schonung der Anlage
4. geringe Anfahrverluste
5. hohe Laständerungsgeschwindigkeiten über einen weiten Lastbereich
6. einfache Bedienung
7. Möglichkeit einfacher Automatisierung.

Aus praktischen Versuchen von Illies 1942 auf Schiffen mit Naturumlaufkesseln (80 bar/475 °C) sowie Ergänzungsversuchen in den Kraftwerken Aschaffenburg und Schwandorf der Bayernwerke AG 1959 ebenfalls mit Naturumlaufkesseln war bekannt, daß die obengenannten Forderungen am besten durch Anwendung des Gleitdruckanfahrens für den gesamten Block verwirklicht werden konnten.

Es mußte lediglich ein Weg gefunden werden, den Zwangdurchlaufkessel wie einen Naturumlauf- oder Zwangumlaufkessel mit trockenem Überhitzer aus niedrigstem Druck anfahren zu können. Das gelang durch Einführung des überlagerten Zwangumlaufes im Verdampferteil und Anwendung des Gleitdruck-Gleittemperaturanfahrens. Die richtungweisenden Überlegungen hierzu wurden von Müller im Jahre 1963 in (1) bekanntgegeben. Erste Ergebnisse wurden 1968 in (2) vom gleichen Autor veröffentlicht.

Wichtig war, daß bei den Überlegungen nicht einseitig und vorrangig nur die Turbine oder nur der Dampferzeuger betrachtet wurde, sondern beides zusammen aufeinander abgestimmt und somit optimiert wurde. Auch das Leitungssystem durfte nicht vergessen werden, zumal auch hier bisher eine Reihe ungünstiger Maßnahmen Allgemeingut und Stand der Technik war.

Wie richtig seinerzeit die spätere Einsatzsituation erkannt wurde, geht aus dem Bild 1 hervor, das den Betriebsverlauf zweier 150 MW-Blöcke im Kraftwerk Aschaffenburg der Bayernwerk AG für die Zeit vom 1. 11. 1971 bis 30. 6. 1972 zeigt. Man erkennt deutlich die häufigen Unterbrechungen in den Sommermonaten sowie den Dauereinsatz in den Monaten November bis Februar.

Zahlreiche EVU's der Bundesrepublik Deutschland werden heute und in naher Zukunft in ähnlicher Weise gezwungen, immer höhere Anforderungen an die Felxibilität ihrer Kraftwerksblöcke zu stellen; dies gilt insbesondere für das An- und Abfahren.

Die positiven Erfahrungen der Bayernwerk AG und einiger anderer EVU's mit Gleitdruck haben dazu geführt, daß sich sowohl der Gleitdruckbetrieb als auch das Gleitdruck-Gleittemperaturanfahren bei der Planung und der Inbetriebnahme neuer Anlagen weitestgehend durchgesetzt haben.

Im letzten Jahrzehnt wurden zahlreiche 300 - 450 MW-Blöcke in Betrieb genommen. In den nächsten 3 Jahren werden über 20 mit fossilgefeuerten Dampferzeugern ausgerüstete Blöcke zwischen 400 und 700 MW die öffentliche Stromerzeugung aufnehmen.

In den nachfolgenden Ausführungen soll deshalb immer an Blockgrößen zwischen 400 und 1000 MW gedacht werden mit Auslegungsdrücken zwischen 160 und 280 bar und einfacher Zwischenüberhitzung. Aus verschiedenen Gründen wird von den EVU's die Forderung nach noch größerer Flexibilität und höherer Verfügbarkeit gestellt als bisher. So wird heute durchschnittlich erwartet, daß ein 600 MW/200 bar-Block (je nach Brennstoff) nach einem Nachtstillstand in ca. 30 bis 50 Minuten und aus kaltem Zustand in 3 bis 5 Stunden vom Zünden der Brenner auf Vollast gebracht werden kann. Die erreichbaren Lastgradienten liegen (abhängig vom Brennstoff) zwischen 4 bis 15 % pro Minute bezogen auf Vollast in einem Lastbereich zwischen ca. 30 bis 100 % Last.

Die konsequente Anwendung der Gleitdrucktechnik beim Blockaufbau, beim Anfahren und im Betrieb ermöglicht es, die vorstehend genannten Werte zu erreichen.

Auch im Festdruck betriebene Blöcke können gleitend und mit trockenem Überhitzer angefahren werden, wenn die entsprechenden Voraussetzungen dafür erfüllt sind.

Auch ohne besondere Anforderungen an eine hohe Flexibilität großer Einheiten sprechen genügend weitere Gründe für die Anwendung der Gleitdrucktechnik, wie z. B. einfacher Blockaufbau (Einsparung von Kosten), einfachere Konstruktion des Turbinenhochdruckteils (Wegfall des Regelrades), größere Wirtschaftlichkeit (geringerer spez. Wärmeverbrauch), längere Lebensdauer der druckführenden Bauteile (kleinere Spannungen im Teillastgebiet).

Aus diesen Gründen zeigen auch ausländische Industrieländer (z. B. USA, UdSSR, Nordeuropa) immer mehr Interesse am Gleitdruck (3 - 7). Die Konzeption von wirtschaftlichen Gleitdruckanlagen ist allerdings an einige Voraussetzungen gebunden, wie z. B.:

1. Einsatz von Zwangdurchlaufdampferzeugern, die im gesamten Druckbereich betriebssicher arbeiten.
2. Der Hochdruckteil der Turbine muß ohne Regelrad ausgelegt sein.
3. Die HD- und MD-Umleitstationen sollten eine ausreichende Kapazität besitzen.
4. Eine Modifikationsmöglichkeit zur Teilnahme an der Frequenzregelung muß vorhanden sein.

Der Beweis für die Durchsetzung der Gleitdrucktechnik geht aus der von Müller zusammengestellten Statistik nach Bild 2 eindeutig hervor. Ab 1973 werden danach mit wenigen Ausnahmen nur Blockanlagen in Betrieb genommen, die für das Gleitdruck-Gleittemperatur-Anfahren und Gleitdruckbetrieb ausgelegt sind.

Es muß hier ausdrücklich erwähnt werden, daß in der Bundesrepublik etwa seit 1960 für Kraftwerksblöcke für 100 MW ausschließlich Zwangdurchlaufdampferzeuger verwendet werden. (Siehe auch Abschnitt 2.2) Diese Anlagen werden größtenteils mit Hilfe der Funktionsgruppensteuerung voll automatisiert. Alle Vorgänge beim An- und Abfahren und bei Lastwechseln verlaufen "naturgegeben", kontinuierlich, einfach und materialschonend. Im Gleitdruckbetrieb können zwar nach Überwindung einer von der Brennstoff- und Feuerungsart bestimmten Tot- und Verzugszeit über einen großen Bereich hohe Lastgradienten (5 bis 15 %/Min.) erreicht werden, da die Turbine keine Grenzen setzt. Scharfe Forderungen des Netzes bezüglich Ausregeln von schnellen Frequenzschwankungen (Sekundärreserve von 5 % der Nennleistung) können nur erfüllt werden, wenn der Gleitdruck durch eine der verschiedenen Modifikationsmöglichkeiten (s. Abschnitt 1.1) ergänzt wird. Sie haben den Zweck, im Dampferzeuger oder im Kreislauf der Regenerativvorwärmung vorhandene Speicherdampfmengen innerhalb von Sekunden freizusetzen und in elektrische Mehrleistung umzuwandeln.

Der Vollständigkeit halber sei hier ein kurzer historischer Rückblick über die Einführung des Gleitdruckbetriebes in Deutschland gebracht:

Nach Vorschlägen von H. Gleichmann wurden bereits im Jahre 1933 die ersten Bensonkessel im SSW-Kabelwerk Berlin mit Gleitdruck betrieben (8). W. Stender hat 1937 in einer ausführlichen Abhandlung über den Gleitdruckbetrieb (9) die Vorteile dieser Betriebsart erläutert.

Obwohl bereits vor dem 2. Weltkrieg im HEW-Kraftwerk Tiefstak mit gleitendem Frischdampfdruck gefahren wurde, setzte sich der Gleitdruckbetrieb erst ab 1955 in Deutschland nach und nach durch.

Nach der Inbetriebnahme des ersten 100 MW-Blockes im VEW-Kraftwerk Hattingen im Jahre 1956 (10) haben beispielsweise die VEW alle weiteren neuen Blöcke nur noch mit Gleitdruck betrieben.
In den folgenden Abschnitten werden u. a. die wesentlichen Grundbegriffe sowie die wichtigsten Auslegungskriterien und Anforderungen an den Blockaufbau, den Dampferzeuger und die Turbine erläutert. Die Unterschiede zwischen Gleitdruck und Festdruck werden nur soweit erwähnt, wie es zum Verständnis der übrigen Zusammenhänge notwendig ist.

1. Block

1.1 Grundbegriffe der Regelungsarten im Betrieb und beim Anfahren

Die Regelung eines Blockes hat die Aufgabe, Dampferzeuger und Turbine koordiniert so zu steuern, daß die erzeugte Leistung P jeweils der geforderten Soll-Leistung P_o entspricht. Da die erzeugte Leistung im wesentlichen vom Frischdampfstrom abhängt, muß dieser verändert werden.

Der physikalische Zusammenhang für die beteiligten Größen ist (Proportionalität von Leistung und Frischdampfstrom vorausgesetzt) gegeben durch:

$$P \sim y_T \cdot p$$

Dabei ist hier P die auf den Maximalwert bezogene Blockleistung, y_T die auf den Maximalwert bezogene Stellventilöffnung der Turbine und p der auf den Maximalwert bezogene FD-Druck.

Zur Erzeugung einer gewünschten Leistung P kann eine der beiden Größen auf der rechten Seite frei gewählt werden, die andere ist dann festgelegt. Die beiden grundsätzlichen Regelungsarten im Betrieb sind somit

$y_T = 1$; $p =$ variabel Gleitdruckregelung (Bild 3)

$p = 1$; $y_T =$ variabel Festdruckregelung

Für den mit normalerweise voll geöffneten Regelventilen gefahrenen Gleitdruckbetrieb ist eine Regelstufe mit variabler Beaufschlagung im HD-Teil der Turbine nicht notwendig, die Turbine ist voll beaufschlagt. Der Festdruckbetrieb mit variabler Ventilstellung kann ebenfalls mit vollbeaufschlagtem HD-Teil verwirklicht werden. Die Regelventile wirken dann als reine Drosselorgane und stellen vor der Beschaufelung einen durchsatzproportionalen Dampfdruck her. An einer teilbeaufschlagten HD-Turbine wird bei Düsengruppenregelung nicht nur die Ventilsteuerung, sondern auch der Eintrittsquerschnitt in die erste Stufe verändert und dadurch die Drosselwirkung der Regelventile stark reduziert bzw. in den Ventilpunkten ganz vermieden. Dazu ist aber eine Regelstufe notwendig.

Der reine Gleitdruckbetrieb mit $y_T = 1$ ergibt gegenüber dem Festdruckbetrieb bei schnellen kleinen Laststeigerungen zur Beteiligung des Blockes an der Frequenzregelung des Netzes eine Verminderung der Ansprechgeschwindigkeit, da eine Leistungssteigerung nur durch eine FD-Drucksteigerung des Kessels erzielt wird und damit die Speicherfähigkeit des Kessels nicht herangezogen werden kann. Um dies zu vermeiden, können gewisse Modifikationen des reinen Gleitdruckbetriebes vorgenommen werden.

Durch die erste Gruppe von Modifikationen wird (wie bei Festdruckbetrieb) eine gewisse Öffnungsreserve der an sich voll beaufschlagten Turbine im stationären Betrieb des Blockes geschaffen (der stationäre Zustand der Regelung liegt also bei $y_T < 1$). Dies ist möglich durch Vordrosselung: Die Ventile sind im Normalbetrieb nicht ganz geöffnet (Bild 3). Für schnelle, kleine Leistungssteigerungen öffnet die Regelung die Ventile; dadurch wird schnell eine gewisse gespeicherte Dampfmenge aus dem Kessel freigemacht.

Eine andere Art der Öffnungsreserve wird durch ein Bypass-Ventil in eine spätere Stufe geschaffen, im stationären Betrieb ist es geschlossen, zur Erhöhung der Schluckfähigkeit wird es mehr oder weniger geöffnet ($y_T = 1$ bezieht sich dann auf voll geöffnetes Bypass-Ventil, im stationären Betrieb ist $y_T < 1$).

Wenn eine teilbeaufschlagte Turbine mit Regelrad im Gleitdruckbetrieb gefahren wird, kann die notwendige Öffnungsreserve dadurch geschaffen werden, daß im Normalbetrieb ein Ventil und die zugehörige Düsengruppe geschlossen bleiben, so daß $y_T < 1$ ist.

Bei der zweiten Gruppe von Modifikationen werden andere Leistungsreserven des Blockes für eine schnelle kleine Leistungsänderung herangezogen, bis durch die Einwirkung der Blockregelung FD-Druck und FD-Strom im Dampferzeuger nachgefahren werden.

Bei der Vorwärmerdrosselung wird der Dampfstrom zum obersten HD-Vorwärmer (oder zu den beiden obersten) gedrosselt und dadurch der Dampfstrom durch MD- und ND-Teil der Turbine gesteigert. Die Vorwärmtemperatur des Speisewassers sinkt dadurch ab, wird aber zunächst durch die im Kessel gespeicherte Wärmemenge ausgeglichen.

Eine ähnliche Möglichkeit ist die Verringerung oder Unterbrechung des Speisewasserstroms zwischen Kondensator und Entgaser. Dadurch sinkt der Dampfstrom der ND-Anzapfungen und zusätzliche Leistung wird frei. Diese Methode des Kondensatstops ist in der Dauer der Anwendung durch die Speichergröße beschränkt, anschließend muß der Warmspeicher bei erhöhter Kesselleistung wieder aufgefüllt werden. Durch diese Modifikationen kann im Gleitdruckbetrieb eine Regelfähigkeit für schnelle kleine Laständerungen erreicht werden, die der im Festdruckbetrieb nahekommt.

Blockbauweise und Blockbetrieb ermöglichte die Anwendung der Gleitdruck-Gleittemperatur-Anfahrmethode (1). Kessel und Turbine werden weitgehend gemeinsam hochgefahren und dadurch die Anfahrverluste reduziert. Die Dampftemperatur kann für das Anfahren beträchtlich reduziert und damit optimal dem Temperaturzustand der Gehäuse angepaßt werden. Durch den gleichzeitig reduzierten Frischdampfdruck ist trotzdem eine genügende Überhitzung des Dampfes sichergestellt (s. 4.2).

Das Gleitdruck-Gleittemperatur-Anfahren ist grundsätzlich bei allen Blöcken mit beliebiger Regelungsart im Betrieb möglich, wenn sie mit entsprechenden Einrichtungen (s. 1.8, 2.5, 4.2) ausgerüstet sind. Beim Warmstart muß allerdings im Umleitbetrieb schon eine Dampfmenge von 25 - 40 % gefahren werden, damit vor dem Anstoßen der Turbine die notwendigen hohen Dampftemperaturen erreicht werden. Die vollbeaufschlagte Turbine ist für den schonenden Gleitdruck-Gleittemperaturstart sehr gut geeignet, sie erleichtert vor allem auch die Automatisierung, da nur wenige, eindeutige Kriterien von Bedeutung sind.

1.2 Thermodynamik des Dampfprozesses

Die verschiedenen Regelungsarten ergeben einige charakteristische Unterschiede im Dampfprozeß des Blockes. Da in allen praktischen Fällen der Zwischenüberhitzerdruck sich proportional dem Dampfdurchsatz verändert, damit also MD- und ND-Teil der Turbine im Gleitdruck betrieben werden, konzentrieren sich die Unterschiede im wesentlichen auf die Kesselspeisepumpe (s. 1.3), den Verdampfer- und den Hochdruck- und Zwischendruckteil des Dampferzeugers (s. 2.1) und den HD-Teil der Turbine).

Im Gleitdruckbetrieb verändert sich auch der FD-Druck vor der Turbine proportional dem Dampfdurchsatz, er verhält sich also genau so wie alle anderen Drücke in der Turbine. Dadurch bleibt auch das zu verarbeitende Druckverhältnis bzw. Enthalpiegefälle und der Wirkungsgrad des HD-Teils unabhängig von der Last konstant und alle Temperaturen im HD-Teil bleiben unverändert (Bild 4). Eine Regelstufe ist nicht notwendig.

Auch für die verschiedenen Modifikationen des Gleitdruckbetriebes gelten diese Feststellungen im wesentlichen.

Bei Festdruckbetrieb mit Drosselregelung ergibt sich zwar durch die Wirkung der Drosselventile vor der Beschaufelung des HD-Teils ebenfalls ein zum Dampfstrom proportionaler Druck, auch ist keine Regelstufe notwendig. Allerdings ist mit zunehmender Drosselung eine zunehmende Temperaturabsenkung des Dampfes vor der HD-Beschaufelung verbunden, die sich im ganzen HD-Teil bemerkbar macht (Bild 4).

Im Festdruckbetrieb mit Düsengruppenregelung fällt mit sinkender Last der HD-Abdampfdruck ebenfalls ab, der Dampfdruck vor den Regelraddüsen bleibt dagegen konstant. Dadurch nimmt das Enthalpiegefälle des HD-Teils mit sinkender Last zu und diese Zunahme muß ausschließlich von der Regelstufe verarbeitet werden. Daraus resultiert mit abnehmender Last eine starke Zunahme der Regelstufenbelastung, eine beträchtliche Absenkung der Dampftemperatur in der Radkammer (Bild 4) und im ganzen Stufenteil, sowie am Austritt des HD-Teils, und eine deutliche Abnahme des Wirkungsgrades des HD-Teils. Das Absinken der Turbinen HD-Austrittstemperatur ergibt eine Vergrößerung der notwendigen Wärmezufuhr im Zwischenüberhitzer und damit einen stärkeren Abfall der ZÜ-Dampftemperatur mit sinkender Last.

Der Gleitdruckbetrieb ergibt durch die Absenkung des FD-Druckes in der Teillast eine Verschlechterung des Prozeßwirkungsgrades, damit eine Erhöhung des Wärmeverbrauchs, allerdings auch eine wesentliche Verringerung der Antriebsleistung für die Speisepumpe, was den Gesamtprozeß günstig beeinflußt. Beim Festdruckbetrieb mit Düsengruppenregelung wird dagegen der Gesamtprozeß in der Teillast durch die Verschlechterung des HD-Wirkungsgrades beeinträchtigt, der daraus resultierende Verlauf des Wärmeverbrauchs ist, wie in 1.4 gezeigt wird, etwa gleich wie der für den Gleitdruckbetrieb. Die Prozeßverschlechterung bei Festdruckbetrieb mit Drosselregelung ist bei Teillast wesentlich größer, da die Kompensation durch die verringerte Speisepumpenleistung fehlt.

1.3 Verhalten der Speisepumpe

Die Regelungsart während des Betriebes eines Kraftwerkblocks ist von wesentlicher Bedeutung für den Betrieb der Kesselspeisepumpe. Der Gleitdruckbetrieb (und mit unbedeutenden Unterschieden die verschiedenen Modifikationen) hat im Teillastbetrieb eine Reduktion des notwendigen Pumpenenddruckes etwa proportional der Frischdampfmenge zur Folge, daher sinkt die notwendige Pumpenantriebsleistung weitaus stärker ab, als bei den verschiedenen Arten des Festdruckbetriebs mit ungefähr konstantem Pumpendruck (Bild 5). Die Pumpendrehzahl sinkt bei Gleitdruckbetrieb im Teillastgebiet ebenfalls wesentlich stärker ab als bei Festdruckbetrieb, dadurch ergeben sich günstigere Betriebspunkte auf der Pumpenkennlinie und bessere Wirkungsgrade (Bild 5).

Die Einsparung an Antriebsleistung für die Speisepumpe ist für den spezifischen Wärmeverbrauch des Blockes im Teillastgebiet von Bedeutung (s. 1.4). Sie wird allerdings nur bei einer verlustarmen Drehzahlregelung voll wirksam, wie sie z. B. beim Antrieb durch eine

Dampfturbine verwirklicht wird. Bild 5 zeigt neben dem Leistungsbedarf bei Turboantrieb auch den bei Elektroantrieb und Drehzahlregelung durch hydraulische Kupplung. Dabei geht ein wesentlicher Teil der Einsparung wieder verloren.

1.4 Wärmeverbrauch

Um den Einfluß der verschiedenen Regelungsarten auf den Speisepumpenbetrieb korrekt zu berücksichtigen, muß für den Vergleich der Netto-Wärmeverbrauch verwendet werden. Er ist hier bei Antrieb der Speisepumpe durch eine Dampfturbine definiert als das Verhältnis der zugeführten Wärme Q_{zu} zur Klemmleistung P_G des Generators

$$W_n = \frac{Q_{zu}}{P_G}$$

bei Elektrobetrieb wird sinngemäß von der Generatorleistung die für den Pumpenbetrieb notwendige elektrische Leistung P_P abgezogen.

$$W_n = \frac{Q_{zu}}{P_G - P_P}$$

Der Vergleich des spez. Wärmeverbrauches bei den verschiedenen Regelungsarten ist nicht in allgemeiner Form möglich, da dieser auch von Dampfdaten, Leistungsgröße, Turbinen- und Kesselbauart, Speisepumpenantrieb usw. abhängig ist. Der Vergleich ist hier daher für einen charakteristischen Fall durchgeführt, um Tendenzen zu zeigen. In Bild 6 ist der Verlauf des Verhältniswertes W/W_o (Nettowärmeverbrauch W bezogen auf Nettowärmeverbrauch W_o im Auslegungspunkt bei Festdruck) über dem Leistungsverhältnis P/P_N für reinen Gleitdruckbetrieb (a), Festdruck mit Düsengruppenregelung (d) und Festdruck mit Drosselregelung (e) aufgetragen. Die Kurven gelten für eine 300 MW-Turbine mit 180 at, 530/530 °C und siebenstufiger Speisewasservorwärmung auf 250 °C mit Speisepumpenantrieb durch Dampfturbine.

Um den Vergleich zwischen den verschiedenen Regelungsarten zu erleichtern, ist in Bild 7 der Nettowärmeverbrauch W jeweils auf den Nettowärmeverbrauch bei reiner Gleitdruckregelung W_{GD} bei gleichem Leistungsverhältnis bezogen. Der Frischdampfdruck ist bei allen Varianten bei Nennleistung P_N der gleiche, die Nennleistung wird jeweils unter Ausnützung der gesamten Öffnungsreserve (wenn vorhanden) erreicht.

Der Vergleich zeigt eine kleine Überlegenheit des reinen Gleitdruckbetriebs gegenüber dem Festdruckbetrieb mit Düsengruppenregelung, die Modifikation mit Bypass-Ventil ist wegen des jeweils etwas höheren FD-Druckes sogar noch etwas besser und auch die Gleitdruckvariante mit 10 % Vordrosselung ist im Mittel über dem Lastbereich dem Festdruck noch etwa gleichwertig. Ungünstiger im tieferen Teillastgebiet liegt dagegen die Kurve für Festdruckbetrieb mit Drosselregelung. Bei höheren Frischdampfdrücken im Gebiet von 250 at weisen die Gleitdruckvarianten im ganzen Lastbereich einen besseren Wärmeverbrauch auf, als der Festdruckbetrieb, da der Einfluß der Speisepumpenleistung dort noch größer ist.

Weiter ist zu berücksichtigen, daß der Gleitdruckbetrieb im Teillastgebiet bei gleichem Bauaufwand für den Kessel ein geringeres Absinken der Zwischenüberhitzungstemperatur als bei Festdruckbetrieb mit Düsengruppenregelung ergibt. Ein Unterschied von 20 K bei 50 % Last ergibt schon eine Differenz im Wärmeverbrauch von 0,5 %.

1.5 Konzept der Blockregelung (Strukturen der Blockregelung)

Wie in 1.1 dargestellt, ist der wesentliche physikalische Zusammenhang für die Regel- und Stellgrößen für alle Regelungsarten die Gleichung

$$P \sim y_T \cdot p \quad (1)$$

Die Regelstrecke des Kraftwerkblockes besteht aus dem Kessel K sowie dem Turbosatz T. Als Hauptstellgröße enthält bei fossilgefeuerten Anlagen die Strecke den Brennstoffstrom $\dot{m}_B$. Eine Änderung des Brennstoffmengenstromes $\dot{m}_B$ führt im Kessel K zu einer zeitverzögerten Änderung des Druckes p und damit bei konstanter Ventilstellung zu einer Änderung der Leistung P. Wenn vom Netz her ein rasches Ausregeln von Leistungs-Sollwertänderungen verlangt wird, kann durch Verändern der Ventilstellung y_T das Speichervermögen des Kessels ausgenutzt werden.

Bild 3 zeigt auf anschauliche Weise den Druck-Leistungszusammenhang bei Modifikation durch Androsseln der Regelventile um beispielsweise 10 % (y_T = 0,9). Bei etwa Halblast (P = 0,5) herrscht ein Druck entsprechend Punkt 1. Wird eine rasche Laststeigerung verlangt, so nimmt die Turbine durch Öffnen der Regelventile $y_T \rightarrow 1$ zuerst das Speichervermögen des Kessels in Anspruch, wobei der Frischdampfdruck p absinkt, Punkt 2. Anschließend folgt der Kessel, so daß sich p erholt; die Regelventile können im folgenden wieder auf den im stationären Betrieb einzuhaltenden Drosselzustand y_T = 0,9 zurückfahren; als neuer statischer Betriebspunkt ergibt sich somit Punkt 3.

Ein Kompromiß ist zu wählen zwischen der Möglichkeit zur Inanspruchnahme der Speicherfähigkeit des Kessels, also y_T möglichst klein, und dem Wunsch nach statisch wirtschaftlicher, drossel-verlustloser Fahrweise, y_T möglichst groß. Gesucht ist ein Blockregelsystem, welches diese Fahrweise auf dynamisch günstigem Wege erbringt.

Die nach Gleichung 1 vorhandenen Kombinationsmöglichkeiten der Hauptregelgröße Leistung P mit der Hilfsregelgröße p oder y_T bei zwei Streckenteilen Kessel K und Turbine T führen auf vier grundsätzliche, im folgenden dargestellte Varianten der Blockregelung:

Streckenteil	Kessel K	Turbine T
Regelgrößen	p	P
	p	p
	y_T	p
	P	y_T

Die dritte Größe nach Gleichung 1 stellt sich frei ein.

Bild 8 a zeigt eine leistungs-geregelte Turbine T. Der hauptsächlich integral arbeitende Turbinenregler TR regelt durch Verstellen der Regelventile y_T die Leistungsdifferenz zu Null aus. Der ebenfalls hauptsächlich integral wirkende Kesselregler KR regelt den Druck p auf

$p = p_o$ durch Verstellen des Brennstoffstromes $\dot{m}_B$ zu Null. Der Kessel ist also druckgeregelt. Diese Variante ist dynamisch günstiger als die in Bild 8 b dargestellte. Hier beaufschlagt die Druckdifferenz den Turbinenregler TR; die Turbine ist somit vordruckgeregelt. Der Kesselregler KR erhält die Leistungsdifferenz zugeführt; der Kessel ist also leistungsgeregelt. Diese Variante arbeitet dynamisch träge.

Wird die Ventilstellung y_T als Hilfsregelgröße verwendet, so sind die Varianten nach Bild 8 c bzw. 8 d möglich:
Bild 8 c, Turbine mit Leistungs-Regelkreis wie Bild 8 a. Der Kesselregler KR erhält die Differenz aus Soll- und Ist-Ventilstellung zugeleitet und verstellt solange den Brennstoff $\dot{m}_B$, bis Ist- und Sollwert übereinstimmen. Die Turbine ist leistungsgeregelt, der Kessel ventilstellungsgeregelt. In Bild 8 d ist die ventilstellungsgeregelte Turbine dargestellt, während der Kessel leistungsgeregelt arbeitet. Ähnlich wie in Bild 8 b führt auch hier der leistungsgeregelte Kessel zu einem dynamisch trägen Blockverhalten. Die Varianten 8 b und 8 d eignen sich deshalb nicht zur Netzstützung.

Die beiden dynamisch günstigen Varianten der leistungsgeregelten Turbine bei ventilstellungs- oder druckgeregeltem Kessel sind in Bild 8 e und f nochmals dargestellt und mit dynamischen Korrektur-Signalen versehen. Dabei wurde die Leistung-Regeldifferenz $P_o - P$ dem Kesselregler KR zusätzlich zur Ventilstellungsdifferenz $y_{To} - y_T$ aufgeschaltet. Damit ferner KR nicht von Null weg integrieren muß, wird seinem Ausgang der Leistungs-Sollwert P_o als Basiswert aufgeschaltet (Bild 8 e). Eine derartige Blockregelstruktur führt zum ventilstellungsgeregelten Gleitdruck. Vorteilhaft bei dieser Regelstruktur ist, daß Störgrößen wie Vorwärmbetrieb, Vakuum usw. wärmeverbrauchsmäßig günstig ausgeregelt werden. Wird $y_{To} = 1$ vorgegeben, so fährt der Block im sogenannten natürlichen Gleitdruck bei geöffneten Regelventilen; ein Inanspruchnehmen des Kessel-Speichervermögens ist damit nicht mehr möglich.

In Bild 8 f ist der druckgeregelte Kessel bei leistungsgeregeltem Turbosatz ebenfalls mit dynamischen Korrektur-Signalen wie in Bild 8 e versehen. Wird zusätzlich der Druck-Sollwert p_o proportional zum Leistungs-Sollwert P_o verstellt, wie es die Signal-Linie g verdeutlicht, so fährt der Block einen druckgeregelten Gleitdruck; bei p_o = konstant Festdruck. Durch Wahl der Sollwertführung für den Druck p_o läßt sich also die Betriebsart des Blockes festlegen.

1.6 Regelungstechnische Forderungen des Netzes

Aus dem Gleichgewicht zwischen Erzeuger- und drehzahlabhängiger Verbraucherleistung ergibt sich die Netzfrequenz im Energieversorgungssystem. Verschiebungen dieses Gleichgewichtes ziehen Frequenzabweichungen nach sich, die über die Primärregelung der Kraftwerksblöcke eine selbsttätige Anpassung der Erzeugerleistung an den netzseitigen Leistungsbedarf bewirken. Zur Erfüllung dieser Aufgabe sind Frequenzabweichungen also notwendig. Durch zusätzlichen Eingriff der Sekundärregelung (Sollwertverstellung der Blockleistung) kann die Frequenz wieder auf den Normalwert gebracht werden.

Für das Zustandekommen der Netzfrequenz ist lediglich das statische Gleichgewicht zwischen den Summenbeträgen von Erzeuger- und Verbraucherleistung maßgeblich. Die örtliche Verteilung der Erzeuger und Verbraucher am Netz ist dabei prinzipiell gleichgültig. Im allgemeinsten Fall befindet sich nicht jedes Teilsystem des Verbundnetzes für sich im Leistungsgleichgewicht. Über die die Teilsysteme verbindenden Kuppelstellen werden dann Mehr- und Minderleistungen ausgetauscht, wobei die Summenleistung im Gesamtsystem und damit die allen Teilsystemen gemeinsame Netzfrequenz konstant bleiben.

Die Übergabeleistung durch örtlich nicht ausgeglichene Leistungsbilanzen ist damit im Energieversorgungssystem eine zweite, von der Netzfrequenz physikalisch unabhängige Regelgröße. Für die Einregelung der beiden Regelgrößen stehen auf der Erzeugerseite zwei Stellgrößen zur Verfügung, nämlich die Summe aller Erzeugerleistungen für die Frequenz und die örtliche Aufteilung der Leistungserzeugung (bei gegebener Summenleistung) für die Höhe der Übergabeleistung. Beide Aufgaben können über die Sekundärregelung der Kraftwerke gelöst werden, wenn ein übergeordneter Lastverteiler diesen ihre jeweilige Solleistung vorschreibt.

Eine Beteiligung möglichst aller Kraftwerke an der Netzregelung ist in zweifacher Hinsicht zu fordern. Das Leistungsgleichgewicht im Netz soll zum einen durch ständige Anpassung der Erzeugerleistung und nicht auf Kosten der frequenzabhängigen Leistungsaufnahme der Verbraucher erhalten werden. Zum anderen sollte jedes Teilnetz eine möglichst ausgeglichene Leistungsbilanz aufweisen können, womit es - im Grenzfall der Übergabeleistung Null - innerhalb des Verbundnetzes autonom betrieben werden kann. Nur wenn alle Kraftwerke sich an der Netzregelung beteiligen, kann bei Ausfall einer größeren Blockeinheit nicht nur die Frequenz wirkungsvoll gestützt, sondern auch die Belastung der Kuppelstellen in erträglichen Grenzen gehalten werden. Auf der Grundlage dieser Überlegungen lassen sich die regelungstechnischen Forderungen des Netzes an die Energieerzeuger aufstellen.

Die stochastischen Frequenzschwankungen, die über die Primärregelung mäßige Leistungsänderungen der Kraftwerksblöcke bewirken, sind für Anforderungen an die Laständerungsgeschwindigkeit von untergeordneter Bedeutung, denn kurzzeitige Frequenzschwankungen von wenigen mHz sind für die allgemeine Energieversorgung funktionell belanglos. Damit sind auch Regelleistungsschwankungen des Netzes, die durch ungenaue Vorausschätzung des Leistungsbedarfs entstehen, bei Beteiligung aller Kraftwerke am Leistungsausgleich ohne Mühe zu bewältigen. Maßgeblich für die Festlegung der Sekundenreserven und möglicher Lastgradienten dürfte in erster Linie die beschränkte Übergabeleistungskapazität an den Kuppelstellen sein.

Unter diesen Gesichtspunkten stellt das Netz entsprechende Forderungen bezüglich der maximalen Größe der Kraftwerksblöcke und der Bemessung der Kuppelstellen. Von der Netzseite werden z. Zt. insbesondere kurze, schnelle

Laständerungen gewünscht.

a) die sogenannte Sekundenreserve; sie bedeutet eine Leistungssteigerung von 5 %, die in wenigen Sekunden zu erbringen ist.

b) unter Minutenreserve versteht man Leistungssteigerungen, die in ca. 3 bis 5 Minuten bereitgestellt werden müssen.

Der max. auftretende Gradient der Frequenzänderung beträgt bei uns laut Statistik (11) etwa 50 mHz/Min, dies entspricht bei einer Statik von 4 % einem Lastgradienten von 2,5 % Min. Bei größeren Störungen im Verbundnetz kommt es außerdem darauf an, daß die mitlaufenden Blöcke in einem großen Lastbereich schnell hochgefahren werden können.

All diese Anforderungen können mit Gleitdruckblöcken, die eine der möglichen Modifikationen besitzen, in jeder Hinsicht erfüllt werden.

1.7 Mögliche und zulässige Laständerungen von Turbine und Kessel

An der Turbine werden zulässige Lastsprünge und Laständerungsgeschwindigkeiten im Betrieb begrenzt durch die dabei auftretenden Temperaturänderungen und die sich daraus ergebenden Wärmespannungen. Da solche im reinen Gleitdruckbetrieb nicht auftreten, ergeben sich hierbei auch keine Begrenzungen. Die zusätzlichen Gesichtspunkte, die beim Anfahren von Bedeutung sind, werden in 3.1 behandelt.

Bei allen Betriebsarten wird jedoch darüber hinaus die Laständerungsgeschwindigkeit begrenzt durch die Änderungsgeschwindigkeit der Stellventile, die Speicherkonstante des Zwischenüberhitzers und die Regelfähigkeit des Kessels, um nur die wichtigsten Grenzen zu nennen. Lastsprünge im strengen Sinn sind deshalb überhaupt nicht möglich. Sie haben je nach Betriebsart insbesondere nach oben einen unterschiedlich zeitlichen Verlauf. Lastsprünge nach unten sind dagegen nur durch die Stellgeschwindigkeit der Frischdampf- und der Abfangventile begrenzt. Die überschüssige Dampfmenge wird dabei in den Kondensator oder ins Freie gefahren.

Die folgenden Angaben über mögliche und zulässige Laständerungen sollen einen Gesamtüberblick geben und sind nur Richtwerte. Die zulässigen Lastsprünge setzen einen stationären thermischen Zustand der Maschine voraus, die zulässigen Lastgradienten gelten unmittelbar anschließend an den zulässigen Lastsprung. Die für Kessel genannten Werte gelten für Zwangdurchlaufkessel moderner Bauart.

Zur besseren Übersicht wird eine vergleichende Gegenüberstellung der verschiedenen Modifikationsmethoden in tabellarischer Form dargestellt (Tabelle 1).

Die Betriebsarten mit modifiziertem Gleitdruckbetrieb ermöglichen damit eine ausreichende Beteiligung an der Netzfrequenzregelung.

1.8 Anfahrschaltungen und Sicherheitseinrichtungen

Kann beim An- und Abfahren sowie bei Störungen am Turbosatz die erzeugte Dampfmenge nicht durch die Turbine geleitet werden, so muß der Dampf entsprechend Bild 12 über Umleit-Reduzierventile unter Umgehung der HD-Tubine von der FD-Leitung sowie von der heißen ZÜ-Leitung zum Kondensator geführt werden, wobei zur Dampfkühlung jeweils Wasser eingespritzt werden muß. Die Durchsatzkapazität sollte möglichst der max. Schluckfähigkeit der Turbine entsprechen.

Von den verschiedenen bekannten Anfahrweisen von Zwangdurchlaufdampferzeugern (2.5) ist das Anfahren mit trockenem Überhitzer prädestiniert für das sog. Gleitdruck-Gleittemperaturanfahren (s. 4.2) aus jedem beliebigen Druck- und Temperatur-Zustand bei Anfahrbeginn (Abschn. 4.1). Es ist in jeder Hinsicht das optimale Verfahren.

In Bild 12 sind verschiedene bekannte Möglichkeiten zur Sicherstellung der Verdampfermindestmenge beim Anfahren prinzipiell angedeutet. Welches dieser Verfahren allein oder miteinander kombiniert angewendet wird, hängt jeweils von der vorgesehenen Einsatzweise eines Kraftwerkes ab und ist nicht kennzeichnend für den Gleitdruckbetrieb (s. 2.5). Für die Anordnung des Abzweiges derHD-Umleitstation unmittelbar vor der Turbine wird vornehmlich beim Gleitdruck-Gleittemperatur-Anfahren angewendet und bietet dort den Vorteil, daß gleichzeitig mit dem Anfahren des Dampferzeugers die FD-Leitung und je nach Konstruktion auch die Turbinen-Schnellschlußventilgehäuse angewärmt werden können. Bei der hierbei bekannten Schaltungsvereinfachung durch Weglassen des FD-Schiebers am Dampferzeugeraustritt muß beachtet werden, daß die FD-Leitung für die thermische Belastung, die bei evtl. erforderlichen Druckproben entsteht, mit ausgelegt wird, wenn nicht ein entsprechender Druckprobenverschluß vorgesehen wird. Bei dieser Schaltung ist eine weitere Vereinfachung durch Weglassen der HD-Sicherheitsventile möglich, wobei dann die Steuerung der HD-Umleitstation entsprechend den gesetzlichen Vorschriften zuverlässig ausgelegt werden muß.

In neuerer Zeit und in Zukunft werden die meisten Blöcke mit kombinierten Sicherheits-Umleitventilen ausgerüstet. Der Abzweig der Umleitstation am Dampferzeugeraustritt mit unmittelbar dahinterliegendem FD-Schieber ermöglicht auch bei Gleitdruck-Anfahrweise und bei evtl. unterschiedlichem Abkühlen von Dampferzeuger und FD-Leitung ein unabhängiges, schonendes und optimal schnelles Anfahren der Anlage.

Auf eine eingehende Beschreibung der Block-Sicherheitseinrichtung mit HD- und MD-Umleiteinrichtung kann hier verzichtet werden, da in dem Beitrag (12) ausführlich darüber berichtet wird.

Eine lastabhängige Führung der Ansprechwerte der HD-Sicherheitsventile bei Gleitdruckbetrieb ist bekannt, wird jedoch häufig nicht angewandt, da der Druckanstau bei niedrigem FD-Druck - also Teillast - zu keinen Überlastungen der Heizflächen führt und außerdem ein Fehler zweiter Ordnung wäre, für dessen Beherrschung derartige Maßnahmen nicht zwingend sind. Die Sollwerte für die Regelung der HD- und MD-Umleiteinrichtungen werden in jedem Fall gleitend mit dem Frischdampfdruck verändert.

Waldmann

Tabelle 1 Mögliche und zulässige Laständerungen von Turbine und Dampferzeuger
Art der Regelung bzw. der Modifikation

	Turbine	Dampferzeuger	Bemerkungen
1.7.1	**Festdruck**		
1.7.1.1 Turbine mit Düsengruppenregelung Lastsprung	nach oben 35 bis 40 % nach unten 30 bis 45 %	Feuerung mit: Öl/Gas 8 bis 12 % Kohle 6 bis 10 %	Lastsprünge am Kessel beziehen sich auf P_N Kessel kann den möglichen Lastsprüngen der Turbine nicht folgen, hat jedoch höhere zulässige Gradienten
Lastgradient	siehe Bild 9	8 bis 15 % 5 bis 8 %	siehe auch Bild 10
1.7.1.2 Turbine mit Drosselregelung	Lastsprünge und Lastgradienten größer als bei Düsengruppenregelung	wie oben	Wird in Deutschland aus Wirtschaftlichkeitsgründen nicht verwendet.
1.7.2	**Reiner Gleitdruckbetrieb**		
Turbine mit konst. Ventilstellung Lastsprung	keine Einschränkungen	nicht möglich	Bei sprunghafter Veränderung der Feuerungsleistung im Dampferzeuger folgt die Leistung der Turbine erst mit $T_1 + T_2 + T_3$ / T_1 = Verzugszeit / T_2 Zeitkonstante bis zur Dampfbildung / T_3 = Zeitkonstante bis zur Drucksteigerung
Lastgradient	keine Einschränkungen	folgt der Feuerung mit der Verzögerung $T_1 + T_2 + T_3$ mit den gleichen Gradienten wie unter 1.7.1.1	Für die Netzfrequenzregelung ist diese Regelungsart nicht gut geeignet.
1.7.3	**Modifizierter Gleitdruckbetrieb**		
1.7.3.1 Turbine mit Androsselung im Gleitdruckbetrieb Lastsprung	bei 10 % Drosselung 5 bis 6 % möglich	folgt verzögert der Turbine je nach Androsselung	Die verwendete Androsselung richtet sich nach Wirtschaftlichkeitsüberlegungen oder nach notwendiger Beteiligung an der Frequenzregelung; zeitlicher Verlauf wie 1.7.1.1 Bild 10
Lastgradient	keine Einschränkungen	wie unter 1.7.2	
1.7.3.2 Turbine mit Stufenventil (Bypass zur ersten Stufe) Lastsprung	Bei Einführung in 10 % tiefere Druckstufe sind 5 % möglich	wie bei der Turbine	Bei Einführung in eine beispielsweise tiefere Druckstufe wird der auftretende Temperatursprung unerwünscht hoch. Der ungefähre Verlauf eines Lastsprungs nach oben ist unter Berücksichtigung des gesamten Block-Zeitverhaltens in Bild 10 gezeigt.
Lastgradient	keine Einschränkungen	wie unter 1.7.2	
1.7.3.3 Reduzierung des Anzapfstromes zu den HD-Vorwärmern Lastsprung	5 bis 8 %		Lastsprung nach oben siehe Bild 10
Lastgradient	wie unter 1.7.1.2		
1.7.3.4 Kondensatstop Lastsprung	ca. 5 %		Der ungefähre Verlauf eines Lastsprungs nach oben ist in Bild 10 dargestellt.
Lastgradient	wie unter 1.7.2		
1.7.3.5 Turbine mit Düsengruppenregelung und Überlastventil im Gleitdruck Lastsprung	Bei 10 % Öffnungsreserve (Überlastventil) ist ein Lastsprung von 5 bis 6 % des Augenblickswerts möglich	Entsprechend Öffnungsreserve	Ungefährer Verlauf eines Lastsprungs nach oben nach Bild 10. Die Turbine verhält sich im normalen Betrieb wie eine regelradlose Maschine. Die betriebliche Einfachheit der vollbeaufschlagten Maschine (bei schnellen, großen Lastwechseln, beim Anfahren) wegen des Regelrades wird nicht erreicht.
Lastgradient	keine Einschränkungen	wie unter 1.7.2	

2. Dampferzeuger

Im folgenden Abschnitt werden die wesentlichen Gesichtspunkte und Vorteile des Gleitdrucks von der Dampferzeugerseite her näher erläutert.

Gleitdruckbetrieb und Gleitdruck-Gleittemperaturanfahren ist grundsätzlich bei allen Dampferzeugersystemen (Naturumlauf, Zwangumlauf, Zwangdurchlauf) bei entsprechender Auslegung des Verdampfersystems möglich.

Für die nachstehenden Erläuterungen wird beispielsweise ein überkritischer 600 MW oel- bzw. gasgefeuerter Zwangdurchlauf-Dampferzeuger zugrundegelegt.

2.1 Thermodynamische Unterschiede bei Gleitdruck- und Festdruckbetrieb

Der Druckabfall im Verdampfer und im Überhitzer ändert sich bei Gleitdruck linear proportional und bei Festdruck quadratisch mit der Last.

Die lastabhängige Verschiebung der Wärmeverteilung in den einzelnen Heizflächen des Dampferzeugers läßt sich am klarsten im sogenannten h-p-Diagramm nach Bild 13 darstellen. Die Eintragungen im Diagramm gelten für einen 600 MW Dampferzeuger mit einfacher Zwischenüberhitzung und einem Druck vor der Turbine von 240 bar. Folgende mit Index 0 - 3 bezeichnete mögliche Betriebsfälle wurden in das Diagramm eingetragen:

Index 0 — Gleitdruckbetrieb (120 - 600 MW) bei Einschaltung der Umwälzeinrichtung unterhalb 1/3 Last (200 MW); U-Pumpe im Nebenstrom.

Index 1 — Festdruckbetrieb (200 - 600 MW) ohne Umwälzung.

Index 2 — Gleitdruckbetrieb (120 - 600 MW) bei Einschaltung der Umwälzeinrichtung unterhalb 2/3 Last (400 MW) U-Pumpe im Hauptstrom.

Index 3 — Festdruckbetrieb (200 - 600 MW) bei Einschaltung der Umwälzeinrichtung unterhalb 2/3 Last (400 MW) U-Pumpe im Hauptstrom (z. B. Combined Circulation).

Im unterkritischen Druckbereich wird bei Gleitdruck der Wärmebedarf für den Hochdruck- und Zwischenüberhitzer mit sinkender Last geringer; während die Verdampfungswärme sich vergrößert, sinkt die Wasservorwärmung von Eintritt Economiser bis zum Siedebeginn. Bei gleichem Bauaufwand des Dampferzeugers (Werkstoffauslegung!) können Hochdruck- und Zwischendampftemperatur bei Teillast höher gehalten werden als bei Festdruck. Bei 1/3 Last liegt die Eintrittstemperatur im Zwischenüberhitzer um ca. 80 K, die Austrittstemperatur um ca. 50 K höher als bei Festdruckbetrieb.

Bei einem Dampferzeuger für überkritische Auslegung ist im oberen Lastbereich die spezifische Wärmekapazität des Dampfes relativ hoch; dadurch wird die Temperaturzunahme in den Heizflächen im Vergleich zur unterkritischen Auslegung bei gleichem übertragenen Rauchgaswärmestrom geringer. Rauchgasseitige Schieflagen verursachen deshalb wesentlich geringere Temperaturabweichungen in den Einzelsträngen der verschiedenen Heizflächen. Im Teillastbereich bewirkt das Gleitdruckverfahren, daß die c_p-Werte zwar kleiner werden, dabei ist ein etwas stärkeres Auseinanderlaufen der Einzelstrangtemperaturen wiederum ungefährlich, da die Werkstoffe bei niedrigerem Druck temperaturmäßig entsprechend höher belastet werden können.

2.2 Eignung verschiedener Dampferzeugersysteme für Gleitdruck

Die in Bild 14 schematisch dargestellten Dampferzeugersysteme eignen sich prinzipiell alle mehr oder weniger gut für den Gleitdruckbetrieb; für diejenigen mit Wasser-Dampftrennvorrichtungen (Trommen, Flasche) ist auch das Gleitdruck-Gleittemperatur-Anfahren möglich.

Die wesentlichen Forderungen an gute Gleitdruckeigenschaften eines Dampferzeugersystems sind:

a) geringes Speichervermögen

b) geringe Wanddicken der Bauteile mit großen Durchmessern (Trommel, Abscheidezyklone, Flasche)

c) Betriebssicherheit und hohe Flexibilität des Verdampfersystems im gesamten Druckbereich, d. h. Unempfindlichkeit gegen größere Druck- und Temperaturgradienten.

Die Gegenüberstellung der entsprechenden Daten bei z. B. 600 MW - 180 bar (Oelfeuerung) zeigt die eindeutige Überlegenheit des Zwangdurchlaufsystems gegenüber dem Natur- bzw. Zwangumlaufsystem.

		Zwangdurchlauf	Naturumlauf bzw. Zwangumlauf
a) Speichervermögen	kg/bar / MW	ca. 0,4	ca. 1,0
b) Wasser-Dampf-Trennvorrichtung		4 Abscheide-Zyklone	1 Trommel
Außendurchmesser	mm	600	2030
Wandstärke	mm	35	175
Werkstoff		WB 35	SA 515-70 (USA)
Zulässige Temperaturänderungsgeschwindigkeit beim Aufheizen (quasistationär, Vergleichswert) nach Diagramm Bild 15	K/min	ca. 100	ca. 2,5 ÷ 3
c) Zulässige Druckänderungsgeschwindigkeit (strömungsseitig bedingt)	bar/min	ca.20-30	ca. 6 - 8

Die Art des Brennstoffs hat in doppelter Hinsicht einen starken Einfluß auf das dynamische Verhalten des Dampferzeugers; primär wegen des Zeitverhaltens der Feuerung und sekundär wegen der vom Feuerungssystem her bedingten unterschiedlichen Größen der Heizflächen. Oel/Erdgas gefeuerte Kessel haben regeldynamisch gesehen das beste, mit Steinkohle gefeuerte Schmelzkammerkessel dagegen mit Abstand das schlechteste Verhalten (s. auch Bild 11).

2.3 Werkstoffauslegung, Lebensdauerbetrachtung, Wärmespannungen

Der niedrigere Druck gestattet bei gleicher Sicherheit eine höhere Dampf- bzw. Rohrwandtemperatur. Da ein Dampferzeuger nicht ständig mit Vollast betrieben wird, ergibt sich bei Gleitdruckbetrieb für den gesamten Druckkörper eine je nach Einsatzprogramm um ca. 30 - 50 % höhere Lebensdauer als bei Festdruckbetrieb.

Im reinen Gleitdruckbetrieb bleibt der Volumenstrom des Dampfes nahezu über der Last konstant. Dies ergibt im Gegensatz zum Festdruckbetrieb eine gleichmäßigere Beaufschlagung der einzelnen Überhitzer-Rohrstränge und damit bei gleichzeitiger rauchgasseitiger Schieflage geringere Dampftemperaturabweichungen.

Laständerungen im Gleitdruckbetrieb folgen unter anderem Temperaturänderungen am Verdampfer- Ein- und Austritt. Das h-p-Diagramm, Bild 13, zeigt z. B., daß bei einer Laständerung von 1/3 bis Vollast die Temperatur am Verdampfer-Austritt sich um ca. 100 K ändert. Das Wasser/Dampf-Trenngefäß (Teil der Anfahr- und Schwachlasteinrichtung) hat einen Innendurchmesser von 600 mm und bei einem Berechnungsdruck von ca. 290 bar eine Wanddicke von 50 mm bei Verwendung des Werkstoffes 20 MnMo 45 B. Selbst bei einer Laständerungsgeschwindigkeit von ca. 12 %/Min. über den gesamten Lastbereich liegen die Wärmespannungen durch den Temperaturgradienten sowohl bei Laststeigerung als auch bei Lastsenkung noch in zulässigen Grenzen.

2.4 Anordnungsmöglichkeiten der Brennkammer-Verdampfer-Umfassungswände

Die maßgebenden Einflußparameter bei der Dimensionierung der Rohre der Brennkammer-Umfassungswände sind die max. lokale Wärmestromdichte in der Brennkammer und der dampfseitige innere Wärmeübergang in den Rohren. Die Höhe und der Verlauf dieser beiden Größen läßt sich nach dem heutigen Stand unserer Erkenntnisse mit ausreichender Genauigkeit für den gesamten unterkritischen und überkritischen Dampfzustandsbereich berechnen.

Sowohl schrauben- oder treppenförmig gewickelte, als auch senkrecht angeordnete Feuerraumwandsysteme sind bei entsprechender Auslegung prinzipiell für den Gleitdruckbetrieb geeignet. Die Wahl des optimalen Systems hängt im wesentlichen von den in den verschiedenen Ländern stark differierenden Werkstoff-, Fertigungs- und Montagekosten ab.

Das in Bild 16 a skizzierte Feuerraumwandsystem mit sogenannter Treppenwicklung hat sich in der Bundesrepublik Deutschland für Zwangdurchlauf-Dampferzeuger in allen Leistungs- und Druckbereichen vielfach bewährt. Die Massenstromdichte und damit der Druckabfall im System hängen ab von der geforderten Mindestlast (ohne Einsatz einer Schwachlasteinrichtung), von der max. Wärmestromdichte, dem Druckbereich und der gewählten Werkstoffqualität. Das vom Verhalten der Feuerung her bedingte ungleichmäßige Wärmestromdichteprofil bewirkt keine Temperaturabweichungen am Austritt der einzelnen Parallelrohre, da durch die treppenförmige Rundumwicklung sämtliche Rohre durch alle Beheizungszonen hindurchgeführt werden.

Das Feuerraumwandsystem nach Bild 16 a besitzt im gesamten Last- und Druckbereich eine ausgezeichnete hydrodynamische Stabilität. Sein Druckabfall beträgt bei Vollast ca. 20 bar. Im Lastbereich unterhalb 33 % muß die Schwachlasteinrichtung in Betrieb genommen werden.

In unserem Land sind mehr als 100 Zwangdurchlaufkessel mit verschiedenartigen Schwachlasteinrichtungen im Betrieb, bei denen diese in einem Lastbereich zwischen 25 und 40 % eingeschaltet werden.

Der Lastpunkt, bei dem die Umwälzpumpe eingeschaltet wird, hängt von betrieblichen Erfordernissen ab. Je höher der Einschaltpunkt gewählt wird, desto geringer kann der von der Massenstromdichte her bedingte Druckabfall sein. Würde man z. B. die Umwälzeinrichtung schon unterhalb 2/3 Last einschalten, so könnte der Druckabfall im Feuerraumwandsystem an ca. 8 bar herabgesetzt werden.

Voraussetzung zur Inbetriebnahme der Umwälzeinrichtung ist, daß ein Wasserstand im Wasserstandsgefäß vorhanden ist. Dies kann erreicht werden durch Veränderung der Wärmeaufnahme im Feuerraum-Wandsystem mittels Rauchgasrezirkulation, Schwenkbrennerstellung, durch Abschaltung von Brennerebenen. Durch Veränderung der HD-Einspritzwassermenge kann die mediumseitige Enthalpiedifferenz beeinflußt werden.

Die Schrauben- oder Treppenwicklung ermöglicht die Anwendung beliebiger Rohrdurchmesser (31,7 - 57 mm ä. Ø). Bei der Gestaltung des Systems besitzt der Konstrukteur ausreichende Variationsmöglichkeiten, wie z. B. Wahl des Massenflusses, der Rohrteilungen, der Bandbreiten usw.

Das ebenfalls bewährte Brennkammer-Wandsystem mit senkrecht angeordneten Verdampferrohren (Bild 16 b) verwendet relativ kleine Rohrdurchmesser (25 - 31,8 mm ä. Ø). Um alle Parallelrohre bei ausreichender Massenstromdichte in einem Durchgang durchströmen zu können, ist bei 300 MW-Blöcken Vollastumwälzung notwendig. Die im Hauptstrom angeordnete Umwälzpumpe (Bild 16 b, 14 f) wird nicht geregelt, sie fördert im Vollastbereich den 1,2 bis 1,5-fachen Frischdampfmengenstrom.

Dieses System ist unabhängig vom Systemdruck und kann auch bei Kesseln mit überkritischem Druck angewendet werden (CE-Combined Circulation System). Allerdings werden überkritisch ausgelegte Dampferzeuger in den USA ausschließlich im Festdruck betrieben.

Mit steigender Größe der Einheiten werden die Voraussetzungen für dieses System günstiger, da der Umfang der Brennkammer etwa nur mit der Wurzel aus dem Leistungsverhältnis zunimmt. Im oberen Lastbereich genügt daher der einfache Durchfluß durch die vertikalen Brennkammerrohre zu ihrer Kühlung und erst bei Teillast wird eine zusätzliche Umwälzung notwendig.

Bei der als Beispiel erwähnten 600 MW Einheit wird die Umwälzeinrichtung erst unterhalb 2/3 Last in Betrieb genommen.

Konstruktion, Fertigung und Montage von vertikalen Rohrwänden sind einfacher als bei schrauben- oder treppenförmig geführten Umfassungswänden. Der Leistungsbedarf von Speise- und Umwälzpumpe zusammen ist besonders im oberen Lastbereich unter Umständen etwas geringer als beim reinen Zwangdurchlaufsystem. Das System nach Bild 16 b benötigt im Gegensatz zu dem nach Bild 16 a am Eintritt der Verdampferrohre Drosselblenden, die entsprechend der Wärmestromdichteverteilung über den Querschnitt des Feuerraums sorgfältig abgestimmt werden müssen.

2.5 Anfahr- und Schwachlastschaltungen

Die Voraussetzung für schnelles, sicheres und wirtschaftliches Anfahren ist eine auf das Verhalten der Turbine und des Dampferzeugers optimal abgestimmte Anfahreinrichtung. Das Anfahrsystem eines Blockes mit einem Zwangdurchlaufdampferzeuger für das Anfahren mit trockenem Überhitzer kann man in 3 Hauptkomponenten unterteilen:

1. Hochdruck- und Mitteldruck-Turbinenumführungen (Bypassstationen)
2. Wasser-Dampf-Trennvorrichtung im Hochdruckteil des Dampferzeugers
3. System zur Verwertung des Ablaufwassers aus der Wasser-Dampf-Trennvorrichtung.

Die Komponenten nach 2 und 3 sind zugleich eine notwendige Voraussetzung für einen erfolgreichen Schwachlastbetrieb.

Das Bypassystem wird im Abschnitt 1.8 (Bild 12) näher beschrieben.

Bei der Gestaltung der Wasser-Dampf-Trennvorrichtung gibt es zwei Möglichkeiten:

1. Wasser-Dampf-Trennung und Wasserstandshaltung sind in einem stehenden zylindrischen Gefäß (Flasche) vereinigt. Der Nachteil dieser Bauart ist, daß bei großen Einheiten und hohen Drücken relativ große Wanddicken notwendig sind und die Anordnung der Eintrittsrohre Schwierigkeiten bereiten.
2. Wasser-Dampf-Trennung und Wasserstandshaltung erfolgt in getrennten Gefäßen. Einer Wasserstandsflasche sind je nach Dampfleistung 2 bis 8 Einzel-Zyklonabscheider vorgeschaltet. Die größten Wanddicken betragen z. B. für den in 2.4 beschriebenen Dampferzeuger ca. 50 mm bei einem lichten Durchmesser von ca. 600 mm.

   Die Wasser-Dampftrennvorrichtung arbeitet nach dem Fliehkraftprinzip. Die Einrichtung tritt erst beim Zuschalten des Schwachlastsystems in Funktion. Im Vergleich zur Trommel eines Umlaufkessels liegen die durchgesetzten Wassermengen um eine Zehnerpotenz niedriger. Dies ermöglicht die Anwendung relativ kleiner stehender Flaschen mit entsprechend geringen Wandstärken.

Es haben sich im wesentlichen 3 Systeme zur Verwertung des Ablaufwassers durchgesetzt:

1. Anfahrsystem mit Umwälzpumpe

   Die Umwälzpumpe kann entweder im Bypass zum Verdampfer (Bild 14 e) oder in Reihe zur Speisepumpe (Bild 14 f) geschaltet werden. Ob der Economiser in das Umwälzsystem einbezogen wird, muß von Fall zu Fall entschieden werden. Die Hauptkriterien für die Regelung sind der Wasserstand und die Mindestmassenstromdichte im Verdampfer. Das System ist besonders geeignet, wenn häufiges Anfahren und extrem kleine Teillasten gefordert werden, da die Wärmeverluste minimal sind (Leistungsbedarf der Umwälzpumpe).

2. Anfahrsystem mit Ablauf-Wärmetauscher

   An Stelle der Zumischung des Umwälzwassers zum Speisewasser wird der größte Teil der Wärme des Siedewassers aus dem Wasserstandsgefäß über einen Wärmetauscher an das Speisewasser übertragen. Das abgekühlte Wasser wird dann über ein Reduzierventil in den Speisewasserbehälter zurückgeführt. Die Speisepumpe hält allein die Mindestmenge im Umwälzkreislauf aufrecht. Der Wärmeverbrauch liegt z. B. bei 20 % Schwachlast um 1 - 2 % schlechter als beim Einsatz einer Umwälzeinrichtung. Die Wärmetauscherapparate können außen liegend angeordnet oder in die Abscheideflasche eingebaut werden.

3. Anfahrsystem mit Einführung des Ablaufwassers in den Speisewasserbehälter, ins Freie oder in den Kondensator

   Es ist notwendig, daß vor den Warmspeicher, vor den Austritt ins Freie bzw. vor den Kondensator ein kleiner Entspanner geschaltet wird. Diese Anfahr-Einrichtung ist besonders einfach und billig und nur dann gerechtfertigt, wenn kein Schwachlastbetrieb verlangt wird und nicht mehr als ca. 50 bis 100 Anfahrten im Jahr zu erwarten sind. Die neuen 600 MW Braunkohle-Grundlastdampferzeuger für das RWE sind z. B. mit diesem System ausgerüstet.

2.6 Dynamisches Verhalten

Die wesentlichen Gesichtspunkte bei der Regelung eines Blockes im Gleitdruck-bzw. modifizierten Gleitdruck-Betrieb wurden bereits im Abschnitt 1.5 erläutert.

Bei der Auslegung von Gleitdruckanlagen muß auf die regelungstechnischen Belange besonders geachtet werden. Dampferzeuger, an deren dynamisches Verhalten und Anfahrgeschwindigkeiten man hohe Anforderungen stellt, können heute zusammen mit der Regelung auf großen Analog- und Digital-Computern simuliert werden. Dazu wurden umfangreiche mathematische lineare und nichtlineare Modelle entwickelt, die es gestatten, Untersuchungen in einem weiten Lastbereich durchzuführen und alle möglichen Störfälle zu simulieren, wie z. B. Lasttransienten, Brennstoff- und Speisewasserstörungen, Speisepumpenumschaltungen, Rohrreißer im Economiser oder im Verdampfer usw..

Ziel dieser Studien ist es u. a., im gesamten Kreislauf die in dickwandigen Bauteilen auftretenden Temperaturänderungsgeschwindigkeiten zu ermitteln, damit diese entsprechend dimensioniert werden können.

2.7 Ausgeführte Gleitdruck-Dampferzeuger

Die in Bild 17 dargestellten vollverschweißten Dampferzeuger zeigen, wie stark der Brennstoff und die Art der Feuerung die Größe sowie die Bauart einer Anlage beeinflussen.

3. Turbine

3.1 Betriebsverhalten

Das betriebliche Verhalten der Turbine beim Anfahren und Belasten sowie bei Laständerungen wird im wesentlichen durch die dabei auftretenden Änderungen der Dampftemperaturen in der Turbine und die dadurch bewirkten Änderungen der Materialtemperatur beeinflußt.

Bei Laständerungen bietet hier der Gleitdruck den Vorteil konstanter Temperaturen in der Turbine, so daß keine Einschränkungen notwendig sind und damit große Laständerungen des Blockes z. B. im Spitzendeckungsbetrieb mit den bei modernen Dampferzeugern möglichen großen Lastgradienten tatsächlich gefahren werden können.

Für kleine schnelle Laständerungen, wie sie zur Beteiligung an der Frequenzregelung des Netzes notwendig sind, muß der reine Gleitdruckbetrieb durch eine der beschriebenen Modifikationen ergänzt werden. Wie in 1.7 gezeigt, wird dann eine genügende Regelfähigkeit erzielt.

Das allgemeine Betriebsverhalten wird durch Vordrosselung und bei geeigneter konstruktiver Ausbildung, auch durch ein Bypassventil nicht beeinflußt. Dies gilt bezüglich der Turbine auch für Vorwärmerandrosselung und Kondensatstop. Diese Verfahren beeinflussen allerdings Auslegung und Betrieb anderer Anlagenteile, z. B. der Vorwärmer, Kondensatpumpen und Speicher.

Die drosselgeregelte Festdruckturbine bietet ebenfalls günstige Betriebseigenschaften, da durch die gegenüber Düsengruppenregelung mit Laständerungen verbundenen Temperaturänderungen nur kleinere Beschränkungen hervorgerufen werden. Die Eignung zur Frequenzregelung ist, wie schon erwähnt, gut, allerdings wird diese Regelungsart in Deutschland aus wirtschaftlichen Gründen kaum angewendet.

Bei Düsengruppenregelung ergeben sich bei großen Laständerungen deutliche Einschränkungen (s. 1.7), dagegen ist die Eignung zur Frequenzregelung gut.

Für das Anfahren von Kraftwerksblöcken hat sich, wie schon erwähnt, das Gleitdruck-Gleittemperatur-Verfahren, das in 4.1 noch genauer beschrieben wird, in den letzten Jahren weitgehend durchgesetzt. Wesentliche Voraussetzungen für die optimale Durchführung dieses Verfahrens sind: Anfahreinrichtung und trockener Überhitzer am Kessel, HD- und MD-Umleiteinrichtung. Damit ist aus allen Temperaturzuständen ein betrieblich äußerst einfaches, schonendes und schnelles Anfahren des Blockes möglich.

Dieses Verfahren kann für Blöcke mit beliebiger Regelungsart im Betrieb und für Turbinen mit vollbeaufschlagtem oder düsengruppengeregelten HD-Teil erfolgreich angewendet werden.

3.2 Wärmespannungen in Läufern, Gehäusen und Ventilen der Turbine

Beim Anfahren und bei Laständerungen verändern sich die Dampftemperaturen innerhalb der Turbine und die Wärmeübergangszahlen an den Wänden. Die dadurch bedingte Änderung des Wärmeflusses erzeugt Temperaturdifferenzen in der Wand des betreffenden Bauteils und damit Dehnungsdifferenzen und Zusatzspannungen, die sich der Grundspannung, herrührend aus Fliehkraft oder Innendruck, überlagern.

Diese Zusatzspannung, auch Wärmespannung genannt, ist bei einem Temperatursprung nahezu unabhängig von der Wanddicke, bei einer rampenförmigen Temperaturänderung jedoch abhängig vom Quadrat der Wanddicke. Deshalb sind die zulässigen Last- und Temperatursprünge nahezu unabhängig von der Maschinengröße, die zulässigen Last- und Temperatur-Änderungsgeschwindigkeiten nehmen jedoch mit steigender Turbinengröße ab und damit nehmen auch die Anfahrzeiten zu. Diese Zusammenhänge und die konstruktiven und betrieblichen Maßnahmen, die sich daraus ergeben, sind in (13) ausführlich erläutert.

Die in 1.7 angegebenen Werte für zulässige Laständerungen stellen deshalb auch nur einen Kompromiß dar und gehen von der Annahme aus, daß durch sie die Lebensdauer noch nicht unzulässig herabgesetzt wird. Wieviel sie herabgesetzt wird, muß im Einzelfall untersucht werden. Es gibt inzwischen Methoden, die es erlauben, den Lebensdauerverbrauch näherungsweise zu ermitteln.

3.3 Konstruktive Unterschiede bei Auslegung für Festdruck und Gleitdruckbetrieb

Die durch die verschiedenen Regelungsarten sich ergebenden konstruktiven Unterschiede sind ausschließlich auf den HD-Teil beschränkt. Sie rühren daher, daß für Festdruckbetrieb mit Düsengruppenregelung ein teilbeaufschlagtes Regelrad mit einigen voneinander unabhängigen Düsengruppen notwendig ist, während in einer vollbeaufschlagten Turbine für Gleitdruckbetrieb oder Festdruckbetrieb mit Drosselregelung die erste Stufe genau ausgelegt werden kann wie die folgenden und eine Unterteilung der Dampfzuführung nicht notwendig ist.

Bild 18 zeigt den Längs- und Querschnitt durch einen vollbeaufschlagten HD-Teil. Die Einströmpartie ist sehr einfach gestaltet und die Beschaufelung erfordert keinen zusätzlichen Aufwand, ebenso genügt eine geringe Zahl von Regelventilen. Diese sehr einfache Konstruktion bleibt auch bei Modifikation des Gleitdruckbetriebs durch Vordrosselung , durch Androsseln der HD-Vorwärmer oder durch Kondensatstopregelung erhalten. Für Gleitdruckbetrieb mit Bypaß-Ventil ist eine konstruktive Ausführung nach Bild 19 notwendig.

Bei einer düsengruppengeregelten Maschine im Festdruckbetrieb steigt im Gegensatz zur gesamten übrigen Beschaufelung die Laufschaufelbelastung in der Regelstufe mit abnehmender Leistung stark an und erreicht im ersten Ventilpunkt das Drei- bis Vierfache des Wertes bei Nennleistung. Außerdem wechselt diese Belastung wegen der Teilbeaufschlagung ein- oder mehrere Male pro Umdrehung zwischen Null und dem vollen Wert, während bei allen anderen Schaufeln die instationären Anteile der Schaufelbelastung nur einen kleinen Bruchteil der stationären Kraft betragen. Die Regelstufenschaufeln müssen daher besonders kräftig und widerstandsfähig gegen pulsierende Belastung ausgeführt werden, sie sind 50 bis 100 % breiter als entsprechende Schaufeln einer vollbeaufschlagten Turbine. Bild 21 zeigt eine Ausführung mit Regelradschaufeln, die mit der Laufradscheibe verschweißt sind, ebenso sind die integralen Deckplatten der Schaufeln gruppenweise verschweißt. Andere Hersteller befestigen die Regelradschaufeln mit bekannten Schaufelfüßen und stellen eine gegenseitige Abstützung entweder durch integrale Deckplatten, die am ganzen Umfang unter Vorspannung aneinanderstoßen, oder durch verschiedene Arten von segmentweise aufgenieteten Deckbändern her.

Da das Regelrad im allgemeinen aus Wirkungsgradgründen mit größerem Durchmesser ausgeführt wird als der Stufenteil, steigt auch die Rotorbeanspruchung im Bereich des Regelrades über die Werte bei vollbeaufschlagten Turbinen an. Von Vorteil ist in diesem Zusammenhang die größere Temperaturabsenkung im Regelrad, die eine etwas niedrigere Läufertemperatur ergibt. Das Regelrad ist also ein Bauelement, das besonders bei großen Leistungen hohe Belastungen erfährt und einen zusätzlichen konstruktiven Aufwand erfordert.

Eine teilbeaufschlagte Maschine erfordert auch für das HD-Gehäuse einen höheren konstruktiven Aufwand als eine vollbeaufschlagte. Der Querschnitt durch das Gehäuse zeigt die vier in das Innengehäuse eingegossenen Düsensegmente. Die Teilfuge des Innengehäuses ist hier schräg angeordnet, um eine strömungsgünstige Formgebung der Einströmkanäle zu ermöglichen; die beiden Hälften sind durch Schrumpfringe zusammengehalten. Es ist deutlich erkennbar, daß durch die Regelstufe im Bereich der Einströmung ein größerer Gehäusedurchmesser notwendig ist.

Gerade bei großen und sehr großen Leistungen stellt daher die vollbeaufschlagte Turbine für modifizierten Gleitdruck auf Grund ihrer betrieblichen Vorteile und der einfachen Konstruktion eine günstige technische Lösung dar, die zunehmendes Interesse findet. In Deutschland ist eine beträchtliche Anzahl aller Turbinen von 300 - 600 MW so ausgeführt worden bzw. im Bau.

4. Betriebserfahrungen mit Gleitdruck bei großen Kraftwerksblöcken in der Bundesrepublik Deutschland

Zur Deckung des relativ starken Spitzenstrombedarfs zu bestimmten Tageszeiten stehen in der Bundesrepublik folgende Kraftwerktypen zur Verfügung:

Kraftwerkstype	Dauer eines Warmstarts+ (min)	Starts pro Jahr	Betriebsstunden pro Jahr
1. Pumpenspeicherkraftwerk	(ca. 1)		bis 500
2. Jet-Anl. u. stat. Gasturbinen	2-10	300-600	500-1000
3. Dampf-Spitzenanlagen (ohne ZÜ)	15-20	200-500	1500-2500
4. Komb. Gas-Dampf-Turbinenanl.(o. ZÜ)	20-40	100-300	2000-4000
5. Grundlasteinheiten m. d. Möglichk. d. Spitzenstromerz.	30-50	100-200	3000-6000

+bei Dampfblöcken (vom Zünden bis Vollast)

Die Anlagetypen 3, 4 und 5 werden fast ausnahmslos im Gleitdruck-Gleittemperaturverfahren angefahren und mit Gleitdruck betrieben.

Verschiedene EVU's in der Bundesrepublik Deutschland verfügen zum Teil über langjährige Erfahrungen mit Gleitdruck. Es seien hier kurz einige erwähnt:

a) Bayernwerk AG: seit 1963 werden in 4 Kraftwerken alle in Betrieb genommenen 6 Einheiten mit zusammen ca. 1300 MW mit Gleitdruck angefahren und betrieben.

b) Großkraftwerk Franken AG (GFA): von den drei für überkritischen Druck (250 bar) und doppelter Zwischenüberhitzung (530/540/540 °C) ausgelegten Blöcke mit Schmelzkammerkesseln werden die 110 MW-Anlage seit 1962 und die beiden 220 MW-Einheiten seit 1966 mit bestem Erfolg konsequent im Gleitdruck betrieben.

c) Vereinigte Elektrizitätswerke AG (VEW): die seit 1956 installierten Blöcke mit Leistungen zwischen 80 und 400 MW fahren ausnahmslos im Gleitdruck.

Weitere EVU's die ebenfalls Gleitdruckbetrieb und Gleitdruckanfahren mit Erfolg praktizieren, sind beispielsweise:

Hamburgische Elektrizitätswerke AG (HEW), Steag AG, Nordwestdeutsche Kraftwerke AG (NWK), Bewag Berlin, Neckarwerke AG, Saarbergwerke AG, Isar Amper Werke AG.

Wegen des begrenzten Umfangs dieses Beitrags müssen wir uns bei der Erläuterung von Betriebserfahrungen eine starke Beschränkung auferlegen. Es sollen deshalb nur einige wesentliche Erfahrungen mit Gleitdruck beim Einsatz von Grundlasteinheiten zur Spitzenstromerzeugung wiedergegeben werden.

4.1 Auslegungsbeispiel eines Gleitdruckblocks für intermittierenden Betrieb

Als typisches Beispiel für im Gleitdruck arbeitende Grundlasteinheiten, die für niedrigen spezifischen Wärmeverbrauch und häufiges An- und Abfahren ausgelegt sind, können die Blöcke 21 und 31 im Kraftwerk Aschaffenburg der Bayernwerke AG gelten, die etwa gleiche Auslegungsdaten haben und seit 1963 bzw. 1971 in Betrieb sind. Die Anlage Nr. 21 und die Betriebserfahrungen mit ihr wurden bereits von Müller in (1) und (2) beschrieben. Die nachfolgenden Erläuterungen beziehen sich auf den Block 31, der für ca. 4000 Betriebsstunden pro Jahr und ca. 150 - 200 Starts/Jahr geplant wurde. Der Aufbau der Anlage geht aus dem vereinfachten Wärmeschaltplan (Bild 21) hervor.

Die wichtigsten Daten dieser Anlage sind:

Nennleistung ma. dauernd ..... 150 MW

Spezifischer Wärmeverbrauch bezogen auf Stromabgabe ...... 2150 kcal/kWh

Frischdampfleistung .... 490 t/h

HD/ZÜ-Druck vor Turbine ...... 186/43 bar

HD/ZÜ-Temp. vor Turbine ...... 530/530 °C

Speisewassertemperatur nach HD-Vorwärmer 7... 260 °C

Abdampfdruck .... 0,038 bar

Brennstoff-Steinkohle mit H_u = 6000-7500 kcal/kg

a) Dampferzeuger:

Der Zweizug-Doppelschmelzkammer-Zwangdurchlaufkessel besitzt rauchgasdicht verschweißte Umfassungswände in Rohr-Steg-Rohr-Konstruktion. Mit Hilfe einer Anfahr- und Schwachlasteinrichtung mit Umwälzpumpe mit der schnelles Anfahren und jede beliebige (vom Brennstoff her bedingte) Schwachlast realisiert werden kann (s. Abschnitt 1.8 und 2.5). Bild 17 d zeigt ein Schnittbild dieses Dampferzeugers.

b) Dampfturbine:

Sie ist als vollbeaufschlagte Maschine (ohne Regelrad) ausgeführt und hat ein sogenanntes Bypassventil, welches hinter der 3. Stufe einen zusätzlichen Dampfmengenstrom von ca. 5 % (entsprechend einer Sekundenleistungsreserve von ca. 3 %) einführen kann (s. Abschnitt 1). Der Block ist mit einer Vollast-Turbo-Speisepumpe und 2 Halblast-Elektro-Speisepumpen ausgerüstet.

c) Regel- und Automatikanlage:

Eine festverdrahtete, in mehreren Steuerebenen aufgebaute Funktionsgruppen-Vollautomatik steuert alle wesentlichen Anfahr- und Betriebsabläufe. Die Kohlenstaubfeuerung arbeitet ebenfalls vollautomatisch.

4.2 Das koordinierte Gleitdruck-Gleittemperatur-Anfahren

Der Vorteil dieses Verfahrens liegt in der optimalen Koordinierung der Kriterien des Kessels und der Turbine. Bei beiden Teilen, insbesondere bei der Turbine, müssen unzulässige Materialspannungen in dickwandigen Bauteilen durch zu große Temperaturdifferenzen vermieden werden. Hinzu kommt, daß der Dampf wenigstens 30 K überhitzt auf die Turbine gegeben werden soll. Der Gleitdruck ermöglicht dies bei sinnvollem Aufbau des Kessels und der Blockanlage praktisch für jede Temperatur. Es wurden schon Turbinen mit 80 K bei 30 K Überhitzung abgestoßen und störungsfrei auf Drehzahl gebracht (Vakuumstart, reiner Kaltstart, relativ selten). Das übliche sind Heißstarts (Nachtstillstand) und Warmstarts nach Wochenenden. Grundsätzlich kann man sagen, daß der Anfahrvorgang schon mit dem vorherigen Abfahren beginnt. Dies geht beispielsweise wie folgt vor sich:

Mit einstellbarem Gradienten wird die Feuerung und das Speisewasser kontinuierlich zurückgenommen, dadurch fällt der Druck bei gleichbleibenden Temperaturen. Bei voll offenbleibenden Turbineneintrittsventilen sinkt die Leistung, da sie dem Druck proportional ist. Bei ca. 1/3 Last schaltet sich die überlagerte Umwälzung für den Kesselverdampferteil ein. Das Feuer wird soweit zurückgenommen, wie es noch sicher zündet, dann erfolgt "Feuer aus". Die Maschine ist noch am Netz, sie nimmt den Restdampf aus dem Kessel, wobei nunmehr die Turbinenventile eingedrosselt werden. Sobald die Dampftemperatur am Kesselende zu fallen beginnt, wird die Turbine abgetrennt, der Generator geht mit Rückleistung vom Netz. Dieser feuerlose Zustand dauert je nach Kesselbauart 2 bis 7 Minuten (Oel-Gas 2 Min., Kohle-Schmelzkammerkessel bis 7 Min.). Der Druck, der hierbei etwa 25 % des Enddruckes beträgt, steigt im Stillstand durch Nachverdampfung nochmals an und fällt dann schnell wieder ab. Da die Turbine sehr gut isoliert ist und wesentlich langsamer als der Kessel abkühlt, muß angestrebt werden, diesen so warm wie möglich zu halten. Das war mit den früher üblichen eingemauerten Kesseln leichter möglich als mit den heutigen Anlagen mit geschweißten Rohrwänden, die nur isoliert sind. Hier fehlt der Schamottewärmespeicher, was als ein gewisser Nachteil für diese Betriebsbedingungen angesehen werden muß. Das Verhalten von Kessel und Turbine während eines Nachtstillstandes ist im Bild 22 aufgezeigt, welches für einen 150 MW-Block mit Kesseleinmauerung gilt. Analog zur Kurve 1 ist der HD-Temperaturverlauf des geschweißten Kessels 31 dargestellt (Kurve 8).

Bei der Schaltung der Heizflächen des Kessels muß das Abstellen und der Stillstand berücksichtigt werden. So sollten auch im Eco- und Verdampfersystem möglichst keine abwärts durchflossenen Rohrpakete verwendet werden, auch nicht als Tragrohre z. B. im 2. Zug. Durch Nachhitze kommt es bei Durchflußstillstand und Druckabsenkung in diesen Rohren zu Ausdampfungen. Diese Dampfblasen müssen vor dem Wiederzünden mit Sicherheit weggebracht werden, was bei reichlicher Speise- und Umwälzmenge bei Aufwärtsdurchströmung durchaus möglich ist. Auf gleiche Widerstände parallel geschalteter Rohre sollte geachtet werden.

Bei zweckmäßig konzipiertem Aufbau der Blockanlage ergibt das Anfahren bei Anwendung des Gleitdruck-Gleittemperatur-Verfahrens folgende Vorteile:

Das Anfahren erfolgt für jeden anliegenden Wärmezustand in der gleichen Art und Weise. Der Anfangsdruck spielt eine untergeordnete Rolle, er wird nur zur Einstellung des Anfangssollwertes der HD-Reduzierstation benötigt (Sollwert = Istwert). Besonderer Beachtung bedarf es lediglich bei den Temperaturen, die vom Kessel feinstufig steuerbar an die Werte der Turbine angeglichen werden müssen. Der Vorgang spielt sich in unsrem Fall folgendermaßen ab:
Fremddampf liefert Sperrdampf für die Turbine sowie Dampf für den Speisewasserbehälter zum Entgasen. Ausreichend groß bemessene Evakuierungspumpen sorgen für notwendiges Vakuum (möglichst innerhalb 10 Minuten oder geringer). Mit ausreichend großer Speise- und Umwälzwassermenge (33 %) wird evtl. vorhandenes Dampf-Wassergemisch in das Abscheidegefäß gedrückt und der Wasserstand in dem Gefäß hergestellt. Gleichzeitig wird der Kessel vorschriftsmäßig durchgelüftet. Nach Zünden der Oelfeuerung mit einer Feuergabe, die an dem am rauchgasseitig weitesten vorn liegenden Überhitzer keine überhöhten Rohrwandtemperaturen ergibt, öffnet nach ca. 1 Minute die HD-Umleistation unter Einwirkung der eingestellten Festdruckregelung und stellt somit Kühldampfströmung im Überhitzer her. Proportional dem Druckanstieg öffnet die HD-Station bis voll auf. Inzwischen wurde die Feuerleistung

soweit gesteigert, daß die HD- und ZÜ-Temperaturen ansteigen. Nach Auffüllen des Zwischenüberhitzers öffnet die auf etwa 2 bar eingestellte MD-Reduzierstation und läßt den erzeugten Dampf auf den Maschinenkondensator abströmen, Kondensatpumpen laufen an und drücken das Kondensat in den Speisewasserbehälter, der Kreislauf ist geschlossen. Der Fremddampf wurde durch Dampf aus dem Zwischenüberhitzernetz abgelöst. Bei Temperaturannäherung des HD- und MD-Umleitdampfes an die vorhandenen kritischen Turbinentemperaturen sowie eindeutiger Überhitzung (min 30 K) wird die Turbine angestoßen und möglichst schnell auf Drehzahl gebracht (ca. 5 Minuten). Es folgt Synchronisation und Schalten ans Netz. Durch Öffnen der Turbineneintrittsventile, was einen geringen Druckabfall und damit selbsttätiges Schließen der HD- und MD-Station zur Folge hat, wird zur Verfügung stehender Dampf zur Leistungserzeugung übernommen (ca. 30 % der Endlast). Die Reduzierstationen schalten um auf Gleitdruckbetrieb, d. h. die Ansprech-Sollwerte eilen nunmehr einige bar (ca. 5 bar) voraus. Durch Feuerungssteigerung wird der Druck mit vorgewähltem Gradienten erhöht und dadurch die Leistung gesteigert. Die Temperatur wird mit Hilfe der Einspritzregelungen mit zulässigen Gradienten bis zum Endwert hochgezogen. Diese aus jedem Temperatur- und Druckzustand gleichartige Anfahrweise ergibt eine einfache Bedienung und leichte Überwachung. Sie trägt insbesondere beim Kessel zu weitgehender Materialschonung und einfacher Automatisierung bei.

Bild 23 zeigt das Anfahrdiagramm des 150 MW-Blockes, nach 53,5 Stunden (Sa/So-Stillstand). Der Kessel war vorher wegen einer Armaturenreparatur abgekühlt und abgelassen worden, so daß für ihn Kaltstartbedingungen herrschten.

Im Bild 24 ist der Heißstart eines vollautomatischen Blockes nach 6,25 Stunden Stillstand gezeigt. Die Gesamtzeit des Programmstarts vom Beginn der Anfahrvorbereitungen bis zur Vollast betrug 57 Minuten, vom Zünden bis Vollast ca. 42 Minuten.

Mit Gleitdruck angefahrene und betriebene Anlagen haben bisher sehr wenig Speisewasser- und Kondensat-Probleme gebracht. Im Bereich der Bayernwerk AG z. B. brauchte bisher an 6 gleitdruckbetriebenen Benson-Blöcken weder vor der Inbetriebnahme noch im Laufe der weiteren Betriebszeit eine Beizung der Wasser-Dampfseite des Rohrsystems vorgenommen zu werden; der Druckverlust in den Rohrsystemen blieb während der bisherigen Betriebszeit konstant und die Dampfreinheit war ebenfalls zufriedenstellend. Wir sehen hierfür vor allem zwei Gründe:

1.) Alle Blöcke besitzen Vollast Kondensat-Reinigungsanlagen, welche bereits bei der ersten Inbetriebnahme eingesetzt wurden und stets im Kreislauf zugeschaltet bleiben.

2.) Das Gleitdruckverfahren ergibt beim Anfahren große Dampfvolumina und gleichmäßige Durchströmung der Rohre, so daß auf der Dampfseite keine Wärmestromspitzen auftreten. Der Betrieb mit abgesenktem Druck beim Anfahren vermindert die SiO_2-Löslichkeit und erleichtert die Einhaltung der Dampfreinheitswerte.

3.) Es wurde bei der Auslegung des Eco- und Verdampfersystems angestrebt, im Rohrsystem größere Wassergeschwindigkeiten als ca. 3,5 m/s nicht zu überschreiten.

Erfahrungen mit überlagerten Umwälzsystemen

Die meisten während der letzten 10 Jahre in der Bundesrepublik erbauten Zwangdurchlaufkessel sind mit einer Wasser/Dampf-Trennvorrichtung am Verdampferende und mit einer Umwälzpumpe ausgerüstet. (s.Abschnitt 1.8 und 2.5 und Bild 21). Dieses System hat sich nach Überwindung anfänglicher Schwierigkeiten als sehr betriebssicher erwiesen. Wichtig ist, daß die Pumpen in ihrer Förderhöhe stark überdimensioniert sind und eine nicht zu flache Kennlinie erhalten, da die Widerstände im Verdampfer wegen der unterschiedlichen Dampfzustände häufig wechseln. Das Umwälzpumpenregelventil sollte hydraulische Antriebe mit kurzen Schließzeiten (4 - 10 s) erhalten, desgleichen das korrespondierend arbeitende Speisewasserregelventil, um schnellen Schwankungen des Wasserstandes in der Abscheideflasche folgen zu können.

Die Umwälzpumpen sind ausnahmslos als stopfbuchsenlose Pumpen ausgeführt. Der angeflanschte, unter vollem Systemdruck stehende Motor ist empfindlich gegen Verschmutzung und Heißwassereinbruch. Das Hochdruckkühlsystem und die verschiedenen Reinigungsvorrichtungen müssen daher peinlich genau gewartet werden und eine Reihe automatischer Überwachungen haben. Bei Beachtung dieser Maßnahmen sind keine Störungen zu erwarten. Die Flasche enthält normalerweise auch noch einen Notablauf, der direkt über einen Entspanner ins Freie führt und bei Überschreitung eines maximalen Flaschenwasserstandes öffnet. Über diese Leitung kann notfalls der Kessel auch ohne Umwälzpumpe angefahren werden. Auch mit den anderen in Abschnitt 2.5 erläuterten Systemen liegen zum Teil langjährige gute Erfahrungen vor.

Anfahrverluste

Sorgfältige Messungen der Anfahr- und Stillstandsverluste wurden vor allem an den 150 MW-Blöcken der Bayernwerk AG und im Kraftwerk Walheim der Neckarwerke AG gemacht. Die Ergebnisse, die im Bild 25 dargestellt sind, stellen die Grundlage für die Entscheidung dar, ob ein Block abgestellt wird oder nicht. Absetzen einer Einheit wird vertretbar, wenn die Anfahrverluste niedriger werden als der Mehrverbrauch an Wärme für alle Einheiten im Schwachlastbetrieb.Dieser Mehraufwand kann mit ca. 10 % des Vollastverbrauchs angesetzt werden und beträgt für eine 300 MW-Einheit ca. 60 Gcal/h. Wenn man die Anfahr- und Stillstandsverluste einer solchen Einheit mit ca. 250 Gcal für Heißstart ansetzt, wird das Abfahren eines solchen Blockes schon interessant, wenn 2 Blöcke mehr als 2 Stunden Schwachlast fahren sollten.

Bei der Festlegung der Anfahr- und Stillstandsverluste lt. Bild 25 wurde der Wärmegewinn bei der Lastsenkung zum Abfahren nicht berücksichtigt.

Anfahrautomatik

Viele in den letzten Jahren erbaute Blockanlagen verfügen über eine Anfahrautomatik, die normalerweise nach dem Prinzip der dezentralisierten, autark arbeitenden Funktionsgruppensteuerung aufgebaut ist und in mehreren Steuerebenen arbeitet. Die Steuerung des An- und Abfahrens übernimmt das Blockprogramm, ein elektronisches Schrittschaltwerk, das seine Befehle an die einzelnen Funktionsgruppensteuerungen ausgibt und überprüft, ob sich für jeden Schritt der erwünschte Anlagenzustand eingestellt hat.

Da ein großer Vorteil der Gleitdruckanlagen in der Möglichkeit des häufigen An- und Abfahrens liegt, sind bei der Größe der Anlagen und den geforderten kurzen Anfahrzeiten automatische Anfahrhilfen notwendig. Bei Gleitdruckanlagen beschränkt sich die Aufgabe der Anfahrautomatik im wesentlichen auf die richtige Zuschaltung der Anlagekomponenten und die Sollwertvorgabe auf die Regelkreise, um eine Feuerleistungssteigerung zu erzielen, die die schnellstmögliche Temperaturangleichung des Dampfes an den Turbinenzustand ermöglicht. In der Bundesrepublik Deutschland laufen bzw. sind im Bau ca. 25 Blockanlagen mit Anfahrautomatiken. Diese Anlagen haben sich im allgemeinen bewährt.

Um die Übersicht über den Ablauf des Programms zu behalten, bzw. um bei Programmstörungen sofort gezielte Maßnahmen ergreifen zu können, ist die Ausstattung der Anlage mit ausreichenden Informationsmöglichkeiten unbedingt erforderlich. Hilfsmittel dazu sind Kriterienanzeigen, Störwertdrucker usw. Der prinzipielle Aufbau eines Ein-Programms (z. B. Abschnitt 1 Zündprogramm) geht aus dem Bild 26 hervor.

4.3 Erfahrungen bei Laständerungen

Laständerungen im Gleitdruckbetrieb laufen bekanntlich wegen der dauernd voll geöffneten Turbinenregelventile nur über eine Änderung der Feuerungsleistung am Kessel und der damit hervorgerufenen Drucksteigerung im Dampfsystem ab. Die Qualität bzw. Art der Feuerung ist also für die Geschwindigkeit der ausgeführten Laständerungen maßgebend. Bei mit Oel- und Gasfeuerungen ausgeführten Anlagen wurden dabei betriebsmäßige Laständerungsgradienten von ca. 8 - 10 %/Min. erreicht. Bei Kesseln mit Kohlenstaub-Schmelzkammerfeuerungen werden etwa halbe Werte erreicht. Vor Beginn der Laständerung sind brennstoffabhängige Totzeiten im Kesselsystem zu überwinden (s. Bild 11). Das Bild 27 zeigt eine Lastsenkung und eine Laststeigerung des 150 MW-Blocks 21 (mit Schmelzkammerkessel) aus dem Jahre 1964 (1). Einschließlich der Tot- und Verzugszeit wurde ein Laststeigerungsgradient von ca. 6 %/Min. erreicht.

Die Grenzen der Laständerungsgeschwindigkeiten liegen erfahrungsgemäß in der Regelfähigkeit der Dampftemperaturen, die durch das Auseinanderlaufen von Feuerleistung und Dampferzeugung vor allem bei der Lastaufnahme - infolge der notwendigen Speicherauffüllung des Kessels zur Druckerhöhung - erschwert wird. Die gute Regelfähigkeit der Feuerung, sorgfältige Aufteilung der Überhitzerheizflächen sowie die Ausarbeitung eines angepaßten Regelkonzeptes machen es möglich, den Gleitdruckbetrieb mit ausreichend schnellen Laständerungsgradienten zu fahren.

Wertvolle Regelhilfen stellen die noch wenig verbreiteten Enthalpie-Messungen im schwach überhitzten Bereich dar, welche den tatsächlichen Wärmeinhalt des Dampfes zwecks Speisewasserkorrektur zu erfassen suchen.

Auch die Anordnung von Tendenz-Temperaturmessstellen in die Mitte der einzelnen Überhitzergruppen hat die Dampftemperaturregelung in bestimmten Fällen verbessert.

4.4 Erfahrungen mit Frequenzregelung

Mit Modifikationseinrichtungen (s. 1.1) ausgerüstete Gleitdruckblöcke erfüllen die regeltechnischen Anforderungen des Netzes. Sowohl die Sekunden- als auch die Minutenreserve kann damit einwandfrei beherrscht werden. Von den in Abschnitt 1.1 und 1.7 genannten Methoden seien zwei kurz erwähnt:

Kondensatstop

Bei den 176 MW-Blöcken (mit Schmelzkammerkesseln) des Kraftwerks Westfalen der VEW ist der Speicher in der Kondensatleitung zwischen der Hauptkondensatpumpe hinter Hotwell und einer regelbaren Zubringerpumpe angeordnet und dient als Ausgleichgefäß. Mit Hilfe dieser Einrichtung war es möglich, die Verzugszeit des Blockes von ca. 90 Sekunden auf ca. 5 Sekunden zu vermindern. Der Laständerungsgradient ergab sich für die ersten 20 - 30 Sekunden auf ca. 10 % pro Minute, die max. Leistungssteigerung betrug ca. 6 % bei max. möglicher Kondensatverschiebung von 300 t/h. Die Dauer der Leistungssteigerung ist nur abhängig vom Fassungsvermögen der Speicher.

HD-Vorwärmerdrosselung

Diese Variante wurde in neuerer Zeit im Kraftwerk Aschaffenburg untersucht und scheint besonders geeignet zur Verbesserung der Regelmöglichkeit von Gleitdruckblöcken, da sie mit geringem Aufwand auch an vorhandenen Anlagen angewandt werden kann. Erforderlich sind schnellbetätigte Regelventile in den HD-Dampfanzapfleitungen, die von einer Regelung in Abhängigkeit von der Frequenzabweichung betätigt werden. Versuche an dem regeldynamisch trägen (mit nicht optimierter Regelung) Steinkohle-Schmelzkammer-Block 31 im Kraftwerk Aschaffenburg brachten, trotz provisorischer Ausrüstung für diesen Zweck, eine Verkürzung der Ansprechzeit von ca. 90 s auf ca. 2 s und eine Erhöhung der Ausgangsleistung um 5 % innerhalb ca. 15 s. Das Wärmedefizit an der Kesseleinspeisung muß durch gesteuerten Impuls auf die Feuerung ausgeglichen werden. Bild 29 zeigt die typische Aufschreibung einer Leistungsänderung, bei welcher nur die Drosselung der Entnahmeventile ohne Feuerungskorrektur erfolgte. Die Kesselendtemperaturen blieben beim gesamten Vorgang praktisch unverändert. Zum Zeitpunkt der Konferenz kann über gezielte Versuche mit allen Modifikationsmethoden berichtet werden.

4.5 Verfügbarkeit

Die gute Bewährung der Gleitdruck-Gleittemperatur-Anlagen vor allem unter den erschwerten Bedingungen eines intermittierenden Betriebes mit häfigen An- und Abfahrten wird allgemein anerkannt. Das beste Kriterium für die Beurteilung der Verfügbarkeit einer Anlage, die im intermittierenden Betrieb gefahren wird ist die Störkennziffer, die wie folgt definiert ist:

$$S_K = \frac{T_{Nv}}{T_B + T_{Nv}}$$

wobei T_{Nv} die Ausfallzeit - durch Störung verursacht - und T_B die Betriebszeit bedeuten.

Die Störkennzahl einiger im Gleitdruck betriebener Blockanlagen (Kessel und Turbine) mit stark intermittierendem Betrieb zeigt die Tabelle 2.

	Geschäfts-Jahr						
Einheit	63/64	64/65	65/66	66/67	67/68	68/69	69/70
A	0,134	0,166	0,007	0,161	0,033	0,037	0,006
B	-	-	0,083	0,127	0,125	0,057	0,049
C	-	-	-	0,060	0,067	0,045	0,068
D	-	-	-	-	-	-	0,116

A = Aschaffenburg 21, B = Ingolstadt 1,
C = Ingolstadt 2, D = Pleinting 1

Tabelle 2: Störkennzahlen der BAG-Blöcke mit intermittierendem Betrieb

Wie ersichtlich, spielt sich S_K nach einiger Betriebszeit allgemein auf Werte um 0,05 je Block ein. Dabei wurde bei der Aufstellung der Statistik ein strenger Maßstab angelegt und auch Störungen aufgenommen, die nicht zum sofortigen Ausfall, sondern nur zur kurzfristigen Umdisposition des Fahrplanes zwangen (außerplanmäßige Reparaturen).
Ein Beweis für die Zuverlässigkeit der beschriebenen Betriebsart dürfte damit erbracht sein.

Schrifttum

(1) Müller, H.:
Das Anfahren von Blockanlagen im Gleitdruck-Gleittemperatur-Verfahren
Elektr. Wirtschaft 63 (1964)
Nr. 23, S. 797/807

(2) Müller, H.:
Einsatz moderner Grundlastblöcke zur Spitzenstromerzeugung
Mitt. Verein Großkesselbetreiber 48 (1968) Nr. 5, S. 306/21

(3) Lovejoy, S. W. und Riess, W. G.:
Variable Pressure Operation and Startup of Large Turbines in Utility Power Plants
American Power Conference,
April 20-22, 1971, Chicago, Illinois

(4) Bender, R. J.:
U.S. Welcomes Variable Pressure Concept.
Power August 1970

(5) Cotter, J. F. und Hanzalek, F. J.:
Considerations Involved in Reduced-Pressure Boiler Operation
Southeastern Electric Exchange,
Tampa, Florida, Oktober 1963

(6) Lovejoy, S. W., Brandon, R. E. und Blakeslee, C. E.:
Improved Station Heat Rate with Variable Pressure Operation
ASME Paper 62-WA-180, November 1962

(7) Djogtev, O. N., Kazarinov und Cakrygin, V.G.:
Einführung des Gleitdruckbetriebes bei den mit PK-39-Kesseln ausgerüsteten 300 MW-Blöcken
Archiv für Energiewirtschaft, Heft 8
25. April 1972

(8) Gleichmann:
Die Entwicklung des Bensonkessels in Vergangenheit und Zukunft
Siemens-Schuckert-Bericht, Berlin 1933

(9) W. Stender:
Der Gleitdruckbetrieb
Sein Wesen und seine Auswirkung
Siemens Zeitschrift Bd. 17. Nov. 1937
Heft 11, Seite 569 bis 585

(10) Schubert, J.:
Der 100 MW-Block im Gemeinschaftskraftwerk Hattingen
Elektrizitätswirtschaft, Bd. 58 (1959)
Seite 737 - 747

(11) Sack, M.:
Das Betriebsverhalten der Kraftwerke im Regelkreis des Lastverteilers
Vortrag anläßlich der Konferenz "Automatisierung, Meß- und Regelungstechnik 1972" am 14. und 15. Nov. 1972

12) Fasol:
Verhalten der Sicherheits- und Regeleinrichtungen in Blockkraftwerken.
Steam Plant Convention 1973, London

(13) Buchwald, K.:
Neuere Erkenntnisse auf dem Gebiet der zulässigen Anfahr- und Laständerungsgeschwindigkeiten von Dampfturbinen
VGB Kraftwerktechnik Mitteilungen der VGB 52, Heft 5, Oktober 1972

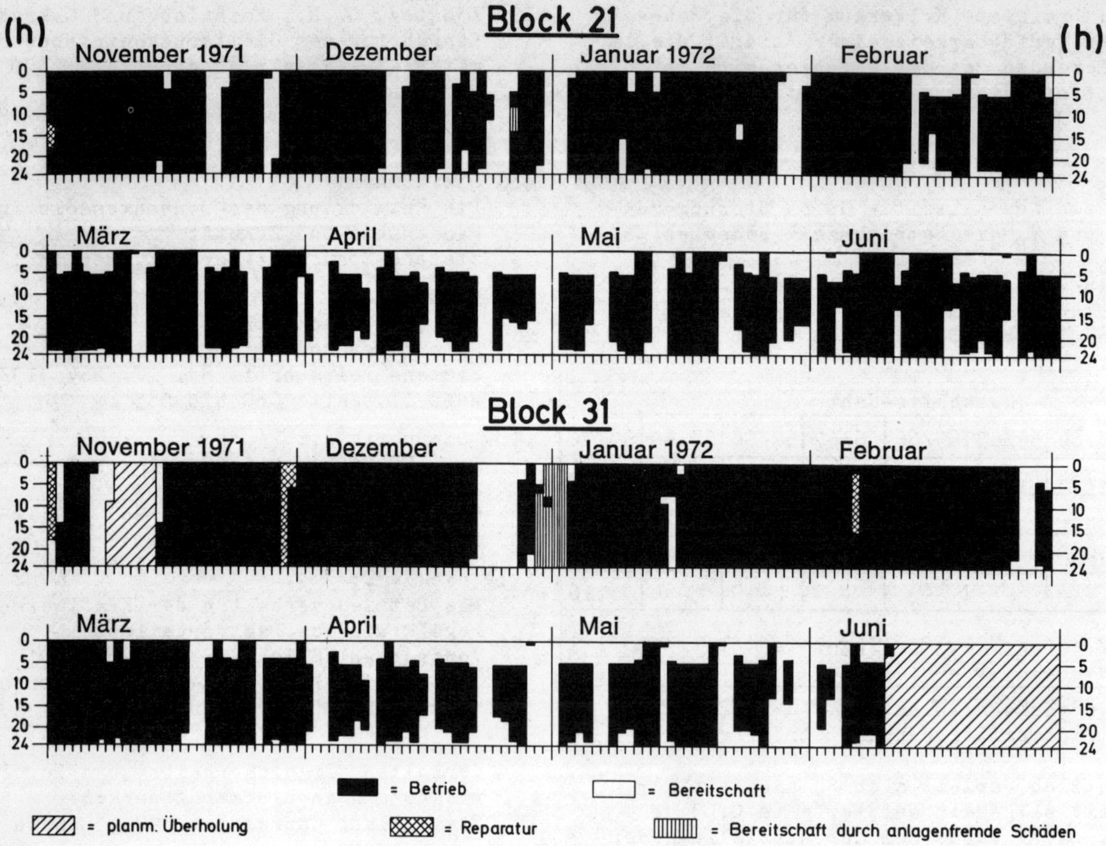
Block 21
(h)
November 1971
Dezember
Januar 1972
Februar
März
April
Mai
Juni
Block 31
= Betrieb
= Bereitschaft
= planm. Überholung
= Reparatur
= Bereitschaft durch anlagenfremde Schäden

Bild 1

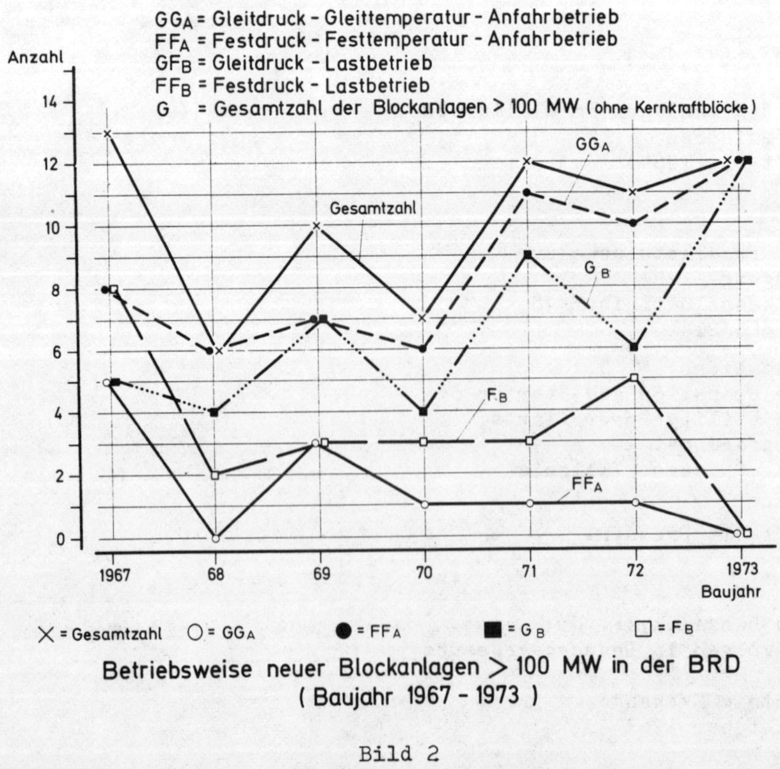
GG_A = Gleitdruck - Gleittemperatur - Anfahrbetrieb
FF_A = Festdruck - Festtemperatur - Anfahrbetrieb
GF_B = Gleitdruck - Lastbetrieb
FF_B = Festdruck - Lastbetrieb
G = Gesamtzahl der Blockanlagen > 100 MW (ohne Kernkraftblöcke)
Anzahl
Gesamtzahl
Baujahr
× = Gesamtzahl ○ = GG_A ● = FF_A ■ = G_B □ = F_B
Betriebsweise neuer Blockanlagen > 100 MW in der BRD
(Baujahr 1967 - 1973)

Bild 2

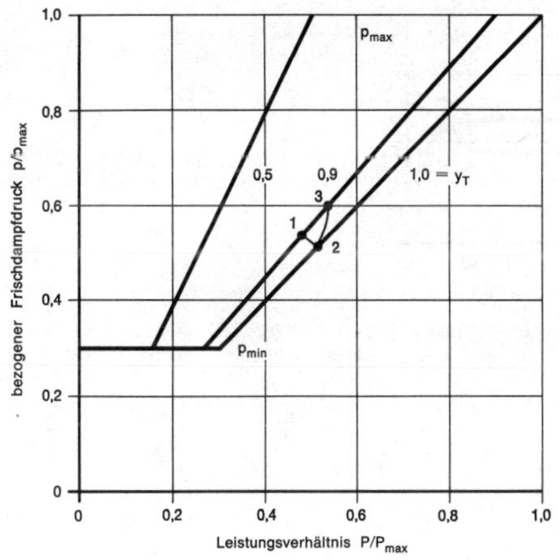

Bild 3

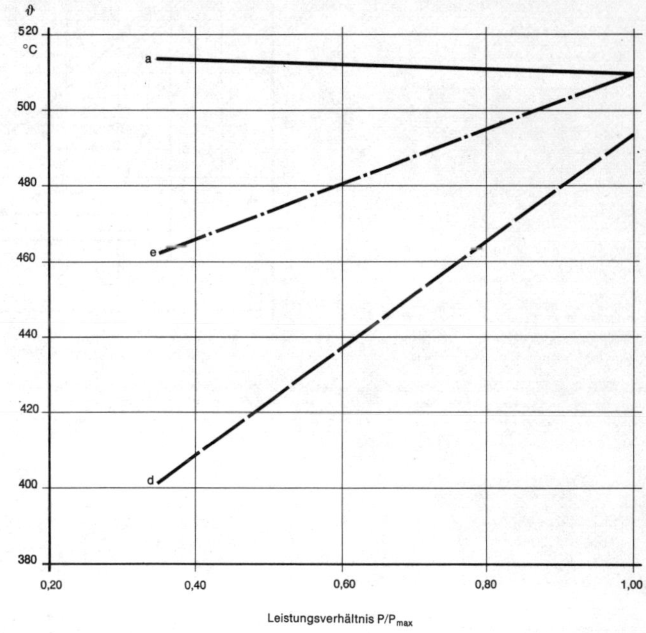

Bild 4

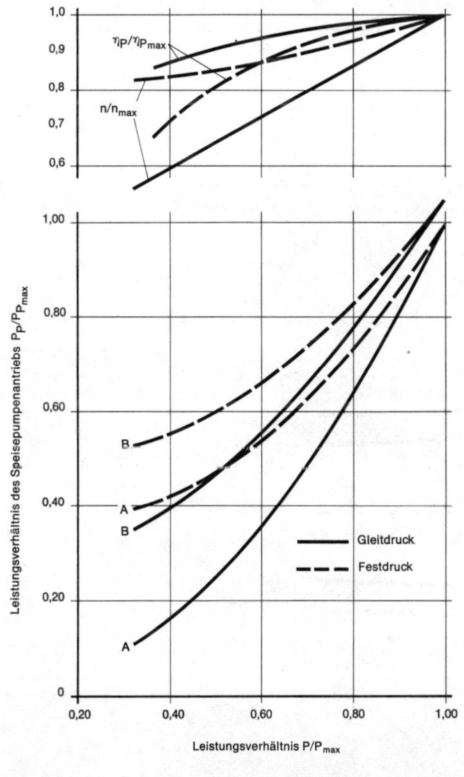

Bild 5

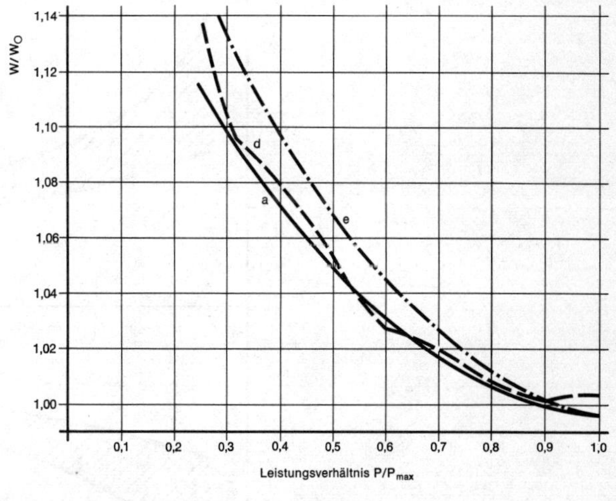

Bild 6

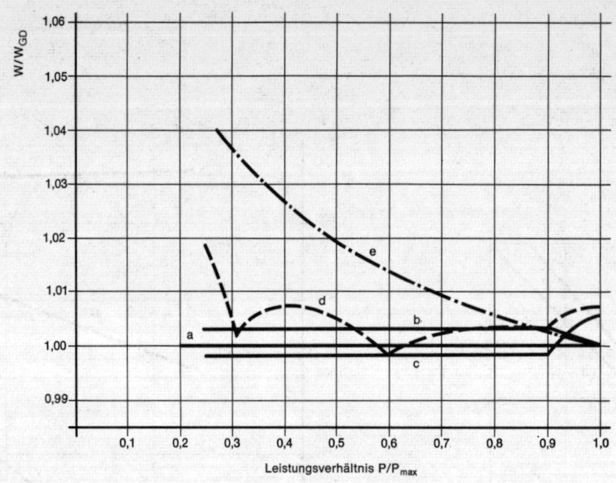

Bild 7

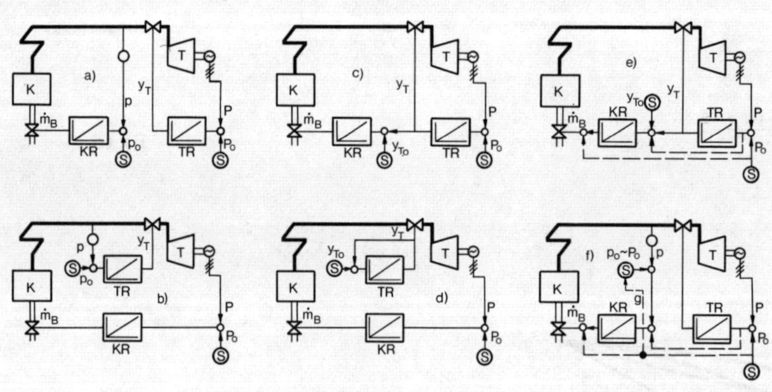

Bild 8

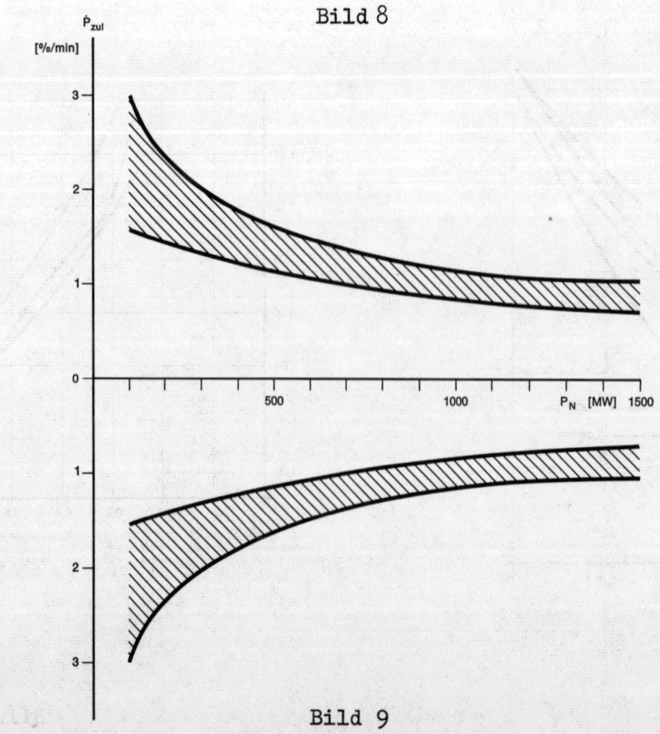

Bild 9

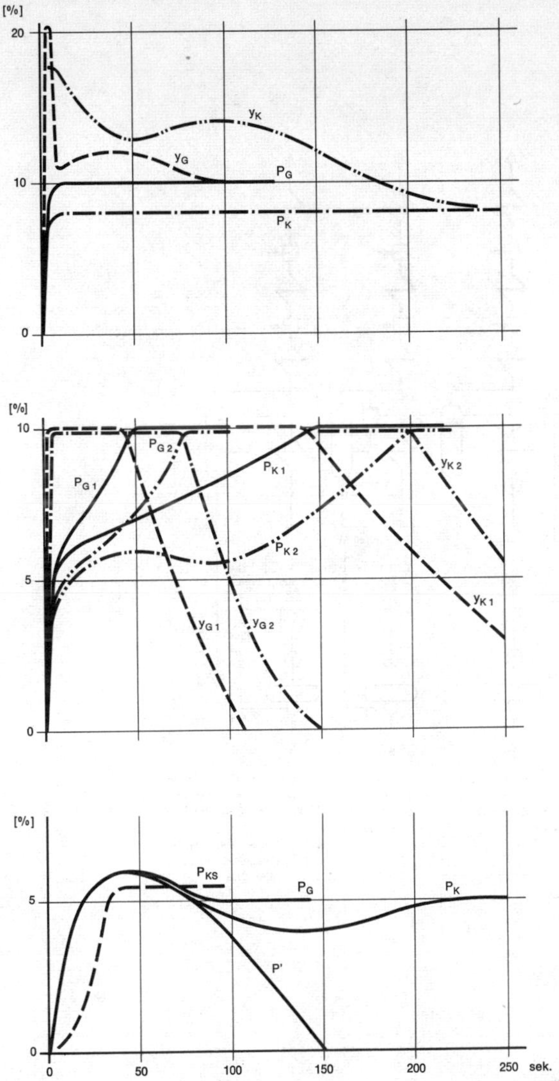

Bild 10

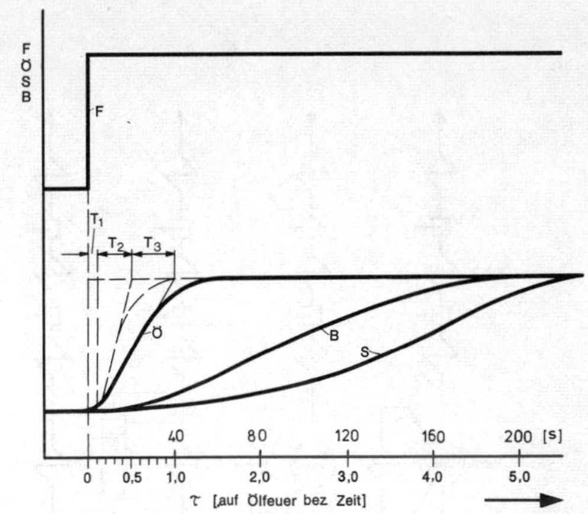

Bild 11

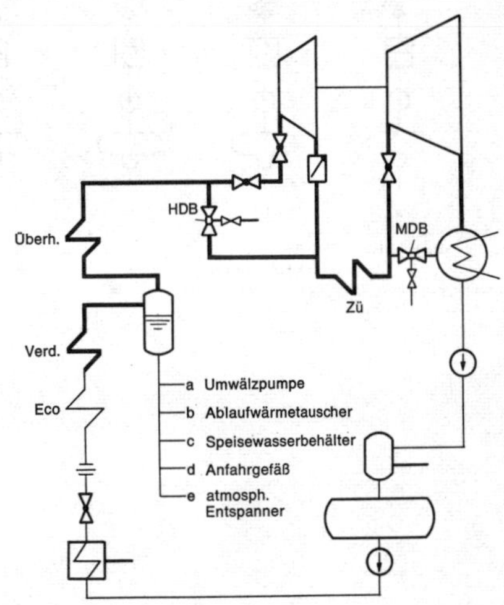

Bild 12

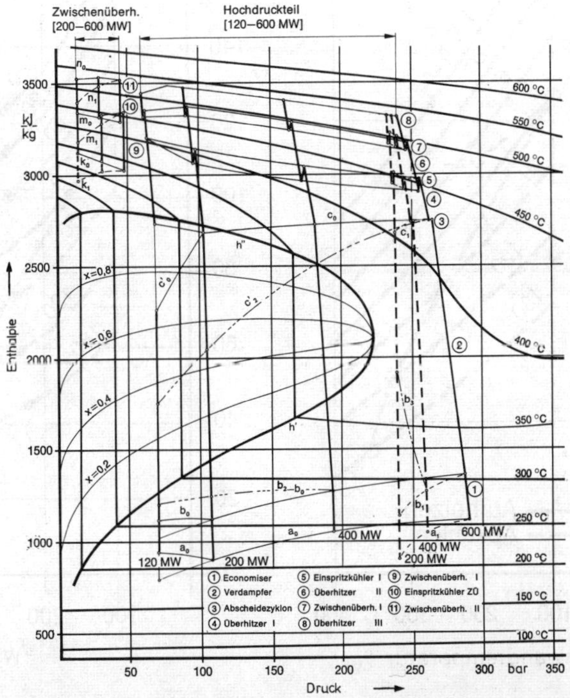

Bild 13

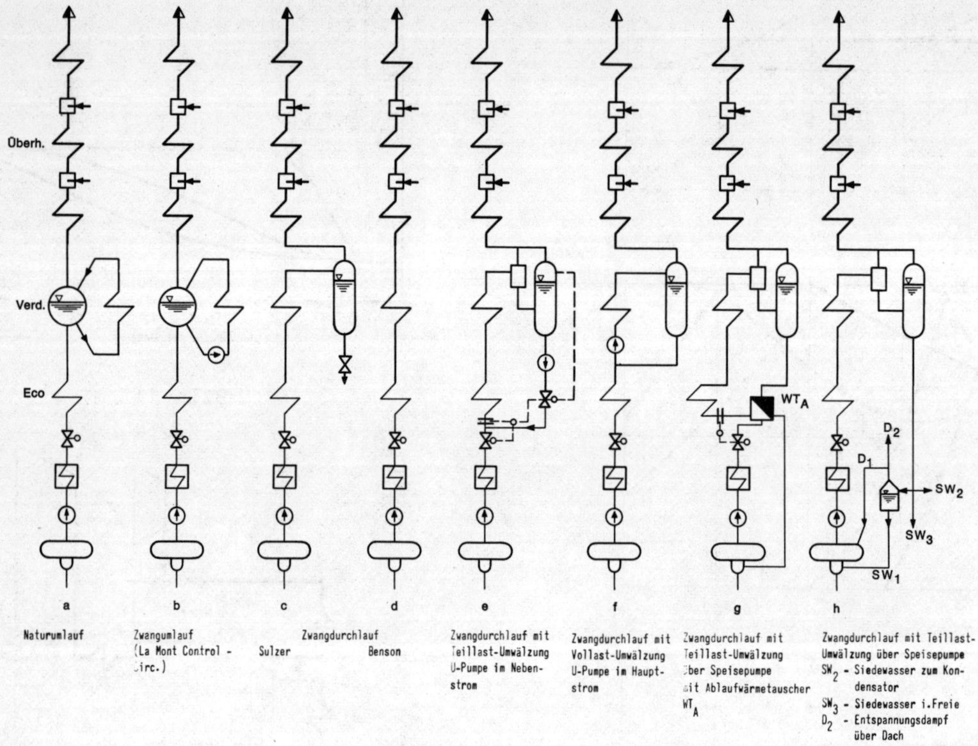

Bild 14

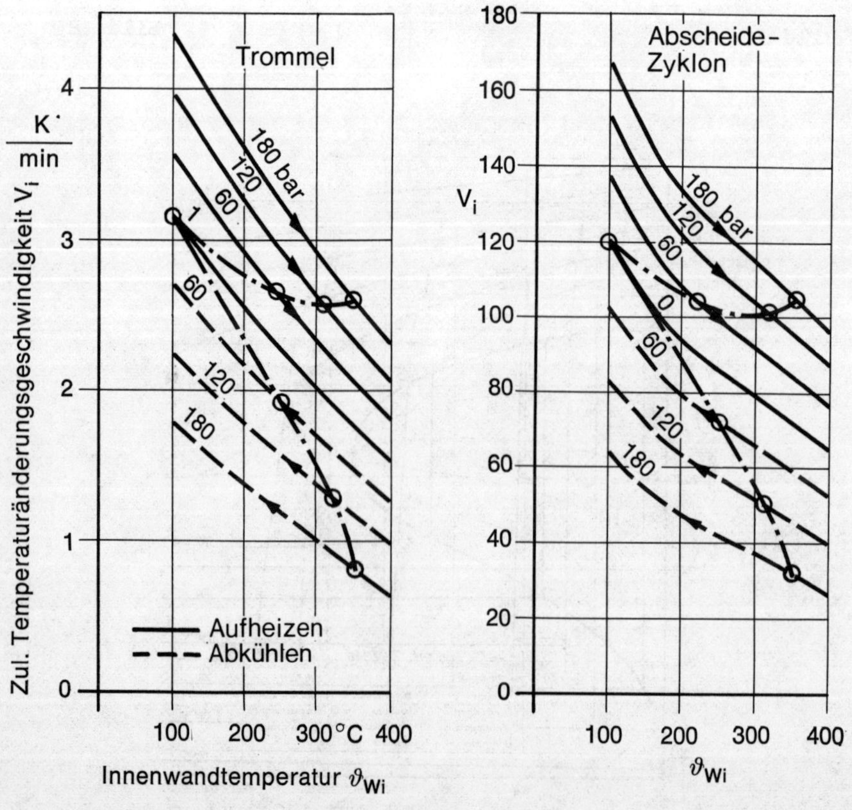

Bild 15

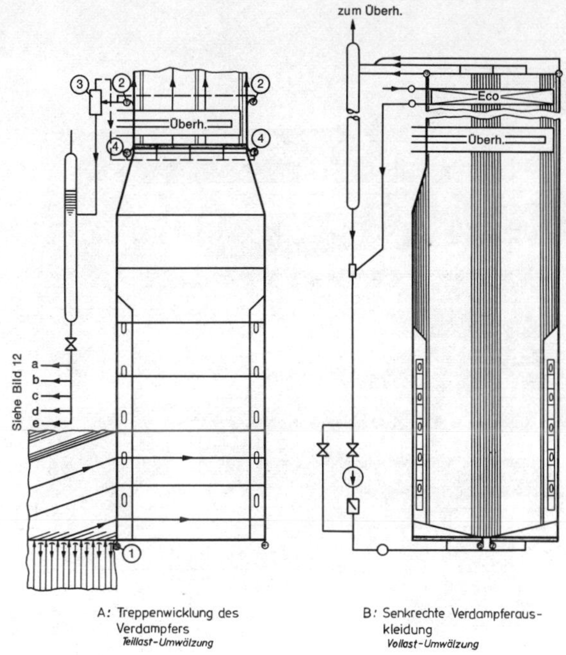

Bild 16

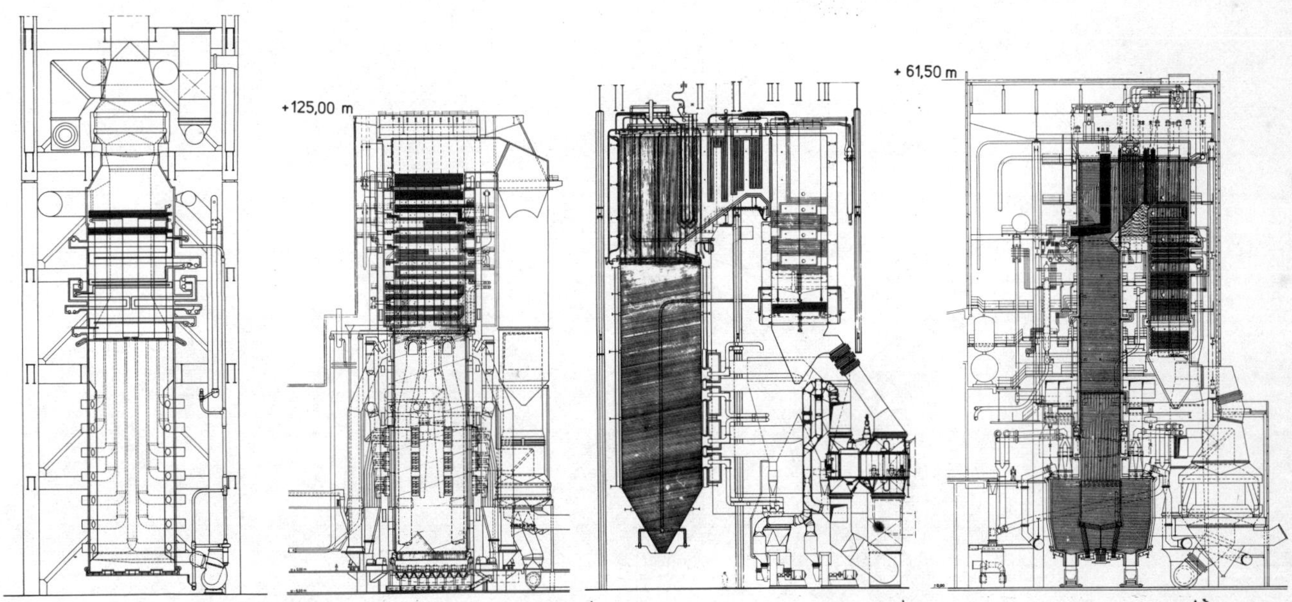

		a)	b)	c)	d)
Bauart:		EVT	M.A.N.	Babcock	M.A.N.
Leistung:	MW	630	630	350	150
Druck hinter Überh.	bar	175	175	250	186
Brennstoff:		Erdgas/Öl	Rheinische Rohbraunkohle	Steinkohle (Trockenfeuerung)	Steinkohle (Schmelzfeuerung)
Anordnung der Verdampferrohre		Vertikal	Schraubenförmig	Schraubenförmig	Treppenförmig und teilweise senkrecht

Bild 17

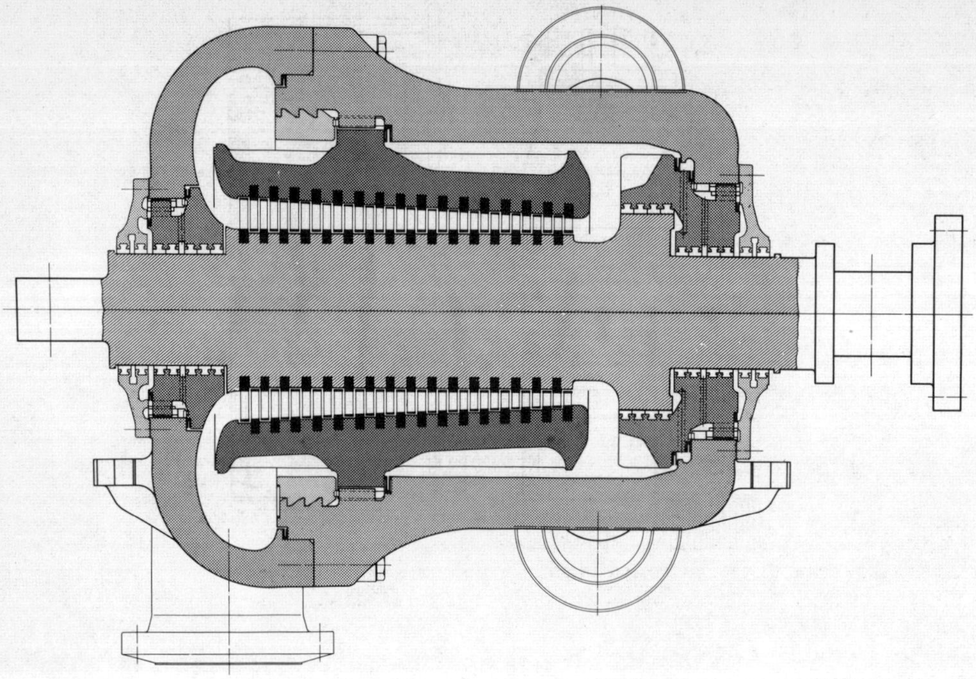

Bild 18a

Bild 18b

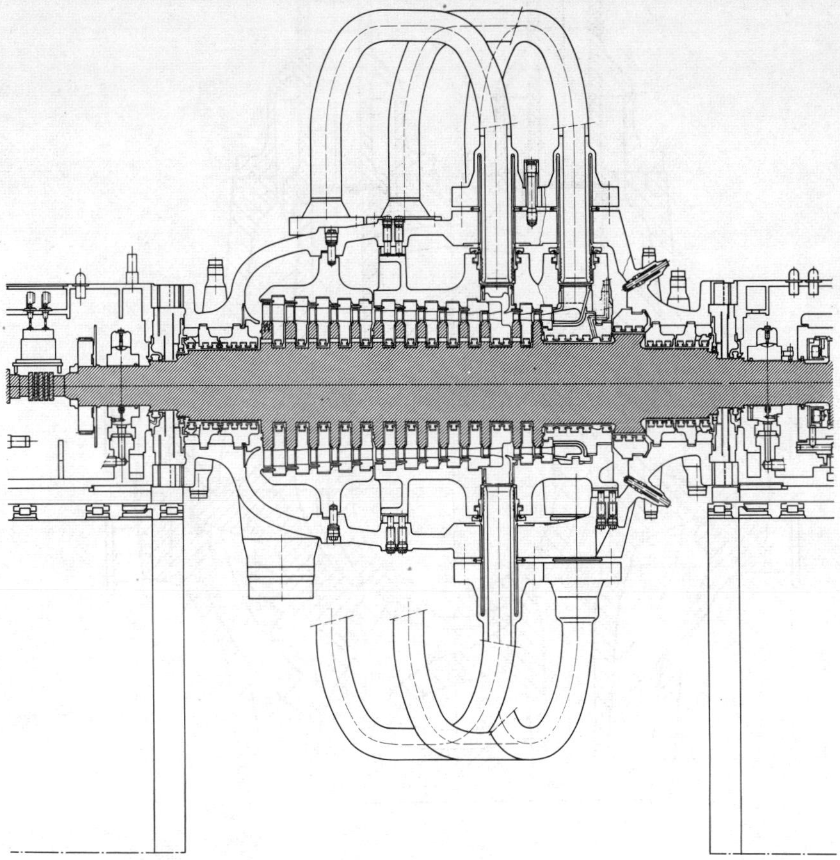

Bild 19

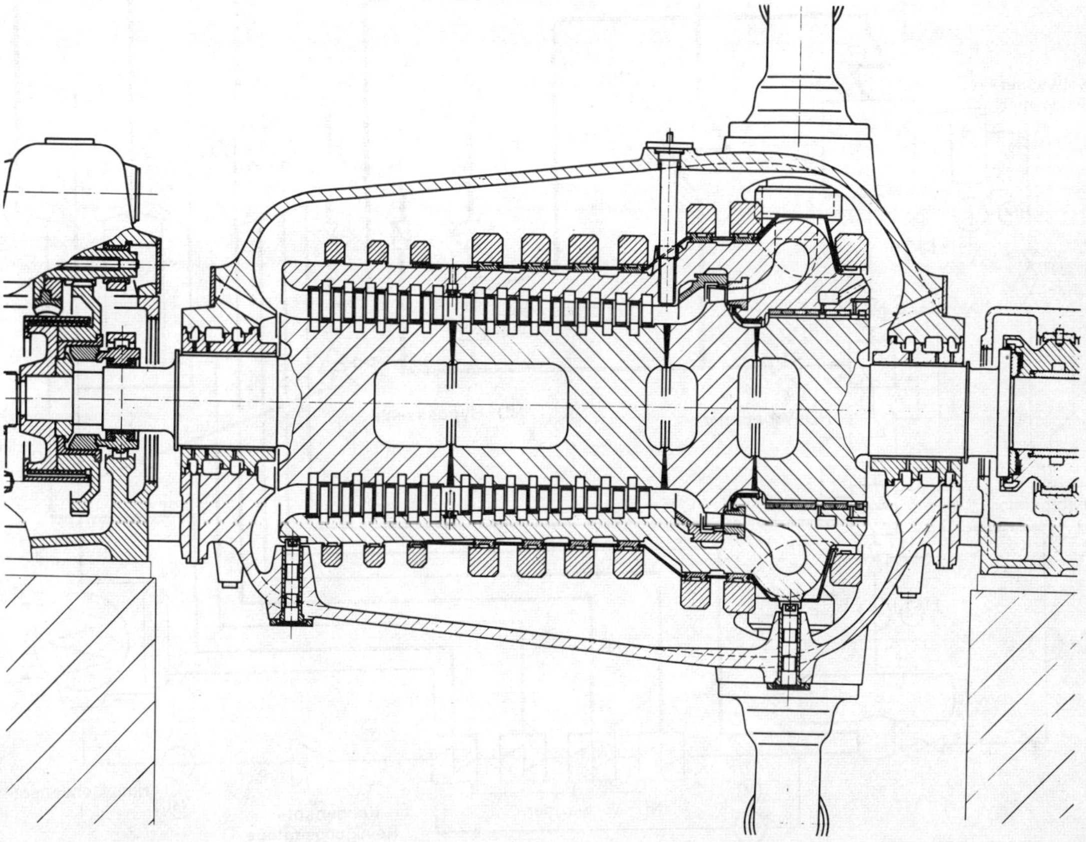

Bild 20a

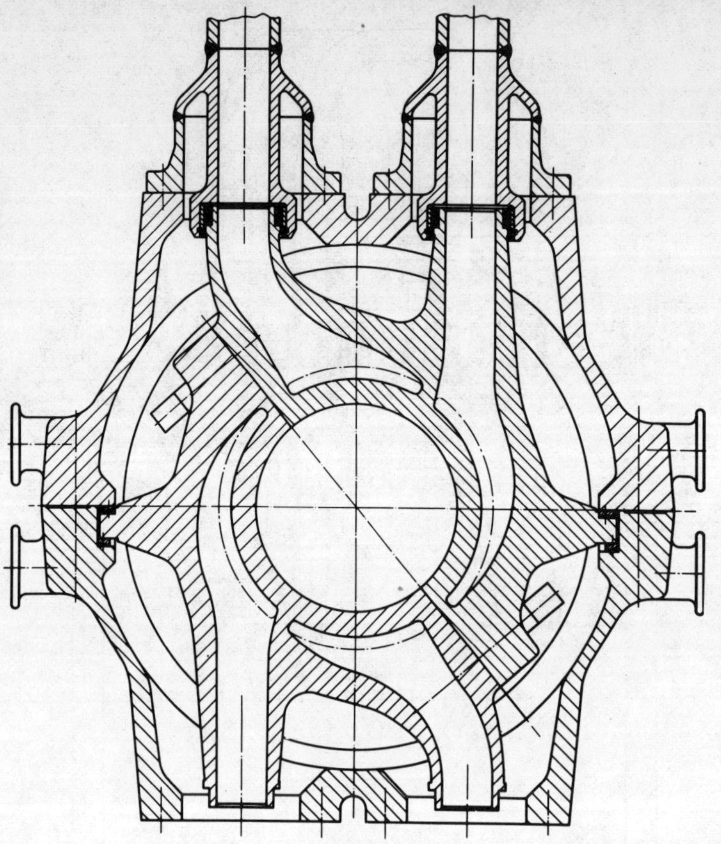

Bild 20b

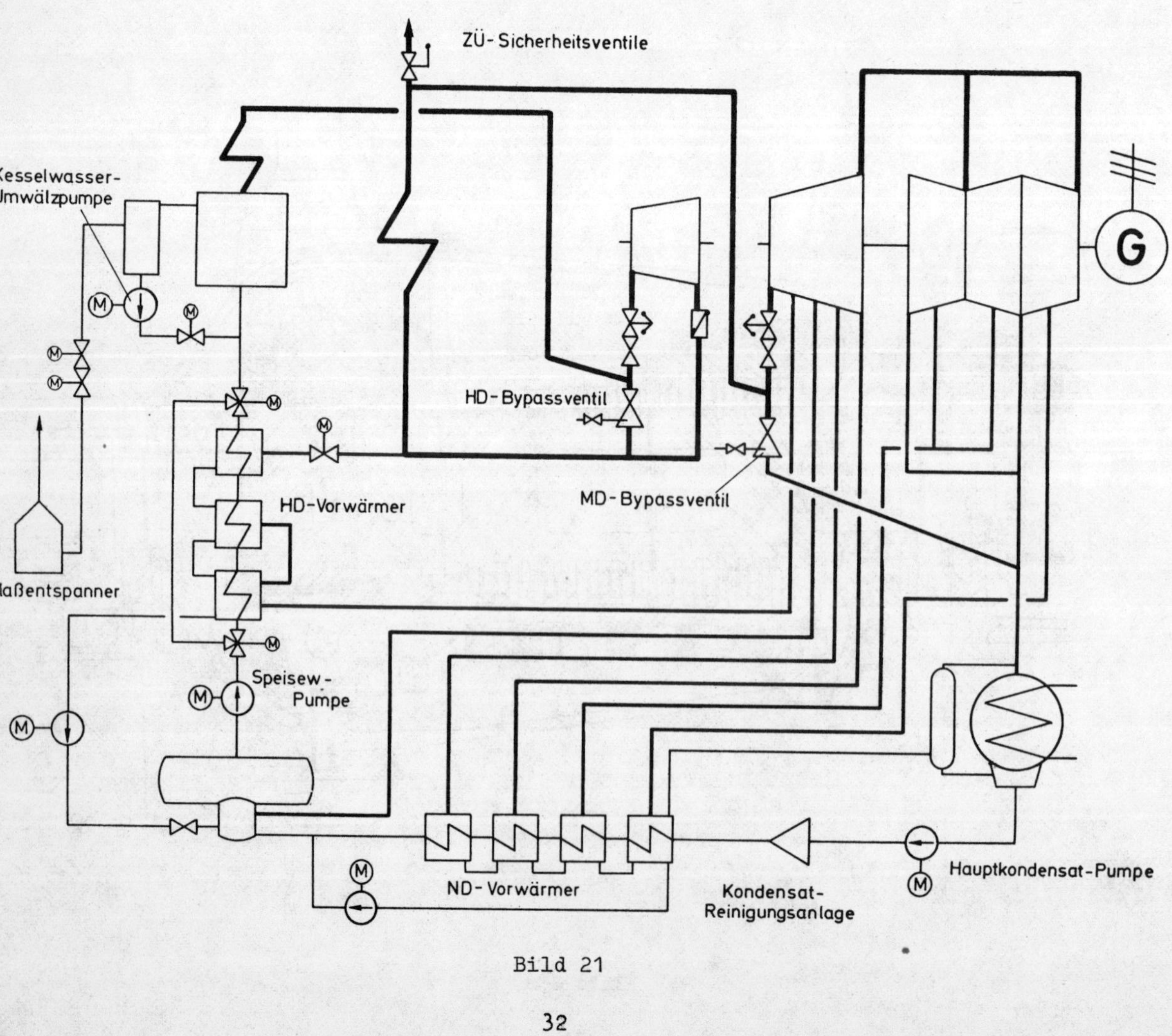

Bild 21

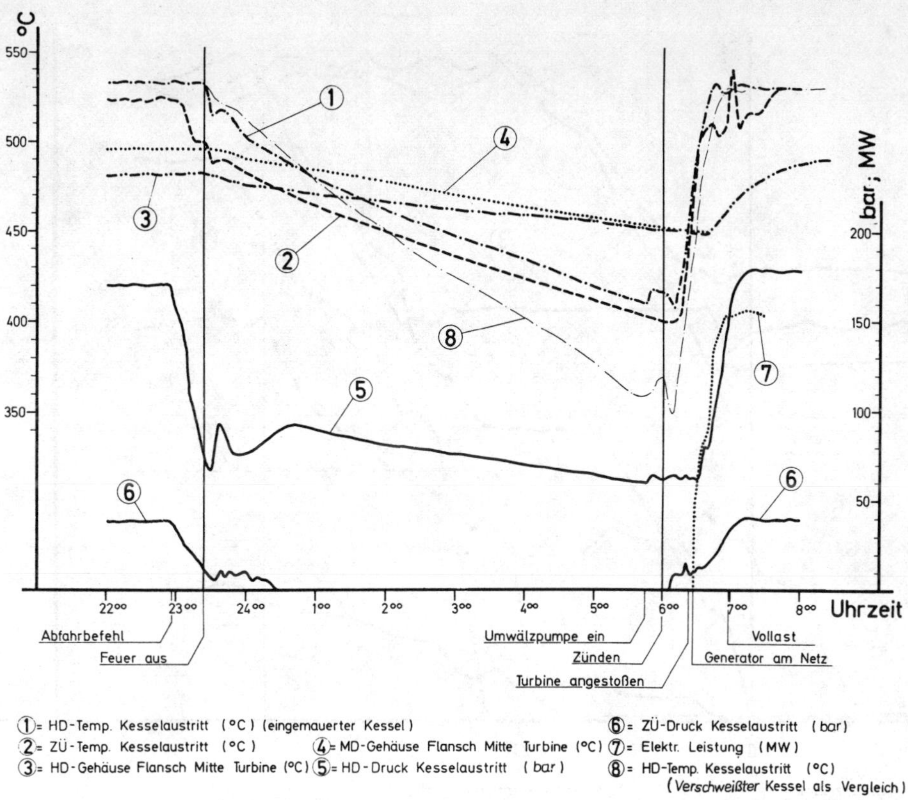

Bild 22

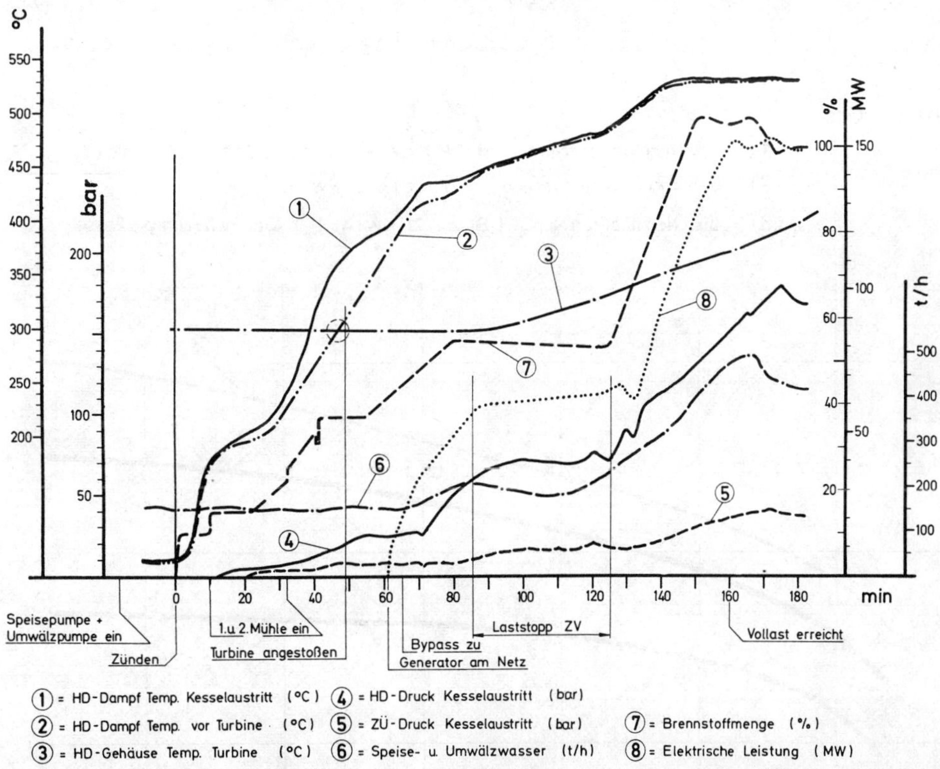

Bild 23

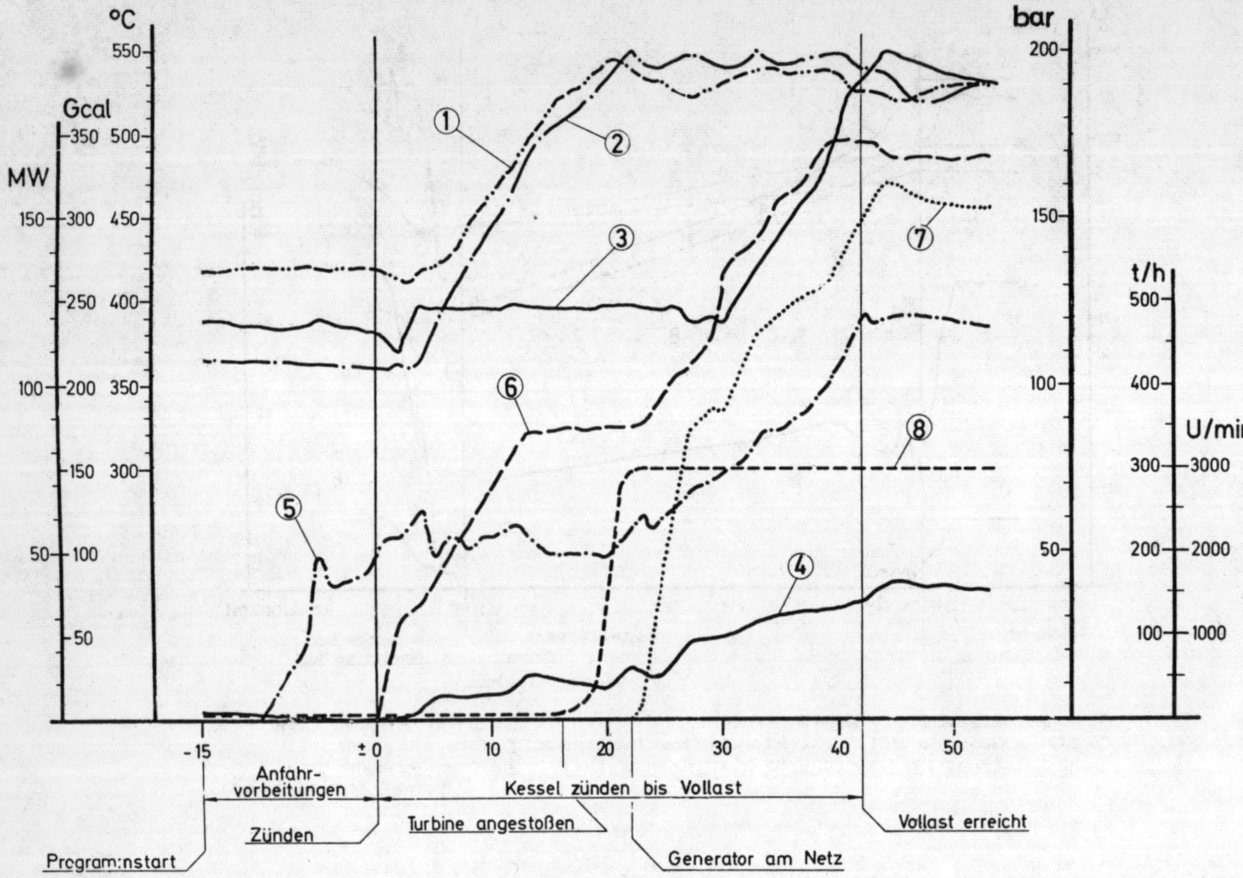

Bild 24

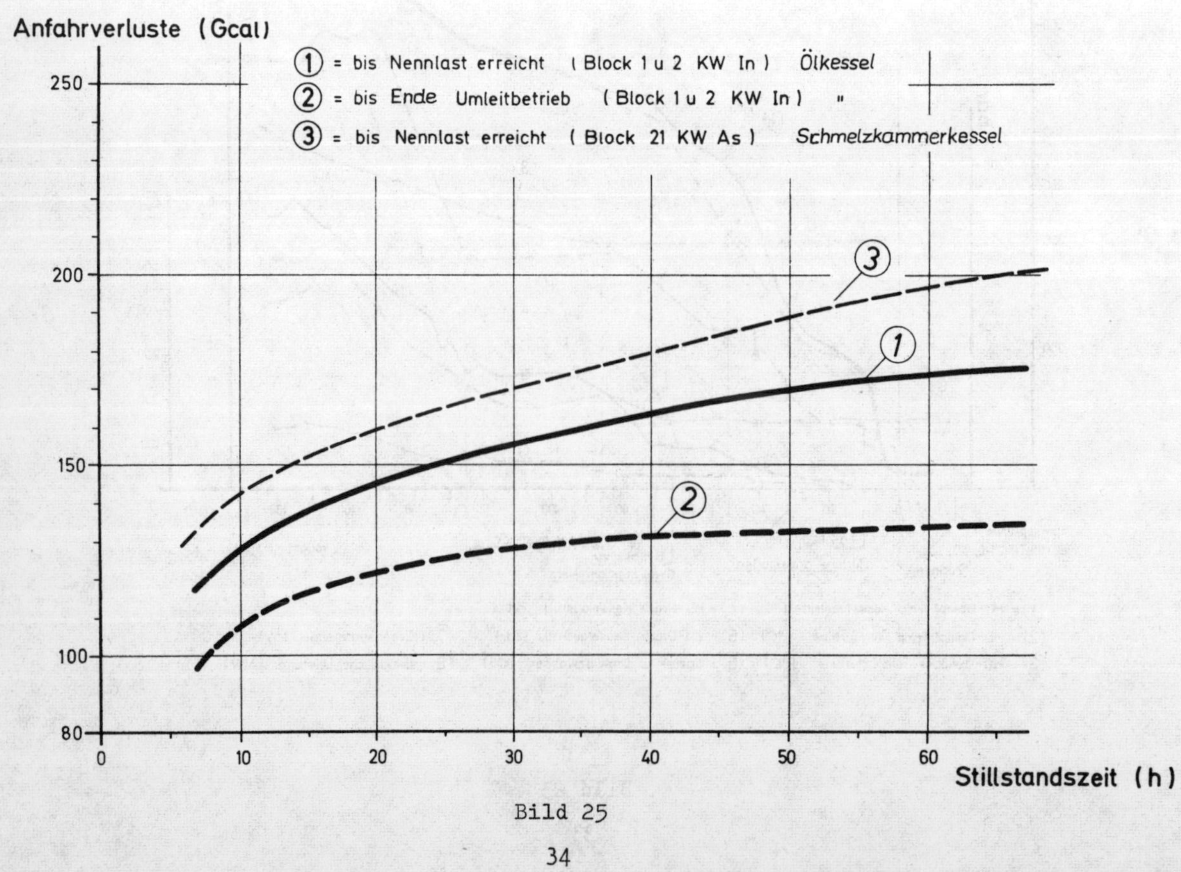

Bild 25

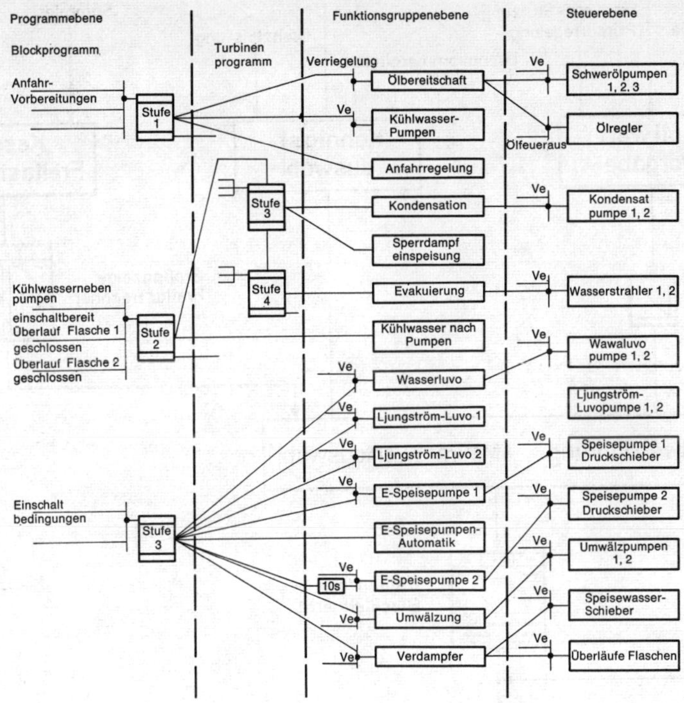

Bild 26

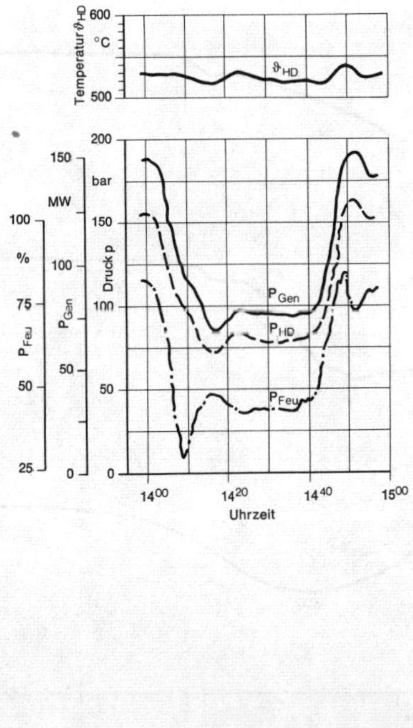

Bild 27

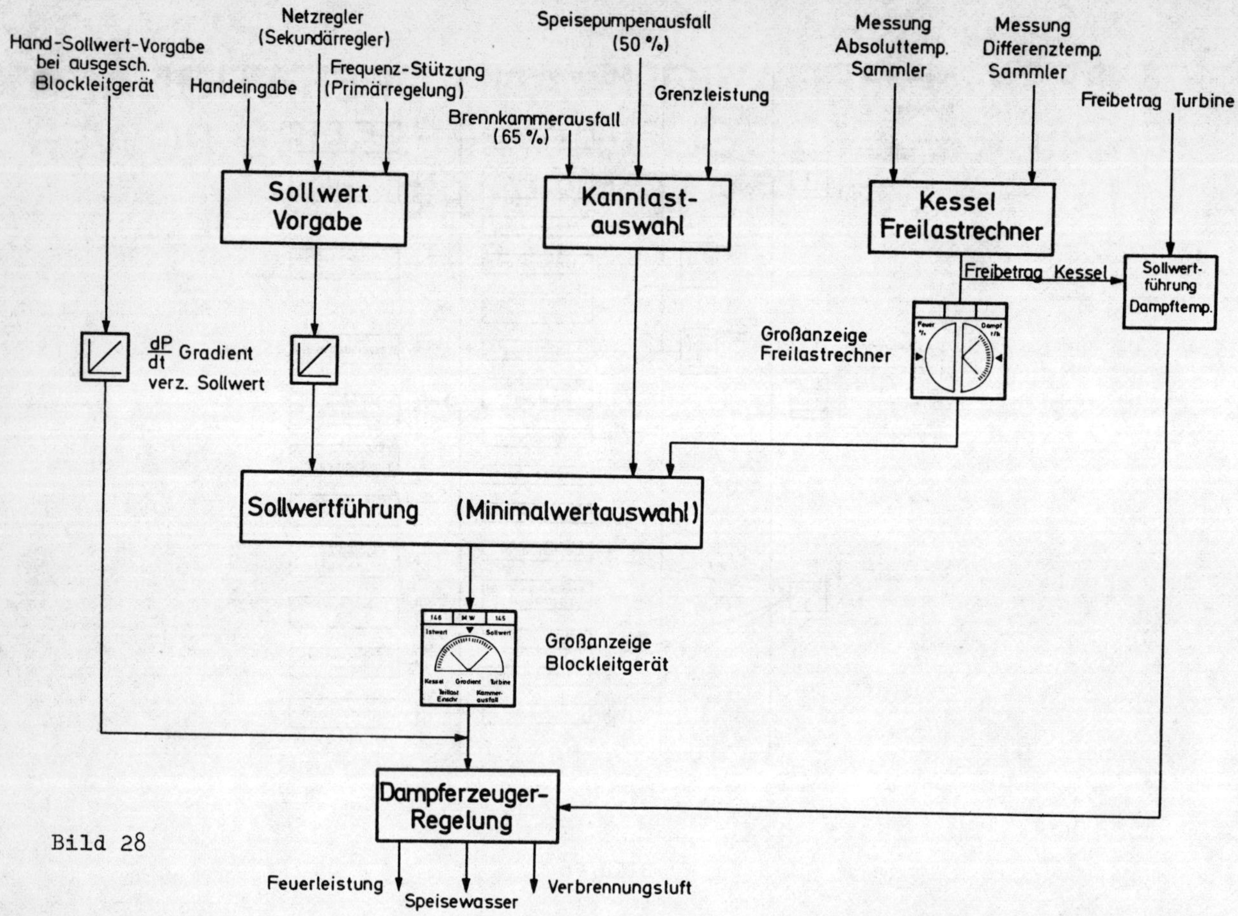

Bild 28

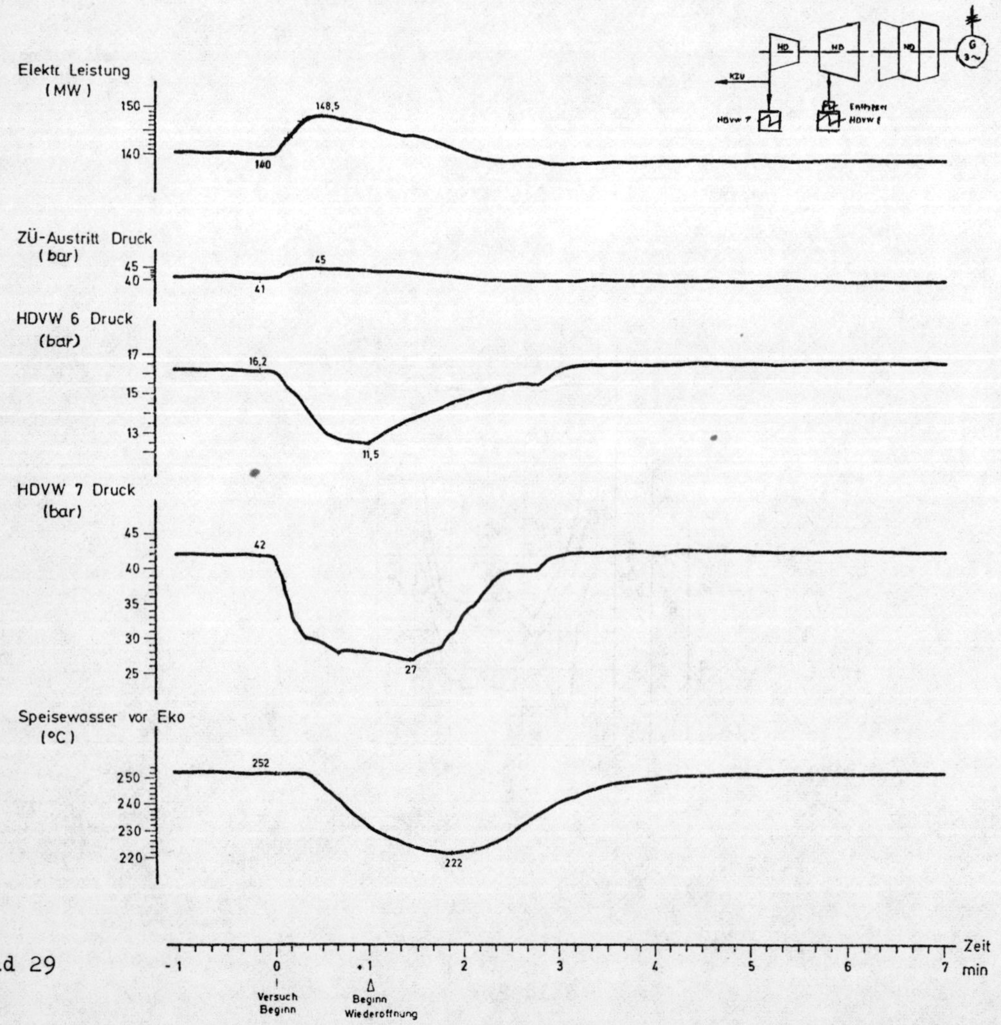

Bild 29

C114/73 DESIGN, BEHAVIOUR AND OPERATIONAL EXPERIENCE OF SLIDING-PRESSURE POWER STATION UNITS

K. BUCHWALD L. von ENZENBERG H. MÜLLER
W. RIESS H. WALDMANN

SYNOPSIS

The paper gives a resume of the reasons for the adoption of sliding-pressure operation and sliding-pressure sliding-temperature startup in the Federal Republic of Germany. Operational procedures are discussed in detail and special component design features mentioned. The advantages of these procedures in comparison with constant-pressure operation are made clear.

INTRODUCTION: Development of Sliding-Pressure Operation in the Federal Republic of Germany

The general development of electricity supply in the Federal Republic of Germany may be briefly reviewed as follows:

Before the introduction of reheat in the 1950's, many power stations were equipped, on grounds of security of electricity supply, with common steam ranges into which individual boilers delivered their output and from which individual turbines drew their energy. Particularly cautious authorities even adopted double ranges, thus giving more operational possibilities but also substantially more sources of trouble as a result of the large number of isolation points required. The common ranges operated at that time in the region of 80 bar and temperatures around 525°C. On startup, each boiler had to be brought close to these conditions by means of special startup equipment - a dump condenser - before it could be put on line, and machines out of service could be supplied only with steam at this fixed pressure and temperature. They had therefore to be brought approximately to the correct temperature by special and very time-consuming measures before being supplied with the larger quantities of steam necessary to generate load. Their construction was optimised for these conditions, resulting in partial-admission machines with nozzle valves and a control stage. Natural-circulation boilers were at first used, i.e. water-tube boilers with high-level drums. The desire for greater economy forced up pressures and - on an experimental basis - temperatures also. Reheating, too, was introduced. This led to the abandonment of the range system owing to its excessive complication, and to the adoption of the unit system. In individual cases, drum boilers were retained for pressures as high as 160 bar. For higher pressures, which today lie between 180 and 250 bar at the turbine inlet, with temperatures in the high-pressure and medium-pressure sections of 530°C, once-through boilers on the Benson and Sulzer systems steadily gained ground, especially as they enabled the temperature in the h.p. section to be held constant down to part loads as low as 35%.

The normal startup procedure, with the water phase passing through the h.p. superheater, was found by experience to involve rather large startup losses. Most power stations naturally carried some base load and were able to ease their situation by part-load operation at night and at weekends. Shutting down and restarting was at that time a most undesirable procedure, occupying a great deal of time, requiring great attention from numerous personnel and often leading to incidents. This was highly undesirable in view of the requirement of Grid Control to have plant ready for operation at a particular time. From about 1960, especially in the South German region where a relatively large but very variable amount of water power was available, it became clear that even large new units would have to operate as peak load plant for part of the year and would therefore have to be shut down at weekends or even daily. At that time about 3500 hours of base load and 1500 hours of peak load was regarded as normal. The need therefore was for individual units with a good specific heat consumption, which could be started and stopped with low losses, and above all with low risk, from any shutdown condition. For such units the following requirements were established:

1. high availability even with frequent starts
2. quick preparation for starting
3. short startup period with least possible wear and tear of plant
4. low startup losses
5. high rate of load change
6. simple attention
7. possibility of easy automation

As a result of practical tests by Illies in 1942 on ships with high-pressure superheated steam installations at 80 bar/475°C and natural-circulation boilers, and complementary tests in the Aschaffenburg and Schwandorf power stations of the Bayernwerk AG in 1959, also with natural-circulation boilers, it was recognised that the foregoing conditions could best be met by the adoption of the sliding-pressure principle.

It was only necessary to find a way of starting up a once-through boiler like a natural- or forced-circulation boiler with a dry superheater from the lowest pressure. This was accomplished by the introduction of superimposed forced circulation in the evaporator section and the use of sliding-pressure sliding-temperature startup. The determining considerations here were set out in 1963 in the report "The Startup of Unit Plant on the Sliding-Pressure Sliding-Temperature System" (1). The first results were published in 1968 under the title "Use of Modern Base Load Units for Peak Load Generation" (2).

In making the studies it was important not to consider either the boiler or the turbine preferentially, but to match and optimise the two together. Nor should management be forgotten, as here too many unfavourable practices were commonly accepted.

How correctly the future situation regarding operational requirements was foreseen is clear from Figure 1, which shows the operational history of two 150 MW units in the Aschaffenburg power station of the Bayernwerk AG for the period 1.11.1971 to 30.6.1972. The frequent interruptions in the summer months and the period of continuous operation from November to February are clearly seen.

Numerous supply authorities in the Federal Republic of Germany are today being, or in the near future will be, similarly compelled to set ever higher requirements for the flexibility of their power station units, and this applies both to startup and to rapid load changing over a wide range of output.

The positive experiences of the Bayernwerk AG and other supply authorities with sliding pressure have led to the situation that both sliding-pressure operation and sliding-pressure sliding-temperature startup have established themselves in the Federal Republic.

In the last decade numerous units of 300 - 450 MW capacity have been put into operation. In the next three years the public supply will be assured by over twenty units of between 400 and 700 MW equipped with fossil fuel-fired steam generators.

For later development, unit sizes between 400 and 1 000 MW are in prospect, with design pressures between 160 and 280 bar and single reheat. For various reasons supply authorities will be demanding still greater flexibility and higher availability than hitherto. Thus it is generally specified today that a 600 MW/200 bar unit must be capable of being brought up to full load after an overnight shutdown in 20-40 minutes (depending on fuel), and from the cold condition in 2-3 hours from burner light-up. The guaranteed loading rates lie (again depending on fuel) between 5 and 15% of full load per minute in the range from 30-100% full load.

The consequent use of the sliding-pressure technique in relation to boiler construction, startup and operation is in our judgement a prerequisite to meet these requirements.

Even existing older units, intended for constant pressure, can be started up and operated with sliding pressure (with dry superheater), if the necessary conditions are fulfilled.

Quite apart from special requirements for high flexibility of large units, there are many other reasons for using the sliding-pressure technique, such as for example simpler unit construction (cost saving), simpler construction of the high pressure section of the turbine (abandonment of the control stage), easier automation (fewer criteria to be monitored), greater economy (smaller specific heat consumption), higher operational security, longer life of pressure parts (lower stresses at part load).

For these reasons, other industrial countries (e.g. U.S.A., U.S.S.R., Northern Europe) are showing increasing interest in sliding pressure (3)-(7). The concept of successful sliding-pressure installations is admittedly linked to certain basic conditions, such as:

1. Introduction of once-through boilers, which operate more reliably over the whole pressure range.
2. The high pressure turbine should be designed without a control stage.
3. The h.p. and i.p. bypass stations must have adequate capacity (if possible the same as the turbine).
4. A modification device must be available to enable the plant to take part in frequency control.

Proof of the spread of the sliding-pressure technique is clearly provided by the statistics assembled by Müller in Figure 2. From 1973, only units designed for sliding-pressure sliding-temperature startup and sliding-pressure operation will be put into service.

These units will for the most part be fully automated using functional group and sequence-switching techniques. All operations during startup, shutdown and load changing take place in a natural manner, continuously, simply and with the least possible ill effect on the plant, so that complicated and expensive process computers with elaborate programmes are not needed. During open sliding-pressure operation (valves fully open), high rates of load change (5-15% per minute) can be attained after a certain dead- and delay-time dependent on the fuel and firing system, the turbine itself constituting no limitation. Sudden demands from the grid to cancel out rapid frequency fluctuations ("seconds reserve" of 5% of rated load - see section 1.6) can only be met if the sliding pressure is complemented by one of the various modification devices (see section 1.1). The purpose of these is to release within seconds, in either the boiler or the regenerative feed heating loop, available storage steam and to transform it into additional electrical load.

In the following sections, the essential basic concepts and most important design criteria and requirements as regards unit construction, the steam generator and the turbine will be explained. The difference between sliding pressure and constant pressure will only be discussed as far as necessary for an understanding of the remaining aspects of their interdependence.

1.1 Basic Control Concepts for Operation and Startup

The unit control system has the duty of controlling the boiler and turbine together in such a way that the generated load P at any instant corresponds to the required load P_o. Since the generated load depends mainly on the main steam flow, the latter must be manipulated.

The physical relationship between the quantities concerned (assuming that load is proportional to steam flow) is given by

$$P = y_T \cdot p$$

where P is the unit load expressed as a fraction of full load (P = 1 at full load)
y_T is the turbine control valve opening expressed as a fraction of the maximum value
p is the main steam pressure expressed as a fraction of the maximum value.

To generate a desired load P, one of the two quantities on the right-hand side can be arbitrarily chosen, and the other is then determinate. The two basic control forms during operation are therefore

$$\left.\begin{array}{l} y_T = 1 \\ p = \text{variable} \end{array}\right\} \text{sliding-pressure control (Figure 3)}$$

$$\left.\begin{array}{l} p = 1 \\ y_T = \text{variable} \end{array}\right\} \text{constant-pressure control}$$

For the usual form of sliding-pressure operation, for which the control valve is normally fully open, a control stage with variable arc of admission in the h.p. turbine is not necessary, and all-round admission is employed. Constant-pressure operation with variable valve opening can also be achieved with all-round admission. The control valves then function as pure throttling devices and produce a steam pressure proportional to flow at inlet to the blading.

In the case of an h.p. turbine with partial admission, the nozzle group control system alters not only the valve position but also the first stage inlet cross-sectional area, so that the throttling effect of the control valves is greatly reduced or (at the valve points) eliminated completely. A control stage is however necessary for this purpose.

In contrast to constant-pressure operation, pure sliding-pressure operation with $y_T = 1$ results in a reduced speed of response during small, rapid load increases when the unit is participating in frequency control. This is because a load increase can be achieved only by an increase in boiler steam pressure and thus the boiler storage capacity cannot be brought into play. To avoid this, certain modifications to the pure sliding-pressure system may be arranged. The first class of modifications achieves (as with the constant-pressure system) a certain reserve of steam admission to what is in itself a full-admission turbine (the steady state of the control system thus corresponds to $y_T < 1$) during steady operation of the unit. This is possible by pre-throttling: the control valves are not fully open in normal operation, resulting in a somewhat higher pressure-load characteristic (Figure 3). For small, rapid load increases the control system opens the valves fully, thus rapidly releasing a certain amount of stored steam from the boiler.

Another type of admission reserve is achieved by means of a bypass valve to a later turbine stage. This is closed in normal running, but to increase the swallowing capacity it can be opened to some extent ($y_T = 1$ then refers to the fully open bypass valve; in normal operation $y_T < 1$).

If a partial admission turbine with a control stage is operated on sliding pressure, the necessary admission reserve can be quite simply achieved by arranging for one valve and its corresponding nozzle group to remain shut off during normal operation so that $y_T < 1$.

With the second class of modifications, other reserves of output of the unit are called upon for a small, rapid load increase, until the boiler steam pressure and flow have been made to follow by the action of the unit control system.

With feed heater throttling, the steam flow to the final h.p. feed heater (or the two final heaters) is throttled and the steam flow through i.p. and l.p. turbines thereby increased. The feed water temperature falls as a result, but this is immediately offset by the heat stored in the boiler.

A similar possibility is the diminution or interruption of the feed flow between the condenser and the deaerator. This causes the steam flow from the l.p. bleed points to fall and thus produces additional turbine output. The period of time for which this condensate restriction procedure can be applied is limited by the storage volume, and the hot reservoir must at once be filled again at the higher boiler load.

By means of these modifications a capacity for small, rapid alterations of load can be achieved with sliding-pressure operation, corresponding to that with constant pressure.

The change to sliding-pressure sliding-temperature startup (1) has been made possible by the adoption of unit construction and unit operation in power stations. This procedure is superior to the older method of operation (prior start of the boiler, turbine run-up with high pressure and temperature) which was suitable for a station with a common steam range, in that the boiler and turbine are started up more or less together and the startup losses thereby reduced. The steam temperature can be significantly reduced for the startup, and thus optimally matched to the temperature condition of the casing. Sufficient superheating is nevertheless assured by the simultaneously reduced steam pressure.

Sliding-pressure sliding-temperature startup is basically practicable for all operating units, whatever their control system, provided they are equipped with the appropriate devices (see sections 1.8, 2.5 and 4.2). For a warm start, however, a steam flow of 25 - 40% must be put through the bypass in order to attain the necessary high steam temperature before opening steam to the turbine. A complication arises here with nozzle-controlled turbines, since on startup and at low load the expansion in the control stage cools both the steam and the h.p. stages, so that renewed heating takes place when load is again raised. The full-admission turbine is thus better suited to the gentler sliding-pressure sliding-temperature startup procedure, and above all it facilitates automation since only a few clear criteria are of importance.

1.2 Thermodynamics of the Steam Cycle

Different methods of control give rise to characteristic differences in the unit steam cycle. Since in all practical cases the reheat pressure varies in proportion to the steam throughput, so that the i.p. and l.p. turbines work with sliding pressure, the main differences are to be found in the boiler feed pump (1.3), the evaporator and superheater sections of the steam generator (2.1) and the h.p. turbine.

In sliding-pressure operation the turbine inlet steam pressure varies in proportion to the steam throughput and thus behaves exactly like all other pressures in the machine. Consequently the working pressure ratio, enthalpy drop and efficiency in the h.p. turbine remain constant and independent of load, and all h.p. turbine temperatures remain unchanged (Figure 4). No control stage is needed.

Even for the various modified forms of sliding-pressure operation these conclusions are essentially valid.

With constant-pressure operation with throttle governing, the effect of the throttle valves is to produce a pressure proportional to steam flow immediately before the h.p. blading, and again no control stage is required. Increased throttling brings, however, an increased temperature drop of the steam before the blading, which is noticeable throughout the h.p. turbine (Figure 4). Furthermore the throttling causes an appreciable drop in cycle efficiency and hence an increased heat rate at part load (1.4).

In the case of constant-pressure operation with nozzle group control, the h.p. exhaust pressure falls with falling load but the steam pressure before the blading remains constant. Consequently the enthalpy drop in the h.p. turbine increases with falling load, and this increase must be entirely absorbed in the control stage. Thus with falling load there results a large increase in the duty of the control stage, a substantial temperature drop in the wheel chamber (Figure 4) and throughout the h.p. stages, and a significant drop in the h.p. turbine efficiency. The fall in h.p. outlet temperature causes an increased heat requirement in the reheater and a greater drop in reheat steam temperature with falling load.

Sliding-pressure operation results in a deterioration in cycle efficiency and an increased heat rate at part load owing to the fall in main steam pressure, but this is accompanied by a substantial diminution in feed pump driving power which has a beneficial effect on the cycle. With constant-pressure operation and nozzle group control, the cycle is adversely affected at part load by the drop in h.p. efficiency, and the resulting form of the heat rate curve is, as shown in 1.4, much the same as with sliding pressure. The fall in cycle efficiency with constant pressure and throttle governing at part load is appreciably greater as it is not compensated by a reduction in feed pump load.

1.3 Feed Pump Performance

The method of control of a power station unit on load has a significant effect on the operation of the feed pump. Sliding-pressure operation (and, with trifling differences, its various modifications) brings about a reduction in the required pump pressure roughly proportional to the steam flow, so that the pump driving power falls far more rapidly than with the various forms of constant-pressure operation, which demand an approximately constant pump pressure (Figure 5).

The saving in feed pump power is important to the specific heat consumption of the unit in the part-load range (1.4). It is, however, fully effective only where the pump speed control losses are small, as for example with steam turbine drive. Figure 5 shows a comparison between the power requirements for turbo drive, electric drive and hydraulic coupling speed control. An important part of the saving may be lost again in this way.

1.4 Heat Rate

In order to assess properly the influence of the various forms of control on the operation of the feed pump, the nett heat rate must be used as a basis of comparison. It is defined here with a turbo-driven feed pump, as the ratio of the heat supply rate Q_{zu} to the output P_G at the generator terminals.

Thus $$W_n = \frac{Q_{zu}}{P_G}$$

With electric drive it is logical to subtract the pump electrical power P_p from the generator output, giving

$$W_n = \frac{Q_{zu}}{P_G - P_p}$$

Comparison of the specific heat consumptions for the various systems of control is not possible in a generalised form, since it depends on steam conditions, output, turbine and boiler design, feed pump drive etc. A comparison is therefore made here for a typical case to show the trends. Figure 6 shows the curves of the ratio W/W_o (nett heat rate W as a fraction of the nett heat rate W_o at the design point with constant pressure) against the fractional output P/P_{max} for pure sliding pressure (a), constant pressure with nozzle group control (d) and constant pressure with throttle governing (e). These curves apply to a 300 MW turbine at 180 at, 530/530°C and seven stages of feed heating to 250°C with a turbo-driven feed pump.

To facilitate comparison between the different methods of control, the nett heat rate W for each system is related in Figure 7 to the nett heat rate W_{GD} for sliding-pressure control for the same fractional output. The main steam pressure at the rated output P_{max} is the same for all variants, the rated output being attained in each case with utilisation of the full admission reserve (when available).

The comparison shows a small advantage for

pure sliding-pressure operation as against constant pressure with nozzle group control. The modification with a bypass valve is better still owing to the correspondingly higher live steam pressure, and even the sliding-pressure variant with 10% pre-throttling is comparable with constant pressure on average over the load range. The curve for constant-pressure operation with throttle governing is however less favourable in the lower load range. With higher main steam pressures around 250 at, the sliding-pressure variants show a better heat rate over the whole load range than in the case of constant pressure, since the effect of feed pump power is even greater.

It must also be remembered that, for a given boiler cost, sliding-pressure operation results in a smaller fall in reheat temperature at part load than does constant-pressure operation with nozzle group control. A difference of 20K at 50% load changes the heat rate by 0.5%.

1.5 Principles of Unit Control

As explained in 1.1, the basic physical relationship between the controlled and manipulated variables for all types of control is given by

$$P = y_T \, p \qquad (1)$$

The control loop for a power station unit includes both the boiler K and the turbine set T. The principal manipulated variable in the loop for a fossil-fired plant is the fuel flow $\dot{m}_B$. An alteration of this quantity leads to a delayed change in the pressure p and, with constant valve opening, to a change in the load P. Since rapid response to alterations in desired load are required by the grid, the boiler storage capacity must be exploited by adjustment of the valve position y_T.

Figure 3 shows clearly the pressure-load relationship with modification by throttling of the control valve by, for example, 10% ($y_T = 0.9$). At about half load ($P = 0.5$) the pressure corresponds to point 1. If a sudden load increase is demanded, the turbine first draws on the boiler storage capacity by the opening of the control valve to $y_T = 1$, causing the main steam pressure p to fall, point 2. The boiler then follows, so that p recovers, after which the control valves may return to the steady-state throttling condition $y_T = 0.9$, thus giving point 3 as the new steady running point.

A compromise must be made between the ability to make use of the boiler storage capacity, i.e. y_T as small as possible, and the desire for efficient operation without steady-state throttling, i.e. y_T as large as possible. A control system is required which achieves this in the most dynamically favourable way.

The combination of possibilities shown in equation (1), with the output P as the main controlled quantity and p or y_T as auxiliary controlled quantities, applied to the two control loop components, namely the boiler K and the turbine T, leads to four basic unit control system variants as follows:

Component	Boiler K	Turbine T
Controlled quantities	p	P
	P	p
	y_T	p
	P	y_T

The third quantity varies freely according to equation (1).

Figure 8a shows a load-controlled turbine T. The turbine controller TR, which has essentially integral action, reduces the load error to zero by adjusting the control valve y_T. The boiler controller KR, which also has essentially integral action, controls the pressure p equal to p_o by adjusting the fuel flow. The boiler is thus pressure-controlled. This variant is dynamically better than that shown in Figure 8b, where the pressure error acts on the turbine controller TR so that the turbine is inlet pressure-controlled. The boiler controller KR is fed with the load error, so that the boiler is load-controlled. This variant is dynamically sluggish.

If the valve opening y_T is used as an auxiliary controlled variable, the variants 8c and 8d become possible:

Figure 8c shows a turbine with load control loop as in Figure 8a. The boiler controller KR is fed with the difference between desired and actual valve positions and adjusts the fuel flow $\dot{m}_B$ until the two values coincide. The turbine is load-controlled, and the boiler is valve position-controlled.

In Figure 8d a valve position-controlled turbine is shown, the boiler being load-controlled. Here, as in Figure 8b, the load-controlled boiler leads to a sluggish unit response. Variants 8b and 8d are therefore unsuitable for frequency control.

The two dynamically favourable variants, namely a load-controlled turbine with either a valve position- or pressure-controlled boiler are shown again in Figures 8e and 8f, and are provided with dynamic correction signals. Here the load control error $P_o - P$ is fed to the boiler controller KR in addition to the valve position error $y_{To} - y_T$. Furthermore KR is no longer integrated from zero, the desired value of load P_o being added to its output as an initial value (Figure 8c). This type of unit control system leads to valve position-controlled sliding pressure, an advantage being that disturbing factors such as preheating, vacuum etc. are counteracted in a favourable manner from the point of view of heat rate.

If y_{To} is set equal to 1, the unit operates on so-called natural sliding pressure with fully open control valves; exploitation of the boiler storage capacity is then no longer possible.

In Figure 8f the pressure-controlled boiler with load-controlled turbine set is again furnished with a dynamic correction signal as in Figure 8e. If in addition the desired value of pressure p_o is adjusted in proportion to the desired output P_o as shown by the signal path g, the unit then operates with pressure-controlled sliding pressure; or, if p_o constant, with constant pressure. Thus the operational mode is determined by the choice of desired value feed-forward for the pressure p_o.

1.6 Control Requirements arising from the Grid

The grid supply frequency depends on the equilibrium between the generated load and the speed-dependent consumption. Disturbances of this equilibrium give rise to frequency perturbations which cause automatic adjustment of the generated load to the grid demand via the primary unit control system. For this adjustment to occur, some deviation in frequency is thus necessary. The frequency can then be restored to normal through the additional action of the secondary control system (adjustment of desired value of unit load).

The frequency condition of the grid is determined only by the static equilibrium between the total generated load and the consumption, the local distribution of generators and consumers on the grid being of little importance in this connection. In the most general case, not every area of the interconnected network is in equilibrium within itself. Load excesses and deficiencies are exchanged through the interconnection points so that the total load in the whole system, and thus the frequency which is common to all areas, remain constant.

The transfer load arising from local disequilibrium is thus a second controlled quantity in the energy supply system and is physically independent of frequency. For controlling these two quantities, two adjustable quantities are available on the generator side, namely the sum of all generator loads for the frequency and the local distribution of load generation (at a given total load) for the extent of the transfer load. Both duties can be fulfilled by the secondary control system of the power stations if an overriding load despatcher prescribes for them their desired loads at any instant.

The participation of as many power stations as possible in the regulation of the network is desirable on two grounds. Firstly, the load equilibrium in the grid should be maintained by continuous adjustment of the generator output and not at the expense of the frequency-dependent load taken by consumers. Secondly, each grid area should be able to show the best possible load balance, so that in the limiting case of zero load transfer it can be operated autonomously within the system. Only if all stations take part in grid control is it possible both to support the frequency effectively and to hold the loading of inter-area transfer lines within acceptable limits following the loss of a large unit.

On the basis of these considerations, the control requirements imposed by the grid upon the generating units can be established.

Stochastic frequency variations which cause moderate unit load changes through the primary control system are of second-order importance as regards the requirements for rate of change of load, since short-term frequency variations of a few mHz are of no consequence to the overall energy supply. Even fluctuations in the controlled output of the grid, arising from inaccurate forecasting of output requirements, can be handled without difficulty when all power stations take part in load equalisation. It is the limited excess load transfer capacity at the inter-area connection points which should be decisivein the first instance in establishing immediate reserves and possible load change rates.

With the same objectives in view, corresponding requirements are set by the grid regarding maximum unit size and the capacities of connection lines. From the network side, the following requirements apply especially at the time of short, rapid load changes:

a) the so-called "seconds reserve"; this implies a load increase of 5% to be achieved in 1 - 2 seconds.

b) by "minutes reserve" is understood an increase in load which can be made available in 3 - 5 minutes.

According to statistics, the maximum rate of change of frequency occurring in our own case is about 50 mHz/min, which with 4% regulation corresponds to a load gradient of 2.5% per minute. With larger disturbances on the interconnected grid, it is a further requirement that units in parallel must be capable of being run up quickly over a wide range of load.

These requirements can be met in all respects by sliding-pressure units fitted with one of the possible modifications.

1.7 Attainable and Permissible Load Changes for Boiler and Turbine

Permissible load steps and rates of load change for a turbine in service are limited by the accompanying temperature changes and the consequent thermal stresses. Since the latter do not arise with pure sliding-pressure operation, there are no limitations in this case. The other important points to be borne in mind during startup are dealt with in 3.1.

Whatever the principle of operation, however, the rate of change of load is limited by the speed of the control valves, the storage time constant of the reheater and the controllability of the boiler, to mention only the most important constraints. Load steps in the strict sense are therefore not generally possible. They follow a different course depending on the principle of operation, especially in the upward direction. Downward load steps, on the other hand, are limited only by the speed of movement of the main steam and interceptor valves, the excess steam flow being led to the condenser or discharged to atmosphere.

The following statements of attainable and permissible load changes are intended to give a general picture and are for guidance only. The permissible load steps assume initially steady temperature conditions in the machine, and the permissible load gradients are linked directly to the permissible steps. The figures quoted for boilers relate to once-through boilers of modern design.

For the sake of clarity a comparison of the different modification procedures will be presented in tabular form.

Table 1

Attainable and Permissible Load Changes for Turbine and Boiler

Type of Control or Modification

	Turbine	Steam Generator	Remarks
1.7.1	Constant Pressure		
1.7.1.1 Turbine with Nozzle Group Control Load step	upwards 35 to 40% downwards 30 to 45%	Fired by: Oil/gas 8 to 12% coal 6 to 10%	Load changes at boiler are related to P_N. Boiler cannot follow load step attainable for turbine but has higher permissible gradient.
Load gradient	see Figure 9	8 to 15% 5 to 8%	see also Figure 10
1.7.1.2 Turbine with Throttle Governing	Load steps and gradients higher than for nozzle group control	as above	Not used in Germany on grounds of economy.
1.7.2	Pure Sliding-Pressure Operation		
Turbine with constant valve setting Load step	No limitation	Not possible	With sudden change of burner output in boiler, turbine load follows with delay $T_1+T_2+T_3$ T_1= Dead time T_2= Time constant for steam formation T_3= Time constant for pressure rise
Load gradient	No limitation	Follows firing rate with delay $T_1+T_2+T_3$ with same gradients as under 1.7.1.1	This type of control is not suitable for grid frequency regulation
1.7.3	Modified Sliding-Pressure Operation		
1.7.3.1 Turbine with Pre-throttling sliding-pressure operation Load step	5 to 6% attainable with 10% throttling	Follow turbine with delay according to pre-throttling	Degree of throttling is determined on economic grounds in view of required participation in grid frequency control. Course of events as 1.7.1.1 (Fig. 10).
Load gradient	No limitation	as under 1.7.2	
1.7.3.2 Turbine with Bypass Valve round first stages Load step	5% possible with bypassing to 10% lower stage pressure	as for turbine	Bypassing to too low a stage pressure causes undesirably high temperature step. Approximate course of an upward load step is shown in Figure 10 taking into account time response of complete unit
Load gradient	No limitation	as under 1.7.2	
1.7.3.3 Reduction of Bled Steam Flow to h.p. Heaters Load step	5 to 8%		For upward load step see Figure 10.
Load gradient	as under 7.1.2		

1.7.3.4 Condensate Restriction Load step	5% approx.		Approximate course of upward load step shown in Figure 10.
Load gradient	as under 1.7.2		
1.7.3.5 Turbine with Nozzle Group Control and Overload Valve; Sliding-Pressure Operation Load step	With 10% opening reserve (overload valve) a load step of 5 to 6% prevailing value is attainable	Corresponding to opening reserve	Approximate course of upward load step shown in Figure 10. Turbine behaves in normal operation like a machine with no control stage. During large, rapid load changes and on startup, operational simplicity of a full admission machine is not achieved owing to the control stage
Load gradient	No limitation	as under 1.7.2	

The various forms of modified sliding-pressure operation thus make possible adequate participation in grid frequency control.

1.8 Startup Arrangements and Safety Devices

If the generated steam flow cannot be passed through the turbine owing to some operational disturbance or during startup or shutdown, it must be led round the h.p. turbine through bypass and reducing valves from the main steam line to the cold reheat line and from the hot reheat line to the condenser, using appropriate connections as in Figure 12. Meanwhile water must be injected for steam cooling. The throughput capacity of this system should as far as possible correspond to the maximum swallowing capacity of the turbine.

Of the various possible startup methods for steam generators (2.5), the dry superheater start-up is ideal for the so-called sliding-pressure sliding-temperature startup (see 4.2) from any desired initial pressure and temperature condition (4.1). It is the best procedure from every point of view.

Various bypass possibilities for the maintenance of the minimum evaporator steam flow during startup are shown in principle in Figure 12. Which of these procedures should be used, either alone or in combination, depends in each case on the projected station operating programme and is not a characteristic of sliding-pressure operation (see 2.5). The main steam connection to the h.p. bypass station may be taken direct from the boiler outlet or immediately before the turbine, the latter position being preferred for sliding-pressure sliding-temperature startup. It has the advantage that the main steam line and, according to type, the h.p. turbine quick-closing valve chest may be warmed through simultaneously with the boiler startup. If the well-known simplification of omitting the boiler outlet isolating valve is adopted, care must be taken that the main steam piping is designed to withstand the thermal loading due to any pressure tests which may eventually be required, if no special pressure test isolator is provided. With this arrangement a further simplification may be made by omitting the h.p. safety valves, in which case the h.p. bypass control system must be reliably designed in accordance with legal requirements.

Most recent and future units are or will be equipped with combined safety and bypass valves.

A bypass connection at the steam generator outlet, followed immediately by a high pressure isolating valve, permits the plant to be started up independently, in the least damaging manner and at the optimum rate, with the sliding-pressure start-up procedure and with eventual differential cooling of the steam generator and main steam pipework. This solution is however invariably dearer.

A detailed description of the unit safety arrangements with h.p. and i.p. bypass systems will be omitted here, as it is thoroughly covered in reference (9).

Load-dependent modification of the h.p. safety valve setting pressure is sometimes employed with sliding-pressure operation. This is however not common, since with low main steam pressure - i.e. part load - a pressure build-up does not lead to any overloading of the heating surfaces, and would moreover represent only a second-order error for which such measures are not necessary. The desired value for the h.p. bypass station is in all cases altered continuously in accordance with the main steam pressure.

2. Steam Generator

In the following section the essential aspects and advantages of sliding pressure will be discussed with reference to the steam generator.

Sliding-pressure operation and sliding pressure-sliding temperature startup are basically practicable with all boiler systems (natural circulation, forced circulation, once-through) given suitable design of the evaporator system.

A 600 MW supercritical oil or gas fired once-through boiler will be postulated as an example in the following discussion.

2.1 Thermodynamic Differences between Sliding-Pressure and Constant-Pressure Operation

With pure sliding-pressure operation (fully open turbine governor valve) the pressure in the system and steam pipework varies almost directly in proportion to load. With constant-pressure operation the turbine inlet pressure is kept constant, and the pressure drop in the boiler and pipework varies with the square of the load.

The load-dependent shift of heat distribution in the individual boiler heating surfaces can be represented most clearly by the so-called h - p diagram (enthalpy-pressure) in Figure 13. The characteristics shown relate to a 600 MW steam generator with single reheat and a turbine inlet pressure of 240 bar. The following operational cases, denoted by suffices 0 - 3, are shown in the diagram:

Suffix 0 Sliding-pressure operation (120 - 600 MW), with circulation system in use below 1/3 load (200 MW). Circulating pump in return flow.

Suffix 1 Constant-pressure operation (200 - 600 MW) without circulation.

Suffix 2 Sliding-pressure operation (120 - 600 MW), with circulating system in use below 2/3 load (400 MW). Circulating pump in main flow.

Suffix 3 Constant-pressure operation (200 - 600 MW), with circulating system in use below 2/3 load (400 MW). Circulating pump in main flow (e.g. Combined Circulation).

In the sub-critical region with sliding pressure, the heat requirement in the superheater and reheater diminishes with falling load; as the latent heat increases, the sensible heating of the water leaving the economiser falls until boiling begins. For a given construction cost for the boiler (design and use of material!), the main and reheat steam temperatures can be held higher at part load than with constant pressure. At 1/3 load the reheater inlet and outlet temperatures are respectively about 80K and 50K higher than with constant-pressure operation.

Where the boiler is designed for supercritical conditions, a further advantage of the sliding-pressure procedure is that in the upper load range the specific heat of steam is relatively high, so that the temperature increase in the heating surfaces for a given heat transfer from the flue gas is smaller than with a subcritical design. Non-uniformities on the gas side therefore cause substantially smaller temperature variations in individual elements in the various heating surfaces. In the part-load region, where C_p values again become smaller, a somewhat wider discrepancy between individual element temperatures entails no risk since at lower pressure the material can accept correspondingly higher thermal stresses.

2.2 Suitability of Different Steam Generator Systems for Sliding Presssure

The steam generator systems shown diagramatically in Figure 14 are all more or less suitable in principle for sliding-pressure operation. For those with water-steam separating devices (drums or bottles), sliding-pressure sliding-temperature startup can also be employed.

The essential requirements for good sliding-pressure characteristics of a steam generator system are:

a) low storage capacity
b) small wall thickness of heavy pressure parts (drums, cyclone separators, bottles)
c) operational safety and high flexibility of the evaporator system over the whole pressure range, i.e. insensitivity to large pressure and temperature gradients.

Comparison of the corresponding data for, say, 600 MW - 180 bar (oil firing) shows the clear superiority of the once-through system over the natural or forced circulation systems:

		Once-through	Natural or forced circ.
a) Storage capacity	kg/bar / MW	c.0.4	c.1.0
b) Water-steam separation equipment	-	4 separating cyclones	1 drum
Outer diameter	mm	600	2030
Wall thickness	mm	35	175
Material	-	WB 35	SA 515-70 (USA)
Allowable temp. change rate on heating (quasi-steady, comparative value (Fig.15)	K/min	c.100	c. 2.5-3.0
c) Allowable rate of press, change (limited by flow considerations)			

The type of fuel has a profound influence on the dynamic behaviour of the steam generator for two reasons; firstly owing to the response time of the combustion system, and secondly owing to the different sizes of heating surface dictated by the fuel. From the point of view of control system dynamics, boilers fired by oil or natural gas have the best response and slag-tap furnaces with bituminous coal firing the worst. See also Figure 11.

2.3 Physical Design, Working Life, Thermal Stresses

A lower pressure enables a higher steam or tube wall temperature to be used with the same degree of safety. Since a boiler is not always operated at full load, sliding-pressure operation results in a 30 - 50% longer life for the pressure parts, depending on the pattern of operation, than does constant-pressure operation.

With pure sliding-pressure operation the volumetric steam flow is almost independent of load. In contrast to constant-pressure operation, this results in more uniform loading of individual superheater tube elements and hence in smaller steam temperature discrepancies for a given non-uniformity on the gas side.

Load changes during sliding-pressure operation are linked, inter alia, with temperature changes at the evaporator inlet and outlet. The h-p diagram (Figure 13) shows for example that a load change from 1/3 to full load is accompanied by a temperature change of about 100 K at the evaporator outlet. The water/steam separator vessel, which forms part of the startup and low load equipment, has an inside diameter of 600 mm and a wall thickness of 50 mm, using 20 MnMo 45 B material, for a design pressure of about 290 bar. Even with a load change rate of around 12% per minute over the whole load range, the thermal stresses lie within permissible limits both for increasing and decreasing load.

2.4 Constructional Possibilities for the Combustion Chamber/Evaporator Walls

The determining factors for the dimensioning of the combustion chamber wall tubes are the maximum local heat flux density in the combustion chamber and the internal heat transfer on the steam side of the tubes. The magnitude and variation of these two quantities can be calculated in the light of present-day knowledge with sufficient accuracy for the entire range of subcritical and supercritical steam conditions.

Both spiral and step-wound, and also vertically arranged furnace wall systems are suitable in principle, with appropriate design, for sliding-pressure operation. The optimum choice depends essentially on the widely differing material, fabrication and erection costs in different countries.

The furnace wall system sketched in Figure 16A, with the so-called step winding, has proved its worth many times in the Federal Republic of Germany for once-through steam generators for all ranges of pressure and load. The mass flow, and hence the pressure drop in the system, depends on the required minimum load (except where special low-load equipment is installed), the maximum heat flux, the pressure range and the selected material. The non-uniform heat flux profile causes no temperature discrepancies at the outlets of individual parallel tubes, since all tubes are carried through all heating zones by virtue of the stepped arrangement of tube groups.

The furance wall system of Figure 16A has outstanding hydrodynamic stability over the whole range of pressure and load. It has a pressure drop of about 20 bar at full load. The part load equipment must be brought into use below 33% load.

More than 100 once-through boilers are in use in our country, with various types of part-load equipment which are put into circuit at a load between 25 and 40%.

The exact load at which the circulating pump must be brought in depends on operational requirements. The higher the load at which this is done, the lower can be the pressure drop due to mass flow. If for example the recirculation system was employed up to 2/3 load, the furnace wall system pressure drop could be reduced to about 8 bar.

An essential prior condition for starting the recirculation system is that a water level must exist in the water level vessel. This can be achieved by varying the heat absorption in the furnace walls by means of flue gas recirculation, adjustment of tilting burners, or shutting off of burner rows. The enthalpy difference in the middle zone can be influenced by altering the h.p. spray water flow.

The adoption of a spiral or step winding permits the use of a relatively large tube diameter (31.7 - 57 mm o.d.). In deciding on the configuration the designer has a wide choice of options concerning mass flow, tube numbers, band widths etc.

The equally well-proven combustion chamber wall system with vertical evaporator tubes (Figure 16B) uses tubes of relatively small diameter (25 - 31.8 mm o.d.). In order to include all parallel tubes with adequate mass flow in a single pass, full load recirculation is necessary for 300 MW units. The circulating pumps in the main flow (Figures 16B, 14f) are not controlled, and deliver 1.2 - 1.5 times the main steam flow.

The requirements for this system are more easily met as the unit size increases, since the combustion chamber periphery increases only with the square root of the load ratio. In the upper load range the vertical combustion chamber tubes can be adequately cooled by a single pass, and additional circulation is only necessary at part load.

In the 600 MW unit already mentioned as an example, the recirculation system is only brought into use below 2/3 load.

This arrangement has several advantages. Construction, fabrication and erection are simpler for vertical tube walls than for spiral or step-form walls. The feed and circulating pump power requirement is more favourable than with a pure once-through system, especially at higher loads. The system of Figure 16B requires, in contrast to that shown in Figure 16A, throttling orifices at inlet to the evaporator tubes, which must be carefully selected according to the heat flux distribution over the furnace cross-section.

2.5 Startup and Low Load Connections

Startup equipment optimally suited to the turbine and boiler characteristics is a prerequisite for fast, safe and economical startup. There are three essential components for the startup system of a once-through boiler unit with dry superheater startup:

1. H.p. and i.p. turbine bypass stations
2. Water-steam separation equipment in the high pressure section of the steam generator
3. A system for the utilisation of drain water from the water-steam separator.

The components in 2 and 3 are also necessary for successful low-load operation.

The bypass system is covered in more detail in section 1.8 (Figure 12).

For the design of the water-steam separation equipment there are two possibilities:

1. Water-steam separation and the maintenance of a water level are combined in a single vertical vessel (bottle). The disadvantage of this is that with large units and high pressures relatively thick walls are necessary and the arrangement of the inlet connections presents difficulties.

2. Water-steam separation and water level holding are accomplished in separate vessels. Between 2 and 8 individual cyclone separators are connected upstream of a water level bottle according to the steam output. Taking the steam generator described in 2.4 as an example, the greatest wall thickness is about 50 mm with a clear diameter of 600 mm approx.

   The water-steam separator works on the centrifugal principle, and begins to function only when the low load equipment is put into operation. The water throughputs are lower by a factor of 10 than in the drum of a circulation boiler. This permits the use of relatively small vertical bottles with correspondingly low wall thicknesses.

Three basic systems have been developed for utilising the separator drains:

1. Startup System with Circulating Pump

   The circulating pump can be connected either in the steam generator bypass (Figure 14e) or in series with the feed pump (Figure 14f). Whether or not the economiser should be included in the recirculation loop must be decided in each individual case. The main control criteria are the water level and the minimum mass flow in the evaporator. The system is very suitable for cases where frequent startup and extremely low load operation are required, since the heat losses are minimal (circulating pump power requirement).

2. Startup System with Drain Cooler

   Instead of mixing the recirculating flow with the feed water, the greater part of the heat in the boiling water from the water level bottle is transferred to the feed water through a heat exchanger. The cooled water is then led back through a reducing valve to the feed reservoir. The feed pump alone maintains the minimum flow in the recirculation loop. The heat consumption at, say, 20% load is 1 - 2% worse than with a recirculation system. The heat exchanger can be arranged externally or installed in the separator bottle.

3. Startup System with Drains led to Feed Reservoir, Atmosphere or Condenser

   A small pressure reducer must be installed before the hot reservoir, outlet to atmosphere or condenser as appropriate. This startup system is very simple and cheap, and is justified only where no low-load operation is required and not more than 50 - 100 starts a year are expected. The new 600 MW brown coal base-load steam generators for the RWE are, for example, fitted with this system.

2.6 Dynamic Behaviour

The main considerations in the control of a unit in sliding-pressure or modified sliding-pressure operation have already been discussed in section 1.5.

Technical control requirements must be carefully watched in the design stage of the plant. Steam generators whose dynamic behaviour and startup speeds are subject to stringent requirements can nowadays be simulated, with their control systems, on large analogue or digital computers. For this purpose comprehensive linear and non-linear mathematical models have been developed which enable investigations to be made over a wide range of load and all possible incidents to be simulated, such as load transients, fuel and feed water disturbances, feed pump changeovers, burst economiser or generator tubes, etc.

One of the objects of these studies is to evaluate the rates of change of temperature in thick-walled components throughout the circuit, so that these can be suitably dimensioned.

2.7 Sliding-Pressure Steam Generator Designs

The all-welded steam generators illustrated in Figure 17 show how greatly the fuel and method of firing influence the size and layout of an installation.

3. Turbine

3.1 Operational Behaviour

The operational behaviour of the turbine during startup and loading, as well as during load changes, is mainly influenced by the corresponding steam temperature changes in the turbine and the resulting changes in metal temperature.

Sliding pressure offers the advantage of completely constant temperatures in the turbine during load changes, so that no limitations need be applied and hence large, rapid changes in unit load (as for example in peak load service) can actually be carried out with the high load change rates attainable with modern boilers.

For small, rapid load changes such as are necessary for participation in grid frequency control, pure sliding-pressure operation must be enhanced by one of the modifications already described. As shown in 1.7, satisfactory control capability is then achieved.

The general operational behaviour is not affected either by pre-throttling or, with suitable design, by a bypass valve. As far as the turbine is concerned this is also true for feed heater steam throttling and condensate restriction. These procedures do however influence the design and operation of other plant components such as feed heaters, condensate pumps and reservoirs.

The throttle-governed constant-pressure turbine offers equally good operating characteristics, since only small limitations are necessitated by the relatively small load-dependent temperature changes. Its suitability for frequency control is, as already mentioned, good, although for economic reasons this type of control is rarely used in Germany.

With nozzle group control, serious limitations arise regarding large load changes (see 1.7), but the suitability for frequency control is good.

The sliding-pressure sliding-temperature procedure, which will be more closely described in section 4.1, has in recent years become widely established for the startup of power station units. The main requirements for its successful use are: startup equipment and dry superheater on the boiler side, and h.p. and i.p. bypass equipment. Given these it is possible to carry out a gentle, rapid and operationally simple unit startup.

This procedure can be successfully employed for units with any type of control and for turbines with full admission or with h.p. nozzle group control. With the latter turbines, however, during warm starts, the control stage disturbs the matching of the steam temperature to the casing temperature, already achieved with a larger bypass flow before admitting steam to the turbine, and a close watch must be kept on all operating data.

In contract to this, a full-admission turbine enables maximum advantage to be taken of the sliding-pressure sliding-temperature start and offers the simplest possibilities for automation.

3.2 Thermal Stresses in Turbine Rotors, Casings and Valves

During startup and load changes, the steam temperatures within the turbine and the heat transfer coefficients at the walls both vary. The consequent change in heat flux produces temperature differences in the wall of the component concerned, leading to differences in expansion and to additional stresses over and above the basic stress due to centrifugal force or internal pressure.

This additional, or thermal, stress is almost independent of wall thickness in the case of a step change in temperature, but varies with the square of the wall thickness during a ramp temperature change. The extent of the permissible load and temperature steps is therefore practically independent of machine size, but the permissible rates of change diminish with increasing turbine size, so that the startup times become longer.

These relationships, and the constructional and operational measures resulting from them, are discussed in detail in (10). It is also shown in the same paper that there is no clearcut answer to the question of the permissible limits of thermal stress or of the combination of basic and additional stress. Rather can it be shown that each small additional stress, especially if it is varying, causes some damage to the material which depends on the magnitude of the additional stress, the number of times it occurs and the prevailing temperature level.

If, with a given basic stress and temperature, the component has a certain expected lifetime, this latter will diminish with additional thermal stress. A very good estimate of the extent of the diminution can be made using the "hypothesis of linear accumulation of damage", also known as the "life fraction rule".

The values given in 1.7 for permissible load change rates therefore represent only a compromise, based on the assumption that they will not lead to an unacceptable shortening of component life. The degree of shortening must be investigated in each individual case. There are however methods which enable the elapsed life fraction to be estimated approximately.

3.3 Constructional Differences

The constructional differences arising from the use of different methods of control are limited exclusively to the h.p. turbine. They owe their origin to the fact that a partial admission control stage with several independent nozzle groups is necessary for constant-pressure operation under nozzle group control, whereas in a full-admission turbine, either for sliding-pressure operation or for constant-pressure operation with throttle governing, the first stage can be designed in exactly the same way as the others and no subdivision of the steam flow is necessary.

Figures 18a and 18b show longitudinal and cross-sections through a full-admission h.p. turbine. The inlet section is very simply formed and the blading involves no additional cost. Only a small number of control valves are needed. This very simple construction is retained even where the sliding-pressure operation is modified by pre-throttling, h.p. feed heater throttling or condensate restriction control. For sliding-pressure operation with a bypass valve, which represents a very favourable solution as regards heat rate, a physical layout as in Figure 20 is required, which is more complicated and necessitates a larger total number of control valves.

In the case of a machine with nozzle group control under constant-pressure operation, the rotor blade loading in the control stage increases greatly as the turbine output diminishes, in contrast to the effect on all the remaining blades, and at the first valve point this loading may reach three or four times its value at the designed output. Moreover, the first stage blade loading varies from zero to full load one or more times per revolution, whereas with all other blades the variable component of loading is only a small fraction of the steady component. The control stage blades must therefore be made particularly strong and resistant to fluctuating loads, and are in fact 50 - 100% wider than the corresponding blades of a full-admission machine. Figure 20 shows a design with control stage blades welded to the rotor disc, the integral blade shrouds being also welded together in groups. Other builders attach the control stage blades with conventional roots and reinforce the other ends either with integral shrouds, which butt against each other round the whole circumference under pre-stressing, or with various forms of segmentally riveted shrouding bands.

Since the control stage disc is usually made of larger diameter than the remaining stages for reasons of efficiency, the rotor stressing in the neighbourhood of the control stage reaches higher values than with full-admission machines. This gives the advantage of a larger temperature drop in the control stage, giving a somewhat lower rotor temperature. The control stage disc is thus a component which experiences high loading, especially with large outputs, and involves additional construction costs.

A partial-admission machine also needs a more expensive h.p. casing than a machine with full admission. The cross-section shows the four cast-in nozzle groups in the inner casing. The inner casing joint is here arranged at an angle to give a good flow shape to the inlet duct, the two halves being held together with shrink rings. It can be clearly seen that a larger casing diameter is needed in the inlet region because of the control stage.

As a result of its operational advantages and its simple, reliable construction, the full-admission turbine for modified sliding pressure represents a favourable technical solution, especially for very large outputs, and is attracting increasing interest. In Germany a considerable number of 300 - 600 MW machines have been or are being built in this way.

4. Operational Experience of Sliding Pressure with Largo Power Station Units in the Federal Republic of Germany

To meet the relatively large peak load demand at certain times of the day, the following types of power station are available in the Federal Republic:

Power Station type	Time for warm start from light-up to full load, min	Starts per year	Running hours per year
1. Pumped storage station	c. 1		Up to 500
2. Gas turbines (aircraft and stationary types)	2-10	300-600	500-1000
3. Peak load steam plants (no reheat)	12-15	200-500	1500-2500
4. Combined gas-steam turbine plants (no reheat)	20-30	100-300	2000-4000
5. Base load units suitable for peak load generation	30-50	100-200	3000-6000

Plant types 3, 4 and 5 are almost without exception started up on the sliding-pressure sliding-temperature system and operated with sliding pressure.

Various electricity supply authorities in the Federal Republic of Germany have experience with sliding pressure extending over some years. A few will be briefly mentioned here:

a) Bayernwerke AG: Since 1963 all six units commissioned in four power stations with a total output of 1300 MW have been started and operated with sliding pressure.

b) Grosskraftwerk Franken AG (GFA): Of the threee units designed for supercritical pressure (250 bar) and double reheat (530/540/540°C) with slagging-chamber furnaces, the 110 MW plant has been operated in sliding pressure with great success since 1962 and the two 220-MW units since 1966.

c) Vereinigte Elektrizitätswerke AG (VEW): The units installed since 1956 with outputs between 80 and 400 MW run exclusively with sliding pressure.

Other supply authorities which also successfully practise sliding-pressure operation and start-up are, for example:

Hamburgische Elektrizitätswerke AG (HEW)
Steag
Nordwestdeutsche Kraftwerke AG (NWK)
Bewag
Neckarwerke AG
Saarbergwerke

Owing to the limited scope of this paper the discussion of operational experience must necessarily be brief. Only a few important experiences with sliding pressure, relating to the use of base load units for peak load generation, will therefore be recounted.

As typical examples of base-load units operating with sliding pressure, designed for low specific heat consumption and frequent startup and shutdown, units 21 and 31 in the Aschaffenburg power station of the Bayernwerke AG may be taken. They were designed at about the same time and have been in service since 1963 and 1971 respectively. Unit No. 21 and its service behaviour have been described by Müller in (1) and (2). The following discussion concerns unit 31, which was designed for about 4000 hours of running per year with 150 - 200 starts per year. The arrangement follows the simplified heat flow diagram in Figure 21.

The most important data for this plant are:

Maximum continuous rating	150 MW
Specific heat consumption per unit of output	2150 kcal/kWh
Main steam flow	490 t/h
h.p./reheat pressures at turbine	186/43 bar
h.p./reheat tempts at turbine	530/530°C
Feed temp. after No. 7 h.p. heater	260°C
Turbine exhaust pressure	0.038 bar
Fuel: bituminous coal with calorific value =	6000-7500 kcal/kg

a) Steam Generator

The two-pass double slagging-chamber once-through boiler has a gas-tight welded furnace wall of tube-fin-tube construction, together with startup and low-load equipment with circulating pump, permitting rapid startup and operation at any desired part load (depending on fuel). See 1.8 and 2.5. Figure 17d shows a cross-section of this steam generator.

b) Steam Turbine

This is designed as a full-admission machine (without control stage) and has a so-called bypass valve which can admit an additional steam flow of about 5% (corresponding to a "seconds reserve" of about 3%) behind the 3rd stage (see section 1).

The unit is equipped with a full-load turbo feed pump and two half-load electric feed pumps.

c) Control and Automation Equipment

All important start-up and running sequences are controlled by a fully automatic functional group controller, operating with various levels of control and with permanent wired logic. The pulverised fuel combustion system is also fully automatic.

4.1 Coordinated Sliding-Pressure Sliding-Temperature Startup

The advantage of this procedure lies in the optimal coordination of boiler and turbine criteria. In both components, especially the turbine, care must be taken to avoid unacceptable material stresses in thick-walled components, arising from excessive temperature differences. The steam should moreover be supplied to the turbine with at least 30 K of superheat. Sliding pressure makes this possible for any temperature with appropriate construction of the boiler and unit plant. Turbines have been started without incident at 80 K, with 30 K superheat (vacuum start, dead cold start, relatively rare). More usual are hot starts (overnight shutdown) and warm starts after weekends. Basically, it can be said that startup begins with the preceding shutdown. This takes place for example as follows:

The firing and feeding rates are continuously reduced, with adjustable gradients, so that the pressure falls at constant temperature. The load, being proportional to pressure, falls with the turbine inlet valves fully open. At about 1/3 load the superimposed circulation through the evaporator section of the boiler is brought in. Firing is reduced as far as possible with reliable ignition, after which "Fire out" follows. The machine is still on the grid and takes the remaining steam from the boiler, the turbine valves being now closed in. As soon as the boiler outlet steam temperature begins to fall, the turbine is shut off and the generator motored from the grid. This condition, without firing, is held for 2 - 7 minutes depending on the boiler design (oil-gas 2 min, coal slagging furnace up to 7 min). The pressure, which is now about 25% of the final pressure, rises after shutdown due to residual evaporation and then quickly falls again. Since the turbine is well insulated and cools down considerably more slowly than the boiler, every effort must be made to keep the latter as warm as possible. This was easier with the brick-lined furnaces common in former days than with modern plants having welded tube walls which are merely insulated and lack the heat storage of the fire-brick. This must be regarded as to some extent a disadvantage for these operating requirements.

The behaviour of the boiler and turbine during an overnight shutdown is shown in Figure 22, which applies to a 150 MW unit with a brick-lined boiler. Corresponding to curve 1, the high pressure/temperature curve for the welded boiler no.31 is shown (curve 8).

In arranging the boiler heating surface, the shutdown condition must be taken into account. Thus in the economiser and evaporator sections the use of tube groups with downward flow should be avoided as far as possible, even for example for support tubes in the second pass. In the absence of flow and with a falling pressure, residual heat causes steam formation in these tubes, and these bubbles must be positively removed before re-ignition. This is entirely possible with upward flow and with generous feed and recirculation rates. Special attention must be paid to parallel tubes of equal resistance.

With a well-designed unit the use of sliding-pressure sliding-temperature for startup gives the following advantages:

Startup is performed in the same way for every initial temperature condition. The initial pressure is of minor importance, except in adjusting the initial desired value of the h.p. pressure reducing station (desired value =

actual value). Special attention need be paid only to the temperatures, those at the boiler being finely adjusted to match the turbine values.

In our case the procedure is as follows:

An external source provides turbine gland steam and deaerating steam to the feed water reservoir. Air pumps of ample size provide the necessary vacuum (where possible within 10 minutes or less). With adequate feed and recirculation flows (33%) the eventually resulting steam-water mixture is delivered to the separator vessel and a water level established. At the same time the boiler is purged with air according to instructions. After light-up on oil with a flame sufficiently low to avoid any excessive tube wall temperatures in the foremost superheater, the h.p. bypass station opens after about 1 minute under the action of the already adjusted constant-pressure control system, thus establishing a flow of cool steam through the superheater. The h.p. bypass opens in proportion to the pressure rise until it is fully open. Meanwhile the firing rate is raised far enough to cause the main and reheat temperatures to rise. After filling of the reheater the i.p. bypass station opens, having been set to about 2 at, and passes the generated steam to the condenser. The condensate pumps are started, delivering condensate to the feed storage reservoir, and the circuit is closed. External steam is replaced by steam from the reheat system. When the h.p. and i.p. bypass steam temperatures approach the prevailing critical turbine temperatures and a definite degree of superheat (usually 30 K) has been reached, the turbine is opened to steam and run up to speed as quickly as possible (in about 5 min). The machine is then synchronised and connected to the grid. Opening of the turbine inlet valve causes a slight pressure drop and hence automatic closing of the h.p. and i.p. bypass, thus transferring the available steam to load generation (about 30% full load). The bypass stations change over to sliding-pressure operation, i.e. the desired values of opening pressure are advanced about 5 bar. The pressure is raised at the preselected rate by increasing the firing rate, and the load is thus increased. The temperature is raised to its final value at the permitted rate using the spray injection control system. This startup procedure, which is the same for all temperature and pressure conditions, results in simple attention and easy supervision. It also contributes to the avoidance of wear and tear and to simple automation.

Figure 23 shows the startup diagram for the 150 MW unit after 53½ hours (weekend shutdown). The boiler had previously been cooled and shut down owing to an armature repair, so that it was subject to <u>cold start conditions</u>.

In Figure 24 is shown the hot start of a fully automatic unit after 6.25 hours shutdown. The total time of the programmed start, from the beginning of startup preparations to full load, was 57 minutes, and from light-up to full load 42 minutes.

Very few feed water and condensate problems have arisen with plant started and operated on sliding pressure. In the Bayernwerke AG area, for example, no chemical cleaning of the water-steam side of the tube systems of six sliding-pressure-operated Benson units has been necessary, either before commissioning or during subsequent operation; the pressure drop in the tube system has so far remained constant in operation and the steam purity has been equally satisfactory. The main reasons for this appear to be:

1) All units have full-load condensate cleaning plant, which was used during first commissioning and always remains in circuit.

2) Sliding pressure results in large steam volumes during startup and uniform flow through the tubes, so that there are no heat flow peaks on the steam side. The reduced-pressure operation during startup lowers the SiO_2 solubility and makes it easier to maintain steam purity.

3) In the design of the economiser and evaporator systems, care was taken not to exceed water velocities of about 3.5 m/sec.

<u>Experience with Superimposed Recirculation Systems</u>

Most of the once-through boilers built in the Federal republic during the last ten years are equipped with a water/steam separating device at the evaporator outlet and with a circulating pump (see sections 1.8 and 2.5, and Figure 21). This system has proved itself very reliable after initial difficulties were overcome. It is important that the pumps should be heavily over-designed as regards head and should not have too flat a characteristic, since the evaporator resistance frequently changes owing to the different steam conditions. The circulating pump control valve should have hydraulic actuation with a short closing time (4 - 10 s), as also should the correspondingly-operated feed water control valve, so as to be able to follow rapid fluctuations of the water level in the separator bottle.

The circulating pumps are without exception glandless. The direct-coupled motor, which is subject to full system pressure, is sensitive to dirt and to the in-leakage of hot water. The high-pressure cooling system and the various filtration devices must therefore be painstakingly maintained and be equipped with comprehensive automatic monitoring. If attention is paid to these points, no trouble need be expected. The bottle normally has an emergency drain, which goes direct to atmosphere via a pressure reducer and opens whenever a maximum water level is exceeded. In case of need the boiler can be operated without a circulating pump by means of this line. The other systems discussed in section 2.5 have also given satisfactory experience, in some cases over a number of years.

<u>Startup Losses</u>

Careful measurements of startup and shutdown losses were made on the 150 MW units of the Bayernwerke AG and in the Walheim power station of the Neckarwerke AG in particular. The results, shown in Figure 25, provide a basis for the decision as to whether or not a unit should be shut down. Shutting down of a unit can be considered when the shutdown losses become less than the additional heat requirement for all units on low load. This excess cost can be estimated as about 10% of the full-load consumption and amounts to approximately 60 Gcal/h for a 300 MW unit. If the startup and standstill losses for such a unit are assessed as about 250 Gcal for a hot start, the possible shutting down of a unit becomes of interest if two units would have to run for more than 2 hours at low load.

In determining the startup and standstill losses according to Figure 25, the heat gain during load reduction prior to shutdown was not taken into account.

Startup Automation

Many units built in the last few years are equipped with automatic startup control, which is usually designed on the principle of decentralised functional group control units and has several levels of control. Control of startup and shutdown is effected by the unit programme, an electronic sequencing device which sends instructions to the individual functional group controls and checks whether the desired plant conditions has been attained at each step.

Since one of the major advantages of sliding-pressure units lies in their suitability for frequent startup and shutdown, automatic aids to startup are indispensable in view of the size of the units and the short startup times required. With sliding-pressure units the duty of the startup control system is essentially limited to bringing in individual plant components correctly and to setting appropriate desired values in the control loops so as to achieve a rate of increase of burner output which permits the fastest possible equalisation of steam temperature to the turbine condition.

In the Federal Republic of Germany 25 units with automatic startup are in service or under construction. In general these plants have proved themselves.

In order to monitor the course of the programme, and to enable appropriate action to be taken in the event of dislocation of the programme, it is absolutely essential to provide the plant with an adequate monitoring system. Useful aids include parameter maps, off-normal print-outs etc.

The principles of a start-up programme (e.g. light-up programme, section 1) can be seen from Fig. 26.

4.2 Experience of Load Changes

With sliding-pressure operation, load changes take place only as a result of altering the boiler firing rate and hence the steam pressure, the turbine control valves being permanently fully open. The type and quality of combustion are important in determining the speed of load changes. With oil and gas fired plants, depending on the type of service, load change rates of 8 - 12% per minute have been reached, and about half these values for pulverised-fuel slagging-furnace boilers. Before the start of the load change a dead time must be overcome, depending on the fuel (see Figure 11).

Figure 27 shows a load reduction and a load increase on No. 21 unit (150 MW) with a slagging-chamber boiler, dating from 1964(1). A rate of load increase of about 6% per minute was attained, inclusive of dead and delay times.

Experience shows that the limits of load change rates are set by the controllability of steam temperatures. This is made more difficult, especially during a load increase, by the discrepancy between firing rate and steam generation due to the increase in boiler stored energy necessary to raise the pressure. Good controllability of the firing system, careful arrangement of superheater surfaces and the development of a suitable control concept make it possible to achieve sufficiently fast load change rates with sliding pressure.

A useful aid to control is the little-practised measurement of enthalpy in the low superheat region, which seeks to determine the actual heat content of the steam for the purpose of feed water control.

In certain cases, steam temperature control has been improved by measuring temperature trends in the middle of individual superheater groups.

4.3 Experience of Frequency Control

Sliding-pressure units equipped with modification devices (see 1.1) meet the control requirements of the grid, both "seconds" and "minutes" reserves being adequately provided. Two of the methods described in 1.1 and 1.7 will be briefly mentioned here:

Condensate Restriction

In the 176 MW units (with slagging-furnace boilers) of the Westfalen Power Station of the VEW, a reservoir is arranged in the condensate system between the main extraction pump after the hotwell, together with a controllable supply pump, and serves as a compensating vessel. With this system it was possible to reduce the delay time of the unit from about 90 seconds to 5 seconds. The resulting rate of load change for the first 20 - 30 seconds was up to about 10% per minute, the maximum load increase being about 6% with the maximum possible condensate restriction of 300 t/h. The duration of the load increase depends only on the storage capacity of the reservoir.

H.p. Feed Heater Throttling

This variant has been recently tested in Aschaffenburg Power Station and seems well suited for improving the controllability of sliding pressure units, since it can be applied to existing plant with little cost. Quick-acting control valves are needed in the h.p. bled steam lines, actuated by a control system as a function of frequency error. Dynamic tests on No. 31 unit at Aschaffenburg, with a bituminous coal slagging-furnace, brought a reduction of response time from 90 seconds to 2 seconds approximately and an increase in output of 5% within about 15 seconds, despite the use of improvised equipment and the fact that the control system had not been optimised. The heat deficiency in the boiler feed must be compensated by controlled signals to the combustion system. Figure 29 shows the typical record of a load change, using only bled steam throttling with no combustion correction. The boiler outlet temperatures remained almost unaltered throughout the whole process.

By the date of this Conference it will be possible to report on special tests with all systems of modification.

4.4 Availability

It is generally agreed that sliding-pressure sliding-temperature plants have been well proven under the severe conditions of intermittent operation with frequent startup and shutdown. The best criterion for assessing the availability of an intermittently operated plant is the outage factor defined as follows:

$$S_K = \frac{T_{NV}}{T_B + T_{NV}}$$

where T_{NV} is the outage time due to incidents and T_B the operating time.

Outage factors for certain sliding-pressure units (boiler and turbine) with very intermittent operation are shown in Table 1. As can be seen, after a period of service S_K generally fluctuates around 0.05 for each unit. In preparing these statistics a strict standard has been used, and incidents taken into account even where they led not to an immediate outage but only to a short-term rearrangement of the running schedule (unscheduled repairs).

These figures should serve as proof of the reliability of the operational procedure described in this paper.

Figure 1 — Operational history of Nos. 21 and 31 units in Aschaffenburg Power Station from 1.11.71 to 30.6.72.

Figure 2 — Operating principle of large power station units in the Federal Republic of Germany.

Figure 3 — Relative main steam pressure as a function of fractional output for sliding-pressure operation. Parameter y_T is the relative valve opening.

Figure 4 — Steam temperature after h.p. turbine 1st stage with various control systems:
- a) pure sliding pressure control
- b) constant pressure with nozzle group control
- c) constant pressure with throttling

Figure 5 — Operational performance of feed pump for pure sliding-pressure and constant-pressure operation with nozzle group control:
- A steam turbo-driven pump
- B electric motor-driven pump with hydraulic coupling.

Figure 6 — Relative nett heat rate of turbine with different types of control (related to specific heat consumption W_o at rated output with sliding pressure). See Figure 7 for key.

Figure 7 — Relative nett heat rate of turbine with different types of control (related to specific heat consumption W_{GD} for pure sliding-pressure operation at the same fractional load):
- a) pure sliding-pressure operation
- b) sliding-pressure operation with 10% pre-throttling
- c) sliding-pressure operation with bypass valve
- d) constant-pressure operation with nozzle group control (4 valves)
- e) constant pressure with throttle governing

Figure 8 — Schematic diagrams of unit control systems

Figure 9 — Permissible load change rate $\dot{P}_{zul}$ after load step in constant-pressure operation for condensing turbines with single reheat and nozzle group control.
Basis: 1000 repeats allowable with full utilisation of permissible load step
Unlimited number of operations allowable:
approx. 2/3 $\dot{P}_{zul}$ with 2/3 permissible load step

Figure 10 Approximate course of load step with different types of control

P load — Index G gas-fired boiler

y valve opening — Index K coal-fired boiler

a) upper: constant-pressure operation

b) centre: modified sliding-pressure operation

1 pre-throttling

2 bypass valve

c) lower: modified sliding-pressure operation

P_G, P_K output curve with feed heater throttling and with intervention of boiler control system

P' output curve without intervention of boiler control system

P_{KS} output curve with condensate restriction

Figure 11 Dynamic response of firing rate F and steam output

O oil-fired boiler

B brown coal-fired boiler (dry bottom furnace)

S bituminous coal-fired boiler (slagging furnace)

Figure 12 Start-up schematic of a once-through steam generator with h.p. and i.p. bypass and water-steam separation

Figure 13 Enthalpy-pressure (h-p) diagram: variation of steam parameters in individual heating surfaces with sliding-pressure and constant-pressure operation.

Figure 14 Schematic arrangement of steam generator systems

Figure 15 Permissible rates of temperature change in water-steam separating devices (calculated for quasi-steady conditions).

Figure 16 Alternative layouts of combustion chamber wall for once-through steam generators.

Figure 17 Once-through steam generators in service.

Figure 18 a,b Longitudinal and cross sections through h.p. turbine with full arc admission (KWU drawing)

Figure 19 Longitudinal section through h.p. turbine with full arc admission and bypass valve (MAN drawing)

Figure 20 a,b Longitudinal and cross sections through h.p. turbine with partial admission and nozzle group control (BBC drawing)

Figure 21 Simplified heat flow diagram for 180 bar base-load unit for intermittent operation with sliding pressure.

Figure 22 Boiler and turbine behaviour of a 150 MW unit during shutdown, overnight standstill and restarting.

Figure 23 Startup of 150 MW unit after 53½-hour shutdown.

Figure 24 Automatic startup of 150 MW unit after $6\frac{1}{4}$ - hour shutdown.

Figure 25 Startup and shutdown losses for 150 MW units

Figure 26 Automatic startup system, unit programme, section 1, preparation for light-up (stages 1 - 3).

Figure 27 Behaviour of a 150 MW sliding-pressure unit with slagging combustion chamber boiler during load changes (Autumn 1964).

Figure 28 Schematic arrangement of unit control equipment with permissible boiler load computer and feed-forward of desired temperature.

Figure 29 Load change by reduction of bled steam flow to nos. 6 & 7 h.p. feed heaters with constant firing rate.

C115/73

KOMBINIERTE GAS/DAMPFTURBOANLAGEN

R. MÄULE H. PFOST J. RAU

ZUSAMMENFASSUNG: Die Entwicklung der 50 MW_{el}-Gasturbine hat in den letzten 3 Jahren in weitem Maße Einfluß auf die Konzeption neuer Kraftwerksblöcke in der BRD genommen. Für Grundlastanlagen war der Anreiz die Verbesserung des Prozeßwirkungsgrades und für Spitzenanlagen die Minutenreserve der Gasturbinenleistung.

Nach einem Überblick über die Thermodynamik der Kombi-Prozesse werden die Hauptkomponenten beschrieben. Die An- und Abfahrvorgänge für Kombi-, Frischluft- und Auspuffbetrieb und die Umschaltung von Gasturbinen- auf Frischlüfterbetrieb werden dargestellt. Es folgt eine Auflistung der in Betrieb, Bau und Planung befindlichen Kombi-Anlagen in der BRD, und ein Ausblick auf die Entwicklungsmöglichkeit der Kombi-Prozesse durch höhere Eintrittstemperatur in die Gasturbine wird gegeben.

INHALT

1. Gesamtanlage

Die Entwicklung der Dampfkraftwerke mit Beheizung durch fossile Brennstoffe verlangsamte sich in letzter Zeit hinsichtlich der Erhöhung des Wirkungsgrades, da diese die Steigerung von Frischdampf-Temperatur und -Druck erfordert und infolge einer starken Zunahme der Materialkosten eine wirtschaftliche Grenze erreicht ist.

Der Gasturbinenprozeß, der neben dem Dampfturbinenprozeß in Frage kommt, hat den Nachteil eines schlechten Wirkungsgrades, da die Abwärme mit hoher Temperatur abgegeben wird. Er hat aber den Vorteil, daß die Wärmezufuhr im Mittel bei hoher Temperatur erfolgt. Beim Dampfprozeß wird dagegen die Wärme bei im Mittel mäßiger Temperatur zugeführt, dafür bei konstanter (und niedriger) Temperatur abgeführt.

Die Kombination von Dampf- und Gasturbinenprozeß gestattet nun, die Vorteile der beiden Prozesse zu nutzen und ihre Nachteile zu eliminieren. Sie bietet damit die Möglichkeit, über die derzeitige Wirkungsgradgrenze hinauszukommen.

Solche kombinierten Prozesse sind seit längerer Zeit bekannt (s. 1 , 2). Einen besonderen Aufschwung aber nehmen die kombinierten Anlagen zur Zeit in der Bundesrepublik Deutschland aus zwei Gründen:

- die Verfügbarkeit von Gasturbinen großer Leistung und mit hoher Turbineneintrittstemperatur und
- das Angebot von preisgünstigem Erdgas oder Heizöl EL.

Mit der Kombination von Dampf- und Gasturbinenprozeß stellt man sich die Aufgabe, die Abwärme der Gasturbine in einem Dampfprozeß sinnvoll zu nutzen. Die Verwertung der Abwärme allein in einem Abhitzekessel läßt nur eine geringe Gesamtleistung zu. Große Blockleistungen erfordern weitere Brennstoffzufuhr. Hierzu bietet sich das Gasturbinenabgas nicht nur als Wärmeträger, sondern auch als Sauerstoffträger für die Verbrennung in einem nachgeschalteten Kessel an. Damit können Frischdampfzustände von z.B. 180 bar/530 °C mit oder ohne Zwischenüberhitzung verwirklicht werden.

Die Schaltung nach Bild 1 ist im Kraftwerk Altbach der Neckarwerke AG realisiert 3 worden. Sie zeichnet sich durch einfachen Aufbau aus und läßt geringe Anlagenkosten auf der Dampfseite erwarten. Man wird sie für eine Spitzen- und Mittellastanlage vorsehen.

Will man höhere Wirkungsgrade erreichen, so wird man versuchen, die Ausnutzung der Rauchgaswärme möglichst weit zu treiben. Als Beispiel hierfür ist in Bild 2 die Schaltung für ein Grundlastkraftwerk der NWK in Emden gezeigt. Das Rauchgas wird dabei durch Parallelschaltung von rauchgas- und anzapfdampfbeheizten Vorwärmern auf niedrige Endtemperatur gekühlt (s. Abschnitt 2.3). Weitere Möglichkeiten für Dampf-Gasturbinen-Kombination sind in 4 , für Spitzenlast in 5 , bei Verwendung eines druckgefeuerten Kessels in 6 beschrieben.

Gegenüber dem einfachen Dampfblock lassen die beiden Bilder 1 und 2 folgende Änderungen erkennen:

- Begnügt man sich mit der thermischen Leistung, die durch den vom Verdichter angesaugten Luftsauerstoff freizumachen ist, so ist im Normalbetrieb kein Frischlüfter notwendig.
- Ein Luftvorwärmer entfällt, die Verbrennungs-"Luft" strömt mit etwa 400 °C in die Brenner.
- Das Speisewasser wird nicht nur regenerativ durch Anzapfdampf, sondern auch durch Rauchgase vorgewärmt.
- Gegenüber einem reinen Dampfblock gleicher Leistung ergibt sich von den Turbomaschinen her eine gewisse Komplizierung und auch ein Mehraufwand. Der Dampferzeuger ist für eine geringere Wärmeleistung zu bauen, dafür ist für die Speisewasservorwärmung durch Rauchgase ein größerer Aufwand zu treiben, als wenn sie durch Anzapfdampf durchgeführt werden würde.

Das Ausmaß der Umweltbelastung ist nur graduell von dem verschieden, das durch ein konventionelles Dampfkraftwerk gleicher Leistung zu erwarten ist, bei dem die Rauchgasaustrittstemperatur und -zusammensetzung gleich ist.

2. Komponentenbeschreibung

2.1 Turbomaschinen

a) Gasturbine

Die Gasturbine im KW Altbach (Bild 3) ist eine Einwellenmaschine, die zwei große, seitlich angeflanschte Brennkammern besitzt (Bild 4). Der Turbosatz selbst ist auf einem Stahlgrundrahmen montiert. Das Außengehäuse ist geschweißt, in seinem Innern herrscht der Zustand der vom Verdichter geförderten Luft. Getrennte Leitschaufelträger bzw. ein Innengehäuse nehmen den Beschaufelungsteil von Verdichter und Turbine auf. Diese Gehäuseteile sind horizontal geteilt und wärmebeweglich im Außengehäuse aufgehängt. Das Turbinengehäuse selbst ist durch einen geringen Luftstrom gekühlt.

Gekühlt und damit von schnellen Temperaturänderungen auf der Heißgasseite weniger stark abhängig ist auch der aus einzelnen Scheiben aufgebaute Läufer. Ein Zuganker verspannt die Scheiben gegeneinander. Die Übertragung von Umfangskräften und die Zentrierung der Scheiben erfolgt durch eine Hirthverzahnung. Diese Scheibenbauweise ermöglicht einen verhältnismäßig leichten Läufer, aus dessen Innern die Kühlluft zum Scheibenkranz und zu den Füßen der Laufschaufeln geführt wird. Der Läufer ist zweimal gelagert. Seine geringe Masse läßt eine schnelle Aufwärmung beim Anfahren zu.

Der Verdichter ist 16-, die Turbine 4stufig, das Druckverhältnis beträgt 8,5, die Turbineneintrittstemperatur 780 °C/800 °C.

Die Brennkammern (Bild 4) sind durch konzentrische Gasleitungen mit Verdichter- und Turbinenteil verbunden. Dabei strömt innen das Heißgas, außen im Ringraum die verdichtete, relativ kühle Luft. Der Flammenraum der Brennkammer ist durch keramische Platten ausgekleidet, die eine hohe Wandtemperatur zulassen.

b) Dampfturbine

Die Dampfturbine im KW Altbach ist eine Sonderkonstruktion (Bild 5). Die eingehäusige Bauart erwies sich bei einer Optimierung hinsichtlich Anlagekosten und Wirkungsgrad als kostengünstig. Mit der mehrschaligen und weitgehend symmetrischen Bauweise, zusammen mit einer guten Durchströmung der einzelnen Zwischenräume wird ein günstiges Verhalten gegenüber Laständerungen angestrebt. Durch die Verwendung eines zweikränzigen Curtis-Rades im ersten Expansionsabschnitt wird zudem für eine erste rasche Absenkung der Dampftemperatur gesorgt. Nach diesem voll beaufschlagten Rad teilt sich der Dampfstrom in die beiden Fluten auf. Die Expansion erfolgt dort in jeweils 8 Stufen auf Kondensationsdruck.

2.2 Dampferzeuger und Feuerung

Der Dampferzeuger in Turmbauweise für 206 kg/s, 127 bar, 535 °C (Bild 6) ist mit 16 kombinierten Öl-Gasbrennern ausgerüstet und arbeitet im Gleitdruckprinzip. Bis 43 % Leistung wird dem Speisewasserstrom ein Umwälzstrom über Trenngefäß, Speisewasserbehälter und Speisepumpe überlagert. Der im Kesselhaus an heißliegenden Trägern hängende Dampferzeuger hat einen gasdicht verschweißten, selbsttragenden Flossenrohrkörper in Treppenwicklung, der mitsamt den auskragenden Brennerkästen an verschweißten Tragrohren hängt. Die Heizflächenschaltung zeigt Bild 7. Es zeigt auch, daß der Dampferzeuger einer 50 MW-Gasturbine nachgeschaltet ist, deren Abgase mit ca. 16 % O_2 und 380 °C als Sauerstoffträger für die im Dampferzeuger installierte Öl- oder Gasfeuerung dienen. Aus wirtschaftlichen Gründen wird die Gasturbine stets mit max. Leistung betrieben, so daß dem Dampferzeuger eine konstante Abgasmenge von rd. 340 kg/s zur Verfügung steht. Würde man den Sauerstoffgehalt dieser Abgasmenge voll für die Verbrennung nutzbar machen, so könnte mit der dabei erzeugten Dampfmenge eine 350 MW-Dampfturbine mit Zwischenüberhitzung versorgt werden. Im vorliegenden Fall hat man sich jedoch wegen der besonderen Netzanforderungen für eine 220 MW-Spitzenlastturbine ohne Zwischenüberhitzung entschieden. Um einerseits eine optimale Verbrennung mit niedrigem Luftüberschuß zu erzielen, andererseits die Wärmeenergie des überschüssigen Abgases auszunutzen, wird ein Teilstrom der Abgase, abhängig von der Leistung des Dampferzeugers, vor der 3. Verdampfergruppe den bereits abgekühlten Rauchgasen des Dampferzeugers beigemischt.

Die Heizflächenanordnung wurde so gewählt, daß die beim Anfahren hochbelastete erste Berührungsgruppe hinter dem Feuerraum durch die Einbeziehung in die Umwälzung ausreichend gekühlt ist und daß bei allen Betriebszuständen unterkühltes Wasser am Eintritt der parallelgeschalteten Rohre der Treppenwicklung vorliegt.

2.3 Vorwärmeranlage

Da bei kombinierten Prozessen das Abgas als Sauerstoffträger mit hohen Temperaturen von der Gasturbinengruppe geliefert wird, kann man wirtschaftliche Abgastemperaturen nur durch Aufwärmung des Speisewassers erzielen, was eine Einschränkung der Speisewasser-Anzapfvorwärmung verlangt. Die dadurch bedingte Einbuße an Wirkungsgrad wird jedoch durch die mit hohem Wirkungsgrad von der Gasturbine erzeugte Leistung mehr als wettgemacht.

Die Rauchgastemperaturen hinter Hauptspeisewasservorwärmer liegen bei den üblichen Speisewassertemperaturen von 250 °C bei etwa 330 °C. Für die weitere Rauchgasabkühlung müssen wasserseitig dem Dampferzeuger vorgeschaltete Heizflächen vorgesehen werden, wobei diese den dampfbeheizten Niederdruck (ND)- und Hochdruck (HD)-Vorwärmern parallel geschaltet werden können (Bild 8). Die Aufteilung muß so vorgenommen werden, daß beim rauchgasbeheizten ND-Vorwärmer (ND-Eco) die Wasseraustrittstemperatur unter der Siedetemperatur bleibt. Die HD-Eco-Heizfläche muß so bemessen werden, daß am Eintritt in die Verdampferheizfläche keine Dampfbildung auftritt. ND- und HD-Eco können aber auch vom gesamten Speisewasser durchströmt werden, wobei sie wasserseitig mit den Anzapfvorwärmern in Serie geschaltet werden.

Ein ND-Eco kann wegen der niedrigen Wandtemperatur nur bei schwefelarmen Brennstoffen verwendet werden, bei schwefelhaltigen Brennstoffen sind höhere Wassertemperaturen beim Eintritt in die rauchgasbeheizten Heizflächen notwendig. Deshalb muß der ND-Eco wegfallen und die Eintrittstemperatur in den HD-Eco entsprechend der tiefsten zulässigen Heizflächentemperatur festgelegt werden.

Bild 8 zeigt 3 Beispiele für schwefelarme Brennstoffe. Für Teilstrom-Ecos zeigt Bild 8a die Schaltung für einen Dampferzeuger mit nachgeschalteter Gasturbine (aufgeladener Dampferzeuger), Bild 8b für einen solchen mit vorgeschalteter Gasturbine. In Bild 8c ist die Schaltung für diesen Fall mit Vollstrom-Ecos auf HD- und ND-Seite dargestellt.

Teilstrom-Ecos ergeben bessere Wirkungsgrade, es bleibt trotz der höheren Kosten ein wirtschaftlicher Vorteil übrig. Dagegen ist bei Vollstrom-Ecos die Anlage einfacher und damit weniger störanfällig.

Bei Teillast soll die Gasturbine mit voller Leistung gefahren werden, um den thermodynamischen Vorteil voll auszunutzen. Die Leistungsänderungen übernimmt die Dampfseite. Damit bleiben Gasstrom und Wärmeleistung der Eco-Heizflächen bei Teillast fast konstant. Bei Teilstromschaltung der Ecos muß dann auch der Wasserstrom durch diese konstant gehalten und der durch die Anzapfvorwärmer gedrosselt werden, so daß von einer bestimmten Teillast an diese nicht mehr beaufschlagt werden. Um die brennstoffseitig festgelegte niedrigste Heizflächentemperatur des ND-Ecos nicht zu unterschreiten, muß wegen der abfallenden Vorwärmerleistungen unterhalb einer bestimmten Teillast Wasser mittels einer Pumpe rückgeführt werden. Hat man nur einen HD-Eco, muß die Speisewassertemperatur durch Anzapfdampfzuführung aus einer höheren Stufe in die vorgeschalteten ND-Vorwärmer auf dem gewünschten Wert gehalten werden.

3. Betrieb

3.1 Anfahren der Gasturbine

Die Gasturbine ist mit denselben automatischen Einrichtungen ausgerüstet, wie sie auch bei den nachfolgenden Turbinen dieser Baureihen und bei nicht kombiniert aufgestellten Turbinen üblich sind. Mit einem Befehl fährt die Turbine selbsttätig auf die angewählte Leistung. Beim kombinierten Block werden die Betriebsbefehle durch die übergeordnete Blockleitebene eingeleitet. Als wesentliche Ergänzung gegenüber einer Spitzenlastturbine sind die Rauchgasklappen und die dazu notwendigen Funktionsgruppen mit ihren Betätigungs- und Überwachungsgliedern anzusehen.

Nach dem Öffnen der Rauchgaswege wird die Gasturbine von einem Elektromotor von 1900 kW (kurzzeitig überlastbar auf über 3.200 kW) über einen hydraulischen Drehmomentwandler, der nach dem Hochlauf des Motors gefüllt wird, hochgefahren. Durch Zündgasbrenner werden bei einer Gasturbinendrehzahl von etwa 600 U/min die Hauptflammen in den Brennkammern gezündet. Von einem Hochfahr- und einem Temperaturregler wird die Brennstoffzuführung so gesteigert, daß die Maschine bis auf 3000 U/min stetig beschleunigt. Bei etwa 2000 U/min wird der Anwurfmotor abgeschaltet und der Wandler entleert.

Im täglichen fahrplanmäßigen Betrieb ist die Gasturbine etwa 3 min nach Leitbefehl "Betrieb" auf 3000 U/min, nach etwa 4 min gibt die Turbine etwa 30 MW (2/3 der Nennlast) ab und wird dann weiter mit 5 MW/min belastet, so daß Volllast nach 6 - 7 min erreicht ist. Versuchsweise wurden auch "Notstarts" durchgeführt, wobei die Nennleistung nach 4 - 5 min erreicht wird.

Die Gasturbine kann sowohl mit Erdgas als auch mit Heizöl EL gestartet und betrieben werden. Ein Wechsel der Brennstoffe ist während des Betriebes bei jeder Last möglich. Bei Vollast werden sowohl der Gasturbine als auch dem Dampferzeuger je 4,66 kg/s Erdgas zugeführt, der darüber hinausgehende Bedarf mit Heizöl S gedeckt, da nicht mehr Erdgas zur Verfügung steht.

3.2 Anfahren des Blockes

3.2.1 Kombinierter Betrieb

Kaltstart:

Der Kaltstart ist bekanntlich für neue Anlagen sehr selten erforderlich und steht daher zunächst nicht im Mittelpunkt des Interesses. Erst in späteren Jahren, wenn die Anlagen als kaltstehende Reserven eingesetzt werden, gewinnt dieser Start an Bedeutung. Folgendes kann jedoch festgestellt werden:

Wie bei Warm- und Heißstarts steht auch hier die Gasturbinenleistung bereits nach 6 - 7 min zur Verfügung. Die mit 380 °C dem Kessel zugeführten Abgase der Gasturbine, die einen Wärmestrom von 13,9 kJ/s darstellen, sind bestens geeignet, um die niedrigen Dampfparameter für den Kaltstart der Dampfturbine (z.B. 10-30 bar, 300 °C) unter Einhaltung der zulässigen Temperaturgradienten an Kessel und Rohrleitung zu erreichen.

Warm- und Heißstart:

Die beiden Startarten unterscheiden sich nur durch die größere Aufwärmspanne bei der Frischdampftemperatur, die sich beim Warmstart gegenüber dem Heißstart ergibt. Durch die längere Stillstandszeit kühlt der Kessel stärker ab als die Dampfturbine. Beim Warmstart muß daher die Frischdampftemperatur um rd. 50 - 80 K mehr gesteigert werden, was zu einer geringfügigen Verlängerung der Startzeit führt. Im übrigen können beide Startarten gleich betrachtet werden.

Nach nächtlichem Stillstand stehen am Morgen eine Frischdampftemperatur von rd. 290 °C und ein Dampfdruck von rd. 30 bar an. Der Heißstart läuft dann wie folgt ab:

- 15 min — 3 Elmopumpen-Kondensator-Vakuumpumpen einschalten

- 10 min — verschiedene Hilfskühlwasserkreisläufe einschalten, Brennstoffversorgung startklar machen, Speisepumpe einschalten, Kessel mit rd. 200 t/h nachspeisen, Verdampferumwälzung über Trenngefäß-Speisewasserbehälter-Speisepumpe-Verdampfer-Trenngefäß einstellen.

0 min — Leitbefehl "Betrieb" für den Gesamtblock. Start der Gasturbine, wie oben beschrieben (Bild 9).

4 min — Gasturbine mit etwa 30 MW_{el} am Netz. Speisewassermenge auf 90 kg/s erhöhen, Wasserstand im Trenngefäß beginnt sichtbar zu werden.

6-7 min — Gasturbine Vollast, Wasserstand im Trenngefäß wird stabil. Die Funktionsgruppe "Überhitzer" und damit die Umleitstation wird wirksam. Zur Belüftung des Dampferzeugers wird Turbinenabgas (340 kg/s, 400 °C, 140 kJ/s) durch die voll geöffneten Kern- und Mantelringe aller Brenner in den Kessel geleitet.

9 min — 1. Brenner gezündet. Damit einschließlich der Gasturbinenabwärme ein Wärmestrom entsprechend 30 MW_{el}, der entstehende Dampf im Kondensator niedergeschlagen

12 min — 2. Brenner gezündet, Wärmestrom entsprechend 35 MW_{el}

15 min — 3. Brenner gezündet, Wärmestrom entsprechend 40 MW_{el}, Sperrdampf aus Kessel

18 min — 4. Brenner gezündet, Wärmestrom entspr. 45 MW_{el}. Anwärmventil der Dampfturbine geöffnet.

19 min — An die Funktionsgruppe Dampfturbine Befehl "Betrieb" gegeben. Vor der Umleitstation Dampftemperatur von ca. 390 °C.

21 min — 5. Brenner gezündet, Wärmestrom entspr. 50 MW_{el}, 50 kg/s Dampfstrom. Dampfturbinendrehzahl 800 U/min. Nach einer Kontrolle der Randbedingungen Schwingungen und steigende Frischdampftemperatur Freigabe zu weiterem Hochfahren.

24 min — Dampfturbine am Netz.

3.2.2 Anfahren mit Frischlüfter

Bezüglich der Investitionen und der prozeßtechnischen Ausrüstung wird dieser Betrieb als Notbetrieb bewertet. In Altbach wird die Verbrennungsluft ohne Vorwärmung der Feuerung zugeführt, was im allgemeinen zu keinen Schwierigkeiten geführt hat. Durch die vor dem Zünden notwendige Vorbelüftung findet eine starke Abkühlung des Überhitzers statt, wodurch sich die Startzeit auf etwa 40 min verlängert. Beim Kaltstart kann wegen der gewählten Umwälzschaltung mit Rücksicht auf die Überhitzerteile nur mit etwa 1,4 kg/s Heizöl angefahren werden, weshalb die Verdampfung nur sehr langsam beginnt. Der stationäre Betrieb kann jedoch ohne Schwierigkeiten durchgeführt werden.

3.2.3 Anfahren mit Abgasen der Gasturbine ohne Kesselfeuerung

Diese Betriebsweise, die gleichbedeutend mit dem in 3.5 geschilderten Betrieb ist, bringt eine Verbesserung des Wirkungsgrades und 12 MW zusätzliche Dampfturbinenleistung, kann jedoch wegen der niedrigen Dampfparameter und der daraus folgenden Endfeuchte in der Turbine nicht lange gefahren werden, weshalb er keine große Bedeutung erlangen dürfte.

Den Verlauf einiger Meßwerte beim Kaltstart zeigt Bild 10. Die Abgase werden durch die Brenner und zum Teil über den Bypaß den Nachschaltheizflächen zugeführt. Zwischen dem Flossenrohrwandbereich des Brennerkastens und dem nur über den Feuerraum beheizten Wandabschnitt zeigt sich gemäß Kurve 3 - oberes Diagramm - eine positive Temperaturdifferenz. Die Tragrohre im Brennerkasten erwärmen sich durch die allseitige Umspülung mit Gasturbinenabgasen stärker als die Flossenrohre, so daß sie gemäß Kurve 1 noch höhere Temperaturen zeigen. Die Tragrohre in der Isolierung bleiben hingegen kälter, ihre Temperatur ist nur von der Wasserseite bestimmt, jedoch sind sie höher erwärmt als das mit ihnen verschweißte Flossenrohr Kurve 2. Die Temperaturdifferenzen fallen allmählich ab und man sieht, daß dieser Betrieb gefahren werden kann, ohne daß die kritischen Verbindungsstellen der Tragrohre mit dem Flossenrohrkörper unzulässig belastet werden.

3.3 Abfahren des Dampferzeugers oder der Dampfturbine bei Weiterbetrieb der Gasturbine

Die Aufteilung der Gesamtleistung auf zwei Turbinen gestattet die Möglichkeit des Weiterbetriebes der nicht gestörten Einheit. Tritt am Dampfblock eine Störung auf, so sind zu unterscheiden: Störungen, in deren Folge der Kessel entleert werden muß, z. B. Rohrreißer, und Störungen, bei denen dies nicht notwendig ist, z. B. ein Schaden im Bereich der Dampfturbine.

Im letzten Falle wird die Dampfturbine abgeschaltet, die Feuerungsleistung auf null zurückgefahren und die noch durch den Abgasstrom der Gasturbine erzeugte Dampfmenge über die Umleitstation in den Kondensator gefahren. Dazu muß notwendigerweise das Vakuum und die Verdampferumwälzung weiterhin aufrechterhalten werden. Diese Betriebsweise ist sehr einfach und gestattet es, ohne weiteres wieder in kombinierten Betrieb zu gehen.

Bei Störungen, in deren Folge ein Entleeren des Kessels nicht zu umgehen ist, kann beispielsweise nach Bild 11 verfahren werden, das die wichtigsten Prozeßkennwerte und die gemessenen Temperaturdifferenzen in der Übergangsphase von kombiniertem Gas/Dampfturbinen- auf reinen Gasturbinenbetrieb zeigt. Mit der fallenden Feuerungsleistung im Kessel erniedrigt sich die Dampfmenge und der Dampfdruck, und zur Schonung der Turbine wird die Dampftemperatur abgesenkt, so daß zum Zeitpunkt 60 min die Feuerung abgeschaltet wird und bei 65 min die Turbine in Schnellschluß geht. Bis zur 80. min wird der Speisewasserstrom im Verdampfer aufrechterhalten, um die geringe Speicherwärme abzufahren, wodurch Dampfdruck und Temperatur stark absinken. Der Dampferzeuger erhält weiterhin Abgas mit 380 °C von der Gasturbine, so daß der gesamte Wasserinhalt des Ecos und Verdampfers wegen fehlender Nachspeisung ausdampft (s. ansteigende Temperaturen dieser Heizflächen), bis der gesamte Kesselkörper auf etwa 350 °C erwärmt ist. Die dabei freiwerdende Dampfmenge wird über Dach durch ein gesteuertes Abblaseventil abgeführt.

Die Temperaturdifferenz zu den kaltliegenden Tragrohren (Kurve 2 im oberen Diagramm) ist zwangsläufig größer als die zu den vom Abgas beheizten Rohren im Brennerkasten (Kurve 1). Natürlich stellt sich auch eine Differenz zwischen dem doppelt beheizten Flossenrohrstück am Brennerkasten zu dem einseitig beheizten in der Seitenwand, in der sich keine Brenner befinden, gemäß Kurve 3 ein. Wenn dann zum Zeitpunkt 120 min der Dampfpfropfen aus dem Eco und unteren Teil des Flossenrohrkorbes die Tragrohre erreicht hat, werden die Temperaturdifferenzen kleiner und klingen in der 200. min auf 5 bis 20 °C ab. Nach Abschluß des Ausspeichervorganges ist dann der gesamte Dampferzeuger auf etwa 350 °C aufgeheizt. Nach weiteren 8 h fällt der Dampfdruck auf 30 bar und erreicht nach 24 h 15 bar. Für das erneute Anfahren, ohne daß die Gasturbine abgestellt wird und somit der Dampferzeuger abkühlen kann, müßte natürlich der zulässige Temperaturgradient im Eco und Verdampfer beim Füllen beachtet werden. Wie die Ergebnisse des vorliegenden Versuches zeigen, werden auch in dieser Betriebsphase des Koppelprozesses die zulässigen Temperaturdifferenzen von 100 °C an der Verbindungsstelle des Flossenrohrkörpers mit den Tragrohren nicht überschritten.

3.4 Ausfall der Gasturbine bei Weiterbetrieb des Dampferzeugers und der Dampfturbine

In diesem Falle soll die notwendige Verbrennungsluft vom Frischlüfter gefördert und die Abgasmenge als Sauerstoffträger so durch den Verbrennungsluftstrom ersetzt werden, daß stets ein ausreichender Luftüberschuß in der Feuerung des Dampferzeugers vorhanden ist. Dieser Wechsel ist möglich im Stillstand der Anlage oder bei geplantem Absetzen der Gasturbine und weiterlaufendem Dampfbetrieb. Dies konnte aber an der Anlage Altbach noch nicht praktiziert werden (Stand 1.11.72).

Im Brennpunkt des Interesses auf der Betreiberseite steht jedoch der plötzliche Ausfall der Gasturbine durch Netzstörungen oder durch den Turbinenschutz. Im Bild 12 sind die wichtigsten Kenngrößen für einen Versuch über der Zeit aufgetragen.
Die Drehzahl der Gasturbine (2. Kurve von oben) steigt infolge der noch vorhandenen Rotationsenergie bis auf 3060 U/min an, nachdem der Generator vom Netz getrennt ist, um dann in der 6. s bis auf 2950 U/min abzufallen. In diesem Zeitraum fördert der Kompressor somit noch den vollen Luftmassenstrom.

Durch den im Zeitpunkt 0 plötzlichen Brennstoffausfall von 186 kJ/s in der Gasturbinenbrennkammer fällt die Temperatur vor der Gasturbine von etwa 800 °C auf 300 °C ab, wodurch sich das Gasvolumen und damit das Druckgefälle in der Gasturbine mindert. Hierdurch nimmt (siehe oberste Kurve) der Luftdruck hinter Kompressor von 9 auf 7,5 bar innerhalb der ersten zwei Sekunden schnell ab. Es ergibt sich dadurch zwangsläufig ein gewisser Luftmassenstromanstieg im Kompressor.

Der Druck hinter der Gasturbine und auch vor den Brennern des Dampferzeugers fällt schlagartig von 31 auf etwa 12 bzw. 8 mbar. Dies erklärt sich daraus, daß die Gasfüllung mit einer Temperatur von 800 °C in der Brennkammer der Gasturbine gegen eine solche von abfallend auf etwa 300 °C und die Gasfüllung in dem Verbindungskanal zu den Brennern des Dampferzeugers von 380 °C abfallend auf etwa 150 °C ausgetauscht wird. Hierbei kommt es zwangsläufig zu einer zeitlich begrenzten Volumenstromminderung, bis die Gasräume vollständig mit dem kälteren Gas gefüllt sind. Dieser Vorgang ist nach etwa 6 s beendet, wenn der Luftvolumenstrom wieder konstant und ein Druck von etwa 25 mbar hinter Gasturbine erreicht ist.

Der Widerstand im Luftregister des Brenners (unterste Kurve) folgt natürlich der Volumenstromänderung und pendelt sich nach 5 s auf die Beharrung von etwa 7 mbar ein. Leider kann über den Verlauf des Volumenstromes zwischen 1,5 und 7 s nichts angegeben werden, da hierzu noch schnellreagierende Temperaturmessungen durchgeführt werden müssen.

Die Ergebnisse dieser ersten Versuche zeigen folgende Tendenzen:

1. Bei momentaner Entlastung der Gasturbine vermindert sich der Abgasstrom am Eintritt des Dampferzeugers infolge des Gasfüllungswechsels in der Brennkammer und den Verbindungskanälen in den ersten Sekunden bis etwa 50 %.

2. Nach Ablauf von etwa 5 - 7 s ist der Abgasstrom am Brenner wieder auf fast 100 % angestiegen, nachdem der Gasfüllungswechsel abgeschlossen ist.

Bei der Anlage Altbach ist bis jetzt (1.11.72) vorgesehen, nach dem Hochlauf des Frischlüfters (etwa 7 s) und Beginn der Luftförderung über einen Bypaß die Klappe hinter dem Frischlüfter dann aufzufahren, wenn der Frischluftdruck den Gasturbinen-Abgasdruck überwiegt. Danach soll die Klappe hinter der Gasturbine druckabhängig zugesteuert werden. Währenddessen wird durch Schließen von Mantelringen am Brennerluftgeschränk der Lufteinlaßquerschnitt etwa halbiert.

Für ein Gelingen dieser Umschaltung müssen folgende Gesichtspunkte berücksichtigt werden:

1. Die Turbinenschutzkriterien müssen so weit wie möglich reduziert werden.
2. Gasturbinenbrennraum und Verbindungskanäle zum Dampferzeuger müssen noch verkleinert werden, um die Zeit für den Gasfüllungswechsel zu verkürzen.
3. Langsamere Gasturbinen-Brennstoffabschaltung, um die Geschwindigkeit der Gastemperaturänderung zu verkleinern. Dabei müßte allerdings die zulässige maximale Drehzahl einen größeren Abstand von der Arbeitsdrehzahl der Gasturbine haben oder eine mechanische bzw. elektrische Bremse Energie aus der Gasturbine abführen, wenn der Netzschalter gefallen ist.
4. Plötzliches Entleeren eines unter hohem Druck stehenden Luftspeichers in den Verbindungskanal zwischen Gasturbine und Dampferzeuger. Bei dieser Anlage müßten etwa 5000 m^3 Luft während der ersten 6 Sekunden zugegeben werden.
5. Während der ersten 2 Sekunden sinkt das Luftverhältnis im Verbrennungsraum des Dampferzeugers auf 0,5, was zu Verpuffungen führen könnte. Dies könnte durch schlagartige Reduzierung des Brennstoffstromes auf etwa 50 % durch Einbau von Schnelldrosselventilen an allen Brennern verhindert werden.
6. Das gesamte Klappensystem und Brennergeschränk sollte so einfach wie möglich aufgebaut werden, und die in die Umschaltautomatik eingehenden Kriterien sollten auf ein Minimum reduziert werden, um die Wahrscheinlichkeit von Störungen der Umschaltung durch Ausfall von Bauelementen nach einer langen Durchfahrperiode zu senken.

Versuche und Erfahrungen an weiteren Anlagen müssen die festgestellten Tendenzen bestätigen, um die unterbrechungslose Umschaltung von Gasturbinen- auf Frischlüfterbetrieb mit ausreichender Sicherheit zu ermöglichen.

3.5 Gasturbinen-Auspuffbetrieb

Die Anlage Block 4 Altbach ist nicht mit einem getrennten Abgaskamin für Gasturbine-Leistungsbetrieb ausgerüstet. Bei alleinigem Betrieb der Gasturbine können die Abgase über den Rauchgasbypaßkanal durch den letzten Teil des Dampferzeugers oder über die Brennerluftkanäle und den normalen Rauchgasweg in den Schornstein geleitet werden. Dieser Betrieb kann bei entleertem oder gefülltem Kessel nötig sein. Im ersten Fall sind die Temperaturdifferenzen zwischen Tragrohren und Flossenwand kritisch, die jedoch beherrscht werden können, wenn die Brennerluftöffnungen voll geöffnet werden, womit 60 % der Abgasmenge über den Feuerraum gefahren wird.

Bei dieser Anlage ist jedoch aus Netzgründen der Betrieb mit gefülltem Kessel häufiger. Zum Abfahren von ein- bis zweistündigen Spitzen an Sonntagen wurde es notwendig, die Gasturbine auf gefüllten, intakten in Bereitschaft stehenden Kessel zu fahren. Dazu wird die Verdampferumwälzung und die Kondensation in Betrieb genommen und die entstehende Dampfmenge von rd. 33 kg/s über die Umleitstation in den Kondensator gefahren. Die Gasturbine ihrerseits kann dabei unbehindert betrieben werden.

Obwohl diese Betriebsweise den Vorteil bietet, den Dampfblock notfalls sofort zusätzlich in Betrieb zu nehmen, ist eine vollkommene Umgehung des Kessels bei der Vorhersehbarkeit von ähnlich gelagerten Einsatzfällen zu empfehlen, wodurch die Gasturbine, gegebenenfalls über Fernsteuerungen, noch schneller in Betrieb genommen werden kann.

3.6 Schallprobleme

Gasturbine:

Entgegen den Erwartungen verursacht die Schalldämpfung der Gasturbine keine besonderen Schwierigkeiten. Die Maschine ist serienmäßig mit Steinwolle und entdröhntem Blech verkleidet.

Bei einer Turbinenleistung von 50 MW wurden folgende Schallpegel gemessen:

in 15 m Entfernung	
von Ansaugöffnung in Maschinenachse	72 dB(A)
unter 45° zur Maschinenachse	67 dB(A)
rechtwinklig zur Maschinenachse	61 dB(A)
in 1,5 m Entfernung	
von der Gasturbine	90-93 dB(A)
hinter der Gasturbine im Bereich des Übergangs des Abgaskanals in die Kesselluftkanäle	85 dB(A)

(zwischen Gasturbine und Kessel ist kein Schalldämpfer eingebaut)

Meßergebnisse zeigt Bild 13.

Kessel:

Der höchste Pegel wurde im Kesselhaus auf einer hinter dem Eco liegenden Bühne gemessen. Während im kombinierten Betrieb ein maximaler Pegel von 73 - 75 dB(A) bei etwa 80 - 100 Hz festgestellt wurde, erhöhte sich dieser im alleinigen Gasturbinenbetrieb bei entleertem Kessel um 19 dB(A). Die Entstehungsursache ist noch nicht eindeutig gefunden.

Eine Belästigung der Umgebung erfolgt zeitweilig durch eingebaute, zur Zeit noch ungedämpfte Entlüftungsjalousien. Eine vollkommen schalldichte Kesselhausbauweise mit gedämpfter Zwangsentlüftung ist hier zu empfehlen.

4. Ausgeführte und geplante Anlagen in der Bundesrepublik Deutschland

Über kombinierte Anlagen von der Leistungsgröße über 200 MW liegen in der Bundesrepublik Deutschland bisher nur die vorstehend geschilderten Betriebserfahrungen vor. Es sind dies Kurzzeiterfahrungen, die über Anfangsschwierigkeiten, vielleicht auch über typische Mängel Aufschluß geben. Hinsichtlich des ausschlaggebenden Verhaltens der Anlagen über einen längeren Zeitraum kann man auf die mehrfach beschriebene Anlage Hohe Wand hinweisen 7 .

Welches Interesse die kombinierten Anlagen trotz der fehlenden breiten Basis an Erfahrungen gewonnen haben, zeigt Tab. 1. Man darf zugleich annehmen, daß ohne die Beschränkung des Erdgasangebotes die Zahl der kombinierten Anlagen noch stärker wachsen würde.
Erdgas oder kostengünstiges leichtes Heizöl als Gasturbinenbrennstoff sind die wesentliche Voraussetzung für die Errichtung eines Kombiblockes. Die Kohlevergasung 6 stellt allerdings einen Weg dar, auch auf dieser Energiebasis kombinierte Blöcke zu erstellen, wobei die gegenüber direkter Kohlebeheizung größere Umweltfreundlichkeit die Errichtung solcher Blöcke begünstigen dürfte.

Die Gastemperatur vor Turbine dürfte weiter erhöht werden. Dann steigt der Prozeßwirkungsgrad um etwa 0,1 %-Punkt pro 10 Grad Temperaturerhöhung. Zugleich aber verbessert sich das an sich schon gute Teillastverhalten, so daß in weiten Lastbereichen der Teillastwirkungsgrad sogar besser sein dürfte als der bei Auslegung. Hierdurch und durch die Weiterentwicklung der Gasturbinen zu größerer Leistung dürften die kombinierten Anlagen für die Zukunft günstige Aussichten besitzen.

Literatur:

1 Schüller, K., H.:
Kombinierte Dampf-Gas-Prozesse
BBC-Nachrichten, 1959, S. 404/428.

2 Seippel, C. und Bereuther, R.:
Zur Technik kombinierter Dampf- und Gasturbinenanlagen
BBC-Mitteilungen 47 (1960), Nr. 12, S. 783/799.

3 Bernhardt, S.:
Planungsgrundlagen, technische Ausführung und vorgesehene Betriebsweise der Anlage mit kombiniertem Gas-Dampfprozeß der Neckarwerke AG
VGB-Fachtagung "Dampfkessel und Dampfkesselbetrieb 1970", Niederschrift S. 6/23.

4 Pfost, H.:
Kombinierte Dampf-Gasturbinen-Prozesse, Leistung und Wirkungsgrad einiger Schaltungen
Energie und Technik 23 (1971), H. 9, S. 309/313.

5 Cosar, P.:
La cycle à vapeur CESAS. Sa combinaison avec un cycle à gaz.
Rev. Generale de thermique 9 (1970), S. 269/272.

6 Bund, K., Henney, K.-A. und Krieb, K.H.:
Kombiniertes Gas/Dampf-Turbinenkraftwerk mit Steinkohlen-Druckvergasungsanlagen im Kraftwerk Kellermann in Lünen.
Brennstoff-Wärme-Kraft 23 (1971) Nr. 6, S. 258/262.

7 Czermak, H. und Goebel, K.:
Operating Experience with a Combined-Cycle Gas Turbine and Steam Turbine Plant at the Hohe Wand Power Station of the Niederoesterreichische Elektrizitätswerke Aktiengesellschaft.
Convention on Modern Steam Plant Practice, The Institution of Mechanical Engineers, London, 1971, pp 107/113.

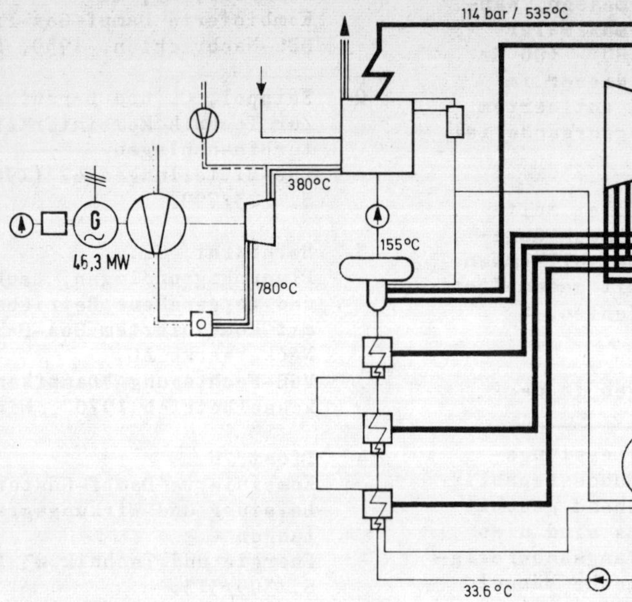
114 bar / 535°C
380°C
155°C
780°C
46,3 MW
G
200 MW
0.052 bar
12°C
33.6°C

Bild 1

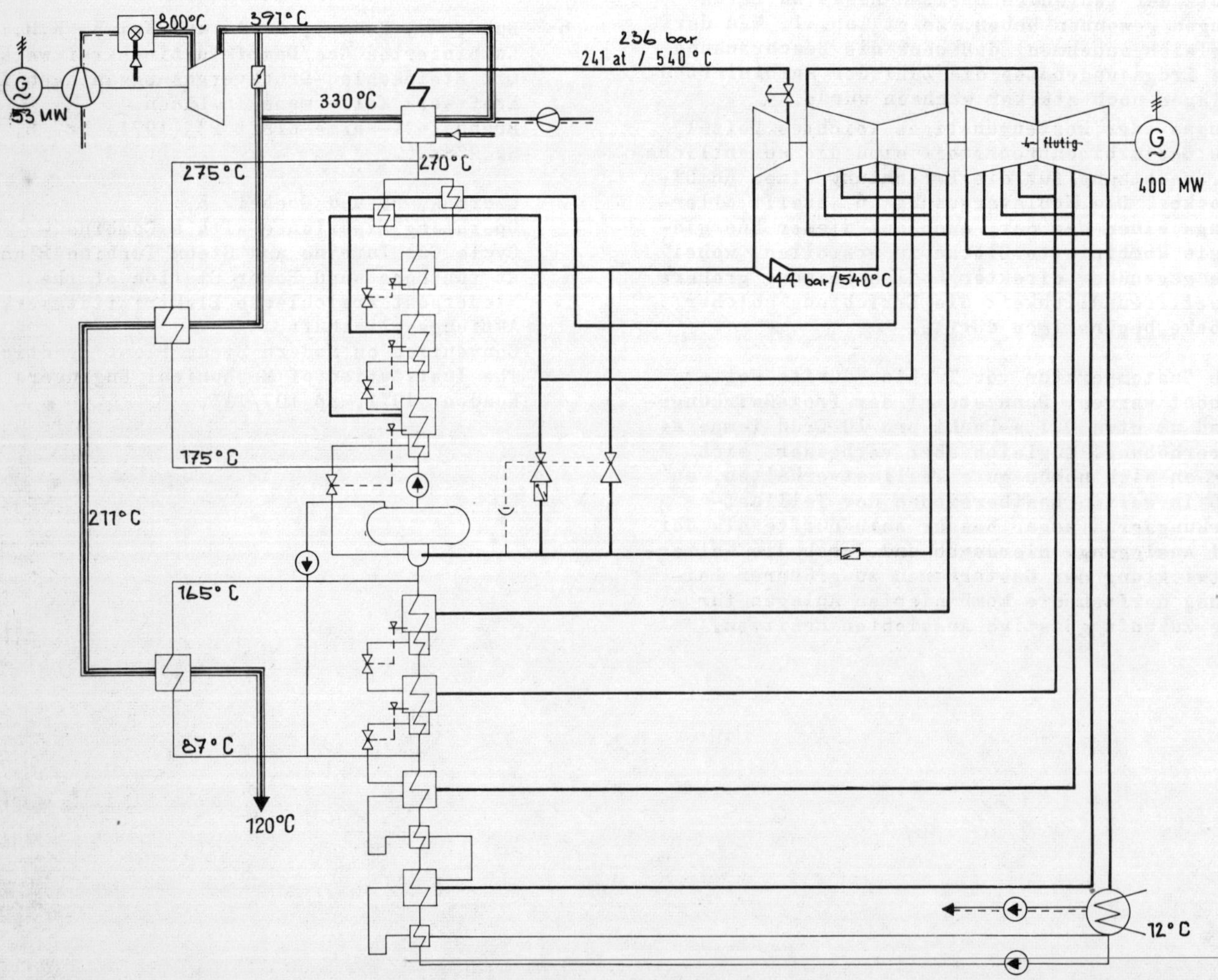
800°C
391°C
236 bar
241 at / 540 °C
53 MW
330°C
270°C
275°C
175°C
211°C
165°C
87°C
120°C
44 bar/540°C
400 MW
12°C

Bild 2

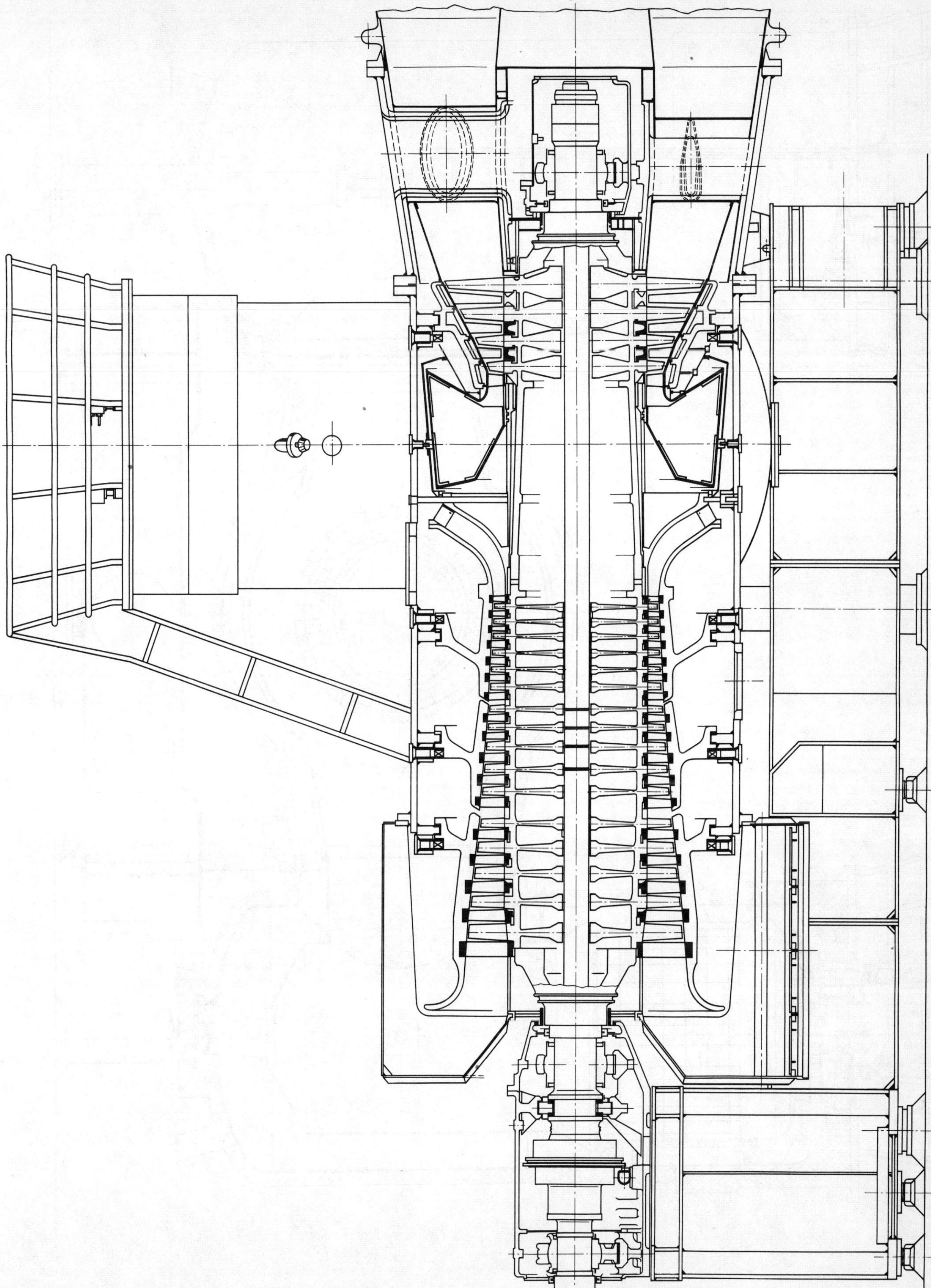

Bild 3

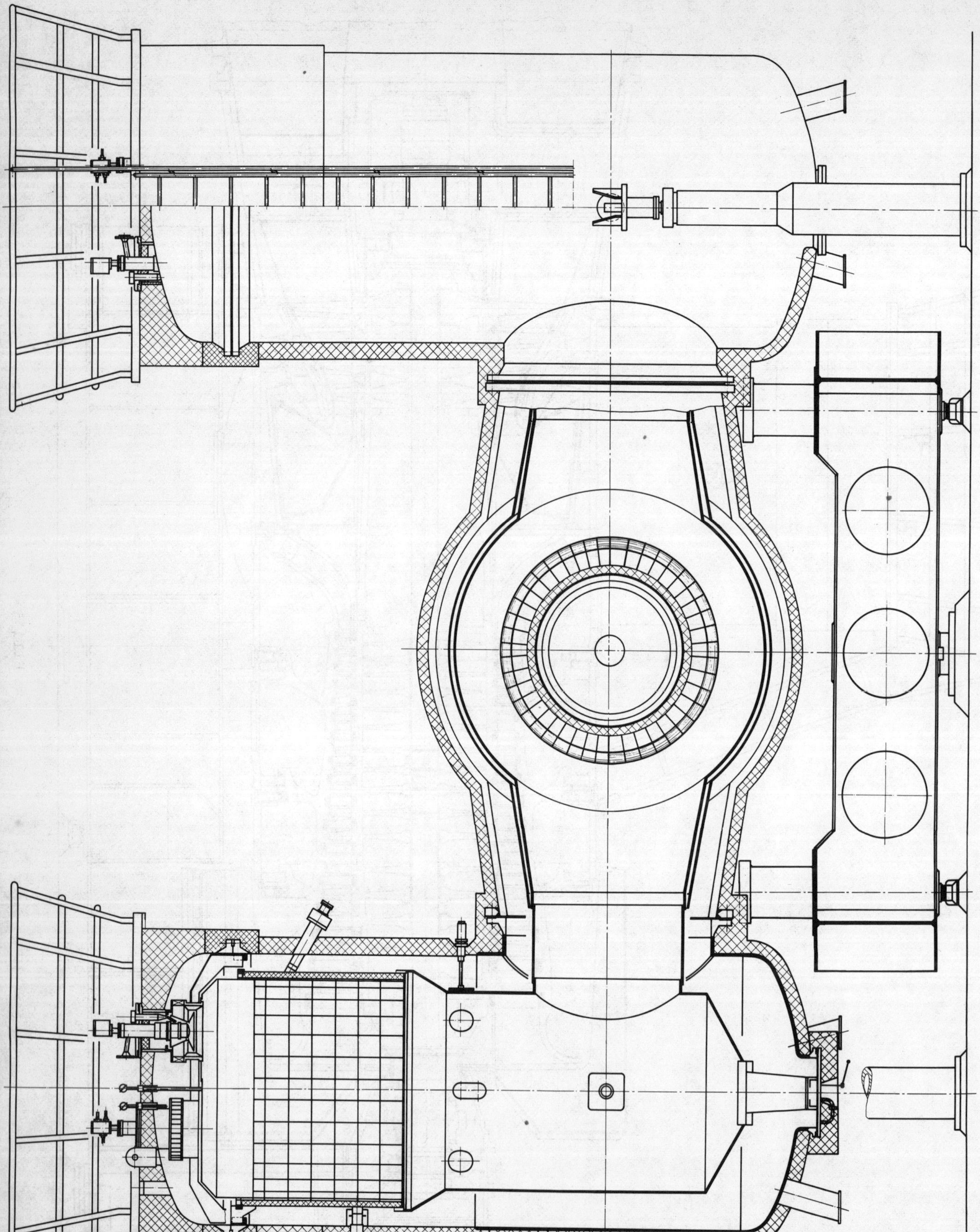

Bild 4

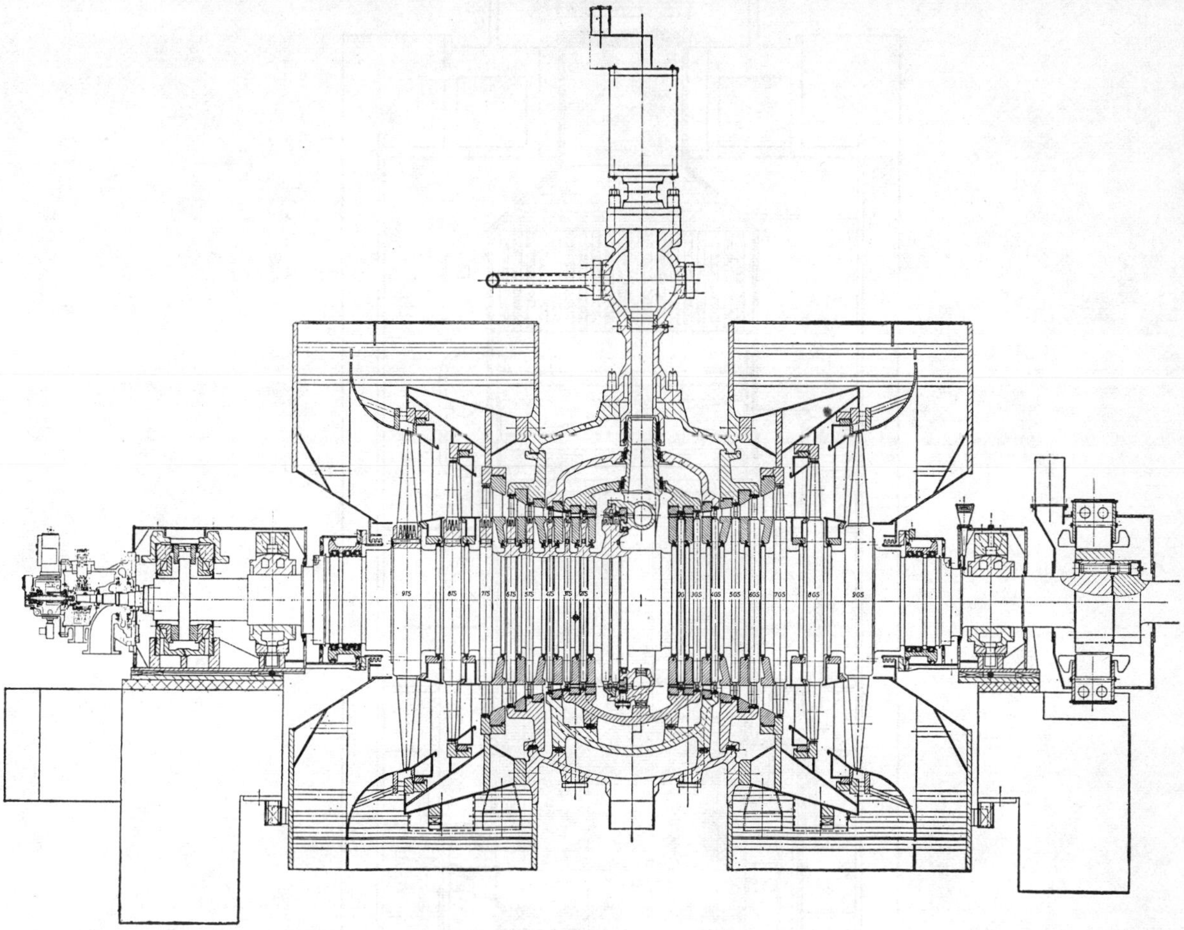

Bild 5

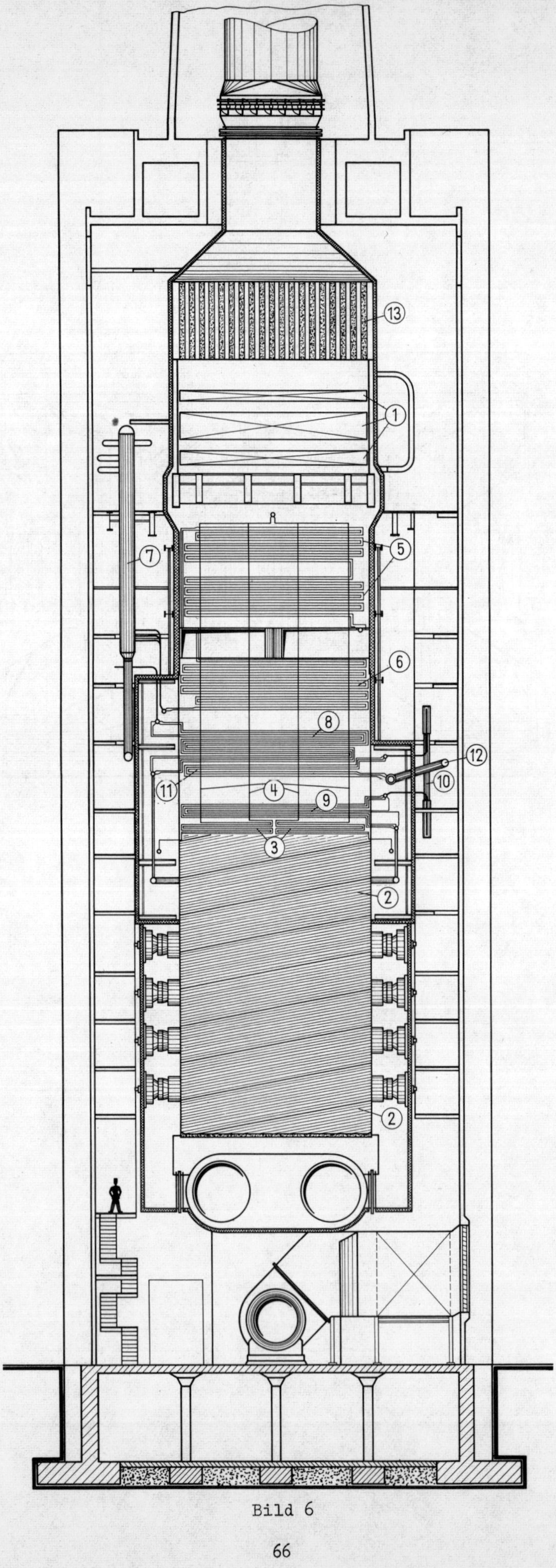

Bild 6

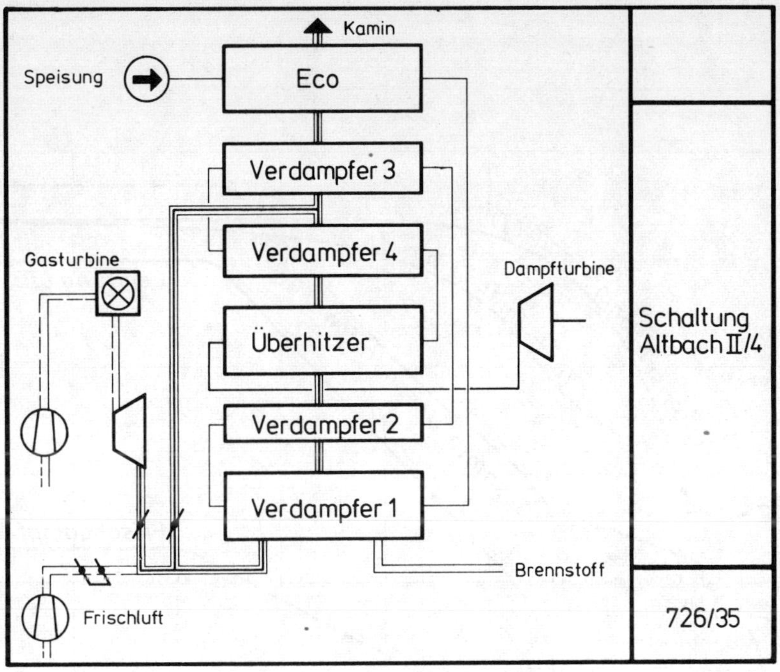
Kamin
Speisung
Eco
Verdampfer 3
Verdampfer 4
Gasturbine
Dampfturbine
Überhitzer
Schaltung Altbach II/4
Verdampfer 2
Verdampfer 1
Brennstoff
Frischluft
726/35

Bild 7

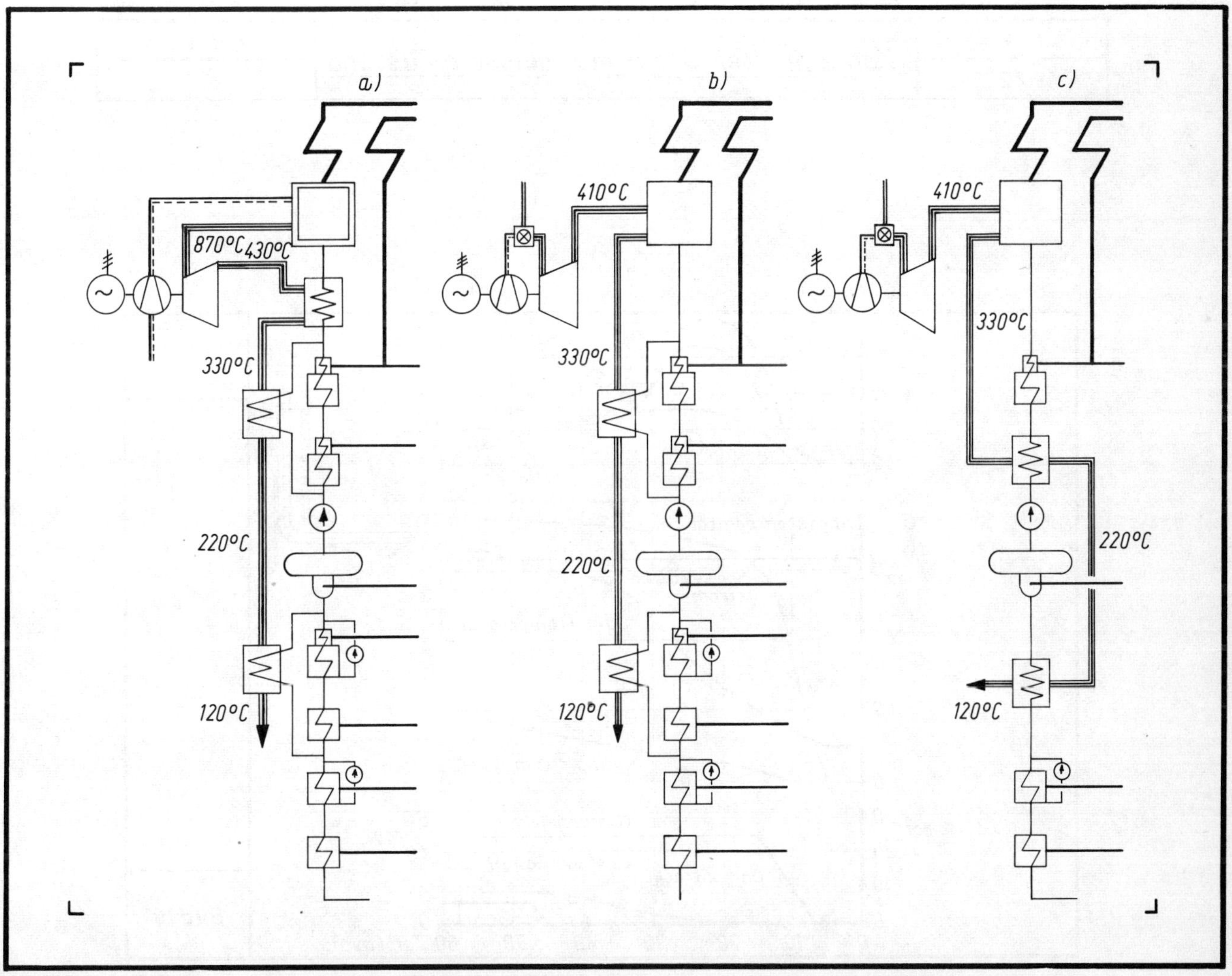
a)
b)
c)
870°C
430°C
410°C
410°C
330°C
330°C
330°C
220°C
220°C
220°C
120°C
120°C
120°C

Bild 8

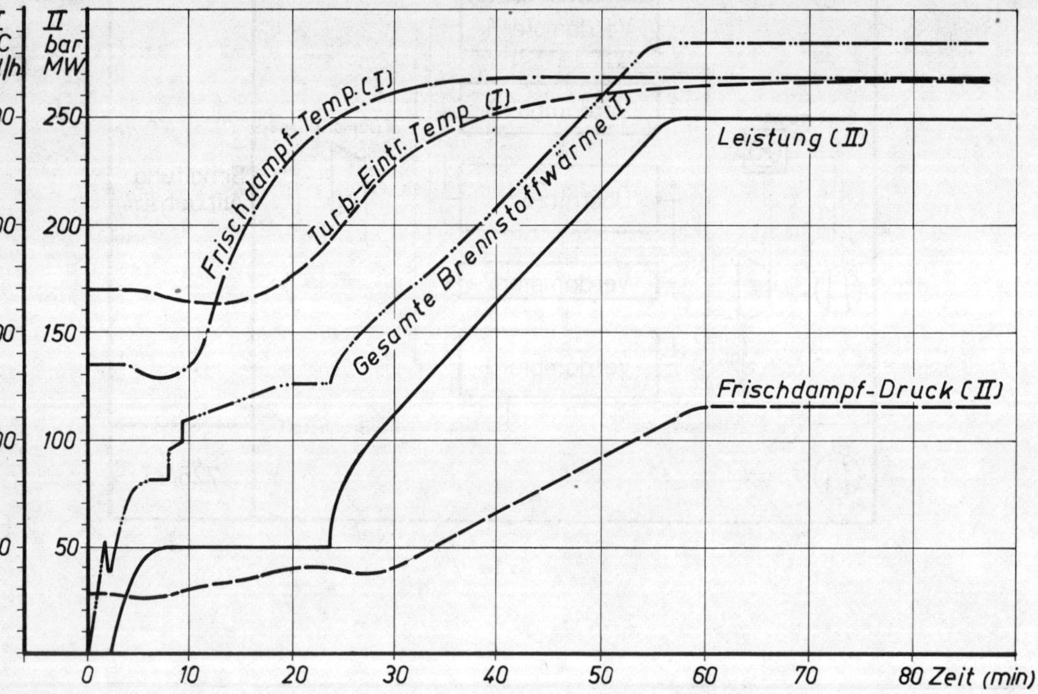

NW	Kombinierter Start aus heissem Zustand	Bild 9
1972		

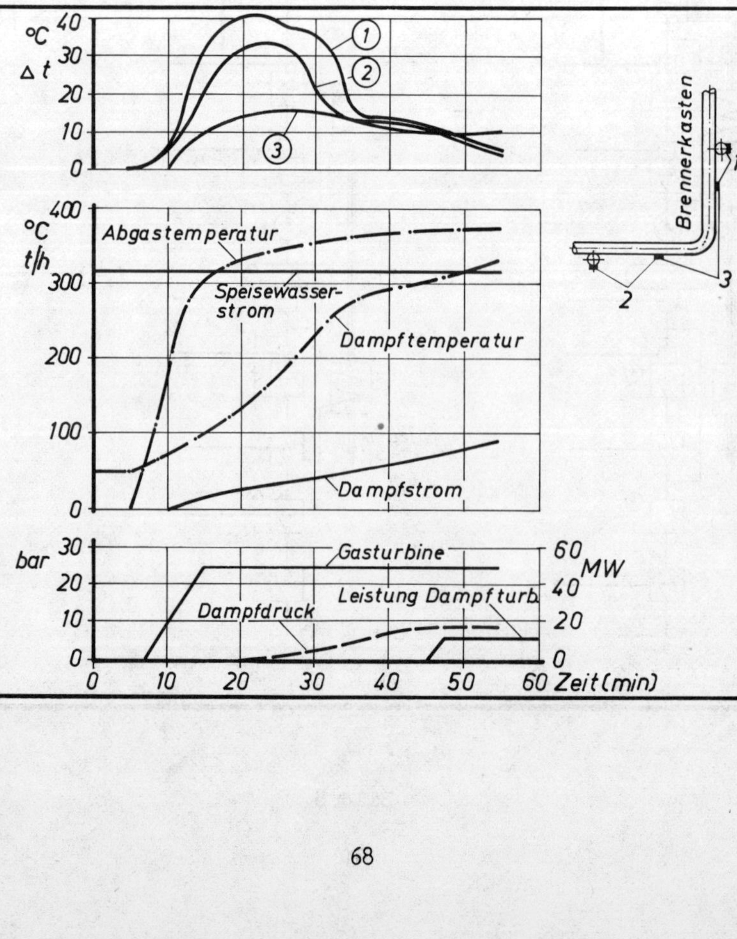

Bild 10

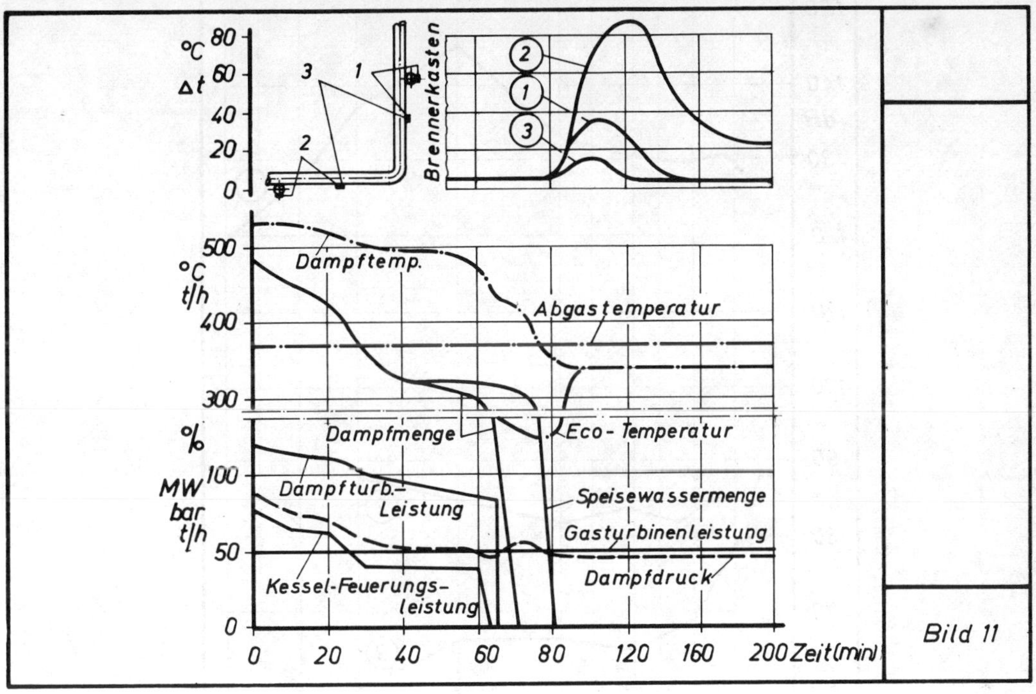

Bild 11

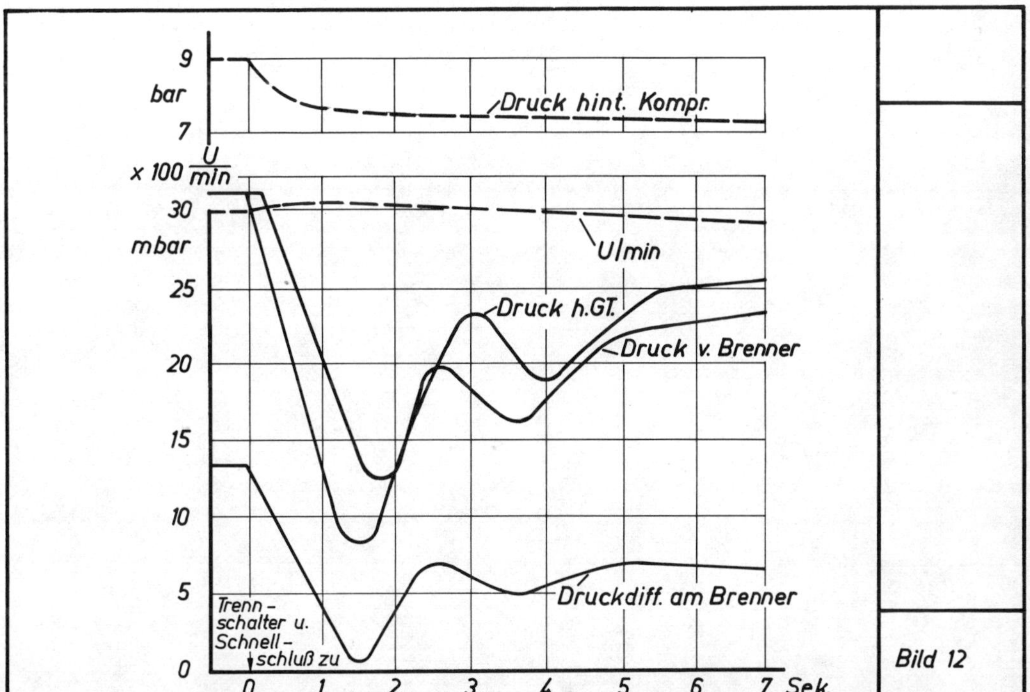

Bild 12

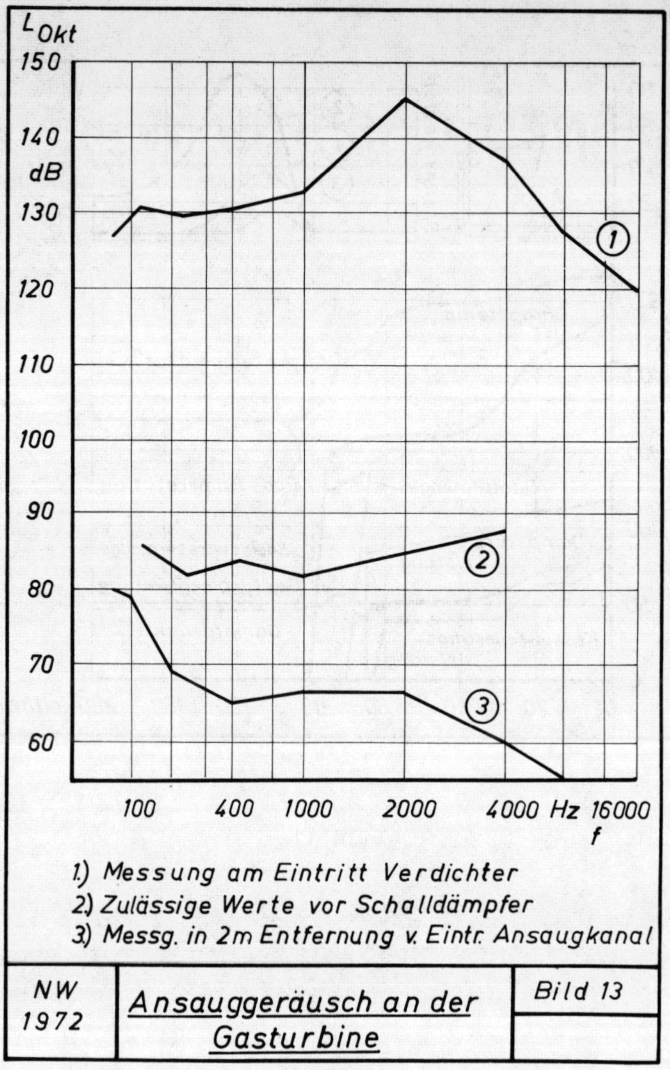
L Okt
150
140
dB
130
120
110
100
90
80
70
60
100
400
1000
2000
4000 Hz
16000
f
1
2
3
1.) Messung am Eintritt Verdichter
2.) Zulässige Werte vor Schalldämpfer
3.) Messg. in 2m Entfernung v. Eintr. Ansaugkanal
NW
1972
Ansauggeräusch an der Gasturbine
Bild 13

Bild 13

C115/73

COMBINED GAS/STEAM PLANTS

R. MÄULE H. PFOST J. RAU

SYNOPSIS

The advantages of combined gas-steam turbine units are discussed and possible arrangements reviewed, and the design of individual components briefly discussed. Procedures for startup, on-load operation and shutdown are examined in detail with special reference to Altbach No. 4 unit.

1. COMPLETE PLANT

The development of fossil fuel fired steam power stations has been relatively slow in recent times with regard to the raising of the efficiency, as this necessitates an increase in live steam temperature and pressure and an economic limit has been reached owing to the sharp increase in material costs.

The gas turbine cycle, considered in relation to the steam turbine cycle, has the disadvantage of a poor efficiency, since the exhaust heat is rejected at a high temperature. It has however the advantage that the heat supply generally takes place at a high temperature. In the case of the steam cycle, on the other hand, the heat is normally supplied at a moderate temperature, and rejected at a constant (and low) temperature.

The combination of the steam and gas turbine cycles makes it possible to exploit the advantages of both and to eliminate their disadvantages. Moreover it offers the possibility of overcoming the present efficiency limit.

Combined cycles of this type have long been known (1)(2). They are at present experiencing a notable resurgence in the Federal Republic of Germany for two reasons:

- the availability of gas turbines of large output with high turbine inlet temperature, and
- the offer of natural gas or EL grade fuel oil at favourable prices.

In combining the steam and gas turbine cycles, the task is to make effective use of the gas turbine exhaust heat in a steam cycle. The utilisation of the exhaust heat alone in a waste heat boiler permits only a small extra output. High unit outputs demand an additional heat supply, and in this connection the gas turbine exhaust can serve not only as a transporter of heat but also as a supplier of oxygen for the combustion in a boiler arranged downstream of the turbine. With such an arrangement, live steam conditions of, say, 180 bar/530°C with or without reheating can be achieved.

The arrangement shown in Figure 1 has been adopted in the Altbach power station of the Neckarwerke AG. It is characterised by simple construction, and offers the prospect of low plant costs on the steam side. It is intended for use as a peak- and medium- load plant.

If higher efficiency is required, an attempt must be made to achieve the fullest possible utilisation of the heat in the combustion gases. As an example, the arrangement of a base-load power station of the NWK in Emden is shown in Figure 2. In this case the combustion gas is cooled to a low final temperature by a parallel arrangement of combustion gas and bled steam feed heaters (see section 2.3). Further possibilities for steam-gas turbine combinations are described in (4), for peak load use in (5), and with a pressure-fired boiler in (6).

Both Figures 1 and 2 show the following differences compared with a simple steam unit:

- If the heat release attainable with the atmospheric oxygen passing through the compressor is sufficient, then no fresh air fan is needed for normal operation.
- An air preheater is omitted, the combustion "air" enters the burners at about 400°C.
- The feed water is heated not only regeneratively by bled steam, but also by combustion gas.
- As compared with a pure steam unit of the same output, there is some complication on the turbine side and also greater cost. The boiler can be built for a lower thermal load, but more cost is involved in feed heating by combustion gas than by bled steam.

The extent of the environmental effects is only marginally different from that to be expected from a steam power station of equal output in which the combustion gas outlet temperature and composition are the same.

*All pressures quoted in this paper are gauge pressures, with the exception of the condenser pressure shown in Figure 1 which is an absolute value.

2. DESCRIPTION OF COMPONENTS

2.1 Turbomachinery

a) Gas Turbine

The gas turbine in the Altbach power station is a single-shaft machine, equipped with two large side-mounted combustion chambers. The turbine set itself is mounted on a steel foundation. The turbine casting itself is cooled by a small air flow. The outer casing is welded, the conditions prevailing in its interior being those of the air delivered by the compressor. The blading sections of the compressor and turbine are carried by separate guide blade carriers and an inner casing respectively. These casing sections are horizontally split and supported from the outer casing with freedom for thermal expansion.

The rotor, which is constructed of individual discs, is also cooled and is therefore less affected by rapid temperature changes on the hot gas side. A centre bolt stresses the discs against each other. Transmission of torque and centring of the discs is accomplished by means of Hirth couplings. This method of construction results in a relatively light rotor, from whose interior the cooling air is led to the rim of the discs and the roots of the rotor blades. The rotor is carried in two bearings. Its low mass permits rapid warming-through on startup.

The compressor has 16 stages and the turbine 4, the pressure ratio is 8.5 and the turbine inlet temperature 780-800°C.

The combustion chambers (Figure 4) are connected to the compressor and turbine by concentric gas ducts. Hot gas flows through the interior, and compressed, relatively cool air through the outer annulus. The flame zone of the combustion chamber is clad with ceramic plates which permit a high wall temperature.

b) Steam Turbine

The steam turbine at Altbach is of a special construction (Figure 5). Optimisation studies with regard to degree of compression and plant load showed the single-cylinder form to be advantageous as regards cost. The largely symmetrical, multi-shell construction, with adequate flows through individual annuli, has been adopted in an effort to achieve favourable behaviour in response to load changes. An initial rapid lowering of steam temperature in the first expansion stage is obtained by the use of a two-row Curtis wheel with full arc admission. After this the steam divides into the two flows, in each of which expansion takes place in 8 stages down to condenser pressure.

2.2 Boiler and Firing System

The once through boiler of tower construction, designed for 743 t/h, 127 bar, 535°C, is equipped with 16 combined oil and gas burners and operates on the sliding pressure principle. Up to 43% load, recirculation through the separator vessel, feed water reservoir and feed pump is superimposed on the feed flow. The boiler which is suspended from heated members has a welded self-supporting finned tube system in the form of a stepped rising spiral which hangs from welded support tubes together with the burner boxes. The schematic arrangement of the plant is shown in Figure 7, from which it can be seen that the boiler is arranged downstream of a 50 MW gas turbine whose exhaust gases at 380°C, containing 16% O_2, serve to supply oxygen for the oil or gas firing system in the boiler. For economic reasons the gas turbine is always operated at maximum load, so that a constant exhaust gas flow of about 1 000 000 m^3_n/h is always available to the steam generator. If it were desired to use this gas flow to the maximum possible extent for combustion, a 350 MW reheat steam turbine could be supplied with the steam so generated. In the present case, however, owing to the particular requirements of the electrical grid, a 220 MW peak load turbine without reheat has been adopted. In order both to achieve optimal combustion with low excess air and to make use of the heat energy of the surplus exhaust gas, a proportion of the exhaust gas flow depending on the boiler load is mixed before the 3rd evaporator section with the cooler gas already in the boiler.

The heating surface arrangement was chosen so that during startup the heavily loaded first convection section after the furnace is sufficiently cooled by its inclusion in the circulation, and so that under all operational conditions sub-cooled water is present at entry to the parallel-connected tubes of the spiral circuit.

2.3 Feed Heating

Since in a combined cycle the combustion air is delivered from the gas turbine set at a high temperature, an economic exhaust temperature can be attained only by the use of an economiser which necessitates a restriction on the use of bled steam feed heating. The consequent penalty on efficiency is however more than made good through the output generated at high efficiency by the gas turbine.

The combustion gas temperature after the main economiser lies in the region of 330°C with the usual feed water temperature of 250°C. For further cooling of the combustion gases, heating surface must be provided upstream on the water side, and may then be arranged in parallel with the steam-heated l.p. and h.p. heaters (Figure 8). The distribution must be so arranged that in the case of the low pressure economiser the water outlet temperature remains below the boiling point. The high pressure economiser must be so proportioned that no steam formation occurs at entry to the evaporator heating surface. The low pressure and high pressure economisers may however also be circulated by the total feed flow, in which case they can be arranged on the water side in series with the bled steam heaters.

A low-pressure economiser can be used only with low-sulphur fuels owing to its low wall temperature, higher boiling water temperatures being necessary in the case of sulphur-bearing fuels. The low-pressure economiser must then be abandoned and the high-pressure economiser inlet temperature established at a value corresponding to the lowest permissible temperature of the heating surface.

Figure 8 shows three examples for low-sulphur fuels. For split-flow economisers Figure 8a shows the arrangement for a boiler with a downstream gas turbine (pressurised boiler), and Figure 8b the arrangement with an upstream gas turbine. In Figure 8c is shown the arrangement for this latter case with full-flow economisers on h.p. and l.p. sides.

A split-flow economiser results in better efficiency, giving an economic advantage despite its higher cost. On the other hand, plant with a full-flow economiser is simpler and hence less prone to disturbance.

At part load, the gas turbine should be operated at full output to gain the greatest thermodynamic advantage, load changes being catered for by the steam side. In this way the gas flow and thermal loading of the economiser surfaces remain almost constant at part load. With a split-flow arrangement, the water flow through the economisers must also be held constant and that through the bled steam heaters throttled, so that at some partial plant output the latter cease to be loaded. In order that the fuel side heating surface temperature in the l.p. economiser should not fall below its lowest permissible value as a result of the falling bled steam heater load, water must be recirculated by means of a pump. If only an h.p. economiser is installed, the feed water temperature must be maintained at the desired value by admitting bled steam from a higher turbine stage into the l.p. heater upstream of the economiser.

3. OPERATION

3.1 Gas Turbine Startup

The gas turbine is provided with the same automatic equipment as is normal in later turbines of this series and in turbines which do not form part of a combined plant. The turbine runs up automatically to the chosen load on receipt of a single order. In the case of a combined unit the operating instructions are routed through the superimposed unit control station. Combustion gas dampers, with their associated actuating and supervisory equipment, form an essential extra as compared with a peak load turbine.

After the opening of the combustion gas path, the gas turbine is run up by an electric motor of 1900 kW (with a permissible short-term overload of over 3 200 kW) through a hydraulic coupling which is filled after the motor has attained full speed. At a gas turbine speed of about 600 rev/min the main flames in the combustion chambers are ignited by means of lighting-up gas burners. The fuel supply is increased by a maximum speed and temperature regulator in such a manner that the machine accelerates continuously to 3 000 rev/min. At about 2 000 rev/min the startup motor is switched off and the coupling drained.

In daily scheduled operation the gas turbine reaches 3 000 rev/min about 3 minutes after the order "Run" After about 4 minutes the turbine is producing about 30 MW (2/3 rated load) and is then loaded further at the rate of 5 MW/min, so that full load is reached after 6 - 7 minutes. Experimental emergency starts have been carried out in which the rated load has been reached after 4 - 5 minutes.

The gas turbine can be started and operated both with natural gas and EL grade fuel oil. A change of fuel can be made during operation at any load. At full load the gas turbine and steam generator are each supplied with 20 000 m_n^3/h natural gas and the remaining fuel demand is covered by S grade fuel oil since no greater quantity of natural gas is available.

3.2 Unit Startup

3.2.1 Combined Operation:

Cold Starts:

Cold starting is recognised as very seldom required in the case of a new plant, and consequently is not an immediate point of interest. Only in later years, when the plant is held in cold reserve, does cold starting become important. The following can however be stated:

As with warm and hot starts, the gas turbine output is available after 6 - 7 minutes. The gas turbine exhaust, which is led to the boiler at 380°C and represents a heat flow of 120 Gcal/h, is best suited for attaining the low steam conditions for the steam turbine cold start (e.g. 10 - 30 atu, 300°C) while maintaining the permissible temperature gradients in the boiler and pipework.

Warm and Hot Starts:

The two starting procedures differ only in the greater warming-through stress due to steam temperature which occurs in the case of a warm start as opposed to a hot start. Owing to the longer shutdown period the boiler cools off more than the steam turbine. Accordingly, during a warm start the live steam temperature must be raised through about 50 - 80 K more, which leads to a slight lengthening of the starting time. Otherwise the two starting procedures may be considered as identical.

After an overnight shutdown, a live steam temperature of about 290°C and a pressure of about 30 bar will be present in the morning. The hot start then takes place as follows:

-15 min	switch on 3 electrically driven condenser vacuum pumps
-10 min	start up various auxiliary cooling water circuits, check fuel system ready for start, start feed pump, top up boiler at about 200 t/h, start up evaporator circulation through separator vessel-feed water reservoir-feed pump-evaporator-separator vessel
Time 0	Instruction "Run" for whole unit. Gas turbine start as described above (Figure 9)
4 min	Gas turbine on grid with 30 MW el Raise feed flow to 320 t/h, water level begins to show in separator vessel.

6-7 min	Gas turbine on fullload, steady water level in separator vessel. Superheater functional group and by-pass station in operation. For boiler air supply, turbine exhaust gas (340 kg/s, 400°C, 120 Gcal/h) admitted to boiler through fully opened central and circumferential ports of all burners.
9 min	1st burner flashed. Heat flow corresponding to 30 MW el including gas turbine exhaust heat. Generated steam rejected to condenser.
12 min	2nd burner flashed. Heat flow corresponding to 35 MW el.
15 min	3rd burner flashed. Heat flow corresponding to 40 MW el. Boiler started up.
18 min	4th burner flashed. Heat flow corresponding to 45 MW el. Steam turbine warming-through valve opened.
19 min	Instruction "Run" passed to steam turbine functional group. Steam temperature c. 390°C before bypass station.
21 min	5th burner flashed. Heat flow corresponding to 50 MW el, 180 t/h steam flow. Steam turbine speed 800 rev/min. After check on vibration limits and rising live steam temperature, permission given for further run-up.
24 min	Steam turbine on grid.

3.2.2 Startup with Fresh Air Blower

In view of the capital investment and technical equipment involved, this is regarded as an emergency mode of operation. At Altbach the combustion air is admitted to the burners without preheating, a practice which in general has caused no difficulties. Because of the air purging necessary before ignition, severe cooling of the superheater occurs, which increases the startup time to something like 40 minutes. During a cold start, owing to the recirculation system adopted and having regard to the superheater sections, lighting-up must be limited to 5 t/h of fuel oil, as a result of which evaporation begins very slowly. Steady-state operation can however be carried out without difficulty.

3.2.3 Startup on Gas Turbine Exhaust without Boiler Firing

This mode of operation, which is equivalent to that described in 3.5, results in improved efficiency and in 12 MW additional steam turbine load, but cannot be maintained for long owing to the low steam temperature and consequent wetness at the turbine exhaust. For this reason it should not be regarded as very important.

Figure 10 shows the observed variation of certain parameters during a cold start. The exhaust gases are led through the burners and then partially bypassed to the downstream heating surfaces. Between the finned tube wall region of the burner box and the section of wall which is only heated above the combustion chamber there appears a positive temperature difference as in Curve 3 - upper diagram. The support tubes in the burner box heat up more quickly than the finned tubes, as a result of their all-round contact with turbine exhaust gases, so that they exhibit even higher temperatures in accordance with Curve 1. In contrast to this, the support tubes inside the insulation remain cooler, their temperature being determined only by the waterside, but they are more strongly heated than the finned tube welded to them - Curve 2. The temperature differences gradually diminish, and it can be seen that this mode of operation can be sustained without the critical connection points of the support tubes with the finned tube system becoming too heavily loaded.

3.3 Rundown of Boiler or Steam Turbine with Continued Operation of Gas Turbine

The division of the total load between two turbines permits the possibility of continued operation of the unaffected unit. In the event of an incident affecting the steam plant, a distinction must be made between: incidents as a result of which the boiler must be emptied (e.g. a burst tube), and incidents which do not necessitate this, such as damage in the area of the steam turbine. In the latter case the turbine is shut off, the burner output is set back to zero, and the steam generated by the gas turbine exhaust is rejected to the condenser via the bypass. Meanwhile it is essential to maintain the vacuum and the circulation through the evaporator. This procedure is very simple and permits the resumption of combined operation without further ado.

In the case of incidents which make the emptying of the boiler unavoidable, one can for example proceed as in Figure 11, which shows the most important process variables and the measured temperature differences in the transition phase from combined gas/steam turbine operation to pure gas turbine operation. Due to the falling burner output in the boiler, the steam flow and pressure decline and the steam temperature is reduced in order to protect the turbine, so that after 60 minutes the burners are shut off and at 65 minutes the turbine enters rapid shutdown. The feed flow through the evaporator must be maintained up to 80 minutes to take away the small amount of stored heat, thus causing the steam pressure and pressure to fall substantially. The steam generator continues to receive gas turbine exhaust at 380°C, so that the entire water content of the economisers and evaporators boils off in the absence of feed supply (note the rising temperature of these heating surfaces), until the whole boiler mass reaches about 350°C. The steam formed in the process is released at roof level by a controlled blow-off valve.

The temperature difference with respect to the unheated support tubes (Curve 2 in the upper diagram) is necessarily greater than in the case of the tubes in the burner box (Curve 1) which are heated by exhaust gas. There is naturally also a difference between the doubly heated finned tube section at the burner box and the sidewall tube section which is heated on one side only, there being no burners in this wall, as seen in Curve 3. When after 120 minutes the steam filling from the economiser and lower part of the finned tube system has reached the support tubes, the temperature differences diminish, falling back after 200 minutes to between 5 and 20°C. After completion of the stored energy removal, the whole steam generator is heated to 350°C. After a further 8 hours the steam pressure falls to 30 bar, and reaches 15 bar after 24 hours. On restarting, without shutting off the gas turbine, the permissible temperature gradient in the economiser and evaporator would naturally have to be watched during filling, to ensure proper cooling of the boiler. As the results of the present tests show, even in this phase of the connecting process the permissible temperature difference of 100°C at the junction point of the finned tube assembly with the support tubes is not exceeded.

3.4 Loss of Gas Turbine with Continued Operation of Steam Generator and Steam Turbine

In this case the necessary combustion air must be supplied by the fresh air blower, and the exhaust gas must be replaced as an oxygen source by the combustion air in such a manner that sufficient excess air is always available in the steam generator combustion system. This changeover is practicable either with the plant stationary or during a planned shutdown of the gas turbine with continued operation of the steam plant. At Altbach, however, it had not been accomplished as at 1st November 1972.

From the operator's point of view, however, the major point of interest remains the sudden cutting out of the gas turbine due to grid disturbances or to the turbine protective gear. In Figure 12 the most important quantities are shown with respect to time during a test.

The gas turbine speed (second curve from top) climbs to 3060 rev/min as a result of the delay in shutting off fuel after the generator has been cut off from the grid, and then falls back to 2950 rev/min in the 6th second. During this period the compressor is still supplying the full air flow. Owing to the sudden fuel loss of 160 Gcal/h in the gas turbine combustion chamber at zero time, the gas turbine inlet temperature falls from 800°C to 300°C, causing a diminution of the gas volume and of the pressure drop through the gas turbine. The compressor outlet air pressure consequently falls rapidly from 9 to 7.5 bar within the first 2 seconds. The compressor air flow inevitably rises somewhat as a result.

The pressures after the gas turbine and before the burners of the steam generator fall sharply from mbar to 12 and 8 mbar respectively. This is explained by the fact that the gas content at 800°C in the gas turbine combustion chamber is replaced by gas falling to c. 3000°C, and the gas at 380°C in the connecting duct to the steam generator burners is replaced by gas falling to 150°C. This leads to a volumetric flow reduction of strictly limited duration, until the gas spaces are completely filled with colder gas. This process is complete after about 6 seconds, when the volumetric air flow again becomes constant and a pressure of 25 mbar is reached behind the gas turbine.

The resistance in the burner air register (lowest curve) naturally follows the change in volumetric flow rate and swings after 5 seconds to a steady value of about 7 mbar. It is unfortunately not possible to quote figures for the volumetric flow rate between 1.5 and 7 seconds, since temperature measurements with a sufficiently fast response have still to be carried out.

The results of these first experiments show the following trends:

1. During a momentary unloading of the gas turbine the exhaust gas flow at the steam generator inlet falls by about 50% as a result of the exchange of gas content in the combustion chamber and ducting in the first few seconds.

2. After the expiry of 5 - 7 seconds the exhaust gas flow to the burners has risen again to almost 100% after the gas exchange has been completed.

In the Altbach installation it is at present intended (1st November 1972), after the run-up of the fresh air blower (about 7 seconds) and the start of air delivery through a bypass, to open the fresh air blower outlet valve when the air pressure exceeds the gas turbine exhaust pressure. Thereafter the gas turbine exhaust valve will be controlled according to the pressure. Meanwhile, by closing the circumferential ports in the burner air casing, the air inlet cross-section is roughly halved.

For success in this changeover the following points are to be aimed at:

1. The turbine protection criteria must be reduced as far as possible.

2. The gas turbine combustion space and connecting ducts to the steam generator must be reduced in size still further, in order to shorten the time required for the exchange of gas content.

3. Slower cut-off of gas turbine fuel, in order to reduce the rate of change of gas temperature. It would of course be necessary either to accept a greater difference between the permissible maximum speed of the gas turbine and its normal running speed, or to remove energy from the gas turbine by means of a mechanical or electrical brake when the grid circuit breaker is opened.

4. Sudden emptying of a high pressure air storage vessel into the ducting between the gas turbine and steam generator. With the present plant about 5 000 m^3 air would have to be supplied within the first 6 seconds.

5. In the first 2 seconds the air flow ratio in the boiler combustion chamber falls to 0.5, which could lead to furnace pulsation. This should be prevented by the sudden reduction of fuel flow to about 50% by the fitting of quick-acting throttle valves on all burners.

6. The entire valve system and burner air casing should be made as simple as possible, and the criteria incorporated in the automatic changeover controls reduced to a minimum, in

order to lessen the possibility of the changeover being deranged by the failure of components after a long period of service.

Tests and experience on further installations will be needed to confirm the established trends in order to make possible the uninterrupted changeover from gas turbine to fresh air blower operation with sufficient reliability.

3.5 Gas Turbine Exhaust Operation

Unit No. 4 at Altbach is not equipped with a separate exhaust chimney for separate operation of the gas turbine. When the latter is running by itself the exhaust gases can be led either via the combustion gas bypass duct to the final portion of the boiler or via the combustion air duct and the normal gas path into the chimney. This procedure may be necessary with either an empty or a full boiler. In the former case the temperature differences between the support tubes and the finned-tube wall are critical, but can be kept within bounds if the burner air passages are fully opened so as to pass 60% of the exhaust gas through the furnace.

With this particular installation, however, operation with a full boiler is more usual for reasons concerned with the grid. During rundown from 1 - 2 hour peaks on Sundays it has been necessary to operate the gas turbine with the boiler standing filled and completely prepared. For this purpose the evaporator circulation and condensation systems are put into service and the resulting steam flow of about 120 t/h led through the bypass into the condenser. The gas turbine can meanwhile be operated without restriction.

Although this procedure offers the advantage that the steam unit can be put into immediate operation in case of need, complete bypassing of the boiler is to be recommended in cases where similar operational requirements can be foreseen, so that the gas turbine can be started even more quickly, by remote control if need be.

3.6 Noise Problems

Gas turbine:

Contrary to expectation, the silencing of the gas turbine causes no particular difficulties. The machine is encased as a standard measure in mineral wool and sound-deadened metal cladding.

At a turbine load of 50 MW the following sound levels were measured:

at 15 m distance from air intake	
on axis of machine	72 db (A)
at 45° to machine axis	67 db (A)
at right angles to machine axis	61 db (A)
at 1.5 m distance from gas turbine	90 - 93 db (A)
behind gas turbine in region of transition from exhaust gas duct to boiler air duct	85 db (A)

No silencer is installed between gas turbine and boiler.

Measured results are shown in Figure 13.

Boiler:

The highest level was measured in the boiler house on a platform behind the economiser. Whereas in combined operation a maximum level of 73 - 75 db (A) at about 80 - 100 Hz was noted, this rose by 19 db (A) when the gas turbine alone was in service with an empty boiler. The root cause of this has so far not been clearly established, but is probably not to be found in the gas turbine.

Some environmental nuisance has been caused at times by air dumping louvres which at present are unsilenced. A completely soundproof boiler house construction with silenced pressure air venting is to be recommended here.

4. INSTALLATIONS EXISTING AND PLANNED IN THE FEDERAL REPUBLIC OF GERMANY

As regards combined plants with output capacities of over 200 MW, the only operational experience in the Federal Republic of Germany is that outlined above. This is short-term experience which gives information on initial difficulties and perhaps on typical shortcomings. With regard to the decisive question of plant behaviour over a longer period, reference may be made to the Hohe Wand installation which has been described on numerous occasions (7).

Table 1 shows the extent of the interest in combined plants despite the absence of a broad basis of experience. At the same time it may be accepted that the number of such installations would grow even more quickly were it not for the limited availability of natural gas.

Natural gas or light fuel oil at a favourable price are the essential prerequisites for the installation of a combined plant. The gasification of coal (6) admittedly represents a further line of approach which may favour the erection of combined units, owing to its environmental advantages in comparison with direct coal firing.

The turbine inlet gas temperature should be further raised. This gives an increase in overall efficiency of 0.1% for each 10 degrees increase in temperature. At the same time the already good part-load performance is further improved, so that over a wide range of load the part-load efficiency should be even better than under the design condition. As a result of this and of the further development of gas turbines for larger outputs, combined plants should have good prospects for the future.

REFERENCES

(1) SCHULLER, K. H.: Combined Gas-Steam Cycles. Brown Boveri News, 1959, pp. 404-428

(2) SEIPPEL, C. and BEREUTHER, R.: On the Technology of Combined Steam and Gas Turbine Plants. Brown Boveri Communication 47 (1960), No. 12, pp. 783-799.

(3) BERNHARDT, S.: Basic Planning, Technical Execution and Proposed Operational Procedure for the Combined Gas-Steam Cycle plant of the Neckarwerke AG. VGB Specialist Conference "Steam Boilers and Steam Boiler Operation 1970", report pp. 6-23.

(4) PFOST, H.: Combined Steam-Gas Turbine Cycles, Output and Efficiency of Some Arrangements. Energie und Technik 23 (1971), No. 9, pp. 309-313.

(5) COSAR, P.: The CESAS Steam Cycle. Its Combination with a Gas Cycle. Revue Generale de Thermique 9 (1970), pp. 269-272.

(6) BUND, K., HENNEY, K.-A. and KRIEB, K. H.: Combined Gas-Steam Turbine Power Station with Pressurised Coal Gasification Plant in Kellermann Power Station in Lunen. Brennstoff-Wärme-Kraft 23 (1971), No. 6, pp. 258-262.

(7) CZERMAK, H. and GOEBEL, K.: Operating Experience with a Combined-Cycle Gas Turbine and Steam Turbine Plant at the Hohe Wand Power Station of the Niederosterreichische Elektrizitätswerke Aktiengesellschaft. Institution of Mechanical Engineers, London, Convention on Modern Steam Plant Practice (1971) pp. 107-113.

Table 1: Combined Units in Operation or Under Construction in the Federal Republic of Germany

Name	Output Total MW	Output Gas Turbine MW	Fuel Gas turbine	Fuel Boiler	Steam Conditions $p_{main}/t_{main}/t_{rh}$ bar/°C/°C	Flue gas outlet temp. °C	Final feed temp. °C	Feed Heating No. of bleed points	Feed Heating Flue gas h.p.	Feed Heating Flue gas l.p.	Auxil. blower	Commissioning date
Neckarwerke Altbach II	270	55	Fuel oil EL	Fuel oil S	116/535	175	155	4	(Economiser)		Reserve	1971
NWK Emden IV	455	55	Nat. gas	Nat. gas	241/540/540	120	270	8	p	p	Yes	1972
STEAG Lunen	170	74	Pressure gasification of coal	Pressurised furnace boiler	permitted 149/530 Turb. inlet 101/525	168	109	2	2s	-	No	1972
VEW-Gersteinwerk Units F - I	400	55	Nat. Gas	Nat. Gas	181/530/530	110	252	5	p	p	Summer operation	1972
PREAG, KW Robert Frank	510	55	Nat. gas	Nat. gas	251/535/535	140	260	6	p	s	for 78% boiler load	1973
EVS Marbach	325	55	Fuel oil EL	Fuel oil S	110/535	180	161	3	(Economiser)		Reserve	1973
CWH Units I & II	145	55	Nat. gas	Nat. gas	85/505	120	-	-	-		Reserve	1973
GK Weser Veltheim	360	55	Nat, gas	Nat. gas	181/535/535	120 115	255	7 5	s	s	Reserve	Gas.Turb.1974 Boiler 1975
VEW Emsland Units B & C	400	55	Nat. gas	Nat. gas	181/530/530	110	252	5	p	-	Reserve	1974/75
Stadtwerke Duisburg	173	33	Nat. gas	Nat. gas	186/530/530	157	233	6	p	-	Reserve	1974/75
Franken I	415	55	Nat. gas	Oil/ gas	200/535/535	168/170	255	8	p	-	Yes	1975
KW Mainz/Wiesbaden			Fuel oil EL	Fuel oil S	251/540/540		272	8	p	-	Reserve	1976
Stadtwerke Düsseldorf	410	110	Nat. Gas	Fuel oil S Nat. gas	187/535/535		257	7	p	p	Reserve	1976/77

Key:

NWK = Nordwestdeutsche Kraftwerke AG
STEAG = Steinkohlen-Elektrizitats AG
VEW = Vereinigte Elektrizitatswerke Westfalen AG
PREAG = Preußische Elektrizitatswerke AG
EVS = Energie-Versorgung Schwaben
CWH = Chemische Werke Huls

GK = Public power station
KW = Power station

p = parallel connected
s = series connected

C116/73

STEAM PLANT MANAGEMENT IN THE SUGAR BEET PROCESSING INDUSTRY

W. M. LANYON

SYNOPSIS The seventeen factories of the Sugar Beet Processing Industry in the United Kingdom require steam for the process and electricity to run the plant. A balance has been possible using back pressure turbines but increasing electrical demand has meant the installation of higher pressure boilers and larger turbines. Modern instrumentation and safety make it necessary to parallel with the grid and there are advantages to be gained from exporting electricity, if arrangements can be made with Electricity Boards.

The selection of different fuels and plant lay-out is discussed with particular reference to operating economy and labour utilisation. The Seasonal nature of the Industry brings maintenance problems involving corrosion on the one hand and over maintenance on the other, a situation involving strong management supervision and personnel training.

INTRODUCTION

1. About one third of the sugar consumed in this country is home produced from sugar beet grown for the most part in the Agricultural Eastern part of England.

2. Some 7.0 million tons of beet are harvested and processed every year over a four month period starting in late September. The sugar produced by the 17 separate factories(mostly granulated white sugar) is stored and marketed in its various forms over the whole year.

3. The manufacturing process requires about 40% by weight of steam for every tonne of beet processed. This steam is needed at the low gauge pressure of 2 bar and advantage is taken of back pressure turbines to generate the power required in the Factories, thus a balance can be struck between steam required and electricity generated. The process is continuous twenty four hours per day, seven days a week for about four months.

Historical

4. There has been a continuous programme of modernisation since the war which has improved our efficiency and increased the total capacity of the factories. Low pressure boilers and small turbines are now being replaced with higher pressure and larger units. The balance between steam required and electricity demand must still be met.

5. The Agricultural Development programme undertaken in conjunction with the growers has greatly increased the crop yield per hectare. Over the last sixty years this has multiplied threefold. (Fig.1). This increased Beet Tonnage must still be processed by late January or it is subject to deterioration.

Electrical Demands

6. The electrical power demand has increased rapidly in recent years,(Fig.2) the main reasons being

(a) "The rivers (Prevention of Pollution) Acts 1951 and 1961" require the complete re-use of all waters and restricts the importation of clear cold water from rivers or wells. Settling tank systems with recirculation of water are needed and our condenser systems have been equipped with cooling towers with forced or induced draught fans.

(b) The increased demand for special sugars involving screening and milling consumes considerable power particularly the associated dust disposal plant.

(c) The main by-product is Molassed Dried Pulp sold in paper sacks or as pulp nuts. In both cases the dust extraction problem is considerable and power consuming. The process of manufacturing Pulp Nuts can take a minimum of 500 kW for any one installation.

(d) High pressure boilers undoubtedly give us an increased availability of power for the factories but they consume as much as 500 kW in auxiliary services.

(e) Improvements in process have been achieved but in all cases resulting in greater power usage per tonne of beet processed. (Now 28.4 kW/Tonne)

7. The resulting increase in the size of the alternators has meant that generator voltage had to be increased originally to 3.3 kV and then to 11 kV and the distribution changed from a 440V star system to a high voltage ring main with sub-stations.

Steam Demands

8. The typical steam flow for our factorues is shown in Fig. 3. The practice is always to have a steam spillover system by-passing the turbo-alternator. A minimum practical figure for this is 10% of the total steam generated.(4% on beet) The factories work on a preset back pressure. The spillover taking up the fluctuating process needs. As the quantity available for spillover was erroded away

by improved heat utilisation and increased electrical demand, new boiler and turbine installations were commissioned.

9. The pressure of the boilers was first doubled to 22 bar at which a simple condensate boiler feed water system was satisfactory but after a decade this was found to be only marginally adequate. Boilers are now specified at 44 bar and 425°C. The policy of having two or more Turbo Alternators was abandoned in favour of larger single units ranging in size from 5.0 MW to 10.0 MW.

10. There is a risk in having only a single unit but efficiency in electrical generation matters as long as the importation of electricity from the grid is so costly, (at present 0.841p/kWh for 33×10^6 units). A high steam usage for generation limits the reduction in process steam possible. It is therefore necessary to select boiler conditions to give generator steam requirements well below the minimum process demands envisaged.

11. Fig. 4 shows typical performance curves for back pressure sets of various size at steam inlet conditions of 42 bar and 410°C at Turbine Stop Valve. One large set shows an approximate gain of 5% in overall efficiency compared with using two sets of half the size.

12. There is also a large cost advantage in buying one set rather than two. Fig. 5 shows how the cost/kW falls for the actual set regardless of installation costs which would not differ very much for a single 4 MW or 8MW set.

13. Fig. 6 shows the gross improved output available per kg of steam at different turbine stop valve pressures when exhausting to a gauge pressure of 2 bar.

Control

14. The present standard arrangement is to place the boilers, turbine, water treatment and control gear all in one Power House and then to enclose the control area in a glass walled room.

15. This control room arrangement has advantages:

(a) A quiet area where the operating staff can talk normally which is much less tiring for them.

(b) By very slightly pressurising the room the air is kept clean and the instruments and electrical gear do not suffer.

(c) The Multi Motor panels are at the back of the room so that re-starting of plant is easy.

(d) Mimic displays can be used for Electrical or Control circuits particularly the water treatment plant.

(e) All Controllers and Recorders can be watched by one man. By grouping the important boiler controls in the centre and less urgent units to the side the operators can keep control of any situation.

(f) Alarm panels are central and the signal can be cancelled on the spot.

(g) Turbine speed control and alternator excitation are adjacent to the boiler controls. An electrician can do all the synchronising and load switching while the boiler operator is at his side.

Load Transfer

16. The loss of steam pressure for generation and therefore steam for process proves most embarrassing. With only two or three boilers available any trouble is reflected immediately all over the factory.

17. Multi-burner boilers have so far been used so that the burners can be changed on load. Flame failure devices were not originally installed in our factories because of their unreliability but improvements have been made and now duplicate units are fitted. Failure of one unit gives and alarm of both units a shut down.

18. The loss of steam to the process has an immediate effect on production but a loss of electrical power is much more serious. The make up steam to process which by-passes the turbine is now under the control of the boiler house staff and can therefore be reduced or cut off in times of difficulty to reduce boiler load.

19. Should the H.P. steam pressure drop so much that the turbine is in danger of slowing down, load shedding must take place. To some extent automatic preferential shedding is possible but the complex distribution to vital and non vital units limits this.

20. A supply of 500 kW from the grid used to be sufficient for all maintenance services during the non producing season. Chaingrate stokers on coal fired boilers with natural draft made the starting up of turbines simple. There was plenty of time to transfer the factory load from the grid to our turbine,

21. The modern oil fired boiler of 50,000 kg/h require 800/500 kW just to raise steam. The electrics and control are interlocked so that power interruption can mean a somewhat hectic restarting of motors and ignition sequence hopefully before the available steam pressure is lost.

22. This difficulty can be overcome by installing quick change over circuits for vital boiler supplies but the preferred system is to parallel with the grid just long enough to transfer load.

23. The electricity boards now mostly agree to this procedure subject to us installing check synchronising gear reverse power relays and earth overcurrent fault protection relays.

24. The turbine governing gear must be stable. An unstable governing system could cause oscillations which will either trip the turbine breaker or far more serious, when in parallel with the grid, bring out the main central electricity generating board breaker at the same time and leave the whole factory dead.

25. The re-establishment of the grid supply might take up to three quarters of an hour. To guard against damage to the turbine a battery is available in the power house to drive a D.C. driven oil pump. This pump only supplies lubricating oil to the turbine bearings. The battery capacity is enough for about an hour.

26. Total loss of power in the factory is very serious. Not all air operated controls fail shut, spillages, blockages, floods, darkness, danger and ruined products are the consequence. Total

recovery from such failures could take 48 hours and be very costly.

Electricity Exporting

27. By installing boilers of a pressure well above the minimum required and having turbine capacity to match the total steam to process requirements, it is possible to export electricity to the grid.

28. The financial benefit to be gained by doing this depends on many local factors which influence the figures. The fuel costs for generating the exported power are reasonably low but the capital cost of extra plant and its maintenance must be paid for, remembering that the plant in our case is used for only four months in a year.

29. The case for and against exporting facilities can be argued on other than purely financial grounds, for example:

(a) About twice the required turbo alternator capacity would be installed probably as two units. This gives effectively spare plant should one set be defective, a nice but costly insurance.

(b) If you can export you can almost certainly import. This overcomes all starting up load problems and even enables the factory to operate at part load with no turbines running at all (at a high maximum demand penalty charge).

(c) If one turbine does not supply sufficient power the difference is imported.

(d) During the trials period or during commissioning of boilers and turbines the exported power plus the closed season factory load can amount to almost 75% full load of one turbine or one boiler. This enables instruments to be set up correctly before the plant is required on full load on the day the factory starts up. The industry requires that once you start up there is no shut down for adjustments, modifications or any other reason. This requirement is often an embarrassment to plant manufacturers.

Make Up Steam - Pressure Reducing Valves

30. Whether we import, export or are totally divorced from the grid the ability to pass steam from 44 bar to the exhaust gauge pressure of 2 bar and desuperheat it is essential. The usual capacity of the valves is about 20% of the total steam but if large electrical imports are possible, advantages of this can only be taken if high pressure steam can be by-passed to the exhaust pressure in large quantities. Under these conditions as much as 60% of the available steam must pass through the pressure reducing valve. It has proved necessary to have two valves in parallel to cover the situation, one large, one small. (See 29 (b) above).

31. The noise from these valves is as high as 105 dB(A) making working conditions unsafe without earmuffs. 100mm of lagging on the valves and pipe is a great help but not sufficiently effective. F.D. Fans and motors have been found to register 103dB(A). In future installations consideration is being given to placing these and other noise generators behind a wall.

32. Pneumatic Control equipment is normal for the control of pressure reducing valves and it is also used for load controlling the turbo alternators if they are in parallel with the grid.

33. The pneumatic signal to the governors gives excellent regulation. Standard penumatic control gear is used throughout.

Boiler House Plant

34. Recent installations are tending to follow the pattern of an open plan boiler house containing two H.P. boilers of just over 50 000 kg/h, one L.P. Shell type boiler, the turbine, the water treatment plant and the control room. As far as possible the layout is arranged so that all plant is in sight of the main panel.

35. Most new boilers are fired by heavy fuel oil of 770 Centi stokes and are of conventional two drum design, front wall fired and fitted with self draining superheaters. Soot blowers are considered necessary. The steam purity asked for is better than 0.5 ppm (As NaOH). We would consider a heat release figure of 362 000 W/m^3 of combustion chamber and 322 000 W/m^2 of projected combustion chamber heating surface as satisfactory.

36. Where natural gas is available, the use of a factory built boiler is possible. The cleanliness of this fuel means that soot blowers can be dispensed with and the accumulation of corrosive dirt in the back passages avoided. The heat released with this type of unit is somewhat higher being 746 000 W/m^3 and 418 000 W/m^2 respectively, but good engineering and a clean fuel combined with relatively large water and steam drums makes this design acceptable.

37. Where natural gas is used as a fuel on an interruptable supply basis a standby fuel is kept on site. Light oil is used; the main reason being the better keeping quality of the fuel. The installation costs for a light oil standby system are considerably less than for heavy oil which compensates somewhat for the high cost of the fuel.

38. The Shell type boiler rated at about 10 000 kg/h provides saturated steam at 10 bar which is used for process steam (if required) and factory heating during the early part of the year after the end of the manufacturing season. Light oil or gas is provided for firing this unit during this period. The units selected have been those with two fire tubes so arranged that they can be fired together or singly. This is necessary to get the required turndown ratio.

39. The turbines are mounted either at floor level with steam entering and leaving from above or on a raised floor some 3.2m high. This latter arrangement may appear more costly but it enables all the pipes and auxiliaries to be placed out of sight beneath the sets and avoids the need for pits and trenches. The upkeep of pipework and lagging is easier and the appearance improved.

40. The historical boiler feed system was to collect all exhaust steam and then make up any losses by using condensed vapour from boiling sugar juices. This make up water was contaminated

to varying degrees with:

- Ammonia
- Sulphur Dioxide
- Carbon Dioxide
- Dissolved Oxygen
- Hydrogen Sulphide
- Steam Volatile Materials from Sugar Juices
- Sodium and Potassium
- Oil
- Copper

41. The new boilers require a very high standard of water and all make up now comes for them from full demineralisation plants. The plant is costly to operate (19.6p/tonne of water treated) and it is hoped to reduce the usage of such water to 2.0% on steam. The specification for the demineralised water is zero hardness and not more than 1.0 p.p.m. (as NaOH) T.D.S. with silica not more than 0.1 ppm (as SiO_2).

Operating personnel

42. The Management and personnel of the factories are process orientated with the Engineering services fully intergrated. The Wages and Union agreements are structured to give flexibility and promotion prospects to all personnel. The boiler house staff operator who is in charge during his shift (8 hours) can come to that job from a Tradesman's position or from an equivalent process station. The Staff Operator's natural promotion prospects are to Engineering Foreman if he is a Tradesman or to Process Foreman if not. The number two in the boiler house is most probably recruited from the process side and would expect to progress to staff operator or return to the process side.

43. The staff operators receive a salary equivalent to Junior Foreman grade and could be expected to be employed for 8 months in the Off Season outside the Boiler House, exercising some skill commensurate with their salary. Probably only one of the three would stay in the boiler house doing maintenance.

44. The policy is to recruit from within the industry but exceptions are made and excellent staff have been obtained from the Navy. Training is made difficult by having no plant on which to practice. Once the factory starts all the plant is operational and no risks can be taken that might cause a shutdown.

45. Basic training is with the help of the College of Fuel Technology which supplies the needs for the elementary course. Specific training for personnel at a factory that is having new plant is arranged by the Corporation staff and certain firms involved in the contracts. These courses cover the elementary chemistry of water treatment, operation of all major plant and appreciation of Instrumentation. None of this is easy due to the dispersal of our personnel over 17 factories all with different plant and the seasonal nature of the job, which allows 8 months in which to forget.

Maintenance-Boilers

46. There are 8 months during which to effect all repairs and maintenance. There are also 8 months during which corrosion attack can take place whether internal or external. The modern oil fired units are blown down and emptied when still warm and hot air is blown through the combustion chamber using a 3.0 kW. heater and electric fan at the burner front. Our main enemy is condensation and corrosion attack. If the boiler design is not totally self draining we would store the unit wet, and keep the hydrazine reserve between 100-200 ppm and a pH 9.5 to pH 10.

47. The former operation of our boilers on less than perfect water has resulted in scale formation on the main generator tubes. Internal Chemical cleaning has been used and is effective but it is hard to be sure if it has completely descaled all tubes and also hard to know when it is necessary. Our policy is not to put scale there in the first place. We are still surprised when a boiler is apparently fed with perfect water and produces perfect steam and yet we have deposits on the turbine blades.

48. The annual cost of boiler maintenance including all services and auxiliary plant but excluding turbines and water treatment, averages as £167.5 per tonne/h of steaming capacity installed or 5.58p per tonne of steam generated.

Maintenance-Turbines

49. The turbo alternators are normally opened up every year after their 4 months of operation. This is done because facilities are not always available to keep them in a good condition during the 8 months of Off Season. It is necessary to be absolutely confident that the sets are in first class condition at the start of the next processing season and seeing is believing. Of recent years, Factory Management with the newer sets have been persuaded to open sets every other year. At the close of each manufacturing season the sets are water washed until they are clean. After that, bearings must be inspected then the whole set kept dry by blowing hot air through it, our recently installed sets are equipped with a 4 kW fan heater.

50. Our present practice of having an electrically driven auxiliary oil pump enables bearings to be flushed with oil and the whole hydraulic system checked for correct action without having to raise steam.

51. Turbine annual overhaul costs average out at £216 per megawatt installed.

Summary

52. Our objective is make as much sugar as quickly and efficiently as possible. For this we need a reliable supply of steam and electricity which should be generated at the lowest practicable pressure taking into account anticipated future demands for capacity increase and electrical demand.

53. The plant must be simple to operate automated to a standard that can be understood by the operators and maintained by our own factory personnel. Use is made of alarms rather than cut outs. The operating staff is kept sufficient in number for safety and ability to hand operate in an emergency.

54. The plant and its control gear are more complex now. While it was always possible for a small bore pipe or thin electric cable to fail and shut the factory down this never happened in the past. Now however the odds against this are much reduced. It can and it has happened.

55. A new installation with its miles of small bore pipe and control cables is a frightening sight to a newly trained operating staff. We are continually gratified at the manner in which our staff learn all about the plant its short-comings idiosyncrasies and limitations. Thanks largely to them the Power House generally runs smoothly.

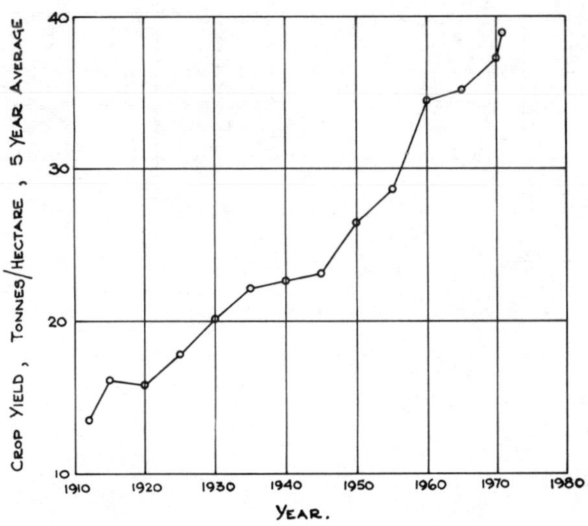

Fig. 1.

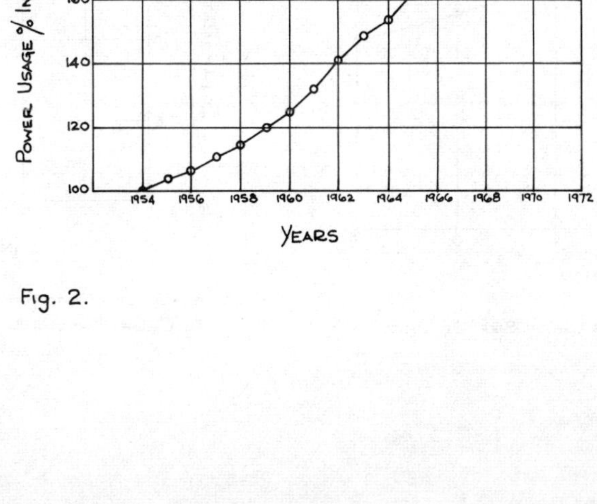

Fig. 2.

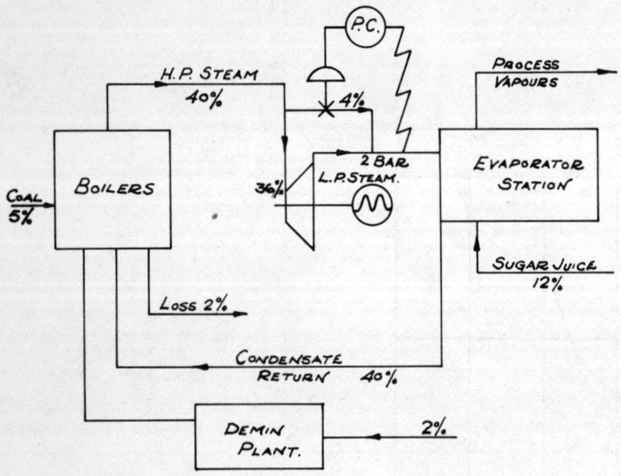

FIG. 3. TYPICAL STEAM FLOW IN B.S.C. FACTORIES. ALL QUANTITIES SHOWN AS PERCENTAGE OF BEET SLICED.

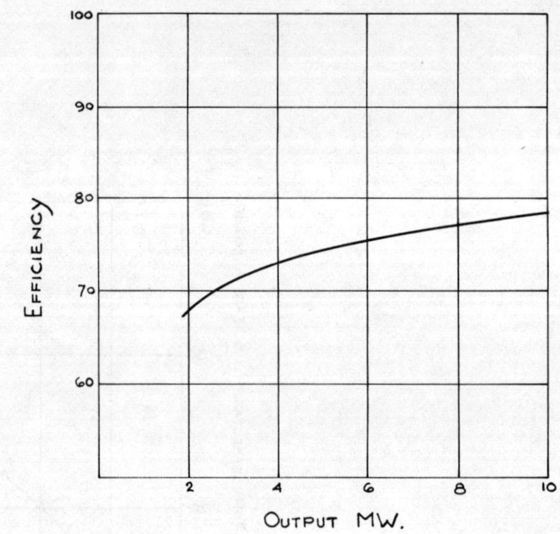

Fig. 4. BACK PRESSURE TURBINE OVERALL EFFICIENCY ($\frac{\text{M/W OUTPUT}}{\text{ADIABATIC HEAT DROP}}$)

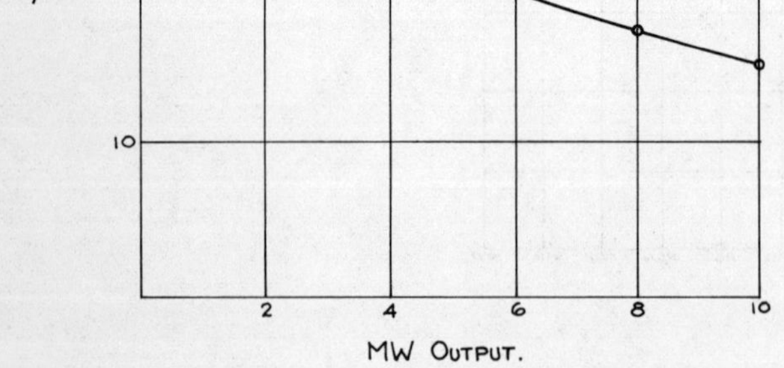

Fig. 5. BACK PRESSURE TURBINE COST FOR GIVEN SIZE OF UNIT.

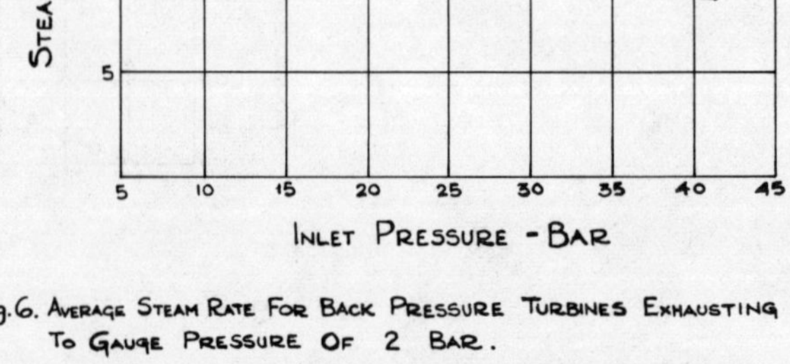

Fig. 6. AVERAGE STEAM RATE FOR BACK PRESSURE TURBINES EXHAUSTING TO GAUGE PRESSURE OF 2 BAR.

C117/73

STEAM POWER PLANT IN THE ENVIRONMENT: CHIMNEY EMISSIONS

F. FRASER ROSS

SYNOPSIS Recent research by the CEGB into the performance of electrostatic precipitators is reported together with some notes on monitors for smoke, dust, and grit. Of the gases emitted from adequately high power station chimneys, SO_2 does not appear to be excessive or cause significant harm and, unlike low-level SO_2 emissions in cities, measures to reduce such emissions from power stations cannot be justified; foreseeable NO_x emissions will not build up in the atmosphere, whereas its CO_2 content will steadily increase but not alarmingly; any effects of water vapour emissions from cooling towers are purely local. Further research is needed on the local problem of acid smuts and on the long-distance problem of acid rain, but palliatives already exist for both.

INTRODUCTION

Fossil-fuel-fired steam power stations emit into the atmosphere: ash particles; oxides of carbon, hydrogen, sulphur, and nitrogen; hydrogen halides; and some products of incomplete combustion. All potential atmospheric pollutants may be classed under one or other of these groups. Much has already been written about them all. In this paper the intention is to interpret the information which is new, with minimum reference to what can be presumed to be already known to most experts in the field. Emissions from nuclear plant are not considered.

1. EMISSION OF ASH PARTICLES

1.1 Efficiency and maintenance of electrostatic precipitators

In commercial practice electrostatic precipitators consist either of vertical tubes with a wire down the middle and upward gas flow, or vertical plates with wires between and horizontal gas flow. The plates are earthed, and the wires, spaced about 15 cm from them, are charged negatively to around 40 kV. The "wires" (discharge electrodes) may have several forms, to promote corona discharge, resist corrosion, or preserve cleanliness. The dust particles become charged, migrate across the gas flow, settle on the plates (or wires), lose their charge, and adhere by Van der Waals forces. Periodically the plates (and wires) are "rapped", and the dust falls off. In a tubular precipitator it falls against the gas flow, some is re-entrained, and this is then re-precipitated; in a plate-type precipitator some entrained dust is carried forward, and it is necessary to have several sections (3 or 4) with decreasing frequency of rapping.

The CEGB have recently completed a study of shortcomings in electrostatic precipitation for pulverized fuel fired boilers. Barrett and Brier (ref.1.) have shown how the efficiency obtainable from a given design with a particular coal can be calculated from parameters such as the plate area in relation to gas flow rate, the power available per unit of plate area, the ash and sulphur content of the coal. If the performance of a unit is not as high as this calculation indicates it should be, then there is some kind of fault.

In 1965 the Board set up an ad hoc panel under their Chief Scientist, Dr. T.E. Allibone. Six years and 160 research reports later the panel reported in terms which may be oversimplified as follows. The first fault to check for is uneven gas distribution; if too much of the gas flows through some channels and too little through others, then full design efficiency cannot be attained. The attainable ideal is that every channel carries between 80 and 125% of the average flow. With the plate type this can be achieved by means of baffles; with the tubular type such baffles would be between the tubes and the dust hopper and the impracticability of achieving reasonable gas distribution among the tubes is one reason why this type is not used for large modern plant.

The next point is rapping. If the plates are not cleaned by the rapping impulse they will not collect dust effectively. The impulse required is approximately 30g (acceleration due to gravity) in the plane of the plate, producing an acceleration to shear off the dust.

Obviously the installation must be inspected for broken wires. Wire breakage can be caused by corrosion, which can result from using a sulphurous oil for short periods during commissioning; ammonia, or lime dust, or pulverised fuel ash may be a satisfactory antidote to the acid which is deposited on cool surfaces. Another cause of wire breakage used to be poor design in overtensioning on a frame.

Some designs have surge resistors to limit the extent of voltage drop when one wire, out of several that share the same electrical supply, flashes over. The idea is good. One flash per second and 2-cycle recovery time with 50 Hz A.C. would mean a whole section out of commission for 4% of the time. Unfortunately the surge resistors had a bad failure record, and were capable of causing some discharge electrodes to be de-energized for weeks, which was no improvement. They must be capable of dissipating the full power, and designs equal to the duty required of them are now available in Britain.

Two causes of damage in service are important. If hoppers are allowed to over-fill to the bottom of the wires and plates, an electrical short circuit and burn-out will occur. Reliable hopper-level indicators have been developed. If the precipitator is dry-cleaned manually at annual overhaul the procedure may be ineffective in removing a film of salt and there is a risk of damage by the cleaners because the spaces are too narrow and difficult of access. Examples are known of steps being welded onto plates and left to cause an electrical short. Wet washing is recommended.

If the installation is as good as it should be, but the efficiency is still low for its size, two other factors should be considered. Many older installations are simply under-powered and the provision of larger rectifiers has brought a useful improvement. Lastly, and the emphasis is on lastly, something can be done if the reason is low sulphur content of the coal (1.5%, depending on ash content). The effective migration velocity is reduced if the ash is so insulating that the corona discharge is suppressed, or if ash particles settling on a dust layer already on the plates cannot lose their charge to earth potential. Ash conductivity can best be increased by means of sulphuric acid. One fully engineered technique in Britain uses SO_3, but for future applications, if there should be any, an aqueous solution of either sulphuric acid or ammonium sulphate is favoured (ref.2.) This requires to be sprayed in with good distribution at a point which will ensure complete evaporation of the water before the precipitator is reached. For new designs, where the low fuel sulphur content can be foreseen in advance, making the precipitators large enough to compensate for the low E.M.V. is a complete answer to this problem.

1.2 Dust Monitors

We have tried several. One that worked on the principle of an electrostatic precipitator appeared to count particles irrespective of size, so that 90% of its reading was due to a practicably unweighable fraction of ultra-fine particles; it was scarcely affected hy changes in the amount of larger sizes. Another that worked by centrifuging the dust against the inside of an electrostatic tube had the ideal characteristic of ignoring particles too small to be affected by the centrifugal effect, but the electrostatic properties of all tube materials tried were affected by wear.

Monitors working on the principle of a light beam passing through the gas give a result proportional to the cross-sectional area of all particles larger than the wave-length of light used. This means that the contributions to the measured obscuration of 0.7, 7, and 70 μ particles in a suspension containing equal weights of each would be 90%, 9%, and 0.9% respectively, and doubling or halving the weight of large particles would be undetectable. Furthermore, the effective reading of such instruments is the difference between the light actually transmitted and the light that would be transmitted through clean air. If the actual reading is 90% of full scale, the obscuration due to dust in the gases can be anything between 1% and 10% unless the clean air zero is known and is subject to check for drift. There are many sources of inaccuracy: ageing of lamp and photocell; voltage fluctuations; dirtying of sight glasses; distortion of mountings. Two successful developments are known: the German Irwin Sick, which has a prism reflector across the duct, a beam which crosses the duct width twice, and a continuous built-in check of the full-scale "zero"; and the British Serop, which has lamp and photocell mounted rigidly on a 4 ft (1.2 m) probe and which can easily be taken out for checking the zero, including in this case the effect of dirt on the glasses.

A third development, which is now in the field evaluation stage, consists of a tube between lamp and photocell with holes to allow the dust-laden gas to pass into and through it; the larger particles are not properly sampled, but their contribution to the obscuration of light is small per unit of weight; those that accumulate in the tube are continuously removed by a scraper and a periodic blast of compressed air enables the zero to be checked in situ.

A fourth development, conveniently grouped in this category because it appears to give a similar type of response apart from some influence of dust colour, is the Nordust which operates by reflection or back scatter. The optics of this instrument are most ingenious, but approved designs are not yet in commercial production (October 1972).

The only instrument capable of monitoring preferentially those particles that are large enough to fall out of the plume and cause annoyance to neighbours is the CERL Monitor (ref.3). Early designs from the laboratory were complicated, but the simplified monitor has given satisfactory service and is installed on each precipitator outlet of 500 MW and larger units.

None of the instruments gives indications which correlate with dust burden by weight per unit of flue gas volume. Nevertheless, H.M. Chief Alkali and Clean Air Inspector is prepared in principle to accept the recorded readings of the CERL Monitor as evidence of satisfactory precipitator performance, thus enabling routine tests to be dispensed with. The readings of the other types of instruments can be interpreted in terms of RINGELMANN Number (ref.4).

1.3 Discussion of solids emission

The efficiency required of electrostatic precipitators in modern CEGB power stations is 99.3%. Is this too strict, or should it be more? Logically, the higher the ash content the higher the efficiency should be. For the same emission per unit volume of flue gas the authorities might have asked for 99.65% at 40% ash, 99.3% at 20%, 99.05%, and 98.8% at 12%. But in practical terms this would have been nonsensical. Not only does the ash content vary, thus calling for an efficiency appropriate to the highest ash content a station will receive in its lifetime, but in dealing with those particles fine enough to remain in the atmosphere a long time it is sensible to take one station with another and to concentrate on the aim of practical excellence for all installations. Indeed it can be argued that dust particles which fall out of the plume may cause annoyance but by definition do not pollute the air, whereas those not removed by the most efficient collectors conceivable regardless of cost remain to do so.

In practice, large quantities of coarse dust can in some circumstances be emitted without nuisance. Old-style deposit gauges round a 120 MW plant in open flat country where the precipitators for some years had an efficiency of only 60 - 80% collected mostly blown agricultural soil. A different result might have been obtained with the new directional deposit gauges, B.S.1747; Part 5; 1972, which are designed on the same principle as the CERL dust monitor, but these were not then available. But the main point is that there was no complaint. What then should be the criterion?

It is suggested that the plume should be almost invisible, and that the efficiency of removal of fine particles should be good enough not to give rise to the creation and fall-out of agglomerates -- little balls of a thousand or more particles which can cause grey splashes on car roofs and clothing near to the chimney.

2. GASES

2.1 Sulphur dioxide

There has been a profound change amongst experts in various fields in their attitude to SO_2 emissions from power plant. Up to a few years ago (and still in law) SO_2 was a noxious gas of which all emissions had to be minimised, without limit, by the best practicable means. Now it is realised that developed countries have a city SO_2 problem characterised by high SO_2 concentrations at times of low wind speed and inversion, and that at such times the emissions from high-enough stacks penetrate the inversion layer and do not contribute. From this point of view there is no purpose to be served by restricting the emissions from large individual sources if their chimneys are high enough and the gases are hot enough (ref. 5,6,7).

Restricting the emissions from large high chimneys would have the predictable effect of reducing the average SO_2 ground level concentration by (a) reducing the g.l.c. in any cities that happen to be an appropriate distance downwind at times when the g.l.c. is low enough not to matter, and (b) reducing the already rather low average (e.g. 15 to 60 $\mu g/m^3$ in the U.K.) in the country areas. Not only is (a) unimportant, it is quite unmeasurable in terms of effect upon the annual urban average. The figure records a three-fold increase in high-level emissions in the U.K. in 20 years, a 20% increase in total emissions, and a fall in average urban concentrations which matches the reduction in low-level emissions. As for (b) there are considerable doubts as to whether any reduction is in fact desirable, in view of the reduction in the sulphate content of modern fertilisers (ref. 8 - 11).

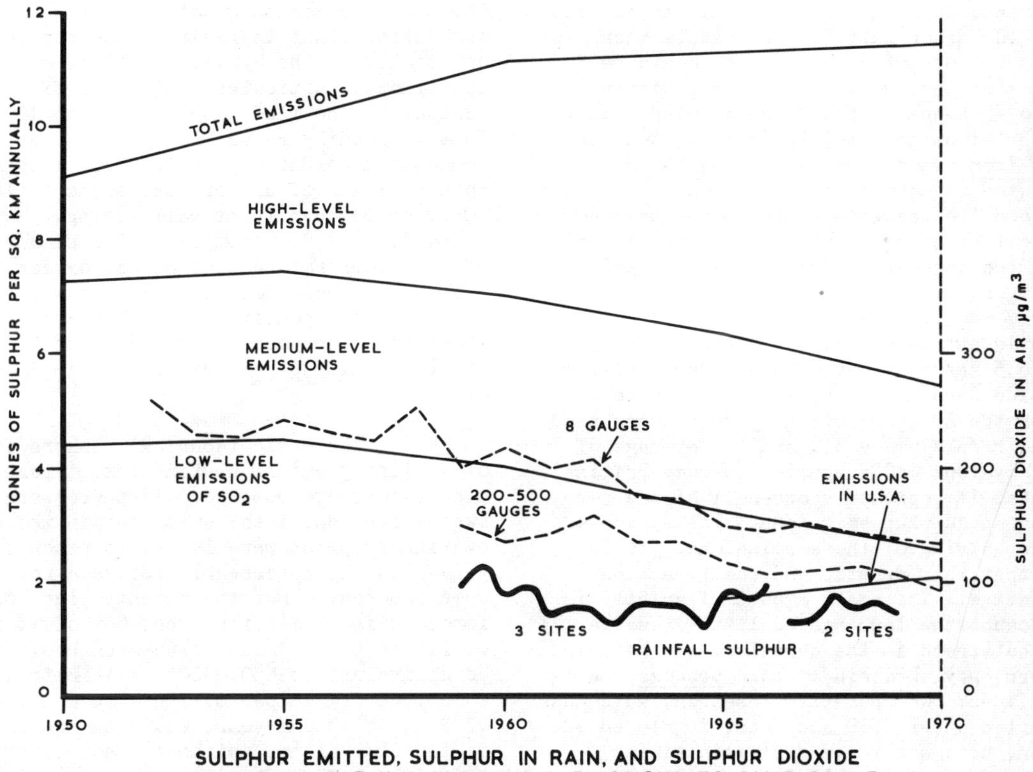

SULPHUR EMITTED, SULPHUR IN RAIN, AND SULPHUR DIOXIDE IN AIR IN THE U.K., WITH U.S.A. EMISSIONS TO SAME SCALE.

Trends of total sulphur emissions in the U.K. per km of land area, divided into three bands by effective height of emission (with total U.S.A. emissions on the same basis and scale). Yearly records of average SO_2 concentration in the urban atmosphere of the U.K. as given by 8 gauges in continuous service, and by all gauges available for comparisons between successive pairs of years (calculated by Warren Spring Laboratory). Sulphur brought down in U.K. inland rainfall.

If there is no technical or other limit to chimney height, adequate dispersion can be achieved even with 4% S coal and 4000 MW or larger sizes. If dispersion is adequate, it would appear (ref. 12) that, based on consequences within a few hundred km, there is no case for: the use of low-sulphur fuel; residual oil desulphurisation; combined cycle plant with sulphur-removal; fluidised bed combustion; gas washing; or any kind of flue gas SO_2 removal process. In particular, the use of naturally low-sulphur fuels in large plants must tend to increase the price and to reduce the availability of such fuels for city use: instead of being a contribution to reducing sulphur dioxide pollution, such a policy can only result in making it worse.

It remains to be considered whether there are any other grounds for restricting high chimney emissions. For example, if there were any process which enabled sulphur to be recovered more cheaply than its normal commercial price, one could go on to consider whether its recovery and its incorporation into fertilisers would be a better or cheaper way of distributing it than via the atmosphere. In some parts of the world where sulphur has to be imported at high cost, for example India, such an appraisal could usefully be made. But a more compelling case derives from the phenomenon of acid rain (ref. 13,14). Over southern Sweden there has in recent years been an increase in rain acidity, and in rain sulphate content. From data presented for examination (ref. 15) it would appear that the sulphate shows no statistically valid trend, and that the increase accounts for only half the increase in acidity. The other half of the acidity increase must be due to a loss of alkali, which could be due to the burning of less wood and more oil within Sweden, or to a change in the European wind pattern, or both. Apart from ammonia, the alkali found in rain derives from minute crystals of earth salts picked up by the wind (ref.16) as well as from emitted ash and from seawater. There has been no increase in either acidity or sulphate in Britain's rain despite the increase in high-level SO_2 emissions (see Figure).

It is estimated (ref. 13) that acidity equivalent to 5 kg/ha a year of $CaCO_3$ derives from sources outside Sweden's borders. This may be compared with the 20 kg/ha of $CaCO_3$ that crops need to supply their calcium needs, and the average of 400 kg/ha equivalent $CaCO_3$ applied to much British land. In total it represents one-half of one per cent of European sulphur emissions. The suggested remedy is the halving of these emissions. It is not certain that this drastic and costly action would be effective. The small amount of acidity is important because the land has so little reserve alkalinity, but there is the question: is the rain more acid than, say, Britain's rain because the land is not limed? Co-operative research, which has now been started under OECD auspices, is needed on this question, ultimately aimed at maintaining yields from Sweden's timber lands economically. Restriction of sulphur emissions does not on present evidence appear to promise the answer.

2.2 Hydrochloric Acid

A contributing factor to acidity in rain could be HCl. There is certainly excess chloride (over what seawater would provide) in the inland rain in Britain. Chloride has also been feared as a complicating factor in some proposed flue gas SO_2 removal processes. A process depending upon the absorption of SO_2 by compounds of magnesium, zinc, or sodium, for instance, and the subsequent treatment of the sulphite or sulphate with regeneration of the absorbent, could be seriously upset by conversion of a significant fraction to the chloride form. Direct tests in Britain with sodium aluminate in the flue gases of a coal-fired plant have shown that chloride may be less of a problem than might have been expected. Dr. H.E. Crossley predicted that the higher the combustion chamber temperature the greater the proportion of sodium chloride that would be evaporated in this form rather than as HCl.

2.3 Nitrogen Oxides

Photochemical reactions of NO, NO_2 and hydrocarbons in the atmosphere can lead to the formation of ozone (O_3) and of substances such as peroxy acetyl nitrate (CH_3COONO_3). These are important constituents of "Los Angeles Smog", and in recent years have been detected in the air in or near eastern American cities, Milan and Paris. In July 1971 the same reactions were detected in the atmosphere near Harwell (ref. 17), but it is not expected that concentrations of the noxious products will build up to dangerous values in Britain. The reactions are slow in the intensity of sunlight typical of these latitudes, and maximum concentrations are likely to occur many kilometres downwind of the sources of emission.

Hydrocarbons would appear to be an essential ingredient, so that there is less significance in the emission of NO_x alone. Nevertheless, the potential emission of NO_x from stationary combustion plant is giving cause for concern, especially in the U.S.A. Under some combustion conditions, particularly with gas firing, the NO content of the flue gases can reach 1000 ppm, but this is readily reducible by modification of combustion conditions (ref. 18). Tangential or corner firing of oil or coal seems to lead to lower NO emission than front wall firing. Maximum production of NO accompanies the simultaneous factors of high temperature plus excess oxygen. With some fuels and some types of firing it will be practicable to adjust the conditions so that the U.S. emission standard of not more than 0.7 lb of NO per million Btu (approx. 550 ppm for coal firing) is not exceeded.

The basic technical reasons for imposition of arbitrary emission standards, irrespective of dispersion, are obscure. If there were any suggestion that total emissions in the U.S.A. from stationary plant were likely to reach intolerable values in the foreseeable future a reason would become apparent. But the uncontrolled 2000 A.D. forecast is 20 million tons, 60% of it from electric utilities (ref. 18). On an area basis this would be equivalent to 550,000 tons in Britain, a figure which, at 0.7 lb per million Btu and a consumption of 2×10^{15} Btu a year, would be the present output of the CEGB alone. Without considering how close this figure accords with reality, it is worth looking for effects. At Rothamsted a strip of the Broadbalk field has carried wheat for over 100 years with no added fertiliser. Since 1910 the amount of nitrate brought down by rain has doubled, but it has never been enough to account for the fixed nitrogen in the crop and lost in the drainage. Wheat is not known to have any arrangements for fixing its own nitrogen, although some grasses do (ref. 19). Much less is known about the uptake of nitrogen oxides by plants from the air than is known about SO_2, but some work has been done on absorption by soil (ref. 20). It is calculated that the soil of the U.S.A. would be capable of absorbing 600 million tons of NO_2 (and 40,000 million tons of SO_2) annually. It seems evident that if the SO_2 from power stations is adequately dispersed then the NO_x will be adequately dispersed also.

About 95% of the NO_x in flue gas is in the form of NO, which is a particularly unreactive gas. No practicable means of removing it are in prospect. It is therefore fortunate that no necessity for such means is apparent.

2.4 Carbon dioxide

Experts are agreed that approximately a century ago the average carbon dioxide content of the Earth's atmosphere was close to 290 ppm by volume. At the present time at a height of 12 km it is about 316 ppm, while near ground level in the northern hemisphere it varies from a maximum around 325 in April after the winter combustion of fuel down to about 310 in September after the seasonal growth of vegetation. Much higher and lower figures can, of course, be observed in local air masses. Between a third and a half of the extra CO_2 evolved from man's combustion of fuel is estimated to have remained in the atmosphere, and at the present time the CO_2 content of the air is increasing by about 0.7 ppm annually (ref. 21, 22, 23), with the prospect of its reaching 350 ppm by the end of this century and nearly 500 ppm by the year 2100 (ref.24). The CO_2 which has not remained in the atmosphere has either dissolved in the sea or has been incorporated in additional vegetation or humus. The normal CO_2 content of the air is certainly limiting at times for growth. The addition of CO_2 to greenhouse atmospheres, or merely stirring the air to make it more available, can have a marked effect on yields. Some increase in the CO_2 content of the air is not disadvantageous from this point of view.

The worry has been that it may increase the "greenhouse effect", warm the atmosphere, melt the ice-caps of Greenland and Antarctica, and flood all land below 60 m above present sea level. No such warming has occurred. The theorists turned to the increasing dust content of the atmosphere for an explanation, but more recent calculations of the CO_2 effect have shown that it should be much smaller than was at first thought.

2.5 Water Vapour

Half the weight of average coal or heavy oil leaves the chimney as H_2O. In addition the warming of surface water or of water in a cooling tower leads to the evaporation of nearly 2 kg per kWh generated. Apart from long plumes from cooling towers in certain weather conditions (ref. 25) no adverse effects have been noted. For example the small amount of fog created by a cooling pond, like the Trawsfynydd reservoir, extends over a negligible area. Presumably there is an increase in rainfall, but the amount would be no more than 2.5 mm (0.1 inch) a year even in Britain with its high rate of fuel usage per km^2. It might take ten years of statistical records to detect such an effect. It could not be distinguished from the effects of any change in suspended particles. Suspended particles act as nuclei for the formation of randrops in clouds, and if there are too many the drops may be too small to fall as rain. It has been speculated that a special case of interaction between water vapour and particles may occur when the wind is in precisely the right direction and within the right range of speed to carry a cooling tower plume into a chimney plume. The condition is so rare (and can be made rarer by siting design) that there are no reliable observations of undesirable effects.

3. INCOMPLETE COMBUSTION

It has been established that if fuel oil is burnt with more than the optimum amount of air there will be an undesirable formation of SO_3. A short distance from the chimney top the sulphuric acid will acquire sufficient water to become a visible droplet, and the plume may be seen for several km. To avoid this, excess air must be restricted to less than 1.0% oxygen, for example 0.6%. To achieve this throughout the combustion chamber calls for a peak of perfection which it is difficult to maintain. With a cold furnace at start-up the formation of some carbon is almost inevitable. This can collect on cool surfaces at the back end of the system, perhaps near the top of the chimney. Also, unlike the chemical industry which can tune its plant and run it for weeks at optimum rate we have to follow the load demands made upon us. At part load it may be difficult to maintain both low excess air and the desired steam reheat temperature. If sulphuric acid is formed, it will be absorbed by any carbon deposits that are cool. At full gas velocity these may flake away, to produce the unwelcome phenomenon of acid smuts, The basic factors are under investigation in Britain but meanwhile it seems that the addition of powdered dolomite can at least render the smuts inoffensive at those plants where the matter has not yet been brought under control.

Optimum combustion of oil necessarily produces the highest temperatures, with the tendency to a high production of nitric oxide. Fortunately, the formation of NO is restricted by the shortage of oxygen, and combustion conditions which avoid SO_3 formation avoid maximum NO formation also. Further reduction of NO can only be obtained by reducing the temperature, either by operating with a fuel-rich flame and subsequent air addition, or by dilution with recirculated flue gas. In some designs the latter is required for maintaining superheat at part load but at full load it may increase space velocity too greatly in a combustion chamber not designed for it.

"Two-stage combustion" increases the risk of forming unreactive coke particles. Under the best of practical conditions the solid residue from oil combustion consists largely of unburnt carbon. If those larger particles which are easily arrested are re-fired the total quantity of residue is no more than that which the best precipitators for coal firing allow to escape. There is no case on grounds of quantity for electrostatic precipitators or bag filters; on the other hand there is a good case for the emission of some alkaline particles fine enough to remain in the air and eventually to neutralise that small proportion of SO_2 which becomes oxidized to sulphate and comes down in rain. Would it not be better if research effort now being wasted on sulphur removal were to be re-directed to this problem?

Thoughts in an entirely different direction are stimulated by the vanadium content of the oil ash. At the trace element rate at which it is distributed it creates no pollution problem, but it is a valuable metal. If the price were to increase and new techniques developed it might at some time become economic to try to collect the carbonaceous residue and extract the metal from it, as is being done with boiler deposits in Hamburg.

4. CONCLUSIONS

In almost every section of this paper it has been necessary to make reference to very fine particles: as reducing visibility; as possibly counteracting the warming effect of CO_2; as affecting rainfall by nucleation; as a possible antidote to rain acidity. The particulate content of the atmosphere has recently been increasing more rapidly than has the CO_2 content (ref.21), and the cause is unknown. A simple calculation shows that the fine ash from fuel combustion could hardly increase the dust content by more than 0.1 μg/m a year if it remained permanently in suspension, which it certainly does not. If the activities of man are responsible for the increase, then farming and road-making practices may be contributory, for most air-borne dust is wind blown soil.

These considerations, therefore, do not lead to the conclusion that higher efficiencies are required in dust-arrestor plant than present technology can easily provide. This is as well, because removal of the finest particles requires quite expensive techniques (ref.26).

Technically, the SO_2 problem is almost over. SO_2 as such is agreed to be a local problem (ref.13). Adequate stack height, when the lessons are fully applied, will cure the local problem, for the total emission of sulphur is nowhere damagingly excessive, even in Britain where it is most intense. Acid lands, perhaps because of their acidity, receive acid rain, but restriction of the sulphur supply may not increase their fertility, and it would be excessively costly to find this out whilst other approaches are open. There is a legislative SO_2 problem, created by statutory restrictions in some countries on SO_2 emissions from plants large enough to have adequate chimneys: these restrictions result in the wasteful use of low-sulphur fuels which are in short supply and are needed for urban heating plants; the restrictions will thus contribute to a continuance of locally high SO_2 ground level concentrations, and effort is needed in international circles to persuade those countries to repeal the legislation.

While the simultaneous emission of NO_x and and hydrocarbons by vehicles at street level should undoubtedly be kept to a minimum and might with advantage be reduced to below the present average, the dispersed emission of NO_x from power plants would appear to have no adverse consequences that would justify any special measures.

The carbon dioxide content of our atmosphere, as a direct result of the combustion of fossil fuel, will continue to increase. No dire consequences are foreseen. The results may, on balance, be beneficial. We burn the residues of long-dead forests, seaweed and plankton, and return their constituents into circulation. Provided we are careful to avoid excessive doses, farmers and foresters will have reason to be grateful for our CO_2, sulphur, fixed nitrogen, and trace elements.

ACKNOWLEDGEMENTS

This paper is presented with the permission of the Central Electricity Generating Board, but any opinions expressed are those of the author. A tribute is paid to those of the author's colleagues whose work it has not been practicable to refer to individually.

REFERENCES

1. BARRETT A.A. and BRIER G.W. Gas Cleaning in Central Electricity Generating Board Power Stations. Proc. 2nd International Clean Air Congress, Washington D.C., 1970, Paper No. EN-34E p. 892

2. DALMON J. and TIDY D. A Comparison of Chemical Additives as Aids to the Electrostatic Precipitation of Fly Ash. Atmospheric Env., Vol 6. N. 10. p. 721

3. LUCAS D.H., CROSSE P.A.E. and SNOWSILL W.L. The Continuous Monitoring of Particulate Emissions. Measurement and Control, Vol. 5, p. 9 (1972)

4. LUCAS D.H. The Objective Calibration and Air Pollution Significance of Ringelmann Numbers. Atm. Env. Vol. 6 No. 10 p.775 (1972)

5. CLARKE A.J., LUCAS D.H. and ROSS F.F. Tall Stacks - How Effective are They? Proc. 2nd Int. Clean Air Congress, 1970 (Copies available from CEGB)

6. ROSS F.F. Sulphur Dioxide over Britain and Beyond. New Scientist and Science Journal, 13 May 1971 p. 373

7. ROSS F.F. What Sulphur Dioxide Problem? Combustion, Sept. 1971 (Varme, Dec. 1971. Extern Vol. 1 No. 4)

8. PRINCE R.A. and ROSS F.F. Sulphur in Air and Soil. Water, Air and Soil Pollution, Vol. 1 (1972) p. 286

9. ROSS F.F. Control of Sulphur Emissions to the Atmosphere in relation to the Requirements of Vegetation. Int. Congress on Chemical Eng. in the Service of Man. Soc. de Chim. Ind., Paris, 1972. Paper No. 210.

10. JONES L.P.H., COWLING D.W. and LOCKYER D.R. Grassland Research Institute Ann. Rep. 1971, p. 18. (New Scientist 10 Aug. 1972)

11. KAMPRATH E.J. Possible Benefits from Sulphur in the Atmosphere Combustion, Oct. 1972 p. 16.

12. ROSS F.F. Note of Circumstances in which Techniques of Desulphurization should be applied. Proc. E.C.E. Seminar on Desulphurization of Fuels and Combustion Gases, Geneva 1970, Annex III.

13. Sweden's Case Study for the U.N. Conf. on the Human Environment, 1972. Roy. Min. for Foreign Affairs, Roy. Min. Agr., Stockholm.

14. LIKENS G.E. et al. Acid Rain. Environment, Vol. 14, p.33 (1972)

15. PERSSON G. The Acidity and the Concentration of Sulphate in Precipitation over Europe. Paper prepared for O.E.C.D. Jan. 1969.

16. HUTTON J.T. The Redistribution of the more soluble Chemical Elements associated with Soils as indicated by Analyses of Rain-water, Soils and Plants. 9th Int. Cong. Soil Science, Trans. Vol IV Paper 33.

17. ATKINS D.H.F. et al. Photochemical ozone and sulphuric acid aerosol formation in the atmosphere over Southern England. Nature, Vol. 235, p. 372 (18 Feb. 1972)

18. BARTOK W., CRAWFORD A.R., ENGLEMAN V.S. and SKOPP A. Control of Nitrogen Oxide Emission in Combustion. Int. Congress on Chem. Eng. in the Service of Man. Soc. de Chim. Ind., Paris, 1972 Paper No. 8.

19. RUINEN J. As reported in New Scientist 8 April 1971 p. 75

20. CRAKER L.E., FORRENCE I.E. and LEATHER G.R. Fate of Air Pollutants: Removal of Ethylene, Sulphur Dioxide, and Nitrogen Dioxide by Soil. Science, Vol. 173. 3 Sept. 1971 p. 915.

21. MUNN R.E. and BOLIN B. Global Air Pollution - Meteorological Aspects. Atm. Env. Vol. 5 No. 6 p. 363

22. LOVELOCK J.E. Air Pollution and Climatic Change. Atm. Env. Vol. 5 No. 6 p. 403

23. BOLIN B. and BISCHOFF W. Variation of the CO_2 Content of the Northern Hemisphere. Tellus Vol. 22 p.431.

24. CRAMER J. and MYERS A.L. Rate of Increase of Atmospheric Carbon Dioxide. Atm. Env. Vol. 6 p. 563.

25. HANNA S.R. and SWISHER S.D. A Method for Calculating the Size of Cooling Tower Plumes (Discussion with refs.). Atm. Env. Vol. 6 p. 587.

26. WEBER E. L'Influence de la Condensation sur l'Epurification Ulterieure des Gaz. Int. Cong. on Chem. Eng. in the Service of Man. Soc. de Chim. Ind. (Paris) 1972. Paper No. 252

C118/73

DER TROPFENAUSWURF VON KÜHLTÜRMEN

H. RÖGENER

Zusammenfassung

Die von einem Naßkühlturm angesaugte Luft nähert sich beim Durchströmen der Rieseleinbauten je nach den atmosphärischen Bedingungen und der thermischen Belastung mehr oder weniger rasch dem Sättigungszustand. Auf dem weiteren Weg kommt es zur Nebelbildung; gleichzeitig wird der Stoffaustausch gegenüber dem Wärmetauscher begünstigt und dadurch die Nebelbildung verstärkt. Theoretisch ist ein Tropfengehalt der Schwaden von einigen Gramm Wasser je Kilogramm trockener Luft zu erwarten. Mit einem adiabaten Drosselkalorimeter wurden an Kühltürmen Tropfengehalte in dieser Größenordnung gemessen. Aus der Übersättigung und der "Lebensdauer" der Schwaden errechnet sich eine so geringe Sinkgeschwindigkeit der Tropfen, daß eine Umweltbelästigung im allgemeinen nicht zu befürchten ist. Aufgetretene Belästigungen dürften auf im Turm versprühtes Wasser zurückzuführen sein.

Naßkühltürme können durch Tropfenauswurf die Umgebung belästigen und gefährden. Tropfen entstehen im Kühlturm sowohl durch Rück- und Nachkondensation des bei der Verdunstungskühlung entstandenen Wasserdampfes als auch durch Zerstäubung bei der Verteilung des warmen Wassers über die Rieseleinbauten und beim Durchströmen der Einbauten.

Der erstgenannte Prozeß wird aus einer Darstellung des Verdunstungsvorgangs im Mollie-(h,X)-Diagramm (1) unmittelbar verständlich. In jedem differentiellen Querschnitt des Verdunstungskühlers ändert sich bei reinem Gegenstrom der Luftzustand nach den von Merkel (2) angegebenen Näherungsgleichungen:

$$\dot{m}_L \, dh_L = \sigma \, dF \left[h_L''(\vartheta_W) - h_L \right], \quad (1a)$$

$$\dot{m}_L \, dX = \sigma \, dF \left[X''(\vartheta_W) - X \right], \quad (1b)$$

$$\dot{m}_W \, c_{pW} \, d\vartheta_W = \dot{m}_L \, dh_L . \quad (1c)$$

$\dot{m}_L$ Luftdurchsatz

$\dot{m}_W$ Wasserdurchsatz

ϑ_W Wassertemperatur

c_{pW} Spezifische Wärmekapazität des Wassers

σ Verdunstungsziffer

h_L Spezifische Enthalpie der Luft

X Wassergehalt der Luft

Der Zustand der mit dem Wasser im Gleichgewicht stehenden "Randluft" ist durch die spezifische Enthalpie $h_L''(\vartheta_W)$ und den Wassergehalt $X''(\vartheta_W)$ gegeben und wird im (h,X)-Diagramm (Bild 1) durch einen Punkt der Sättigungskurve (φ = 100 %) repräsentiert. Die Gleichungen (1a) und (1b) bedeuten geometrisch, daß sich der Bildpunkt (h_L,X) des "Kernluft"-Zustandes auf der "momentanen" Verbindungsgeraden von Kern- und Randluftzustand bewegt. Die Zustandsänderung der Randluft vom Kühlwasseraustritt bis zum -eintritt wird durch eine Verschiebung des Bildpunktes auf der Sättigungslinie in Richtung steigender Temperatur beschrieben; der Randluftbildpunkt "zieht" dabei - unter gewisser Verkürzung oder Verlängerung des "Zugseils" - den Kernluftbildpunkt hinter sich her.

Die ausgezogenen Kurven des Bildes 2 zeigen die in dieser Weise berechnete Zustandsänderung der Kernluft für verschiedene Außenluftzustände; die dabei eingesetzten Werte des Wasser-Luftstromverhältnisses, der Kaltwassertemperatur und der Kühlzonenbreite entsprechen im wesentlichen den Betriebsbedingungen eines Kraftwerks-Ventilatorkühlturmes. Bei sehr warmem Wetter treten die Schwaden ungesättigt, bei kaltem Wetter dagegen übersättigt aus den Kühlturmeinbauten aus. Berücksichtigt man den Einfluß einer Kondensation in der Grenzschicht auf die Verdunstungsgeschwindigkeit, so erhält man höhere Werte der Übersättigung der Schwaden (3) entsprechend den gestrichelten Kurven des Bildes 2. Die atmosphärische Luft enthält stets so viele Kondensationskerne, daß der Wasserdampfüberschuß noch während des Verdunstungsvorganges in den Rieseleinbauten in Form von Tröpchen auskondensiert. Im Beispiel I des Bildes 2 ergibt sich ein Tropfengehalt der Schwaden von 1 g Wasser je 1 kg Luft.

Zur Messung des Tropfengehaltes wird häufig ein Drosselkalorimeter benutzt, dessen Arbeitsprinzip aus Bild 3 hervorgeht (4, 5): Aus den Kühlturmschwaden wird ein Teilstrom durch eine Drossel hindurchgesaugt; der Partialdruck des Wasserdampfes in der abgesaugten nassen Luft ist vor der Drossel gleich dem Sättigungsdruck, hinter der Drossel jedoch weit niedriger, so daß die mitgeführten Wassertropfen jetzt verdunsten; die Verdunstungswärme muß von der Luft aufgebracht werden; diese kühlt sich entsprechend weit ab. Die Abkühlung wird mit einer Thermokette in Differenzschaltung gemessen.

In Tabelle 1 ist der an einem Naturzugkühlturm eines Kraftwerkes gemessene Tropfengehalt dem errechneten Wert gegenübergestellt.

Versuch		I	II	III
Lufttemperatur	°C	13,36	15,73	20,19
Wassergehalt der Außenluft	g/kg	8,29	8,68	9,37
Warmwassertemperatur	°C	35,69	36,55	37,52
Kaltwassertemperatur	°C	22,80	23,37	24,39
Verhältnis von Luft zu Wasserdurchsatz	-	1,10	1,15	1,18
Kühlwasserdurchsatz	m^3/h	34.240	34.300	34.270
Tropfengehalt der Schwaden bezogen auf trockene Luft	g/kg gemessen	1,09	0,85	0,25
	gerechn.	1,03	0,67	0,25

Tabelle 1 Gemessener und berechneter Tropfengehalt der Schwaden eines Naturzugkühlturms

(Die Messungen wurden vom Rheinisch-Westfälischen Technischen Überwachungs-Verein durchgeführt; die Meßwerte sind mit seiner freundlichen Erlaubnis hier wiedergegeben).

Danach könnte der beobachtete Tropfenauswurf bereits durch die Kondensation während der Verdunstungskühlung erklärt werden. Tatsächlich betrug der Anteil des Sprühwassers am gesamten Tropfenauswurf in diesem Fall nur etwa 10 %. Dieser Anteil wurde aus dem Salzgehalt der ausgeworfenen Tropfen und des umlaufenden Kühlwassers ermittelt. In den untersuchten Kühlturm war vor diesen Messungen ein Tropfenabscheider eingebaut worden. Zu einem früheren Zeitpunkt betrug der Anteil des Sprühwassers bei Betrieb ohne Tropfenabscheider etwa 80 %.

Die Größe der durch Rückkondensation entstehenden Tropfen wurde bisher nicht gemessen. Das Tropfenspektrum dürfte aber dem in natürlichen Wolken entsprechen. In beiden Fällen handelt es sich um Kondensation in der Gasphase, wobei der in der Atmosphäre stets vorhandene Staub die Kondensationskerne liefert. Bild 4 zeigt das berechnete Tropfenspektrum einer Cumulus-Wolke (6). In der Rechnung ist angenommen, daß die aufsteigende Luft nach 800 Sekunden die Sättigungsgrenze überschreitet und ohne starke Übersättigung die Kondensation einsetzt. Nach weiteren 400 Sekunden hat die Hauptmasse der Tropfen Radien bis etwa 10 μm erreicht; über 20 μm große Tropfen kommen nur in vernachlässigbar geringer Zahl vor. Auf den Kühlturm übertragen bedeutet dieses Ergebnis: Ein durch Kondensation in den Rieseleinbauten entstandenes Tröpfchen wächst auf seinem Weg vom Entstehungsort bis zum Ende der Schwadenfahne auf höchstens 20 μm an; seine Sinkgeschwindigkeit bleibt damit unter 5 cm/s; bei der üblichen Höhe großer Naßkühltürme erreicht das Tröpfchen also nicht mehr den Erdboden, sondern verdunstet vorher, es sei denn, die Schwadenfahne würde wieder zu Boden gedrückt oder an einen Hang getrieben.

Bei einer Reihe von Naßkühltürmen traten entgegen dieser Erwartung starke Niederschläge in der Umgebung auf, sollen jedoch nach dem Einbau von Tropfenabscheidern weitgehend verschwunden sein. Hierbei dürfte es sich um Tropfen gehandelt haben, die bei der Verteilung des warmen Wassers über die Einbauten - etwa durch Sprühdüsen oder Spritzteller - oder in den Rieseleinbauten selbst durch Zerstäubung entstanden und von der Luft mitgerissen worden sind. Bestätigt wird diese Vermutung durch das bereits erwähnte Meßergebnis, daß der Salzgehalt der ausgeworfenen Tropfen vor Einbau eines Tropfenabscheiders das Mehrfache des nach dem Einbau festgestellten Wertes betrug. Die gebräuchlichen Tropfenabscheider halten also vorwiegend die bei der Zerstäubung entstandenen Tropfen zurück; deren mittlerer Radius muß also den der durch Kondensation entstandenen Tropfen um eine Größenordnung übertreffen.

Schrifttum

(1) Bošnjakovic, F.: Technische Thermodynamik II. 4. Aufl. Theodor Steinkopff, Dresden u. Leipzig 1965

(2) Merkel, F.: Verdunstungskühlung VDI-Forschungsheft 275, Berlin 1929

(3) Poppe, M.: Wärme- und Stoffübertragung bei der Verdunstungskühlung im Gegen- und Kreuzstrom Dissertation TU Hannover 1972

(4) Rögener, H. u. G. Kowollik: Messung des Tropfenauswurfs von Kühltürmen Brennstoff-Wärme-Kraft 15 (1963), Nr. 5, S. 270-271

(5) Chiniara, C.: Ein thermodynamisches Verfahren zur Bestimmung des Tropfengehaltes nasser Luft. Dissertation TU Hannover 1972

(6) Neiburger, M. u. C. W. Chien: Computations of the Growth of Cloud Drops by Condensation Using an Electronic Digital Computer. In: Physics of Precipitation. Geophysical Monograph Nr. 5, American Geophysical Union 1960, S. 191-210

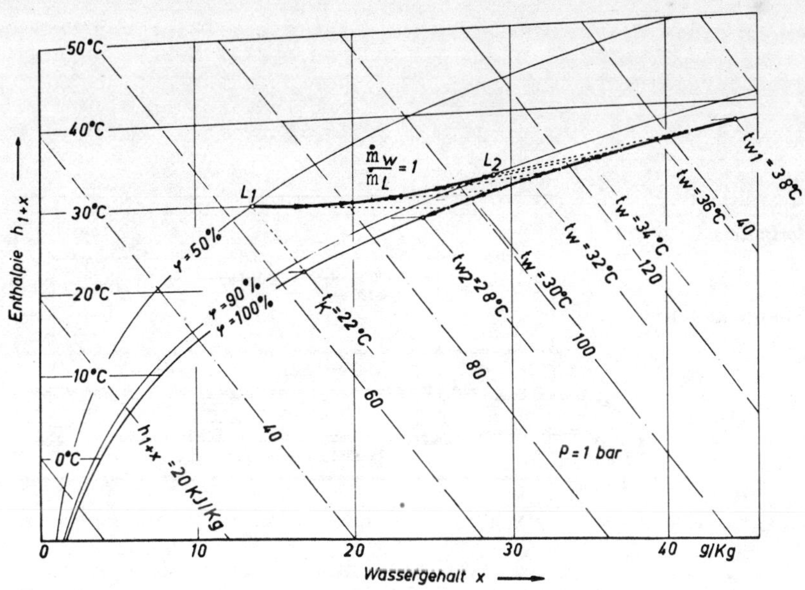

<u>Bild 1</u> Konstruktion der Luftzustandskurve im Mollier-(h,χ)-Diagramm.

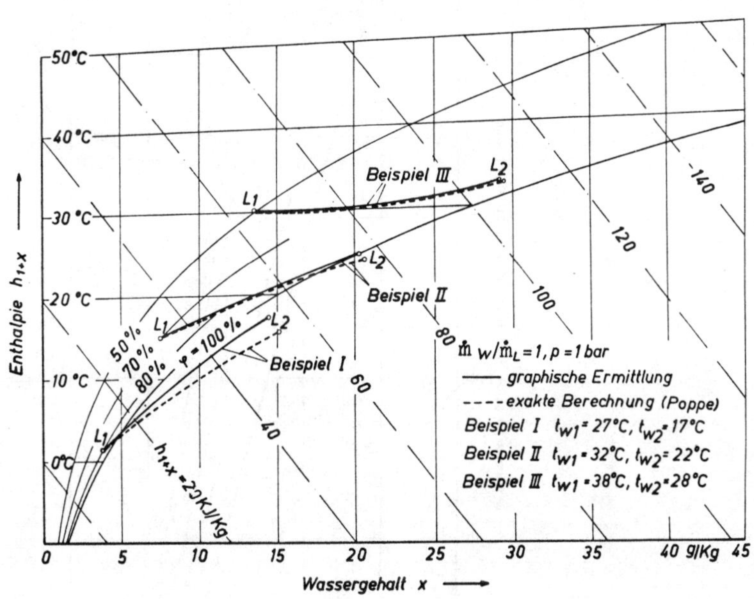

<u>Bild 2</u> Luftzustandskurven für verschiedene Außenluftzustände.

Bild 3.
Aufbau des Drosselkalorimeters.

a *Ansaugestutzen (Glas)*
b *Vakuummantel (Glas)*
c *Lötstellen der Thermopaare (Cu/Konst.)*
d *Drossel (Hartgummi)*
e *Prallgitter (Kunststoff)*
f *Schutzrohr (Stahl)*
g *Absaugestutzen (Glas)*

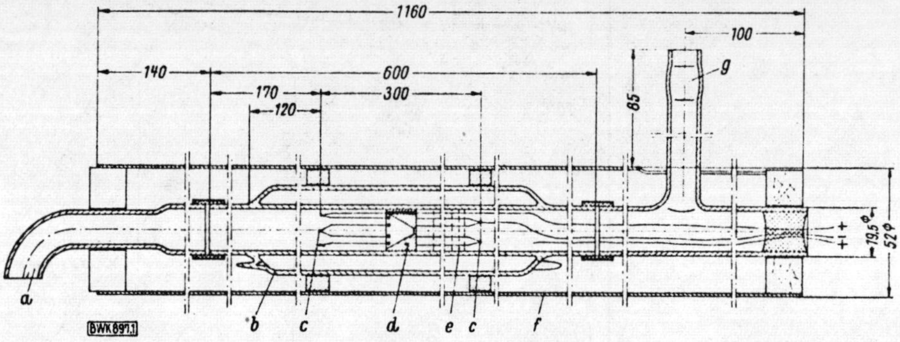

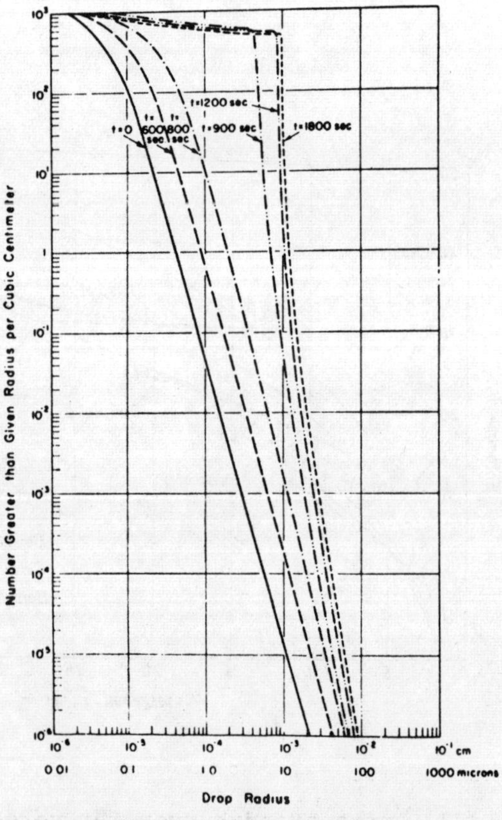

Bild 4

Cumulative drop-size distributions after various elapsed times, Trade-Wind Cumulus Case

nach Neiburger und Chien [6].

C118/73 WATER DROPLET CARRYOVER FROM COOLING TOWERS

H. RÖGENER

Wet type cooling towers are frequently the cause of environmental interference and annoyance through water droplet carryover from them. Water droplets form in cooling towers as a result of condensation, inside and outside the tower, of the vapour generated in the evaporative cooling process and as a result of the spray caused by the distribution system of the warm water onto the packing and the flow of the water through the packing.

The first process mentioned above becomes more intelligible if the process of evaporation is considered on a Mollier (h,X) Diagram [1].

In every differential cross-section of the evaporative cooler the air condition alters, with pure contra flow, in accordance with the equations developed by Merkel (2)

$$\dot{m}_L \, dh_L = \sigma \, dF\left[h''_L(\vartheta_W) - h_L\right] \quad (1a)$$

$$\dot{m}_L \, dX = \sigma \, dF\left[X''(\vartheta_W) - X\right] \quad (1b)$$

$$\dot{m}_W c_{pW} \, d_W = \dot{m}_L \, dh_L \quad (1c)$$

$\dot{m}_L$ = Air throughput
$\dot{m}_W$ = Water throughput
ϑ_W = Water temperature
c_{pW} = Specific heat capacity of the water
σ = Co-efficient of evaporation
h_L = Specific enthalpy of the air
X = Water content of the air

The condition of the "boundary layer", which is in equilibrium with the water, is given by the specific enthalpy h''_L (ϑ_W) and the water content $X''(\vartheta_W)$ and is represented in the (h,X) Diagram (Fig. 1) by a point on the saturation curve (φ = 100%). The equations 1a and 1b mean in geometric terms, that the point (h_L,X) representing the "entrained-air" condition moves along the "momentary" connecting lines of entrained and surface air conditions. The change in condition of the bulk air from the cooling water outlet to the cooling water inlet is described by a displacement of the condition point on the saturation line in the direction of rising temperature. The surface air condition point thereby "tows" the core air condition point along with it with certain extensions and contractions in the "tow-line".

The extracted curves of Fig. 2 show the changes in condition of the bulk air calculated in this way for different conditions of external air; the inserted values of water-air flow ratios, the cold water temperature and the cooling range correspond to the operating conditions of a power station mechanical draught cooling tower. In very warm weather the vapour exhausts in an unsaturated condition while in cold weather the vapour exhausts in a supersaturated condition from the cooling tower packing. If the effect on the speed of evaporation of condensation in the boundary layer is considered, higher values of supersaturation of the vapour [3] are achieved corresponding to the dotted curves of Fig. 2. The atmospheric air always contains so many condensation nuclei that the water vapour excess condenses out in the form of droplets during the evaporative process in the packing. In example 1 of Fig. 2 the droplet content of the vapour is found to be 1 g water per 1 kg of air.

For measurement of the droplet content very often a throttle calorimeter is used. The operating principles of this instrument can be studied with the aid of Fig. 3 [4,5]. A volume of vapour from the cooling tower is sucked through a throttle; the partial pressure of the water vapour in the captured wet air before the throttle is equal to the saturation pressure but after the throttle it is very much lower so that the water droplets carried with the vapour now evaporate; the heat of evaporation must be drawn from the air; this cools down correspondingly. The cooling down is measured by a differential circuit of thermocouples.

Table 1 shows the measured and calculated droplet content in a natural circulation cooling tower of a power station.

Test		I	II	III
Air Temperature	°C	13.36	15.73	20.19
Water Content of External Air	g/kg	8.29	8.68	9.37
Warm Water Temperature	°C	35.69	36.55	37.52
Cold Water Temperature	°C	22.80	23.37	24.39
Air/Water throughput ratio		1.10	1.15	1.18
Cooling Water throughput	m^3/h	34,240	34,300	34,270
Droplet content of the vapour referred to dry air	measured	1.09	0.85	0.25
	calculated	1.03	0.67	0.25

Table I Measured and calculated droplet content of the vapour of a natural draught cooling tower.

(The measurements were carried out by the Rhine-Westphalia T-U-V. Results are reproduced with kind permission of the T-U-V)

According to these results the observed carry-over of water droplets can be explained by the condensation during the evaporative cooling process. In fact the spray water content of the total droplet carry-over amounted to only 10% approx., in this case. This percentage was determined from the salt content of the droplets carried over and of the circulating cooling water. Before these measurements a drift eliminator was installed in the cooling tower being tested. In operation previously the spray water content amounted to approx. 80% without eliminator.

The magnitude of the droplets caused by recondensing was not previously measured. The droplet distribution may however, correspond to that of natural clouds. In both cases we are dealing with condensation in the gas phase whereby the dust continuously present in the atmosphere provides the condensation nuclei. Fig. 4 shows the calculated droplet distribution of a cumulus cloud [6]. It is assumed in the calculations that the rising cloud crosses the saturation curve after 800 secs. and initiates condensation without excessive supersaturation. After a further 400 secs. the major portion of the droplets have attained a radius of 10 μm; droplets of size greater than 20 μm occur only in negligibly small quantities. Relating these results to the cooling tower means: a droplet which originates through the condensation in the tower packing increases in size to maximum 20 μm on its way from point of origin to the end of the vapour plume; its downward velocity thereby remains less than 5 cm/sec; in the usual size of large wet type cooling towers the droplet never, therefore, reaches the ground but rather evaporates beforehand unless the vapour plume is forced to the ground again or driven onto a slope.

Should however, severe interference be encountered with a series of wet type cooling towers this should practically disappear following the installation of drift eliminators. In this case the question is of droplets which originate either in the distribution of the warm water over the packing - either because of spray nozzles or splash plates - or in the packing itself because of scatter and which are carried over with the air.

Proof of this assumption is available in the results quoted above i.e., that the salt content of the droplets carried over before installation of the drift eliminators was many times the value obtained after installation. The eliminator therefore mainly captures the droplets caused by splashing; their average radius must therefore greatly exceed that of droplets caused by condensation.

Bibliography

1. Bošnjaković F.: Technische Thermodynamik II. 4th Edit. Theodor Steinkopff, Dresden and Leipzig 1965.

2. Merkel, F.: Evaporative Cooling VDI-Forschungsheft 275, Berlin 1929.

3. Poppe M.: Heat and mass transfer during evaporative cooling in counter and cross flow. Thesis TU Hannover 1972.

4. Rögener H and G. Kowollik: Measurement of droplet carryover from cooling towers. B-W-K 15 (1963), Nr.5, S. 270/71

5. Chiniara, C.: A thernodynamic method of determining the droplet content of wet air. Thesis TU Hannover 1972

6. Neiburger, M. and C.W. Chien: Computations of the Growth of Cloud Drops by Condensation Using an Electronic Digital Computer. In: Physics of Precipitation. Geophysical Monograph Nr.5, American Geophysical Union 1960, S. 191/210.

C131/73

SOME DESIGN AND OPERATING FEATURES OF AIR-COOLED STEAM CONDENSERS

J. A. HENLEY H. KNIRSCH

SYNOPSIS Experience with more than 200 installations in the range of 1 - 160 MW enables a firm basis to be specified for the selection and design of air-cooled condensers for steam power plants. An account of some condenser design problems is followed by an outline of the economic calculations which must precede the specification of an air-cooled condenser; the optimum back-pressure level is often unfamiliar to turbine designers. Some examples of operating experience are given to illustrate the problems that have been overcome in evolving a condenser design suitable for a wide range of loads and ambient temperatures. The authors consider that present-day practice enables frost-proof air coolers to be designed down to air temperatures of -30°C.

1. INTRODUCTION

Air-cooled steam condensers for turbine exhaust steam have aroused increasing interest among power station engineers, especially since the commissioning and successful operation of the 160 MW Utrillas power station in 1970, although the first turbine steam condenser of this type was installed as long ago as 1939, and was an immediate success. It was not, however, until about ten years after the war that development really got into its stride, especially with the supply of the first plant for a public utility in 1956 to 1957 when two air-cooled condensers each for a 36 MW steam turbine was installed near Perugia in Italy. In 1960 a similar unit went into service in South Germany, and since then the number of air-cooled steam condensers supplied by the authors' Company has increased steadily:-

	air-cooled steam condensers in service
1965	50
1969	100
1973	200

It is established, therefore, that this is now a well-tried and reliable item of plant.

2. REASONS FOR CHOOSING AIR COOLING

Up till now air-cooled condensers have not in fact been installed for "environmental" reasons, but because of solid economic advantages. The higher first cost of an air-cooled condenser is offset by the high cost of the alternative cooling water, and in some cases it has been possible to build a power station when no water was available at all.

The authors' Company has installed air-cooled condensers at two sites where this method of cooling was the only practicable way to make use of large cheap coal deposits for electricity generation, since no cooling water for conventional cooling was available. These two sites were the Neil Simpson Power Station of Black Hills Power and Light Company in Wyoming, and the Utrillas Power Station of Union Termica S.A. in Spain; in each case air cooling even contributed to the social development of the locality.

3. DESIGN FEATURES

The most interesting differences between air-cooled and water-cooled condensers are:-

a) The steam is condensed inside the tubes instead of on the outside.

b) The cooling air moves in cross flow over the rows of tubes.

c) The cooling air can be considerably hotter in summer than cooling water

d) The cooling air can be below freezing point for long periods in the winter.

Some years ago it was necessary for air cooler manufacturers to argue against fears of leakage into a large number of steam condenser tubes. Today, however, this is no longer recognised as a problem thanks to modern welding methods.

In the authors' experience the most difficult design problem connected with air-cooled steam condensers has been caused by the effects of condensation on the inside of large numbers of individual tubes connected in parallel. This problem has absorbed several decades of development and accumulating experience.

It is fairly straightforward ducting design to convey the steam from the turbine exhaust and distribute it amongst the tube banks. The main problem arises because the cooling air flows in series past a number of tube rows arranged in parallel with respect to steam flow (Fig. 1). Since the air heats up progressively as it traverses the tube rows, whereas the condensation temperature is practically constant, the temperature difference for heat transfer and hence the condensing capacity decreases from tube row to tube row.

The effect of this is that if the top row of tubes is loaded to capacity, with condensation occurring right to the end, then the bottom row of tubes will be underloaded and sub-cooling of the condensate will occur before it leaves the end of the tubes. Thus a so-called "dead zone" occurs in the lower tubes of a tube bank, and in this zone there is sub-cooling in which corrosion can occur through oxygen attack, and in which there can be freezing under winter conditions (see Fig. 2).

The authors' Company claims to have solved this problem by the introduction of a proportion of counter flow condensation into all its steam condensers. By counter flow condenser is meant a type in which the steam enters at the bottom and flows upwards against the descending condensate flow (see Fig. 3). The condensate is thus maintained at steam temperature and freezing is eliminated. This whole point can be touched on only briefly here but suffice it to say that in modern steam condensers suitable proportions of down flowing and counter flow sections are introduced, so that the dead zone with its risks is virtually eliminated. (See Fig. 4)

The cheapest method of cooling auxiliaries is with a small cooling tower if the necessary small amount of water is available. Where no water at all is obtainable fin tube coolers can be used, with a temperature penalty in summer unless the cooling air is humidified during hot spells. The authors have used direct air/oil and air/air auxiliary coolers, and also the type with an intermediate water circuit cooled by a fin tube cooler.

4. COST AND SIZE

The problem of higher air temperatures in summer was once an obstacle to the wider introduction of air-cooled steam condensers. Now, however, it is recognised that a turbine based on air-cooled condensers should operate at higher summer back-pressure than one using a cooling tower.

For most plants careful calculations must be carried out to determine capital and running costs at different design back-pressures. Such a calculation would take into account the variations in air temperature and load throughout the year.

Fig. 5 shows a typical optimisation diagram from which it can be seen that a temperature interval between air and steam of about 30°C must be reckoned with. Thus with a design air temperature of 15°C the steam temperature would be 45°C and the back pressure 0.1 bar. Of course for most of the year the user can either save fan power or operate with a lower back-pressure.

The following rough approximations give the cost, fan power and plan area of an air-cooled steam condenser:-

$$\text{Cost} = \frac{110\,W}{\theta_a} \text{ (pounds sterling)}$$

Where W = steam condensation (kg/h)

θ_a = condensing temperature minus design air temperature (°C) this is about 2°C lower than exhaust temperature because of exhaust duct loss.

$$\text{Fan power} = \frac{0.24\,W}{\theta_a} \text{ kW}$$

$$\text{Plan area} = \frac{0.16\,W}{\theta_a} \text{ m}^2$$

5. OPERATING EXPERIENCE

In the space available it is possible to mention only 5 plants, and these have been selected to show various stages in development.

Perugia, Italy 1956/57 Two condensers, each for 36 MW turbine. Condensing capacity 86,000 kg/h at 0.06 bar, air temperature 14°C. These were of the type shown in Fig. 1, but an attempt was made to overcome dead zone problems by inserting metering orifices in the tube inlets. This was only a partial success and there was some frost damage at part load.

The plant is still operating satisfactorily after modifications and with a limitation to part-load operation under freezing conditions.

Haushamm, South Germany 1960 40 MW turbine. Condensing capacity 80,000 kg/h at 0.06 bar, air temperature 10°C.

This condenser incorporated a proportion of counterflow condensing elements (Fig. 3) and avoids the formation of a dead zone at full load under all air temperature conditions. At this site, which is a pit-head coal burning station the load is normally high, especially in winter, when the hydro-stations have reduced capacity. This station has almost the same specific fuel consumption as a neighbouring station of the same capacity but using a cooling tower; a beneficial effect of low winter temperatures.

Volkswagen Power Station, Germany
Sets 1 & 2 1961/62 Two condensers, each for a 48 MW turbine. Condensing capacity 130,000 kg/h at 0.092 bar, air temperature 15°C. This station supplies electricity and heat, not only to the car factory, but also to the town Wolfsburg where there is a district heating scheme. Water is heated by steam bled from the turbines so that in cold weather, especially when the factory is not working, the condensing load can be as low as 7% of full capacity. This poses a difficult problem for an air-cooled condenser operating with air down to -22°C, since even natural convection could cause sub-cooling and freezing.

The condenser was designed in 4 sections, 3 as Fig. 1 and the fourth as a counterflow condenser (Fig. 3). The 3 parallel-flow sections can be shut off by 1500 mm diameter butterfly valves.

Operation has been most successful with only one case of frost damage due to faulty operating procedure during change-over from maximum steam flow to part load.

Volkswagen Power Station, Germany
Set 3 (1967) and Set 4 (1972) These condensers were designed as Fig. 4 (patented by the authors' Company) with 2/3 of the tubes arranged for parallel flow and 1/3 for counterflow. The design proved to be trouble-free in spite of a suspected air leak which was finally traced to a broken turbine drain pipe.

The VW condensers were the first to be installed on the roof of a powerhouse, and extensive vibration measurements were made to check the effect of running 6300 mm diameter fans; there are 12 on each condenser. Measured amplitudes were 20 microns at the fan supports, and 2 to 3 microns on the concrete structure. Noise measurements were also made, and with 24 fans running 65 db (A) was recorded at 170 m.

Utrillas, Spain 1970 160 MW turbine, condensing capacity 314,500 kg/h at 0.1 bar, air temperature 15°C.

This is by far the largest direct system air-cooled condenser and it incorporates 40 fans driven by 2-speed motors.

Commissioning commenced in March 1970 and was concluded by an acceptance test in July 1970 consisting of one week of continuous full load operation. A maximum capacity of 183 MW for one hour was also proved.

The plant operated continuously from August 1970 to March 1971 when boiler modifications were made. Normal operation was resumed in July 1971 the load being 160 MW during the day, and about 70 MW at night.

Performance measurements were made in November 1971 and demonstrated that the condenser performance exceeds guarantee by a satisfactory margin. In winter, temperatures of -15°C are recorded near the condenser (elevation 1000 m) but there have been no freezing problems. The capacity of the condenser is controlled in 5 steps by pole-changing control of the fan motors.

CONCLUSION

Air-cooled condensers using the direct system are now a proved component of power stations which must be built where cooling water is expensive or unobtainable. Operating data have been accumulated over the past 20 years covering a wide range of cooling air temperatures including severe freezing conditions.

The authors wish to thank the directors of the GEA Group for permission to publish this paper.

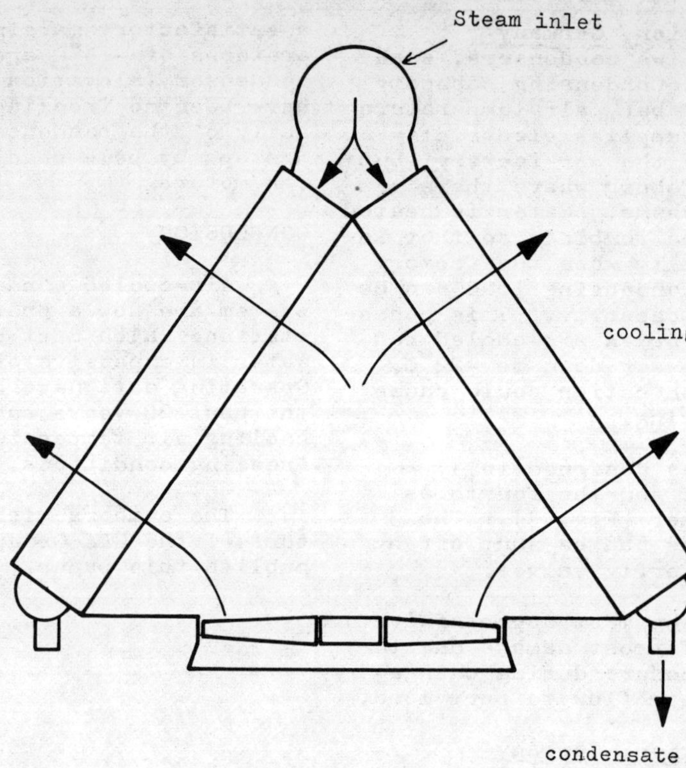

Fig.1. Parallel flow condenser

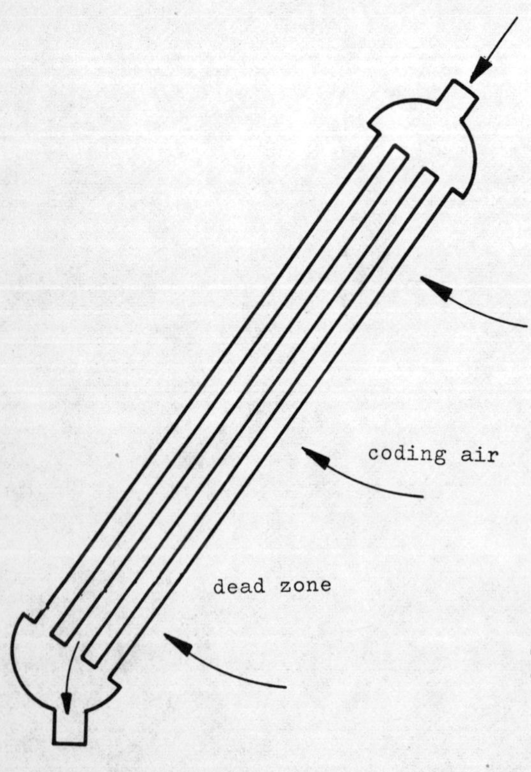

Fig.2. Formation of dead zone

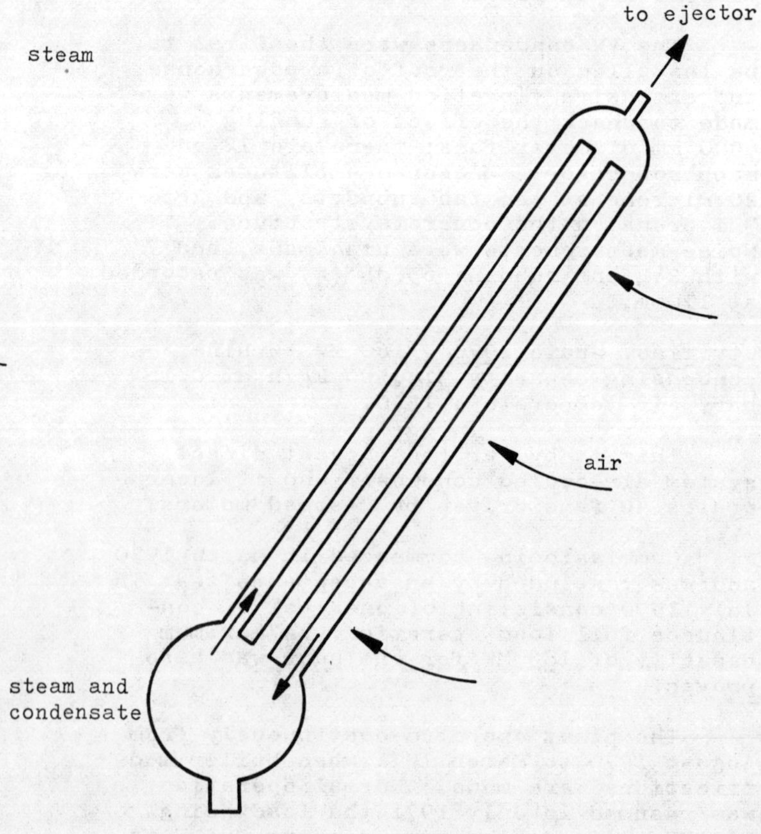

Fig.3. Counterflow condenser

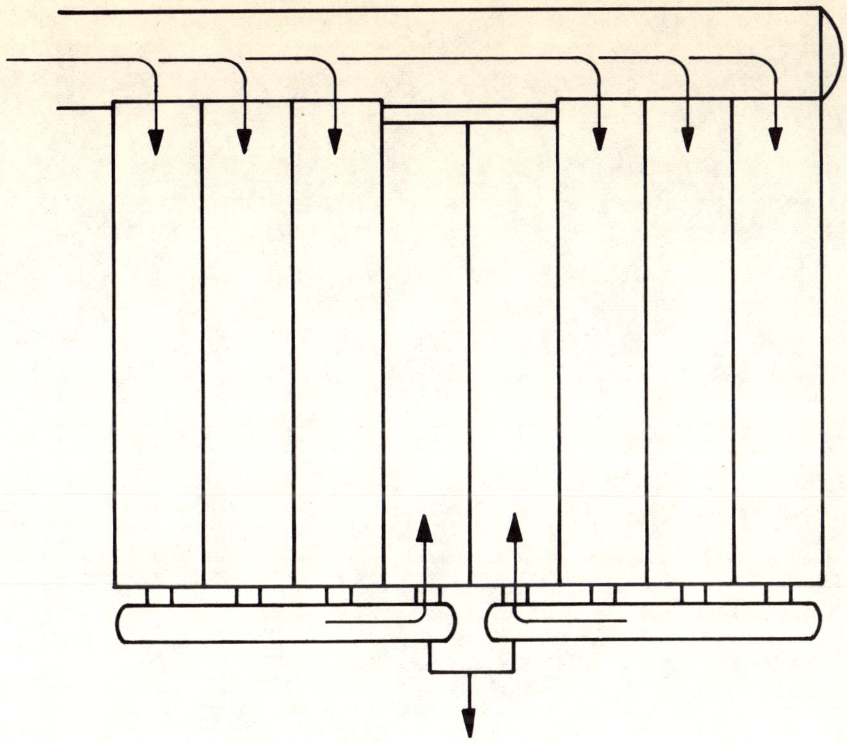

Fig.4. Combined parallel - and counter - flow condenser

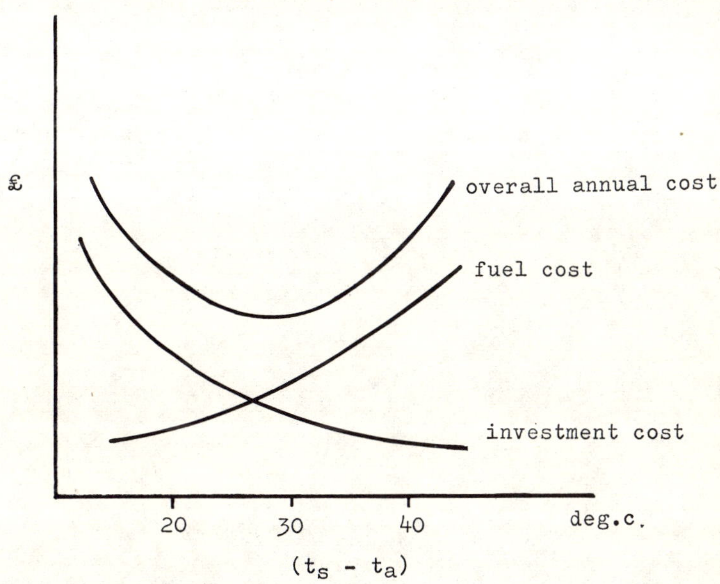

t_s = steam temperature C

t_a = air

Fig.5. Typical diagram for design optimisation

C119/73

BETRIEBSERFAHRUNGEN MIT LEICHTWASSERREAKTOREN IN DER BUNDESREPUBLIK DEUTSCHLAND

A. WECKESSER

Zusammenfassung

Die Entwicklung der Kernkraftwerkstechnik in der Bundesrepublik Deutschland ist der Initiative der Privatindustrie und den Stromversorgungsunternehmen überlassen. Es laufen alle Bestrebungen auf das Ziel zu, die Kernenergie wettbewerbsfähig zu machen im Vergleich zur Energieerzeugung auf Steinkohlenbasis. Diese wirtschaftliche Forderung führt zu einer Bevorzugung der Leichtwasserreaktoren für die Neuanlagen der nächsten Jahre. Druck- und Siedewasserreaktoren mit Einheitsgrößen bis bzu 1300 MW_e sind im Bau. Als Planungsunterlage für diese großen Werke dienen die Betriebserfahrungen von drei sogenannten "Demonstrationskraftwerken" in Gundremmingen (KRB) mit 250 MW_e, in Obrigheim (KWO) mit 310 MW_e und in Lingen (KWL) mit 250 MW_e. Ihre wesentliche Bedeutung besteht darin, den Nachweis zu erbringen, daß solche Anlagen funktionell und nach wirtschaftlichen Gesichtspunkten den Erfordernissen der Energieversorgung entsprechen. Die mehr als dreijährigen Betriebsergebnisse bilden die Grundlage für die Weiterentwicklung von Leichtwasserreaktoren. Wertvolle Erfahrungen über Verfügbarkeit, Material- und Personalaufwand, radiologische Auswirkungen auf die Umgebung, Brennstoffverhalten und die Handhabung radioaktiver Abfälle stehen zur Verfügung. Die wachsende Zahl neuer Kernkraftwerke auf Leichtwasserbasis ist der beste Beweis für die positiven Ergebnisse der ersten Kernkraftwerksgeneration in der Bundesrepublik Deutschland.

In der Bundesrepublik Deutschland sind z. Zt. insgesamt 20 Kernkraftwerke entweder in Betrieb oder im Bau. Nicht weniger als 16 gehören zur Kategorie der Leichtwasserreaktoren, d. h. sie besitzen einen Druck- oder Siedewasserreaktor mit Leichtwasser als Kühlmittel. Die Entwicklung ist eine konsequente Fortsetzung einer Reaktorlinie, wie sie vor 10 Jahren mit dem Bau der drei sogenannten Demonstrationskraftwerke KRB, KWO und KWL begonnen wurde. Wie die Bezeichnung bereits andeutet, sollten diese Anlagen demonstrieren, daß es mit der gewählten Reaktorkonzeption möglich ist, funktionsfähige und wirtschaftlich konkurrenzfähige Kernkraftwerke zu errichten. Die Planung der z. Zt. im Bau befindlichen Großanlagen mit installierten Leistungen zwischen 600 und 1200 MW basiert auf den günstigen Betriebsergebnissen dieser drei Anlagen. In einer mehr als dreijährigen Betriebsperiode wurde eine Fülle von Erfahrungen gesammelt, die an die Reaktorindustrie weitergegeben wurden. Unsere einheimische Industrie ist damit heute in der Lage, selbständig und in eigener Verantwortung große Kernkraftwerke zu planen und zu bauen.

Aufgrund mehrjähriger Betriebserfahrung läßt sich die Leistungsfähigkeit zukünftiger Anlagen ziemlich gut überblicken. Unabhängig von den Problemen die mit der Größe der Anlage zusammenhängen, gibt es einige Kriterien, die für den Betrieb eines Kernkraftwerkes typisch sind. Dazu sind zu rechnen:

1. Verfügbarkeit
2. Umgebungsbeeinflussung
3. Brennstoffdienst
4. Inspektion und Revision
5. Personaleinsatz

Zu 1. Verfügbarkeit

Tabelle 1: Zeitverfügbarkeit (%)

	1968	1969	1970	1971
KRB	60,7	74,1	84,3	90,2
KWO	-	88,9	83,9	76,9
KWL	94,4	91,2	70,0	67,0

K R B

KRB zeigt eine steigende Verfügbarkeit bis zu 90,2 % im Jahr 1971. Die schlechteren Ergebnisse von 1968 und 1969 hängen mit Turbinenschwierigkeiten zusammen.

K W O

KWO verfügt über eine sehr gute Verfügbarkeit. Im Jahre 1971 ist der Wert niedriger, was im wesentlichen durch eine Revision des elektrischen Generators bedingt war.

K W L

KWL besitzt eine ausgezeichnete Anfangsverfügbarkeit von nahezu 95 %. Turbinenschäden und Reparaturen haben in den Jahren 1970 und 1971 das Ergebnis verschlechtert.

Als Mittelwert ergibt sich für die drei Demonstrationskraftwerke in den vier ersten Betriebsjahren eine Verfügbarkeit von 80 %.

Tabelle 2:

	geplante Abschaltungen				ungeplante Abschaltungen			
	1968	1969	1970	1971	1968	1969	1970	1971
KRB	-	3	4	2	6	1	0	3
KWO	-	3	4	3	-	7	12	9
KWL	2	4	1	4	5	16	15	5

Geplante Abschaltungen

Geplante Abschaltungen für Brennstoffwechsel, Revisionen und Reparaturen, meistens über mehrere Wochen gehend, waren im Mittel dreimal jährlich notwendig.

Ungeplante Abschaltungen

d. h. Anlageschnellabschaltungen, unvorhergesehene und notwendige Reparaturen und andere betriebliche Einflüsse ereigneten sich im Mittel siebenmal pro Jahr. Daß auch sehr gute Resultate in dieser Hinsicht erreicht werden können, zeigt das Ergebnis der KRB-Anlage im Jahre 1970, in dem ein störungsfreier Betrieb von 10 Monaten Dauer ohne eine gewollte oder ungewollte Abschaltung möglich war. Die ungeplanten Abschaltungen sind meistens von kurzer Dauer, so daß sie nicht gravierend in die Verfügbarkeit eingehen.

Zu 2. Umgebungsbeeinflussung

Die heftigen Diskussionen über die Umweltverschmutzung machen naturgemäß nicht halt vor der Kernenergie. Leider wird oft polemisch argumentiert und emotionell eingegriffen. Dies ist um so bedauerlicher, als gerade die Kerntechnik in der Lage ist, meßtechnisch ungewöhnlich genau irgendwelche Abgaberaten zu bestimmen.

Die nukleare Auswirkung eines Kernkraftwerkes auf die Umgebung besteht bei Normalbetrieb in einer sehr mäßigen Abgabe von Radioaktivität an das Wasser und an die Luft.

Von der spezifischen Radioaktivität im Primärkreismedium werden im Siedewasserreaktor (Beispiel KRB) ca. 85 % als gasförmige Spaltprodukte aus dem Kondensator abgezogen und zur Abgasanlage geschickt. Die restliche Aktivität besteht im wesentlichen aus festen Spaltprodukten, die nahezu vollständig über Mischbettfilter abgetrennt und ohne Kontakt zur Umwelt beseitigt werden. Mit dem Kühlwasser werden lediglich größenordnungsmäßig 1/10 o/oo der Radioaktivität des Primärkreismediums abgegeben. Die Menge und Radioaktivität des abgegebenen aktiven Wassers ist in Bild 1 für die drei Demonstrationskraftwerke dargestellt. Die Menge liegt bei größenordnungsmäßig 10^4 m^3/a, die Radioaktivität zwischen 10^3 und 10^4 mCi/a. Man erkennt, daß im Falle KRB und KWL der Abstand zu den genehmigten Grenzwerten etwa eine Größenordnung, bei KWO den Faktor 2 bis 5 ausmacht.

Die radioaktiven Gase werden in einer Abgasanlage sehr wirksam verzögert, so daß eine Dekontamination um mindestens den Faktor 1000 bewirkt wird und nur geringe Mengen Aktivität in den Kamin gelangen. Schema und Wirksamkeit einer Abgasanlage, wie sie bei den Siedewasserreaktoren KWL und KRB installiert ist, ist in Bild 2 dargestellt.

Das mit Dampf vermischte Abgas wird aus dem Turbinenkondensator in die Abgasstrecke abgesaugt. Nach Rekombination des Knallgasgemisches und Durchströmen eines Kondensators zum Entfernen des Dampfes, wandern die nichtkondensierbaren Gase zunächst über die Verzögerungsstrecke. Die Verzögerungszeiten betragen bei KRB 40 min, bei KWL 60 min; der Dekontaminationsfaktor ist ca. 2. Die Aktivkohlebetten bewirken eine Verzögerung für Xenon von ca. 20 min und erreichen einen Dekontaminationsfaktor für die Gase von bis zu 1000.

Aus diesem Grunde ist die Abgabe radioaktiver Gase am Kamin während der bisherigen Betriebszeit für die drei Kraftwerke sehr gering und beträgt einige Prozent der zulässigen Abgaberate. Da bei KRB die Aktivkohleanlage von Betriebsbeginn an voll eingeschaltet war und nicht, wie ursprünglich vorgesehen, als Back-up-System benutzt wurde, blieb hier die abgegebene gasförmige Radioaktivität von Anbeginn an unter 1 % der zulässigen Abgabe.

Die Abgabe von J 131 wird bestimmt durch die Dichtheit des Primärsystems und die Dichtheit der Brennelementhüllen. Bei Systemleckagen gelangt J 131 über die Lüftung in den Kamin. In Bild 3 ist am Beispiel KRB für die bisherige Betriebszeit die abgegebene J 131-Aktivität eingetragen. Man erkennt im wesentlichen gegen Ende eines Brennstoffzyklus Peaks in der Abgabe, die nur um den Faktor 6 - 10 von der zulässigen Abgabe entferntsind. Sie werden bewirkt durch während des Betriebes nicht reparable Undichtheiten im Primärwassersystem bei gleichzeitig zunehmenden Undichtheiten der Brennelementhüllen gegen Ende jeden Zyklus.

Die abgegebene Aerosolaktivität ist wegen der wirksamen Filterung der Abluft vernachlässigbar.

Rechnerisch, unter Zugrundelegung konservativer Annahmen, läßt sich zeigen, daß bei allen Kraftwerken die jährliche hervorgerufene Dosisleistung durch die Abgabe von Radioaktivität unter 1 mrem/a betragen hat, was in der Tat vernachlässigbar klein ist und meßtechnisch praktisch nicht zu erfassen ist.

Zu 3. Brennstoffdienst

Der aus Reaktivitätsgründen jährlich durchzuführende Brennelementwechsel hat in keiner Anlage bisher zu Schwierigkeiten geführt. Der bei der Planung erweiterte Zeitbedarf konnte eingehalten und sogar unterboten werden. Auch die bei der Auslegung des Kerns zu erwartenden Abbrände sind in zufriedenstellendem Maße erreicht und sogar überschritten worden.

Als ziemlich kompliziert und zeitlich aufwendig erwies sich der Abtransport bestrahlter Brennelemente vom Kraftwerk zur Wiederaufbereitungsanlage. Es wurden sowohl Naß- als auch Trockentransporte durchgeführt. Am häufigsten benutzt wurde bisher der Trockentransport in einer speziellen Bleiflasche, die auf der Außenseite zum Erreichen einer ausreichenden Wärmeabfuhr mit unzähligen Kühlstiften versehen ist (siehe Bild 4). Mit dieser Flasche ist ein Abtransport bestrahlter Brennelemente ohne Kühlmedium möglich. Der Vorteil ist das relativ geringe Gewicht des

Behälters (ca. 30 t) und die Tatsache, daß wasserlösliche Spaltprodukte während des Transportes defekter Brennelemente im Innern der Flasche nicht freigesetzt werden. Hauptnachteile sind der Aufwand, der wegen der komplizierten Oberfläche zur Dekontamination des Behälters notwendig wird und die relativ geringe Abschirmwirkung für Neutronen.

Weniger zurfriedenstellend war das mechanische Verhalten der Brennelemente, insbesondere der Erstkernbeladung. Hüllenschäden bewirkten in allen drei Kraftwerken einen Anstieg der Radioaktivität im Kühlmittel durch freigesetzte Spaltprodukte. Als repräsentativ für die Freisetzung kann das Spaltprodukt Jod 131 gelten. Es stellt einen empfindlichen Indikator für Brennelementhüllenschäden dar und ist in Abhängigkeit von der Betriebszeit in Bild 5 dargestellt. Man erkennt bei allen drei Kraftwerken in den ersten beiden Betriebsjahren einen starken Anstieg der Aktivität. Man konnte feststellen, daß Leistungsänderungen lokaler oder integraler Art den Aktivitätsausstoß merklich erhöhen.

Nach Beendigung des 1. Brennstoffzyklus wurden mittels der Methode des Sipping die defekten Brennelemente aussortiert und die Brennstoffstäbe mittels Ultraschall und Wirbelstrommessungen auf Defekte untersucht.

Die überwiegende Anzahl der Schäden waren Beulen und kraterförmige Ausplatzungen, wie am Beispiel eines KRB-Stabes in Bild 6 dargestellt. Solche Fehler wurden, wie sich in Nachbestrahlungsuntersuchungen herausstellte, durch inneren Korrosionsangriff mit lokaler Aufhydrierung bewirkt.

In Bild 7 ist ein metallographischer Schliff durch eine solche Defektstelle dargestellt. Man erkennt sehr schön die lokalen Hydrid-Nester. Die im Bild dunklen Flächen sind Zirkonhydrid.

Es läßt sich bei KRB und KWL erkennen, daß eine Häufung dieser Schäden an den höchstbelasteten Stäben und mit zunehmendem Abbrand besteht. Als Hauptursache für diese Art Schäden wurde das zu große Wasserstoffangebot in Form von bei der Fertigung eingebrachter Feuchte im Innern der Stäbe angesehen. Diese Vermutung hat sich insofern bestätigt, als diese Fehler stark zurückgegangen sind, nachdem auf der Brennelement-Herstellerseite die Feuchtigkeitsspezifikation bei der Fertigung der Brennstoffstäbe stark verschärft wurde.

Eine andersartige Erscheinungsform von Schadstellen, wie sie bei KRB und KWL gelegentlich beobachtet wurde, sind Längsrisse oder Aufplatzungen der Hülle, wie am Beispiel eines KRB-Stabes Bild 8 dargestellt. Ähnliche Fehler wurden bei den umfangreichen Brennelementuntersuchungen der Halten-Forschungsgruppe in Norwegen gefunden und so erklärt, daß bei bestimmten Betriebsbedingungen die mechanischen Wechselwirkungen zwischen Brennstoff und Hülle so stark werden können, daß solche Hüllrohrrisse entstehen (1), (2), (3). Änderung der Auslegung der Brennstoffstäbe, wie sie derzeit insbesondere für Kernkraftwerke mit in Vergleich zu den Demonstrationskraftwerken erhöhter Leistungsdichte von den Brennelement-Herstellern durchgeführt werden, berücksichtigen weitgehend die Erkenntnisse der Halden-Forschungsgruppe.

Bei KRB und KWL waren zum Zeitpunkt der größten Aktivitätskonzentration im Primärwasser etwa 1 % der Brennstoffstäbe schadhaft. Beim Kernkraftwerk Obrigheim waren die Verhältnisse etwas günstiger. Selbst bei dieser Schadensquote mit einem Aktivitätsausstoß, der um etwa eine 10er-Potenz höher liegt als bei einem "normalen" Kern, war ein Betrieb der Reaktoren durchaus möglich. Alle notwendigen betrieblichen Operationen konnten durchgeführt werden und die Aktivitätsabgabe nach außen lag aufgrund der sehr wirksamen Filtereinrichtungen weit unterhalb der behördlichen Grenzen und wurde nicht nennenswert beeinflußt.

Wenn man annimmt, daß eine Fehlerquote der Brennelementstäbe von einigen o/oo wegen technischer Unzulänglichkeiten auch in Zukunft unvermeidbar ist, so zeigt die Erfahrung mit den Demonstrationskraftwerken, daß vom betrieblichen Standpunkt eine solche Fehlerquote tragbar ist.

Zu 4. Inspektionen und Revisionen

Inspektionen und Revisionen von Anlageteilen, wie sie insbesondere während des jährlichen Stillstandes für den Brennelementwechsel durchgeführt werden, standen bei allen Anlagen im Zeichen hoher örtlicher Strahlendosisleistung, die bedingt wurde durch die Verschmutzung der Kreisläufe und Kreislaufkomponenten mit aktivierten Korrosionsprodukten und aus den Brennelementen freigesetzten Spaltprodukten. Bei weitem vorherrschend sind die aktivierten Korrosionsprodukte und hier insbesondere das Kobalt-Isotop Co 58 mit einer Halbwertzeit von 5 Jahren.

So wurden im Innern der Dampfgeneratoren des Kernkraftwerkes Obrigheim, in den Sekundärdampferzeugern von KRB und den Dampfgeneratoren des Kernkraftwerks Lingen gleichermaßen schon nach etwa 2 Betriebsjahren Dosisleistungen von mehr als 25 r/h gemessen, die eine innere Revision dieser Behälter, wie sie behördlicherseits vorgeschrieben ist, oder gar eine Reparatur von Rohrbündeln ohne besondere Vorkehrungen praktisch unmöglich machen. Trotzdem konnten mehrere Reparaturen von Rohrbrüchen im KWO-Wärmetauscher nach Dekontamination des Behälterinneren und durch gut vorbereiteten Einsatz von technischen Hilfsmitteln und geübtem Personal erfolgreich durchgeführt werden. Bei KWL konnte nach teilweiser Dekontamination mit chemischen Mitteln und nach Aufbau von Abschirmwänden eine Zwangsumlaufpumpe in alle Einzelteile zerlegt und wieder zusammengesetzt werden.

Routinemäßige Inspektionen und kleinere Reparaturen, wie sie bei Pumpen und Armaturen im Primärkreissystem regelmäßig durchgeführt werden müssen (so z. B. bei der Primärreinigungsanlage und dem Steuerstabantriebssystem), erfordern wegen der hohen Dosisleistung einen mit der Betriebszeit zunehmenden technischen und personellen Aufwand.

Es zeigt sich, daß die Probleme der radioaktiven Verseuchung von Kreisläufen lediglich auf der Primärwasserseite auftreten und sich hier nach einigen Jahren zu stabilisieren scheinen. In Bild 9 ist der zeitliche Verlauf

der Kontamination an zwei typischen Stellen, der Rohrleitung und der Pumpe der Sekundärdampferzeuger, des am längsten in Betrieb befindlichen Reaktors KRB dargestellt.
Auf der Primärdampfseite gibt es tatsächlich keine ernsten Probleme der radioaktiven Verschmutzung. So waren z. B. bei KRB die Revisionen und Reparaturen an der Turbine ohne besondere Vorkehrungen möglich.

Die Erfahrungen bei den drei Kraftwerken haben dazu geführt, daß die Planungsingenieure der neueren Anlagen wesentlich mehr Aufwand im Hinblick auf Zugänglichkeit, Abschirmung und leichte Bedienungs- und Reparaturmöglichkeit der einzelnen Komponenten treiben. Das Volumenverhältnis von Anlagekomponenten zum umbauten Raum ist im Vergleich zu den Demonstrationskraftwerken um etwa 50 % gestiegen. Die primärwasserführenden Leitungen und Komponenten werden minimalisiert. Die Verbesserung der Betriebssicherheit und Reparaturanfälligkeit verschiedener Komponenten, wie z. B. Wellen- und Stopfbuchsabdichtungen und Plungerpumpen etc., und gezielte Maßnahmen zur Verringerung der korrosiven Ablagerungen im Primärkreis bei den modernen Anlagen sind ebenfalls Ergebnis der gewonnenen Erfahrungen.

Das Ergebnis der Inspektionen an den wichtigsten Anlageteilen der drei Kraftwerke ist im folgenden kurz dargestellt:

Reaktoren

Aus eigener Verantwortung und in dem Bestreben, den Bemühungen der Sicherheitsbehörden zu entsprechen, wurden in den Kraftwerken mühevolle Inspektionen der Druckgefäße und seiner Einbauten durchgeführt.

Ultraschallprüfungen einer Reihe von zu diesem Zwecke ausgebauten Druckgefäßbolzen, von Schweißnähten der Kühlmittelstutzen und eines Teiles der Flanschrundnähte zeigten bei KWL und KRB einwandfreie Ergebnisse. Bei KWO wurde 1971 erstmals eine "Vielkopf-Ultraschallmethode" zur Inspektion der Flanschrundnaht und der Schweißnähte an den Kühlmittelstutzen eingesetzt. Die Untersuchung konnte in einem 48-stündigen Turnus durchgeführt werden. Die Ergebnisse gelten als "fingerprints" für weitere Kontrollen in der Zukunft.

Mit speziell entwickelten Unterwasserfernsehkameras mit einem Durchmesser von 50 mm wurden bei den Kraftwerken Innenschweißnähte, Wandplattierungen und Reaktoreinbauten inspiziert. Die erreichte Bildqualität war gut, das Ergebnis ohne Befund. Hier bietet die Möglichkeit, das Reaktordruckgefäß auszuladen, zweifellos einen wesentlichen Vorteil.

Bei KRB wurde 1972 erstmals ein neu entwickeltes bis zu 25 m ausfahrbares Periskop insbesondere zur Inspektion der Steuerstabstutzen im Boden des Druckgefäßes eingesetzt. Wegen einiger technischer Schwierigkeiten mit dem komplizierten Gerät war das erzielte Ergebnis gering. Es ist zu erwarten, daß mit diesem Gerät grundsätzlich gute Erfolge erzielt werden können.

Wärmetauscher

In den letzten zwei Betriebsjahren traten bei den zwei Dampferzeugern des Kernkraftwerks Obrigheim einige Male Leckagen an einzelnen Rohren auf, die mit Hilfe eines besonderen Verfahrens beseitigt werden konnten: Durch Sprengwirkung wird ein in das abzudichtende Rohr eingebrachter Stopfen zum dichten Anliegen gebracht. Diese Methode ermöglichte es, die Reparatur schnell und ohne zu hohe Dosisbelastung des Personals durchzuführen.

Die bei KWO gewonnenen Erfahrungen bezüglich der Lecksuche, Dekontamination und Reparatur im Falle von Rohrbündelleckagen sind für Neuanlagen von großer Bedeutung. Änderungen der Konstruktion von Dampferzeugern bei Neuanlagen, wie verbesserte Zugänglichkeit, Verwendung von Incaloy 800 als Rohrmaterial, modifizierte Fertigungsmethoden und -spezifikationen, sind nicht zuletzt Erkenntnisse, die bei KWO gewonnen wurden.

Turbinen

Der Sattdampfbetrieb von wassergekühlten Reaktoren hat entgegen ursprünglicher Bedenken bei den Turbinen zu keinen besonderen Schwierigkeiten geführt. Die Störungen auf der Niederdruckseite der KRB-Maschine, bei der einige Schaufeln abbrachen und zu Sekundärschäden führten, sind nicht auf den nassen Dampf zurückzuführen. Die Verstärkung der beiden ersten Niederdruck-Radscheiben und eine Abänderung der Schaufelfüße haben zu einem vollen Erfolg geführt. Ähnliche Schäden bei der Turbine des Kernkraftwerkes Lingen waren ebenfalls konstruktiv bedingt, da diese Turbine unter konventionellen Heißdampfbedingungen läuft. Die Reparatur beider Turbinen hat die Fehlerursache grundlegend beseitigt.

Die Turbine des Kernkraftwerks Obrigheim hat sich von Anfang an sehr bewährt und lief bisher störungsfrei.

Die Erfahrung zeigt, daß Sattdampfturbinen naturgemäß stärkeren Erosionen ausgesetzt sind. Aus diesem Grunde wurden in der Vergangenheit öfters größere Revisionen an den Turbinen durchgeführt, um ein sichereres Gefühl zu erhalten. Das Ergebnis dieser Revisionen, insbesondere bei der am längsten in Betrieb befindlichen Turbine des Kernkraftwerks Gundremmingen, zeigt, daß die Erosionen in erträglichen Grenzen bleiben und kein grundsätzliches Problem darstellen.

Zu 5. Personaleinsatz

Es hat sich gezeigt, daß anlagengebundene personell gut besetzte und gut ausgerüstete mechanische und elektrotechnische Werkstätten zur schnellen Behebung von betrieblichen Störungen von Vorteil sind. Diese Personengruppe beträgt bei den drei Demonstrationskraftwerken etwa 40 % des gesamten technischen Personals. Es ist trotzdem aus Strahlenschutzgründen nicht zu vermeiden, daß während der jährlichen Stillstandszeit ein Großteil der Reparaturarbeiten von Fremdpersonal unter Beaufsichtigung des fachkundigen Anlagepersonals durchgeführt wird. Die Zahl der zusätzlich und kurzzeitig Beschäftigten lag bei über 200 Personen.

Tabelle 3:

Prozentuale Aufteilung der Mannstunden des Reparaturpersonals bei KRB im Jahre 1970

KRB-Personal:

	Elektro-Werkstatt	Meß- und Regel-Werkstatt	Mech. Werkstatt	Gesamtes Reparaturpersonal
Neuanlagen	29 %	44 %	29 %	33 %
Reparaturen u. Wartung	63 %	47 %	67 %	61 %
Sonstiges	8 %	9 %	4 %	6 %
geleistete Mannstunden	19.000	19.000	40.000	78.000+
% der Gesamtstunden	24 %	24 %	52 %	100 %

+Durchschnittliche Zahl der Arbeiter: 39 Mann

Fremdpersonal:

	Elektro-Werkstatt	Meß- und Regel-Werkstatt	Mech. Werkstatt	Gesamtes Reparaturpersonal
geleistete Mannstunden	5.700	2.900	10400	19.000+
% der Gesamtstunden	30 %	13 %	57 %	100 %
davon in der Abschaltzeit geleistete Arbeit	3.100	2.200	6.400	11.700++
% der Gesamtstunden	55 %	76 %	62 %	62 %

+Durchschnittliche Zahl der Arbeiter: 9 Mann

++Durchschnittliche Zahl der insgesamt Tätigen: 200 Mann

Tabelle 3 gibt am Beispiel KRB Aufschluß über die während eines Jahres aufgewendeten Reparatur-Mannstunden:

Die Tabelle unterscheidet die Abteilungen

a) Elektrotechnik

b) Messen und Regeln

c) mechanische Werkstatt.

Knapp 25 % der Reparaturmannschaft arbeitet für die Gruppen a) und b), mehr als 50 % der Mannstunden entfallen auf die mechanische Werkstatt.

Ein beachtlicher Teil der geleisteten Arbeit betrifft die Rubrik "Neuanlagen". Darunter sind ergänzende Arbeiten zu verstehen, die eine Verbesserung bedeuten. Es ist verständlich, daß gerade die erste Generation der Kernkraftwerke aufgrund der wachsenden Erfahrungen zahlreiche Verbesserungsmöglichkeiten bietet.

Die insgesamt aufgewendeten Mannstunden des eigenen Reparaturpersonals von 78 000 je Jahr erhöhen sich durch Fremdpersonal um ca. 25 % auf 97 000 Mannstunden. Der Fremdfirmeneinsatz erfolgt fast ausschließlich durch die Abteilung Elektrotechnik und die mechanische Wartung.

Der Mannstundenaufwand der Fremdfirmen konzentriert sich zu mehr als 60 % auf die Abschaltzeit, wobei viele Arbeitskräfte kurzzeitig eingesetzt sind. Diese stoßartige Nachfrage stellt mit zunehmender Zahl an Kernkraftwerken ein Problem dar. Es ist eine gegenseitige Abstimmung notwendig, um die zeitliche Folge der geplanten Stillstände gezielt durchführen zu können und bei der Bereitstellung von Fachkräften der Lieferanten, die an vielen Kernkraftwerken eingesetzt werden, nicht zu große Schwierigkeiten auftreten.

Die Strahlungsbelastung des Personals hat bei allen Kraftwerken im Laufe der Betriebszeit zugenommen. Wesentliche Ursache hierfür ist, wie bereits erwähnt, der Anstieg der Dosisleistungen im Primärwassersystem durch die Ablagerung von aktivierten Korrosionsprodukten.

Bei der am längsten in Betrieb befindlichen KRB-Anlage hat die gesamte Strahlenbelastung des KRB-Personals von 78 rem im Jahre 1967 auf 225 rem im Jahre 1971 und die des Fremdpersonals von 26 rem im Jahre 1967 auf 160 rem im Jahre 1971 zugenommen. Dies ist in Bild 10 graphisch dargestellt.

Die durchschnittliche jährliche Dosisbelastung je Person stellt sich bei KRB etwa wie folgt dar:

Personengruppe:	durchschn. jährl. Dosis-Belastung je Person:
mechanische Werkstatt	4 rem
Betrieb	2 rem
Überwachungspersonal	2 rem
Elektrotechnik	1 rem

Man erkennt, daß das Personal der mechanischen Werkstatt im Jahresdurchschnitt etwa doppelt so viel Strahlenbelastung erhält wie die anderen Personengruppen.

Den Problemen beim Einsatz des Personals bei den drei Demonstrationskraftwerken ist bei den Neuanlagen weitgehend Rechnung getragen. Die Minimalisierung von primärwasserführenden Anlageteilen, reparaturfreundliche Auslegung und Anordnung von Anlagekomponenten, die Verringerung von Ablagerungen radioaktiver Korrosionsprodukte in den Systemen durch gezielte Anordnung und Materialbeschaffenheit, die Schaffung der technischen Voraussetzungen zu evtl. Dekontaminationen von Anlageteilen und zum Einbau wirksamer Abschirmungen und die Schaffung der räumlichen Voraussetzungen zum reibungslosen Einsatz größerer Personalstärken sind einige dieser Verbesserungen.

Zusammenfassend läßt sich sagen, daß die im allgemeinen guten Betriebserfahrungen, insbesondere der drei Demonstrationskraftwerke KRB, KWL und KWO, einen erfolgreichen Betrieb der nachfolgenden Großanlagen erwarten lassen. Die Hersteller, Betreiber und Genehmigungsbehörden haben gelernt, daß

1) die wichtigsten Anlagekomponenten, wie Reaktordruckgefäß, Turbine, Dampferzeuger und Umwälzpumpen im wesentlichen den an sie gestellten Anforderungen gerecht werden;

2) Inspektionen und Revisionen an nuklearen Anlageteilen möglich sind;

3) Reparaturen und Wartungsarbeiten an Primärkreiskomponenten auch bei hoher örtlicher Strahlung möglich sind, aber bei Neuanlagen wesentlich erleichtert werden müssen;

4) die Umgebungsbeeinflussung sehr gering ist;

5) das betriebliche Verhalten der Brennstoffelemente insbesondere bei Lastwechselbetrieb verbessert werden muß;

6) Bereitstellung und Einsatz von Personal insbesondere in Reparaturzeiten ein wichtiges Kriterium ist.

<u>Schrifttum</u>

(1) Mogard, H., et al.
A/Conf. 49/P/314, Norway, June 1971

(2) Djurle, S., et al.
A/Conf. 49/P/315, Sweden, May 1971

(3) Rolstad, E., et al.
A/Conf. 49/P/295, Norway, Juni 1971

C119/73

OPERATING EXPERIENCE WITH LIGHT WATER REACTORS IN THE WEST GERMAN FEDERAL REPUBLIC

A. WECKESSER

At the present time in the West German Federal Republic there are in all 20 nuclear power stations either in operation or under construction. No less than 16 belong to the category of light water reactors, that is to say they have a pressurized water or boiling water reactor and use light water as the coolant. This development is a consistent extension of a reactor line which started 10 years ago with the construction of three demonstration nuclear stations - as they were termed - namely KRB, KWO and KWL*. As was implicit in their description, these stations were intended to demonstrate that, by using the reactor design adopted for these stations, it was feasible to build efficient and economically competitive nuclear power stations. The planning of the big stations now under construction with installed capacities between 600 and 1200 MW is based on the satisfactory operating results obtained with the three stations mentioned above. During an operating period of more than three years a wealth of experience has been accumulated and passed on to the reactor industry. This has given the German industry its present-day capability of planning and building large nuclear power stations independently and on its own responsibility.

On the basis of operating experience extending over several years it is possible to make a reasonably good assessment of the performance of future stations. Disregarding the problems of scale, there are certain criteria which typify the operation of a nuclear power station. Among these the following may be listed:

1. Availability
2. Effect on the environment
3. Fuel service
4. Inspection and examination
5. Personnel aspect

* KRB = Kernkraftwerk RWE-Bayernwerk located at Gundremmingen on the Danube
KWO = Kernkraftwerk Obrigheim at Obrigheim on the Neckar
KWL = Kernkraftwerk Lingen at Lingen on the Ems

Re 1. Availability

Table 1: Time-based availability (%)

	1968	1969	1970	1971
KRB	60.7	74.1	84.3	90.2
KWO	-	88.9	83.9	76.9
KWL	94.4	91.2	70.0	67.0

KRB

KRB shows rising availability reaching 90.2% in 1971. The poorer results in 1968 and 1969 were caused by turbine troubles.

KWO

KWO has a very good availability record. In 1971 the result was lower, mainly because the generator was undergoing an examination.

KWL

KWL initially had an outstanding availability record of nearly 95%. Turbine damage and repairs adversely affected the results in 1970 and 1971.

The average availability of the three demonstration stations during the first four years of operation is 80%.

Table 2: Scheduled shut-downs

	1968	1969	1970	1971
KRB	-	3	4	2
KWO	-	3	4	3
KWL	2	4	1	4

Unscheduled shut-downs

	1968	1969	1970	1971
KRB	6	1	0	3
KWO	-	7	12	9
KWL	5	16	15	5

Scheduled shut-downs

Scheduled shut-downs for fuel-changing, examination and repair, usually extending over several weeks, were necessary on average three times a year.

Unscheduled shut-downs

This covers emergency shut-downs, unforeseen and necessary repairs and other operational factors arising on average seven times a year. The fact that very good results are also obtainable in this direction is shown by the example of the KRB installation in 1970 where fault-free operation was achieved for 10 months without any intentional or unwanted shut-down. Unscheduled shut-downs are usually of short duration so they are not a serious element in the availability picture.

Re 2. Effect on the environment

In the animated discussions about environmental pollution nuclear energy, naturally enough, has not been left alone. Unfortunately the argument often turns to polemics and emotions become involved. This is all the more regrettable because nuclear engineering in particular is able to measure release rates with extraordinary accuracy.

In normal operation the nuclear effects of an atomic power station on its environment consist in a very moderate release of radioactivity into the water and the air.

Of the specific radioactivity in the primary circuit medium of the boiling water reactor (KRB, for example) about 85% is extracted from the condenser as gaseous fission products and sent to the exhaust gas plant. The rest consists mainly of solid fission products which are almost completely separated out in mixed bed filters and disposed of without any contact with the environment. Primary circuit medium radioactivity released with the cooling water is of the order of only 1/10 ‰.

Fig.1 shows the amount and radioactivity of the active water discharged by the three demonstration stations. The rate of discharge is of the order of 10^4 m^3/a and the radioactivity ranges between 10^3 and 10^4 mCi/a. It will be seen that in the case of KRB and KWL there is approximately a factor-of-10 margin between these figures and the approved limits, whilst in the case of KWO the factor is 2 to 5.

The radioactive gases are very effectively delayed in an exhaust gas plant so that decontamination by a factor of at least 1000 is obtained and only very small amounts of activity reach the stack. The schematic arrangement and effectiveness of an exhaust gas installation, such as that used with the KWL and KRB boiling water reactors, are shown in Fig.2.

The exhaust gas mixed with steam is extracted from the turbine condenser in the exhaust gas section. After recombination of the oxy-hydrogen mixture and passage through a condenser to remove the steam, the non-condensible gases are first put through the delay section. The delay times are 40 min. at KRB and 60 min. at KWL; the decontamination factor is approx. 2. The activated charcoal beds give a xenon delay of about 20 min. and achieve a decontamination factor of up to 1000 for the gases.

This accounts for the fact that the release of radioactive gases to the stack during operation so far has been very small for the three stations and amounts to a few percent of the permitted release rate. At KRB the activated charcoal plant was operated at full capacity right from the start and not used, as originally intended, as a back-up system; this explains why, in this instance, the gaseous radioactivity released has remained below 1% of the permitted release rate right from the start.

Release of I 131 is governed by the leak-tightness of the primary system and the integrity of the fuel element canning. In the event of system leaks I 131 reaches the stack via the ventilation equipment. In Fig.3, with KRB as the example, the I 131 activity release for the operating period to date is indicated. It will be seen that it is mainly towards the end of a fuel cycle that peaks occur in the release rate, and only a factor of 6 - 10 separates these peaks from the permitted release rate. The peaks are caused by non-repairable leaks occurring in the primary side water system during operation and accompanied by an increasing incidence of leaks in fuel element cans towards the end of each cycle.

Owing to the effective filtration of the outgoing air, aerosol activity released is negligible.

It can be shown theoretically on the basis of conservative assumptions that for all the power stations the annual dose rate due to the release of radioactivity has amounted to less than 1 mrem/a, which is indeed negligibly small and practically undetectable by available instrumentation.

Re 3. Fuel service

The annual changing of fuel elements for reactivity reasons has not so far encountered any difficulties in any of the stations. The work has been accomplished in the allotted time - extended at the planning stage - and indeed in even less time than allowed. The burn-up rates envisaged from the core design have also been achieved in satisfactory fashion and even exceeded.

The transporting of irradiated fuel elements from the power station to the processing plant has proved to be a fairly complicated and time-consuming operation. Both wet and dry transport methods have been tried. So far the method most often used has been dry transportation in a specially built lead flask provided externally with innumerable cooling studs in order to achieve an adequate rate of heat dissipation (see Fig.4). By means of this flask irradiated fuel elements can be transported without a cooling medium.

The advantage lies in the relatively light weight of the vessel (about 30 tonnes) plus the fact that water-soluble fission products are not released inside the flask when defective fuel elements are being transported. The main disadvantages are the cost, which inevitably results from decontaminating the vessel in view of its complex surface, and the relatively slight neutron shielding effectiveness.

The mechanical performance of the fuel elements, and of the first core charge in particular, has been less satisfactory. In all three power stations canning defects led to a rise in coolant radioactivity through released fission products. Iodine 131 can be taken as typical of such release. This is a sensitive indicator of fuel element canning damage and it is depicted in Fig.6 as a function of operating time. It will be seen that at all three power stations there was a marked rise in activity during the first two years of operation. It has been established that changes in power output, whether localized or overall, markedly increase the activity release.

On completion of the first fuel cycle sniffing gear was used for segregating defective fuel elements and the fuel rods were investigated for defects by ultrasonics and eddy current measurements.

The overwhelming majority of defects consisted of bulging and crater-like bursts as shown by the example of a KRB rod in Fig.6. These defects were caused, as was established by post-irradiation examination, by internal corrosive attack combined with localized hydrogenation.

Fig.7 shows a metallographic section through such a defect area. The local hydride pockets are unmistakably in evidence. The dark areas in the illustration are zirconium hydride.

It is found that in the case of KRB and KWL defects of this kind are concentrated among the most heavily loaded rods with increasing burn-up.

The main cause of this type of damage was deemed to be the unduly large amount of hydrogen introduced into the interior of the rods in the form of moisture during manufacture. There has been some confirmation of this hypothesis insofar as defects of this kind have become much less numerous following the adoption by the fuel element manufacturers of a much more stringent moisture specification for the production of fuel rods.

Another form of damage occasionally found at KRB and KWL appeared as longitudinal cracks or bursts affecting cans, as shown by the example of a KRB rod in Fig.8.

Similar defects were found in the extensive fuel element studies carried out by the Halden research group in Norway, the explanation in this case being that under certain operating conditions the mechanical interactions between fuel and can can become so intense as to lead to can cracks of the kind noted (ref. 1, 2, 3).

Modifications to the design of the fuel rods as carried out by the fuel element manufacturers primarily for nuclear power stations with power densities at higher levels than those of the demonstration stations have been largely based on the results made known by the Halden research group.

At KRB and KWL, at the time of maximum activity concentration in the primary side water, about 1% of the fuel rods were defective. At the Obrigheim nuclear station conditions were somewhat more favourable. Even with this quota of defects involving an activity emission about 10 times higher than with a "normal" core it proved perfectly practicable to operate the reactors. All operations necessary for running the plant were capable of being performed and thanks to the highly effective filtering facilities the activity release to the outside was far below the official stipulated limits and was not appreciably affected.

If it is assumed that in the future also a fuel rod defect quota of some tenths of one percent will be unavoidable owing to technical shortcomings, the experience gained with the demonstration power stations has shown that such a defect rate is tolerable from the operating viewpoint.

Re 4. Inspection and examination

In all the stations, inspection and examination of plant items particularly during the annual shutdown for fuel element changing were characterized by high local radiation dose rates resulting from contamination of loops and circuit components by activated corrosion products and fission products released from the fuel elements. Activated corrosion products are the dominant factor by far, and in particular the cobalt isotope Co 58 with a half-life of 5 years.

Thus, in the interior of the Obrigheim steam generators, in the secondary steam generators at KRB and in the Lingen steam generators, similar dose rates of more than 25 r/h were measured after only about 2 years operation, so that without special precautions it is virtually impossible to carry out an internal examination of these units, as officially specified, much less to effect repairs on tube nests.

Despite this a number of failed tubes in the KWO heat exchanger were successfully repaired by means of technical aids and trained personnel deployed in accordance with a thoroughly prepared plan following decontamination of the interior of the vessel.

At KWL it was possible, following partial decontamination by chemical agents and erection of shielding walls, to dismantle all the components of a forced circulation pump and to rebuild the unit again.

Because of the high dose rates, routine inspections and minor repairs of the kind which have to be carried out regularly on pumps and valves in the primary circuit system (for example in the primary side cleaning plant and on the control rod actuator system) entail increasing effort, in both engineering and personnel terms, with lengthening operating time.

It has been found that problems with radioactive contamination of circuits arise solely on the primary water side and appear to stabilize here after some years. Fig.9 shows contamination against time for two typical areas, namely the pipework and pump of the secondary steam generator, of the KRB reactor which has been in operation longest of all.

On the primary steam side there are in fact no serious problems with radioactive contamination.

At KRB for example turbine examination and repair was possible without any special precautions.

The experience gained with the three stations has led to the engineers responsible for planning new stations giving considerably more attention to questions of accessibility, shielding and ease of operation and repair of individual components. Compared with the demonstration power stations, the volumetric ratio of plant components to building space occupied has increased by about 50%. Lines and components carrying primary side water have been reduced to the minimum. Improvements in the reliability trouble-proneness of certain components, such as shaft sealing arrangements and glands, plunger pumps etc., and systematic measures to reduce corrosive deposits in the primary circuit of the modern stations have also stemmed from the experience gained.

The results of inspections carried out on the major plant items at the three stations are briefly summarized below.

Reactors

On station responsibility and in an endeavour to match the efforts of the safety authorities, laborious inspections of the pressure vessels and their internals were carried out at the stations.

Ultrasonic tests on a number of pressure vessel bolts removed for the purpose, also on welds on coolant stubs and some of the circumferential welds on flanges gave satisfactory results at KWL and KRB.

At KWO in 1971 a "multi-head ultrasonic method" was employed for the first time for inspecting the circumferential flange weld and coolant stub welds. The investigation was completed in a 48-hour programme. The results will be used as "fingerprints" for further checks in the future.

Specially developed underwater t.v. cameras with a diameter of 50 mm have been used at the stations for inspecting internal welds, wall cladding and reactor internals. The picture quality obtained has been good and the findings negative. The possibility of unloading the pressure vessel of the reactor is undoubtedly an important advantage in this case.

At KRB a newly developed periscope extending to a maximum of 25 metres was used for the first time mainly for inspecting control rod stubs in the bottom of the pressure vessel. Technical difficulties were experienced and little in the way of results was achieved with this complicated device. There is every likelihood that the device is basically capable of yielding satisfactory results.

Heat exchangers

In the last two operating years several instances of leaks affecting individual tubes occurred in the two steam generators in the Obrigheim power station and these were rectified by a special procedure whereby an explosive effect is employed for tightly seating a plug introduced into the tube to be sealed. This method made it possible to carry out the repair quickly and without exposing personnel to unduly high doses.

The experience gained at KWO in regard to leak detection, decontamination and the repair of tube nest leaks is of great importance for new stations. Modifications to the design of the steam generators in the new stations such as improved accessibility, use of Incaloy 800 as tube material, changes in production methods and specifications are not the least of the results obtained at KWO.

Turbines

In contrast with doubts expressed at the start, the saturated steam operation of water-cooled reactors has not led to any special difficulties as far as the turbines are concerned. The troubles on the l.p. side of the KRB machine in which some blades broke off and caused secondary damage are not attributable to the wet steam. Reinforcement of the first two l.p. wheels and modifications to the blade roots have been completely successful. Similar damage in the turbine at the Lingen nuclear station was also due to the design, since this turbine runs under conventional superheat conditions. The repairs to these two turbines have eliminated the actual cause of the trouble.

The turbine at the Obrigheim nuclear station has been very reliable right from the start and has so far operated without trouble.

The experience gained shows that saturated turbines are naturally exposed to more severe erosion. For this reason it was the practice in the past to carry out major examinations of the turbines at fairly short intervals so as to gain a feeling of greater security. These examinations have shown, particularly in connection with the turbine at the Gundremmingen station which has been in service longest, that erosion stays within tolerable limits and does not represent a fundamental problem.

Re 5. Personnel aspect

It has been found that properly staffed and well equipped mechanical and electrical engineering workshops serving the actual station offer advantages in allowing faults arising during operation to be rectified quickly. At the three demonstration stations this group of personnel accounts for about 40% of the whole engineering staff. For nuclear health reasons, however, it is unavoidable that during the annual shut-down period a major part of the repair work is carried out by outside personnel under the supervision of experienced permanent staff. The number additionally employed in this way for short periods has exceeded 200.

With KRB as the example, Table 3 gives particulars of repair manhours expended during one year.

The Table differentiates between the following divisions

a) electrical engineering

b) instrumentation and control

c) mechanical engineering workshop.

Barely 25% of the repair team works for groups a) and b) whilst more than 50% of the manhours arise in the mechanical engineering workshop.

A significant part of the work performed falls under the heading of "new plant". This implies supplementary activities which mean an improvement. Clearly, in first-generation nuclear stations in particular numerous possibilities of improvement suggest themselves as experience is acquired.

The total manhours worked by in-plant repair personnel amounting to 78 000 per year are increased by about 25% through the employment of outside personnel to make a total of 97 000 manhours. Outside firms are employed almost exclusively by the electrical engineering and mechanical maintenance divisions. The manhours accounted for by the outside firms are concentrated to the extent of more than 60% on the shut-down period, many workers being employed for short periods of time. This peaking demand for labour represents a problem in view of the increasing number of nuclear power stations. Agreement between stations is necessary in order that systematic sequencing of planned shut-downs can be accomplished and serious difficulties avoided in making skilled personnel available from the supplying firms for employment at the numerous stations.

Exposure of personnel to radiation has increased at all the stations over the time that they have been operating. The main reason for this, as already mentioned, is the rise in dose rates in the primary side water system through the depositing of activated corrosion products.

At the KRB station, which has been in service longest, the total radiation exposure of KRB personnel has increased from 78 rem in 1967 to 225 rem in 1971 whilst that of outside personnel has risen from 26 rem in 1967 to 160 rem in 1971. This is shown graphically in Fig.10.

The average annual dose exposure per head at KRB is approximately as follows:

Personnel group	Average annual dose exposure per person
Mechanical workshop	4 rem
Operation	2 rem
Supervisory personnel	2 rem
Electrical engineering	1 rem

It will be seen that on annual average personnel in the mechanical workshop receive about twice as much radiation as the other groups of personnel.

The problems arising with the employment of personnel at the three demonstration stations have received much attention in the design of the new stations. The minimizing of plant items carrying primary side water, repair-oriented design and layout of plant components, reduction of deposits of radioactive corrosion products in the various systems through judicious layout and choice of material, proper engineering of plant items to allow for possible decontamination and the installing of effective shielding arrangements, and the provision of adequate space to allow the employment of large groups of personnel smoothly and without mutual interference - these are some of the improvements achieved.

Summing up it may be said that the generally favourable operating experience gained, particularly with the three demonstration power stations KRB, KWL and KWO indicate that successful operation may be expected of the next generation of big stations. The manufacturers, operators and licensing authorities have learned that

1) The major plant components, such as the reactor pressure vessel, turbine, steam generators and circulating pumps are, in all essential respects, equal to the duty expected of them;

2) Inspections and examinations of nuclear plant items are practicable;

3) Repairs and maintanance work on primary circuit components are feasible even in the presence of high local radiation levels, but new plants need considerable simplification in this respect;

4) Effects on the environment are very small;

5) Fuel element performance needs to be improved, particularly when operating on variable load;

6) Personnel availability and deployment is a critical factor particularly at overhaul times.

REFERENCES

1) MOGARD, H., et al A/Conf. 49/P/314 Norway, June 1971

2) DJURLE, S., et al A/Conf. 49/P/315, Sweden, May 1971

3) ROLSTAD, E., et al A/Conf. 49/P/295 Norway, June 1971

Table 3 Percentage breakdown of manhours worked by repair personnel at KRB in 1970

KRB Personnel:

	Electrical engineering shop	Instrumentation and control workshop	Mechanical workshop	Total repair personnel	Average number of workers
New plant	29%	44%	29%	33%	
Repairs and maintenance	63%	47%	67%	61%	
Miscellaneous	8%	9%	4%	6%	
Manhours worked	19 000	19 000	40 000	78 000	39 men
% of total hours	24%	24%	52%	100%	

Outside personnel:

	Electrical engineering shop	Instrumentation and control workshop	Mechanical workshop	Total repair personnel	Average number of workers
Manhours worked	5700	2900	10 400	19 000	9 men
% of total hours	30%	13%	57%	100%	
Hours in the above figures worked during shut-down	3100	2200	6400	11 700	(total working) 200 men
% of total hours	55%	76%	62%	62%	

O.A. Trans.835

ek/January 1973

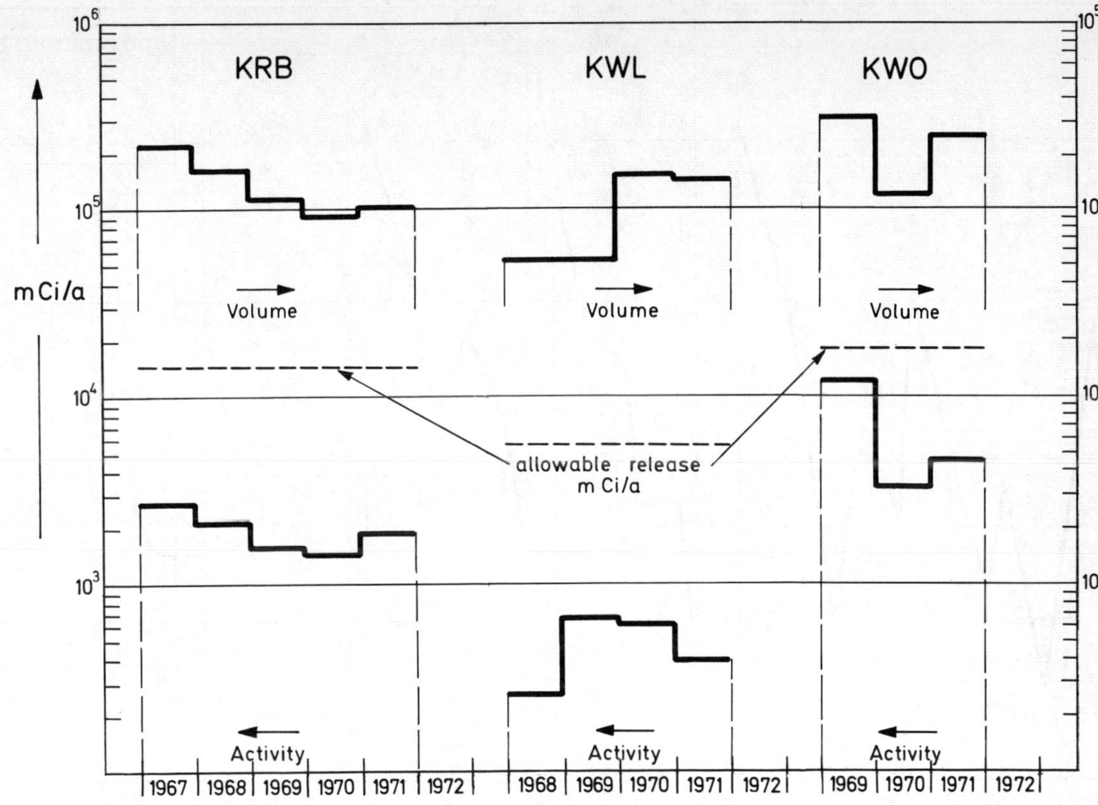

Fig. 1 Volume and Activity of Water Release

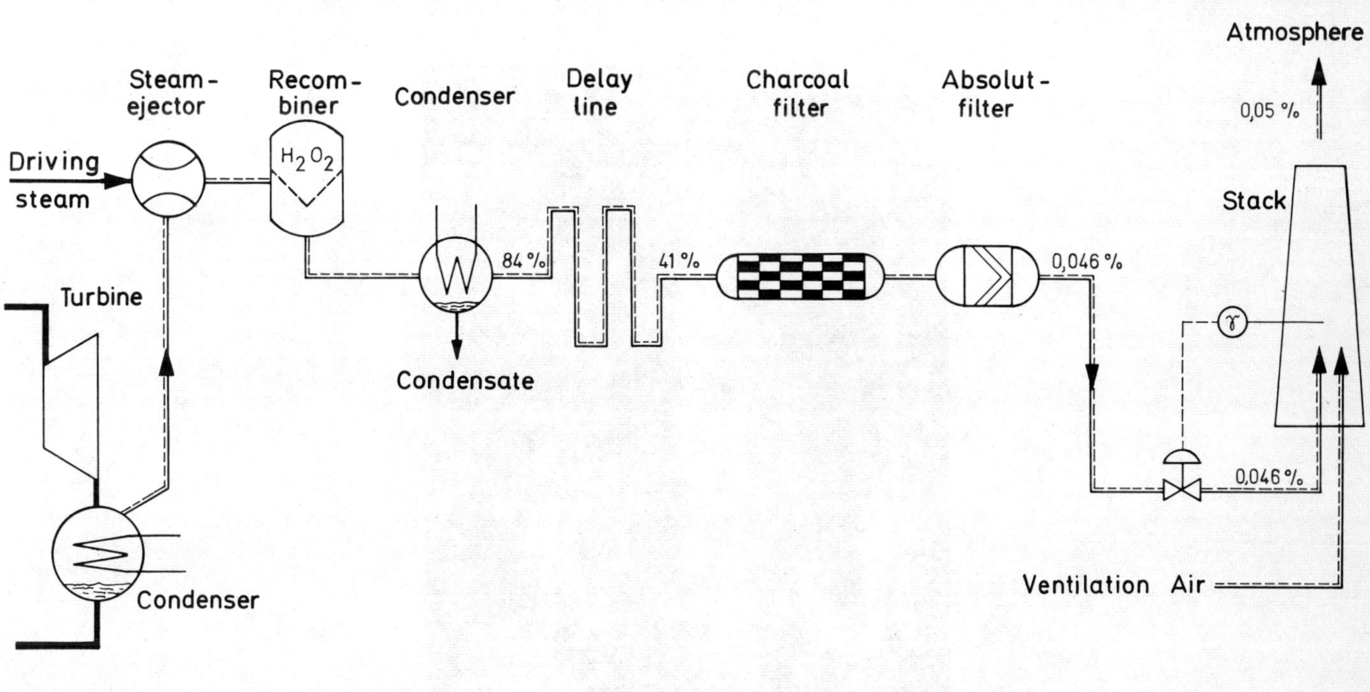

Fig. 2 Scheme of Offgas Facility

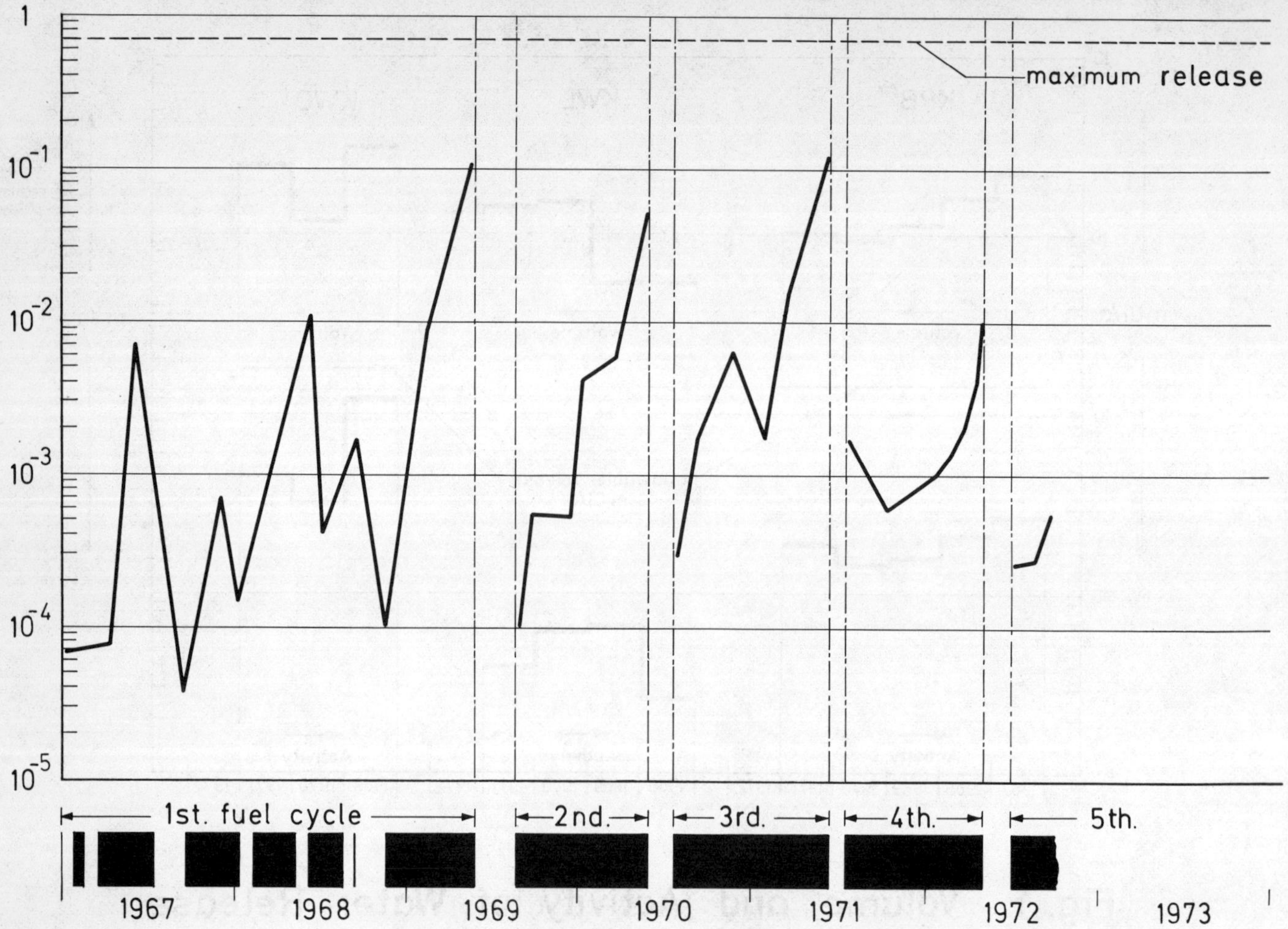

Fig. 3 Activity Release at Stack (J 131)

Fig. 4

Container (Typ TN-2) for Irradiated Fuel

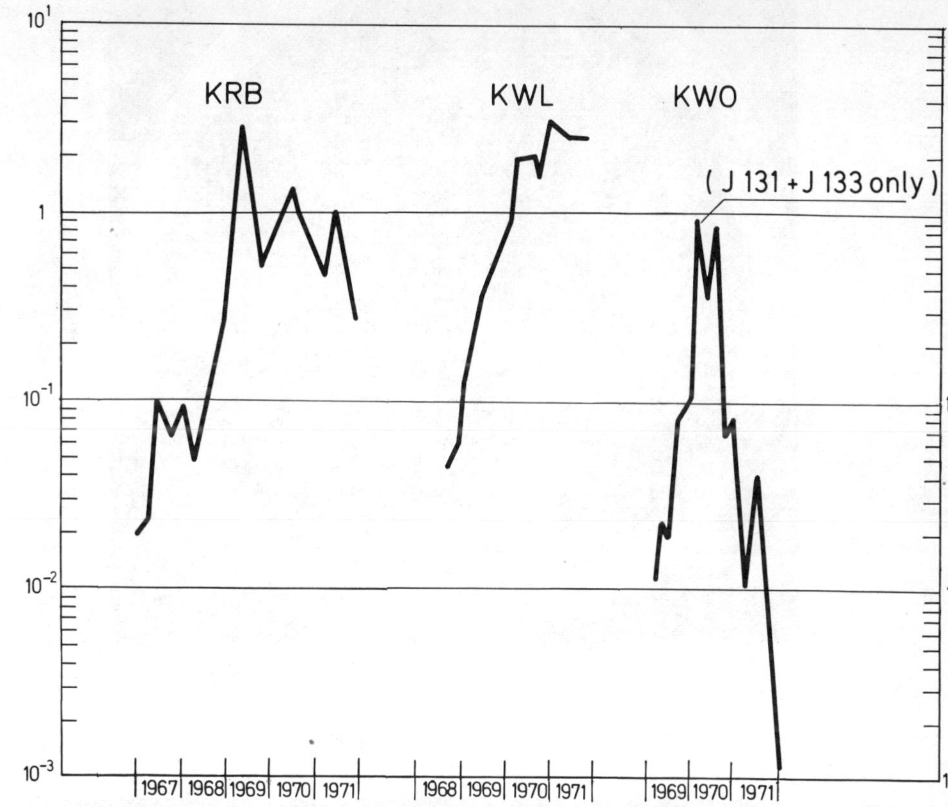

Fig. 5 Total Jodine Aktivity in Reactor Water

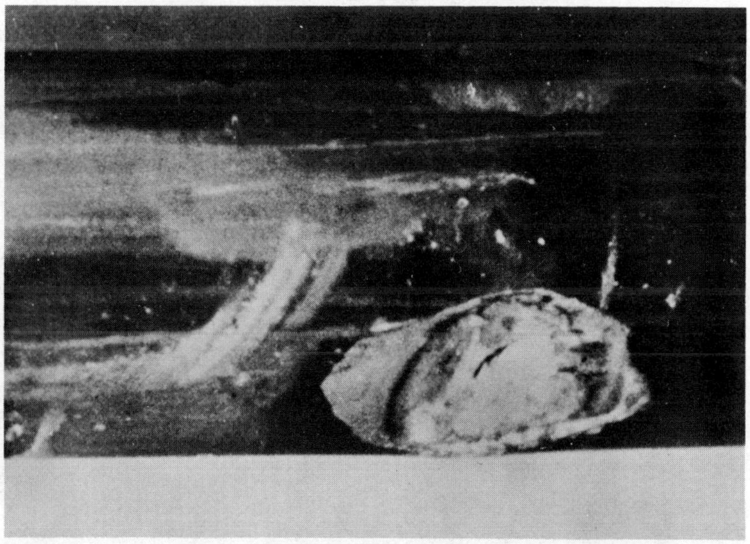

Fig. 6

View of a Typical Hydriding Failure

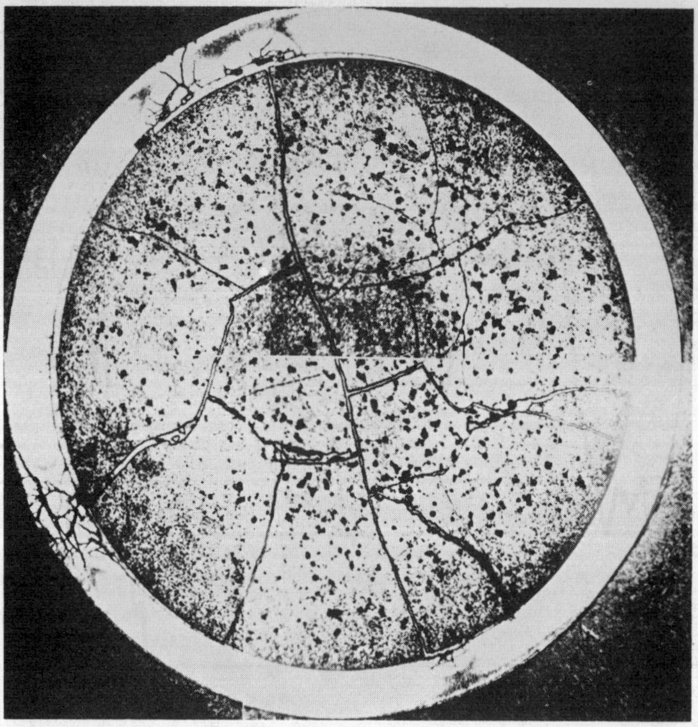

Fig. 7

Metallographic Section of a Hydriding-Failure

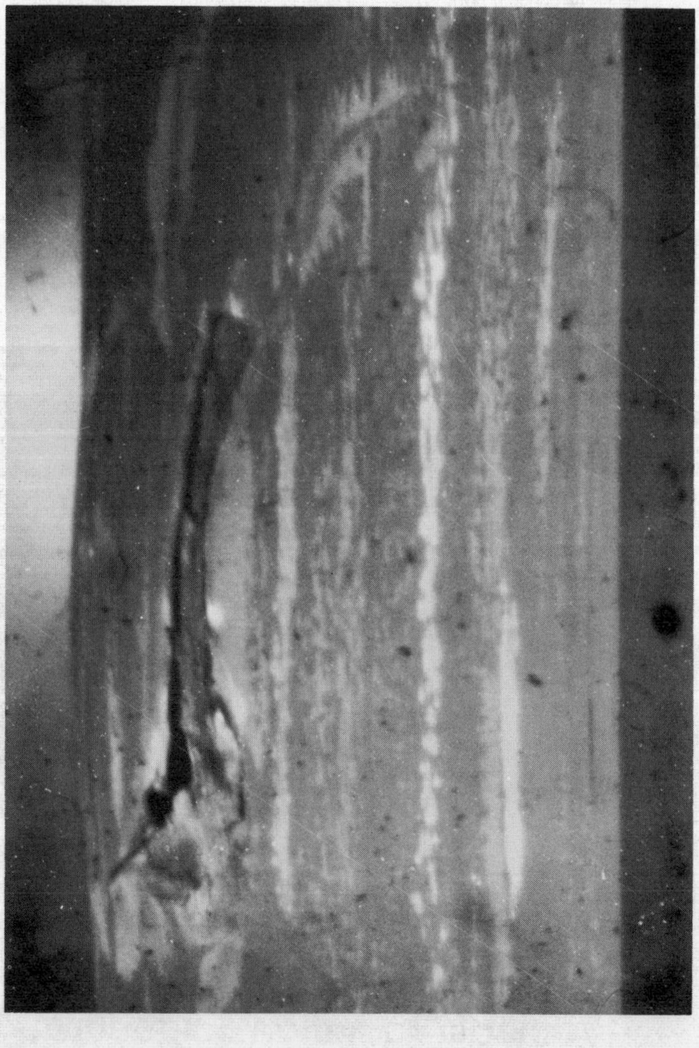

Fig. 8 Longitudinal Crack with Bulging

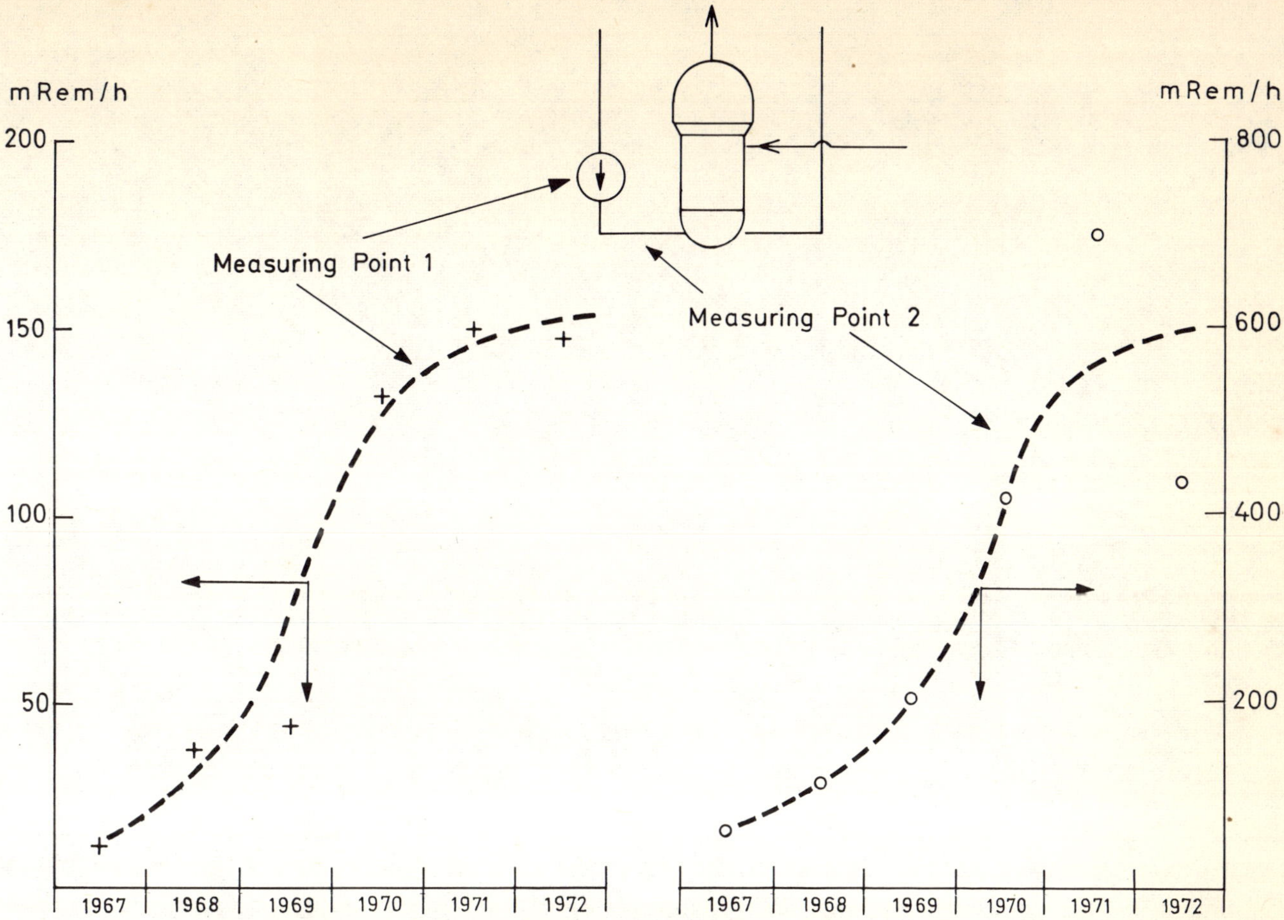

Fig. 9 Radiation Dose at the Secondary Steam Generators (Primary Coolant Side)

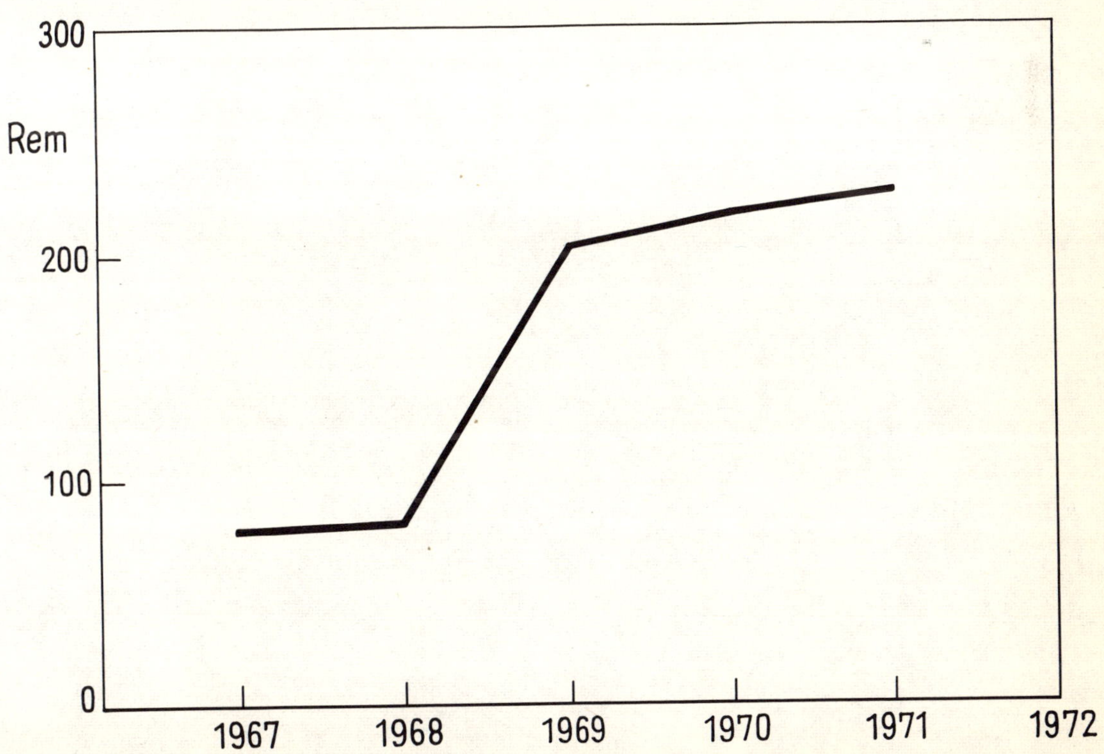

Fig. 10 Annual Radiation Exposure of KRB-Personal

C132/73

THE DEVELOPMENT OF ONCE THROUGH BOILERS FOR GAS COOLED REACTORS

P. A. TAYLOR W. M. URQUHART R. C. JEFFERY

SYNOPSIS The factors which influenced the choice between recirculating and once through boilers for the early gas cooled reactors in the United Kingdom are briefly discussed. The development of the once through boiler design for Wylfa Nuclear Power Station is described together with experimental work on water/steam stability and water side deposits. Some aspects of the early operation experience on Wylfa are mentioned. The latter part of the paper describes the rigs and experimental investigations carried out in support of Boiler designs for Advanced Gas Cooled Reactors and gives the main conclusions arising from the work.

INTRODUCTION

1.1 Until prestressed concrete reactor pressure vessels came into use on the United Kingdom gas cooled reactors, the boilers were of the recirculating type. The decision to use boilers of this type followed naturally from the fossil fuel power station experience in Britain at that time and also the steam pressures which had to be adopted due to the relatively low gas temperature were much lower than any available experience on the alternative once through boiler type.

1.2 The First Generation Commercial Power Reactors (Magnox) in the United Kingdom have design gas temperatures at Boiler inlet in the range 340 - 410°C and gas outlet temperature between 150 - 250°C. The inlet temperature is fixed by the temperature limits of the fuel element cladding and the outlet temperature is largely decided by optimisation in which boiler cost and gas pumping costs play the most prominent parts. As with the earlier Magnox power stations, at Calder Hall and Chapel Cross, the dual pressure steam cycle was found to give the lowest generation costs for reactors with the steel pressure vessels then in use and steam pressures ranged from 5.4 bar (76 lbf/in^2) for the low pressure section to 100 bar (1450 lbf/in^2) for the high pressure sections.

1.3 The recirculating boilers on the early reactors were successful but the large number of boiler pressure vessel penetrations required by the recirculating system, especially in conjunction with the dual pressure system, were obviously relatively expensive and in the early project stage of Sizewell Nuclear Power Station in 1959 thought was given to the use of once through boilers. However, the cost savings found to result from the reduction in vessel penetrations and elimination of the steam/water separating and recirculating systems, did not outweigh the extra costs of feed water polishing plant and boiler start-up system. Sizewell was therefore built with recirculating boilers similar to the earlier stations.

2. WYLFA ONCE THOUGH BOILERS.

2.1 The adoption of prestressed concrete reactor pressure vessels however for subsequent gas cooled reactors introduced an important additional factor into the cost comparison. The Authors' Group was concerned with Wylfa, the second of the British Magnox Stations to use a prestressed concrete Reactor Pressure Vessel and in the preliminary design work for this project it was found that the penetrations required for the water and steam connections to the boiler heating surface were large and complicated, having to be water cooled to prevent the concrete rising to a temperature above which damage to the concrete could result. The cost of these penetrations was therefore a significant extra factor and comparisons between alternative recirculating and once through designs showed large savings in favour of the scheme with the latter type of boiler.

2.2 At the time of this work (1962) considerable design and operating experience had been obtained on conventional once through boilers by the Authors' company who design and supply this type of boiler under licence from Siemens Schuckertwerke A.G. The design methods and correlations developed for these conventional boilers were generally applicable to the Wylfa design but experience was limited to steam pressures above 100 bar. At the low steam pressure proposed, the solubilites of salts in the steam phase are much lower than at the higher pressures where satisfactory experience was obtained with feed water solids concentrations of less than 0.5p.p.m. Water side deposit tests were therefore put in hand at the appropriate pressure and these showed that the deposits could be controlled to manageable levels. In addition, consideration of the steam and water densities, at the low pressure, compared to that at high pressure, suggested that significant differences in flow stability behaviour could occur. It was considered essential therefore, that experimental confirmation of the stability characteristics, should be obtained. These investigations are described later.

2.3 Calculations of system (Ledinegg) instability were however carried out and the boiler design was arranged to minimise features known from experience to increase the tendency to instabilities. Thus the steam pressure drop in the superheater and evaporator was reduced to a low value, relative to the single phase water zone of the boiler by choice of superheater and evaporator tube bores and the steam outlet tail pipes were made of large diameter for the same reason. In addition, small bore "Ferrule" tubes were arranged at the inlet of each water circuit to provide a stabilising pressure drop and to reduce the tendency for water maldistribution between the tube elements due to the tube bore tolerances, etc.

2.4 The boiler, as finally developed, was fully described in a paper presented at a previous Steam Plant Group Meeting (Ref 1) to which reference can be made for details. Briefly however the boiler design includes the use of finned tubing arranged in 2976 multi-loop tubular elements with the tube bore increasing from 18mm (0.712 ins) in the economiser zone, through 24.5 mm (0.962 ins) in the first part of the evaporator and to 30mm (1.18 ins) in the latter zone of the evaporator and the superheater. The elements are arranged in an annulus around the core, in an involute shape to maintain constant pitch in the transverse plane. Figure 1. indicates the tube arrangement in the pressure vessel.

2.5 The boilers may be operated as two main sections by the feed water and steam circuit arrangements but no separate gas flow-control between these two sections is provided so that if only one boiler section is in use the gas still flows over the uncooled tubes. To avoid temperature stratification in the gas leaving the boiler under this condition, alternate elements are connected to different boiler sections. The normal operating steam conditions were optimised in the project stage at 49 bar (700 lbf/in^2), 396°C, at boiler outlet. As with previous Magnox Reactors the temperature differences between gas and water/steam in the various boiler zones were relatively small, ranging from 8.4°C at superheated steam outlet to 117°C at evaporator zone outlet but because of the use of finned tubing and the relatively high gas mass velocity, the heat flux in the evaporator under the design conditions reach 220,000 W/m^2 (70,000 B.t.u./ft^{2}h).

2.6 The boiler start-up arrangements required of course, special attention. Tests on the stability rig described below showed some tendency to instabilities during load changing at low flow rates and based on these tests the recirculating start-up system was designed for30% of full load water flow. To economise on equipment it was decided to provide for start up of half the boiler plant at one time, the second half being brought in when the first half had been transferred to the once-through mode. The start-up system provided, had the usual steam/water separating drums with glandless pumps for recirculating the hot separated water to the boiler feed inlets. The circulation of hot feed water had the advantage that the core inlet gas temperature could be maintained sensibly at the required value during this phase of the start-up sequence.

2.7 Condensate polishing by means of mixed bed ion exchangers is provided to reduce the dissolved solids content of the feed water to acceptable levels. In addition magnetic filters are provided to reduce the iron content of the feed water. Other measures taken to avoid feed impurities include the use of turbine condensers with double tube plates and instrumentation to detect quickly condenser leakage or ion exchanger break through.

3. WYLFA STABILITY TESTS.

3.1. Tests were carried out on a rig shown in Figure 2 which was a full-scale representation on the water side of one of the Wylfa circuits. As it was impractical to use pressurised gas in cross flow on an experimental scale because of the high mass velocities involved, superheated steam was used for heating the test circuit. The steam flowed in an annulus surrounding the test circuit and by passing the steam in contra-flow over the externally finned tubing the predicted heat flux over the evaporator could be reproduced on the test rig. Provision was also made for heating the economiser, evaporator and superheater lengths independently.

3.2 Flow through other parallel circuits was simulated by connecting the test section inlet and exit through a pressure communicating vessel with internal baffles in which a steam water interface was maintained. The bypass water flow was always maintained at three to four times the flow in the test circuit. Valves were provided at the inlet to the test circuit to simulate inlet ferrules and the rig was fully instrumented to measure flow, pressure, pressure drop and temperature, together with periodic variations of these measurements.

3.3. As the heat fluxes obtained on the rig were very sensitive to the temperature difference at the pinch point (between heating steam and heated water at the start of the evaporator) it was difficult to test at the precise conditions predicted for the boiler. Tests were therefore carried out over a series of heating steam temperatures and flows chosen to ensure that the heating steam was always superheated at the test circuit exit. Typically the predicted heat flux at full load in the Wylfa evaporator varied from 22,000 W/m^2 to 220,000 W/m^2 - while in the test rig the equivalent fluxes could be varied from 16,000 to 25,000 W/m^2 at inlet to 110,000 to 220,000 W/m^2 at exit.

3.4 Results of the first series of tests, which simulated steady operation at various flow rates and steam pressures are summarised in table 1. The ferrule pressure drops shown are the equivalent at full load flow rate. It will be noted from table 1. that instability was not detected under the design heat flux conditions but that unstable conditions occurred with high heat fluxes, at low flow rates. No variations were detected in metal or fluid temperatures or pressures at Wylfa conditions; under unstable conditions the steam exit pressure fluctuated at the same frequency as flow, up to approx. $\pm$ 1.4 bar.

4. TRANSIENT AND START-UP TESTS.

4.1 Tests were carried out to determine performance during load changes by initiating both step and ramp (over a period of five minutes) in feed water flow and steam off-take. Load changes were carried out in the range 90-100%; 40-50% and 20-30%. Stability was maintained in all tests except during increase in steam off-take from 20-30% load when the rig pressure fell to low values.

4.2 Tests were also carried out to simulate a trickle feed start-up in which the rig was first set at the desired values of flow and temperature and the water feed increased from zero to 10% over a ten minute period. These tests were carried out at water feed temperatures of 93°C and 204°C. No mechanical vibration or undue variations in rig pressure, fluid or metal temperatures were obtained and it was concluded that this start-up method was acceptable. The data obtained from this rig were also used to check design pressure drop calculations on the water side.

5. WATER SIDE DEPOSIT TESTS.

5.1 Experience with conventional once through boilers, at high pressures, suggested that when solids concentrations in the feed water were less than 0.5 ppm internal deposits were unlikely to occur, but because of the much lower steam solubilities, it was considered essential to check whether formation of deposits would be a problem at the Wylfa operating pressures. Consequently, a rig was constructed from 23.4 mm (0.92 inch) bore M.S. tubing in which water was heated from 49°C at inlet to a minimum of 28°C superheat at outlet. The water feed was obtained from steam condensate and had approximately 0.5 ppmTDS mainly as silica and sodium salts at pH8-9. The flow was 0.063 kg/sec (500 lb/h) and the tube was heated by radiant noninductive electric heaters.

5.2. Three tests were carried out, one at 21 bar (300 lbf/in^2) for between 220 and 700 hours duration. On completion the rig was shut down by a technique which prevented any deposits from being washed away, the test circuit sectioned and the amount and type of deposit determined along the complete length. The tests showed:-

(a) At 21 bar approximately 10% of the content of the feed water was deposited in the boiling-off zone and sections adjacent to it. The maximum deposit growth rate was at the end of the evaporator and was approx. 24 g/m^2 for 100 hours or 0.17×10^{-4} mm thickness for 100 hours.

(b) At 48 bar the deposition rate was neglible and corresponded to a maximum growth rate of calcium, magnesium and sodium oxides of approx. 54 mg/m^2 for 100 hours or approx. 4×10^{-8} mm/100 hours.

(c) The deposits were mainly water soluble e.g. the high deposit zone at 21 bar contained approximately 84% sodium chloride.

6. HEAT TRANSFER AND FLUID TESTS.

6.1 A large programme of work was carried out to provide gas heat transfer data on various sizes and arrangements of finned tubing from various manufacturing processes to provide the most efficient and economical design. The extent of this work is beyond the scope of this paper but it can be mentioned that these test banks were tested in both air and CO_2 at various pressures up to 14 bar (200 lbf/in^2) at Reynold's numbers well in excess of the boiler design value.

6.2 Water side limiting heat transfer tests were also carried out, at the Research Establishment of Deutsche Babcock, Oberhausen, Germany to obtain design data for departure from nucleate boiling and post dry-out heat transfer for serpentine circuits.

Other design problems were resolved by experimental test work such as:-

a) Measurements of the efficiency of the baffles between the finned tubes and the return bends to ensure that full use was made of the finned tubing and to reduce the gas flow over the bend area to a value consistent with the bend heat transfer surface.

b) Experimental determination of pressure drop data for typical restrictor tubes fitted at the inlet to the circuits to avoid instability during low load operation.

c) Determination of the degree of mixing between adjacent fully cooled and partly cooled sections of heating surface. The tests were carried out by passing hot and cold streams of gas through a bank of finned tubes and surveying the temperature at various points down the length of the bank. The tests showed that relatively little mixing would occur between adjacent sections and certain modes of boiler operation which would result in unequal cooling of adjacent sections, were accordingly modified.

7. WYLFA BOILER OPERATION.

7.1 The boiler and ancilliary plant were installed by early 1968, but plant modifications necessitated by the CO_2 corrosion effects which had come to light, delayed commissioning until the beginning of 1971. The first reactor was made critical on the 14th January 1971 and during the initial low power running the boilers were operated in the recirculating mode. As system operational checks were successfully completed, the gas temperature and power were steadily increased and four weeks after criticality, the first half of the boilers of No.1 Reactor were transferred to the once through mode. The load raising programme was extended due to various plant problems but by July 1971 No. 1 Reactor load had been increased to 530 MW (e) (90% of full load) and a plant performance test was successfully carried out in July.

7.2 It is of course, rarely possible on large commercial installations to obtain detailed heat transfer performance information in view of the technical difficulties, cost of providing suitable instrumentation and calibration changes that occur over the extended period between manufacture and test. In addition, on this type of reactor plant, with relatively close approach of steam/water temperatures to the gas, the unavoidable inaccuracies in temperature measurements can produce large uncertainties in determination of the temperature difference necessary to deduce heat transfer performance. However, the plant tests and other measurements indicate that the boiler performance is close to that predicted.

7.3 There are no indications that water side flow instabilities occur, either between the separate boiler sections of the reactor, as has been reported on other nuclear once through plant or in the separate boiler elements. It will be realised that it is very difficult to detect instability in the separate elements unless gross instability is present and for this reason the inlet ferrule tubes of three of the boiler elements of one reactor are provided with differential pressure measurement facilities. At the time of writing, little information has been obtained from these facilities, but it is hoped that, with the fitting of extended range transducers by the operating staff, useful data will be obtained.

7.4 During boiler start-up, using the recirculating system at low flow rates, the long time lags in the system, between the introduction of feed water into the boiler inlets and its emergence into the drum, mean that the drum water level is not maintained within close tolerances by its control system. However the period during which this mode of control is in use i.e. during the raising of reactor power, is relatively short. There are alternative methods for starting the second boiler section, which of course remains empty and hot, whilst the first section is started and transferred to the once through mode. The method found by experience to be satisfactory is the "trickle feed start" mentioned in section 4.2. In this method the boiler is pressurised with steam to prevent flashing of the hot feed water which is introduced initially at a flow rate of 3 or 4% of full load. When the boiler pressure reaches the working value, the superheated steam generated, with a temperature only slightly higher than that of the first boiler section, is passed to the main steam lines and the flow rate steadily increased until the output from the two boiler sections are matched.

7.5 The experience with waterside deposits has been variable. Deposits are formed in the boiler tubes but the major proportion is soluble in water and is flushed out when the tube is washed through as was found in the deposit studies reported above. The behaviour of waterside impurities at the Wylfa steam conditions is still imperfectly understood and extensive investigations are being made into this by the C.E.G.B. Scientific Services.

8. DEVELOPMENT FOR ADVANCED GAS COOLED REACTOR BOILERS

8.1 In 1967 the Advanced Gas Cooled Reactor was introduced into the UK Nuclear Power Programme. This Reactor has oxide fuel with stainless steel cladding which allows an increase of gas temperature to about 650°C. Prestressed concrete pressure vessels were again used, with an increase of gas pressure over that used in the Magnox Reactors.

8.2 The increased gas temperature permitted an advance of steam conditions to those adopted in the UK for oil fired stations i.e. 162 bar, 538°C with reheat also to 538°C. For the stations with which the Authors' Company are associated i.e. Hartlepool and Heysham, a "pod" scheme has been adopted, with the boilers situated in vertical, cylindrical holes in the pressure vessel wall. The boiler unit is suspended from the closure at the top of the pod and feed water and steam connections penetrate the top closure. A helical tube design of once through boiler was found to be the most suitable design and the requirement for a compact arrangement, together with the advance in reactor coolant conditions raised the full load heat flux to a maximum of 380,000W/m^2 (120,000 B.t.u/ft^{2}h). An extensive R.&D. programme was performed to substantiate this novel design of boiler plant. The details of this are obviously too extensive to report here; however, an attempt is made below to summarise the main aspects and findings of the design engineering aspects of this work.

9. GAS FLOW DISTRIBUTION.

9.1. By using extended surface tubing coiled in tight concentric layers a compact, highly rated design of boiler was achieved. To avoid undesirable localised overheating it was necessary to ensure an even distribution of gas through the boiler unit.

9.2 To check on this, scale models of the reheater and of the H.P boiler were constructed (A photograph of one of these is shown in Figure 3). These were mounted within ductwork modelling the boiler casing and gas inlet/outlet branches. Flow tests were then performed over a range of Reynolds numbers and by means of special probes developed for the purpose, velocity distributions measured within the coil bundles. One such distribution is shown in Figure 4. As a result of this work, baffles were developed to channel the gas as required.

10. FLOW INDUCED VIBRATIONS.

10.1 Aero-acoustic or aero-elastic coupling can prove hazardous on boiler plant; unfortunately the layout of such plant is usually so complex that a purely analytical approach can seldom be satisfactory. However, one of the attractive design features of a coiled exchanger unit is that by winding successive layers counter handed to the previous one, the flow pattern on opposed sides of any tube lacks symmetry. This assists in inhibiting a coherent vortex shedding pattern.

10.2 A comprehensive programme to investigate in depth problems of these types has been part of the development work for the Hartlepool boilers. Both atmospheric and pressurised facilities have been used for studies on full size tubes and models of the complete boiler. In these tests no flow induced vibrations have occurred at or near the gas velocity levels likely in the operating boiler.

11. ACOUSTICALLY INDUCED STRESSES.

11.1 Stresses may be induced in boiler components by the sound field generated by the gas circulator which is situated below the boiler. A full scale representative section of the lower part of the boiler complete with supporting structure, baffles and casing was installed in a reverberation chamber. Loud speakers in this chamber were used to generate sound pressure levels representative of the circulator spectrum and the induced stresses and natural frequencies of the components were then determined for design assessment.

12. GAS HEAT TRANSFER.

12.1 Boiler surface area has to be sized within fairly precise limits; if the plant is undersurfaced the design guarantee cannot be met; if oversurfaced boiler tube metal temperatures may be exceeded, unnecessary plant will have been installed and unnecessary blower power consumed.

12.2 To achieve the accuracy required in providing the design data, work was done on a pressurised CO_2, heated wind tunnel using banks of full scale boiler tubing run at values of Reynold's numbers in excess of the boiler design values. By adjusting the flow and inlet temperature of coolant water inside the test tubes these tests were also performed at boiler design LMTD and heat flux.

12.3 Two series of tests were performed; the first was a comparison between the heat transfer performance of two coiled test banks (one of reheater tubing and the other of H.P. boiler tubing) and banks of comparable tubing, using straight tubes. The object of this was to establish whether there were any differences in heat transfer. This was found not to be the case; accordingly it was concluded that all other work could be performed using the simpler and cheaper straight tube test banks.

12.4 The second series of tests was aimed at developing a technique for measuring on a test bank of restricted size, the performance of the much larger boiler plant. Initially tests were performed using banks of various row depths and column widths. However, the technique finally developed was to construct the maximum size of bank possible within rig restrictions and by measuring individual tube heat absorptions, heat transfer correlation contours within the bank were constructed. The plateau level of this was then used to decide the design line for the boiler. Some of the row depth data collected for one of the banks tested in this way are presented in Figure 5.

13. WATERSIDE FLOW DISTRIBUTION AND PRESSURE LOSS

13.1 Each pod boiler consisted of 285 parallel water circuits. These circuits were fed from a common manifold with water flow firstly through a ferrule; then along a restrictor tube (shielded from gas flow) to the heat exchanger. Here the tubing was initially mild steel (Economiser I) then 9%Cr (EconomiserII, Evaporator, Superheater I) and then stainless steel (SuperheaterII). Pairs of tubes combined in bifurcations with tail pipes which led the heated steam to the outlet manifolds.

13.2 Achieving an even distribution of flow was important partly for reasons described above but also to ensure that steam flowing into the austenitic superheater was at the correct level of superheat in all tubes, to eliminate the possibility of stress corrosion cracking. To meet this requirement, the pressure loss characteristics of samples of all types of tubes were determined. Ferrules were constructed from various materials and trials performed under prototype conditions. Extensive experiments were performed to provide data on the effect of coil diameter on pressure loss of two phase mixtures over a range of qualities. These tests were performed on an electrically heated test loop with a thermal rating of 0.5 MW. In this, steam was generated under full scale conditions of static pressure, flow and heat flux with three coils being tested covering the full range of boiler coil diameters.

13.3 These various test data were then combined to enable a theoretical assessment to be made of pressure loss in all boiler circuits. This analysis allowed individual circuit ferrules to be sized in order that substantially equal flows be set up through all tubes.

14 WATERSIDE HEAT TRANSFER.

14.1 The waterside coil loop described above was also instrumented to enable data to be obtained on the effect of coil diameter on the locus of dryout, both as a function of steam quality and of circumferential position. A specimen result is shown in Figure 6. This demonstrates one of the great attractions of helical coil layouts; that is, that dryout occurs at high steam qualities and in addition the rise in metal temperature after the dryout point is gradual and relatively small. The data produced also yielded correlations on single phase water and single phase low quality steam as a function of coil diameter with particular emphasis being placed on post-dryout heat transfer.

15. INTERCHANNEL FLOW STABILITY.

15.1 In boiler plant parallel circuit instability is worrying because it can give rise to accelerated corrosion due to cyclic wetting and drying; cyclic thermal stressing; vibration of components; water penetration into austenitic components.

15.2 To determine the design limits for the onset of stability, tests were performed on a once through boiler simulation rig. The gas side of this used pressurised CO_2 at 16 bar flowing in a closed loop, electrically heated to achieve a maximum inlet temperature of $450^{\circ}C$. The waterside was once through; feed was drawn from a demineraliser plant and supplied to a feed manifold at a pressure of 170 bar, appropriately preheated. The test section consisted of 3 parallel circuits forming a multistart coil of a diameter corresponding to the smallest coil of the boiler; CO_2 passed over these tubes in crossflow. The superheated steam generated was collected at the exit in a steam manifold and was passed via a letdown valve to waste.

15.3 Experiments were performed at those conditions thought to be potentially most unstable; i.e. those associated with boiler part load, start-up and shut-down operations. It was found that under all of these conditions there was always a considerable margin of safety. During these tests an effort was made to collect measurement on metal temperature cycling under unstable conditions and some typical data collected are presented in Figure 7.

15.4 The rig described above was also run at transient conditions simulating those being proposed for boiler start-up and shut-down. The results from these were used to assist in specifying the boiler operational procedures and control systems.

16. FURTHER DEVELOPMENTS.

Development of once through boilers for gas cooled reactors is continuing with effort being concentrated on helical coil systems which appears to offer the most favourable tube configuration. The experimental facilities have recently been augmented by the construction of a major new boiler operations rig with a thermal capacity of 2.5 MW. Work on this rig, shown in Figure 8, has included further tests on A.G.R. boiler characteristics and boiler stability and transient operation tests on a simulation of a High Temperature Reactor boiler which has down-flow boiling.

ACKNOWLEDGEMENTS

The Authors wish to thank the Management of Babcock & Wilcox (Operations) Ltd., for permission to publish this paper and also to acknowledge the assistance of the C.E.G.B. and helpful comments made by colleagues.

References

1. Chambon P. Boiler Plant at Wylfa Nuclear Power Station. Nuclear Power Plant I Mech E (1967).

TABLE 1

FLOW	STEAM PRESSURE	TESTS WITH HEAT FLUX AT BOILER DESIGN VALUES		TESTS WITH HEAT FLUX AT RIG MAX. VALUES	
% FULL LOAD	BAR	FERRULE ΔP BAR	TEST RESULT	FERRULE ΔP BAR	TEST RESULT
50	49	0	STABLE	0	STABLE
20	49	0	STABLE	0	STABLE
20	22	0	STABLE	0	STABLE
10	42	0	STABLE	4.3	UNSTABLE
10	42	-	-	5.2	UNSTABLE
10	42	-	-	7.9	STABLE
10	42	-	-	10.6	STABLE
10/15	22	-	-	14.6	UNSTABLE
				23.2	STABLE

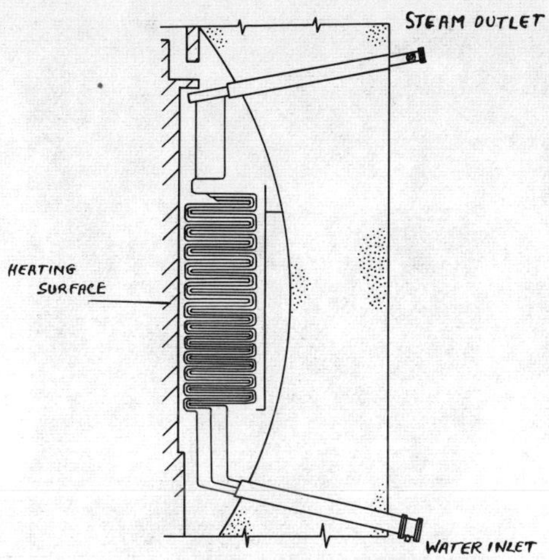

WYLFA BOILER-TUBE ARRANGEMENT.

FIG 1

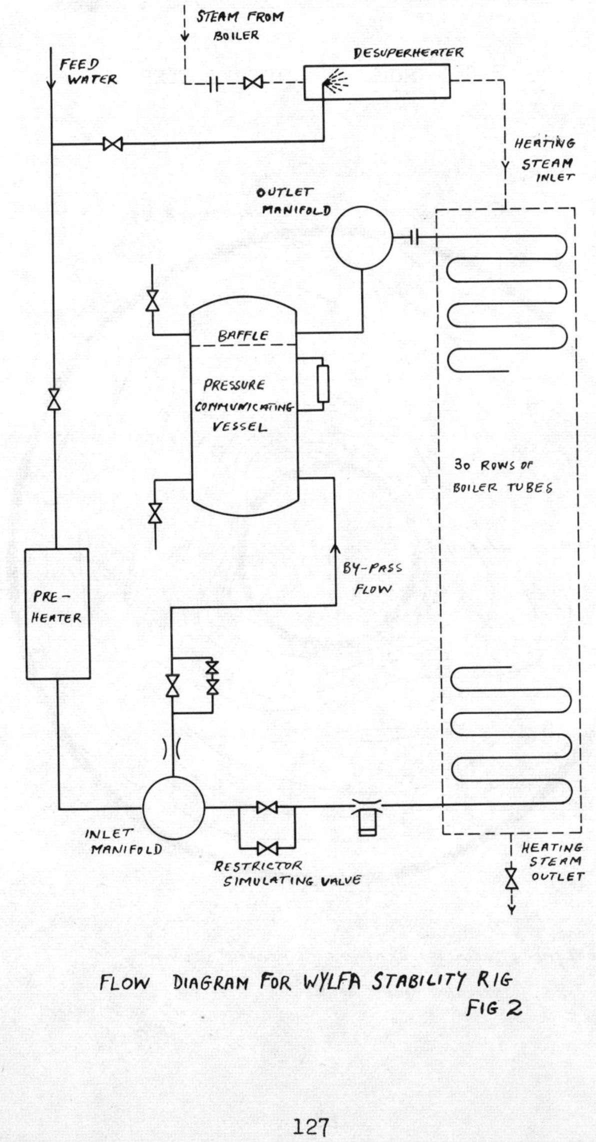

FLOW DIAGRAM FOR WYLFA STABILITY RIG

FIG 2

FIG.3 MODEL OF COILED BOILER

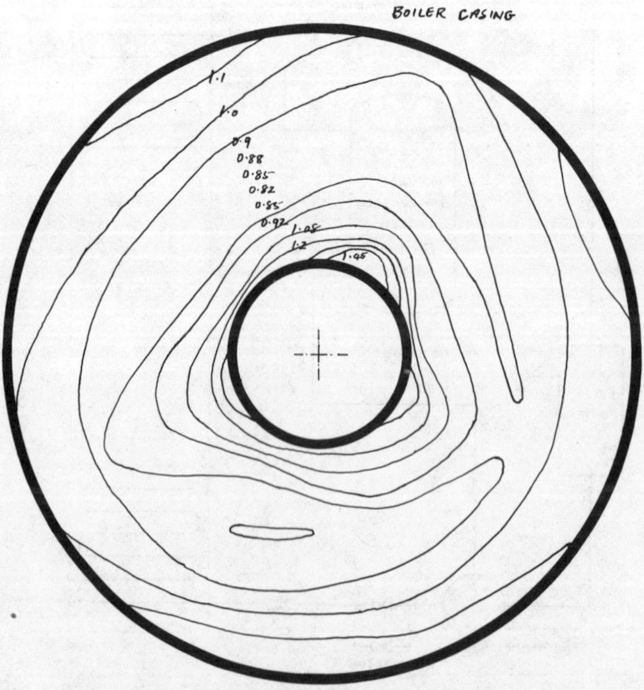

LOCAL/MEAN VELOCITY CONTOURS AT A CROSS SECTION THROUGH BOILER MODEL.

FIG 4.

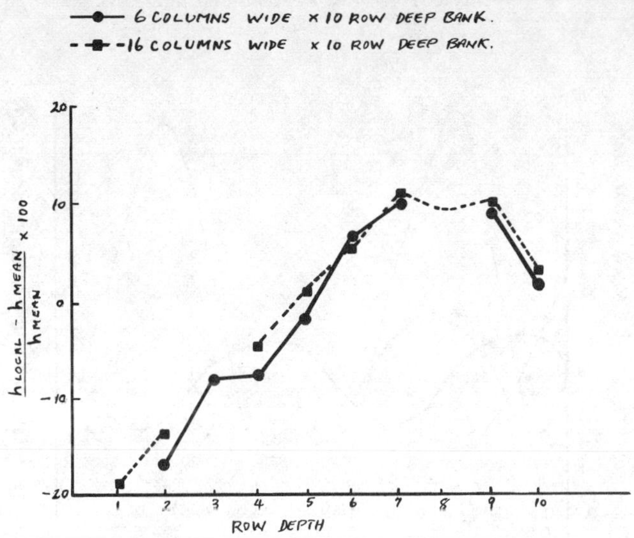

ROW DEPTH PERFORMANCE OF TWO BANKS.

FIG. 5

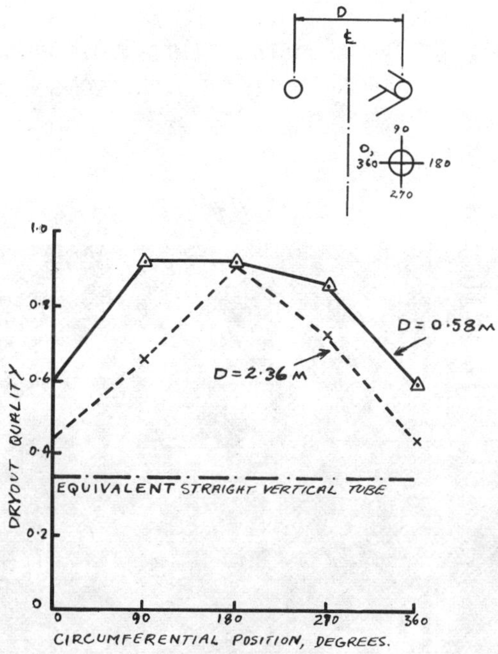

CONDITIONS:-		
	TUBE I.DIA.	= 12.7MM
	PRESSURE	= 179 Bar
	MASS VELOCITY	= $1700 Kg s^{-1} M^{-2}$
	HEAT FLUX	= $450 KW M^{-2}$

EXPERIMENTAL VALUES OF DRYOUT IN HELICAL COILS AND CALCULATED VALUE OF EQUIVALENT STRAIGHT VERTICAL TUBE.

FIG 6

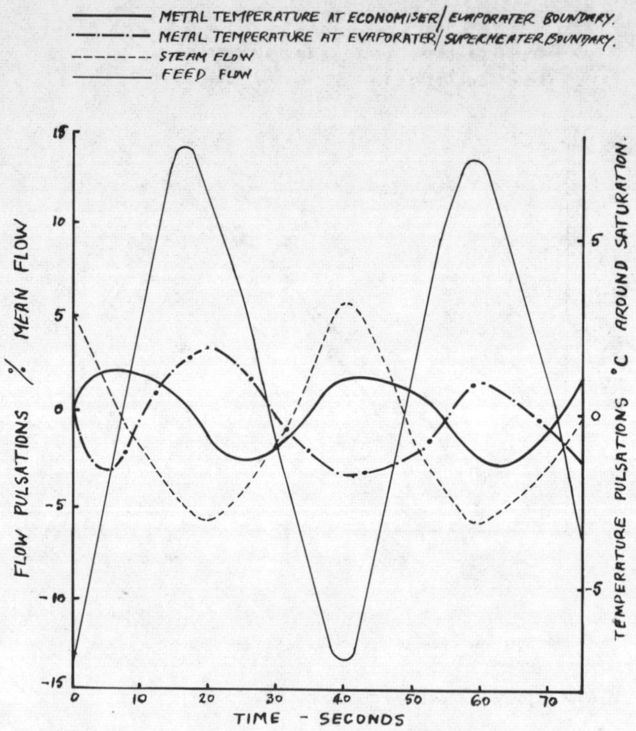

MEAN CONDITIONS = 10% MCR FLOW.
94 AT

FLOW & METAL TEMPERATURE PULSATIONS
UNDER UNSTABLE CONDITIONS

FIG 7

FIG.8 BOILER OPERATIONS RIG

C120/73

EXPERIENCE GAINED DURING THE COMMISSIONING AND EARLY OPERATION OF WYLFA NUCLEAR POWER STATION WITH SPECIAL REFERENCE TO THE DATA PROCESSING AND CENTRALIZED CONTROL SYSTEM

P. H. G. HOLBROOK V. P. KOLLER

SYNOPSIS The twin Reactor Nuclear Power Station at Wylfa is provided with a high degree of centralised control. The commissioning of the plant posed a number of problems for both the Mechanical and Electrical engineers involved. The paper reviews some of these problems and suggests some ways in which the design of future plants can be improved.

INTRODUCTION

1. The CEGB Specification for Twin Nuclear Reactors at Wylfa Power Station provided for a completely centralised system of control. Refs. 1 and 2. Although some essential back-up instrumentation of the conventional kind is provided, the Station cannot be operated for more than a very short period without the functioning of the Data Processing System. This system could, therefore, have been the cause of considerable delay during Commissioning, and the cause of non-availability during the early operating period. In the event, this has not been the case, and the D.P. System has operated in a reliable manner, and proved itself to be capable of being maintained by the Station staff.

The purpose of this paper is to bring to the attention of those responsible for future plants some of the problems and their solutions which have been found to date. Many of the lessons learned have already been incorporated in plant for later stations.

COMMISSIONING REQUIREMENTS

Construction & Commissioning Programme

2. The simple bar line chart (Fig. 1) shows the relevant key dates. Key date 1 was the point at which the Data Processing System was operational and ready to be used for plant monitoring and data presentation. From this point the system could be used for the pre-commissioning of major items of plant, for example Gas Circulators, C.W. Pumps and Feed pumps.

Key date 2 was the date at which fuel could be loaded into the reactors. The reactor safety system and the Burst Can Detection System had to be completely tested and demonstrated to the Safety Authorities before fuel loading could begin.

Key date 3 was the date of the Hot Engineering Run. The control loops had to be ready for "open loop" testing during the Hot Engineering Run.

Method

3. Test schedules were compiled for each item of plant or system by specialist groups. Each schedule had its individual number and each test was numbered. Master records were kept up to date as the work was done. In this way it could be quickly established which were problem areas and where extra effort should be applied.

Numbered test sheets for individual instruments and

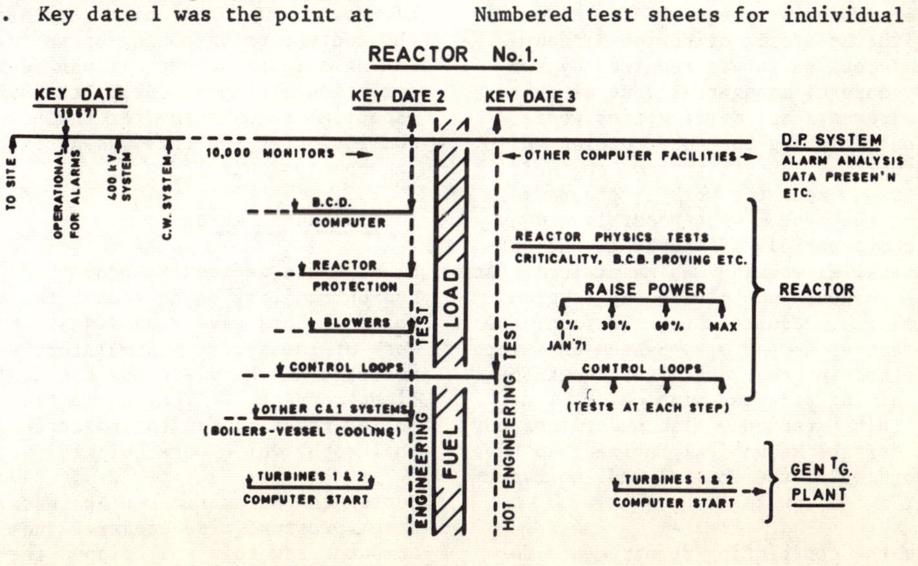

OUTLINE CHART SHOWING SEQUENCE OF MAJOR COMMISSIONING EVENTS. FIG. 1.

transducers ensured that each item was inspected, properly calibrated and tested. Every input to the D.P. was tested against a prepared test sheet which laid down the requirements and the expected results.

Criteria for C & I Equipment to meet Commissioning Requirements

4. The Engineers responsible for the commissioning of major plant items were used to the constraint placed upon them by the availability of electrical, water and steam supplies and were able to foresee their problems, but they were not used to the constraints placed upon them by the data processing system.

In order that all concerned with Commissioning should be fully aware of the requirements of the C & I System, commissioning rules were agreed and published. These rules provided a spur to the persons responsible for providing the C & I facilities and commissioning major plant items, thus also preventing last minute arguments regarding the readiness of the System.

The D.P. System was essential to the commissioning and operation of the plant. So that plant would not be at risk, particularly during early testing and operation, it was decided that the D.P. system should be operated with its full inbuilt redundancy available. This criterion was strictly applied although it often caused great inconvenience to other users of the machine such as programmers who had to use its facilities to write and test the Station Software. These rules were supplemented by detailed schedules of C & I requirements on particular items of plant such as main T/A's.

EXPERIENCE DURING PRE-COMMISSIONING AND COMMISSIONING

D.P. System

5. In spite of rigorous hardware testing, major faults developed in the System which in some cases required experimental and development work to be done on site. Large scale modifications and replacement of electrical components were involved.

Situations arose where, simultaneously, work was being carried out on the D.P. System itself or its peripherals, the machine was required for plant commissioning with the strict criterion already referred to, and access to it was required by the programmers. By careful managerial control these conflicting requirements and difficulties were reconciled without delaying the construction and commissioning programme. Staff worked long and inconvenient hours to keep the work to programme. By sectionalising the system when possible and by utilizing even short periods of access to the off-line facility, parallel working was maintained. At other times, the 24 hours was divided up to give access for conflicting requirements. In fact, the planning of the access to the D.P. System on a very short time scale and in great detail proved to be the key to maintaining progress with major plant commissioning. This experience also underlines how important it is for the Mechanical Engineer to have a basic understanding of the Control and Instrumentation equipment.

Quite apart from the conflicting requirements for access to the plant, a further problem encountered during the commissioning was brought about by the very small size of the Wylfa Control Room. The size is of considerable advantage during the Operational period, but during commissioning when a large number of different bodies required access at the same time in order to commission their plant, the room became very congested. The difficulty was increased when the second reactor was being commissioned while the first one was operating.

The rate of progress of feeding plant data and alarm inputs into the D.P. System was determined by the rate of cable laying and termination. In total some 25,000 cables were involved in the Station and 40% of these terminated under the control room floor.

The availability of certain types of information on the system has proved to be a difficulty from the maintenance point of view. For example, whereas wiring schedules are available starting from the transducers through all the junction boxes to the D.P. System, (which is satisfactory from the contractors point of view), no reverse schedules are available to enable fault tracing to be started from the D.P. end.

It was realised at an early stage that the operator may be faced with a sudden and complete loss of information as a result of a D.P. failure. Such a failure will be a severe shock to the operator even though sufficient back-up information is provided by conventional instruments to allow operation on a steady level for a short period before shutdown. "Blind Flying" tests were therefore devised and operators have been given practice from time to time.

Reactor Safety Systems

6. The Reactor safety systems have been kept completely separate from the General D.P. systems.

Burst Can Detection Equipment

7. This is a large computer controlled system and activities had to be co-ordinated to suit other users. Programs had to be modified to incorporate information produced during the testing and some difficult software problems were encountered. Faults in the B.C.D. timers presented themselves as D.P. faults and were only identified after a long investigation using post incident recording techniques. A BCD actuation simulator was provided by the contractor as a back-up to the D.P. for commissioning. In the event, it was decided that the actuation of the B.C.D. by the D.P. System was an essential requirement for the power phases of commissioning and this was achieved without delaying commissioning.

Turbine Auto Run-up

8. It was decided to prove the Turbine Automatic Run-up facility using steam from the temporary boiler. This gave a head start to the setting to work of the system. Simulators were used to check software and hardware and the faults brought to light corrected. The run-up from the temporary boiler revealed faults and defects in the program philosophy which were quickly put right.

During the automatic run-up tests, a high rate of steam pressure rise occurred from a fault; the computer saw this and tripped the turbine (Fig.2A). After modification, the automatic run-up was successful. (Fig. 2B). Further small modifications were necessary before automatic run-up was made from reactor steam.

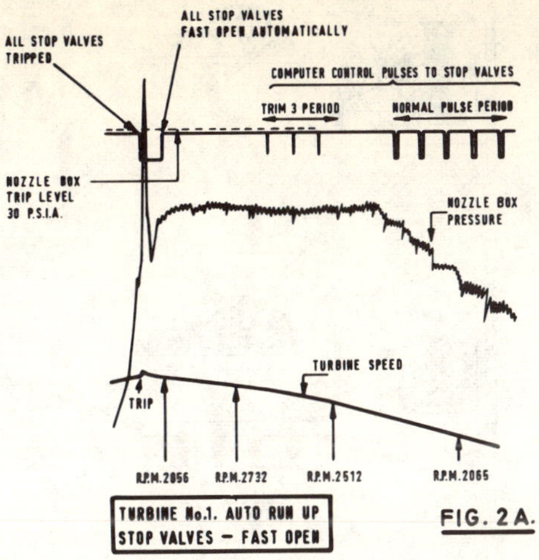

FIG. 2A.

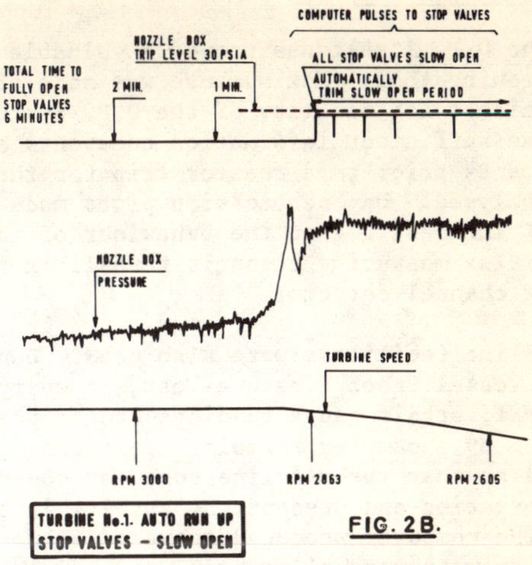

FIG. 2B.

Control Loops

9. During the pre-commissioning, a number of faults were discovered and identified. Most control systems have protective circuits which cause them to freeze or fail safe in the event of equipment faults. Electronic noise generated within the systems required considerable investigation before the problems were resolved. Maximum use was made of the Hot Engineering Runs to establish the open loop performance of the Outlet Gas temperature control, the Steam Dump System and the Mass Flow Control. The remaining loops could only be tested during the commissioning phase with the main plant. (Fig. 3).

In a system where pressure signals are used on auto control loops and absolute reliance is placed on remote indication, great care is necessary in selecting and designing pressure measurement take off points.

Oscillating pressure signals caused a number of failures of transmitters. A number of modifications were made to overcome this.

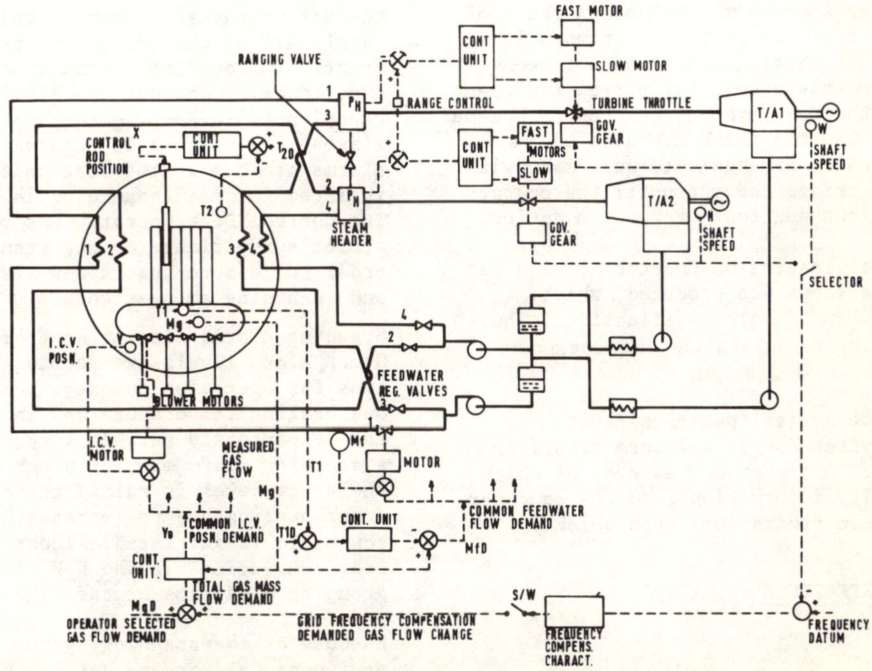

FIG. 3 SCHEMATIC DIAGRAM OF WYLFA AUTO CONTROL SYSTEM (SINGLE REACTOR)

Commissioning Tools

10. The D.P. itself has proved a valuable commissioning tool. Maximum use was made of the Post Incident Log facility of the D.P. System. This gave sufficient information on events and measurements prior to a reactor trip for the Incident to be analysed. On one occasion plots made from the Post Incident Log on the behaviour of the neutron flux measuring channels revealed a faulty Interlog channel detector.

The off-line facilities were also used. During the reactor Vessel Proof Pressure Test, at every increase of 150 psi, strain gauge readings had to be processed by a complex formula. A program was produced so that the off-line computer could process the information and present the answers in printed form. The computer produced answers far more quickly than the manual method.

High speed multipoint chart recorders have been invaluable in fault finding and the commissioning of plant. Two recorders, a ten channel and a four channel, were in continuous use at Wylfa for monitoring the running up of the turbines and monitoring variables in control loops etc.

Post incident recorders were found to be useful in investigating random faults, where because of the nature of the system, no observers were present.

Simulators were constructed to enable both software and hardware to be tested. These varied from simple devices to very complex arrangements.

Field telephones and two-way radios were used for communication between commissioning teams working in different parts of the plant.

General

11. As the power phases of commissioning drew near, it was realised that the C & I equipment had been in service for some 20 months and in spite of intense use (possibly greater than that when in commission), adequate arrangements had not been made for routine maintenance. Peripheral equipment, in particular on the D.P. System, started to become unusable and T.V. Cameras and C.R. tubes became worn out. Maintenance arrangements were made with the contractor to bridge the gap until the operators became proficient and took over these duties.

At the time of fuel loading on Reactor No. 1 a set of Master Software tapes was produced, which incorporated a number of late modifications. These provided a standard to which the situation could be reverted.

On operation of the system, numerous faults occurred to the system due to software errors from the modifications. A technique was evolved which extracted the faulty information from the computer core store and these faults were then quickly resolved.

EARLY OPERATING EXPERIENCE

D.P. System

12. Figure 4 shows the development of various control schemes relative to the power station staff, and it will be seen that in the Wylfa design virtually all the watch-keeping duties are in the hands of the engineer on the control desk.

EVOLUTION OF CONTROL PATTERNS FIGURE 4

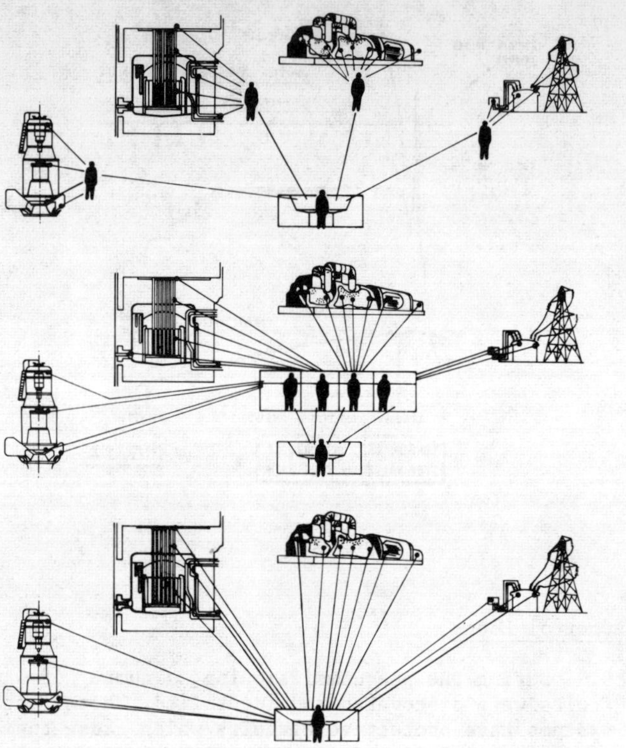

This means that most of the additional Industrial Staff Operators are engaged in tasks more akin to those of Maintenance Personnel. The task of the Desk Engineer has proved to be very arduous and although in the early days of design it was thought that this job might pass into the hands of Industrial Operators, it would now appear from early operating experience that this may not be possible.

A large investment of engineers' time was made in the compiling of the alarm trees and in setting the action phrase. Many of the alarm trees and nearly all of the action phrases could now be greatly improved as a result of operational experience. Considerable difficulty has been experienced in keeping the number of standing alarms to a reasonable figure. Many of these alarms are due to the fact that plant is either isolated for maintenance or in a standby state. The Control Desk Operator has to exercise very strict surveillance of the standing alarms, in order to be sure that a new alarm has not occurred and is hiding amongst them.

Standing alarms also arise from the fact that Group Alarm levels are set to give reasonable margins for operation on, say, bearing temperatures. One bearing temperature may in practice run high and be perfectly satisfactory, but it results in a standing alarm masking other dynamic states. If the alarm level is raised the temperature of the other bearing has to increase a large amount before the alarm is initiated. These difficulties arise from congestion in the D.P. System leading to grouping of alarms of the same type.

Because of the scanning system adopted by the D.P. equipment, alarms are not logged in the order of occurrence. This makes the post incident log less useful than it could be.

The Data Displays in the Wylfa System unfortunately suffer from a flicker brought about by the 10

Hertz re-writing cycle. This is proving to add strain to the operators task. Methods of eliminating this strain are under consideration.

Control Loops

13. Difficulties have been experienced with all the pressure measuring devices due to leakage, pressure fluctuations, and debris in lines. The mixing of steam and water connections in the same cubicles as electronic or electrical equipment has led to trouble. Wherever a potentiometer has been required to continuously 'wipe' a small portion of its range a large amount of maintenance effort is called for. These problems are being overcome gradually.

General

14. Some difficulties have arisen because of lack of discipline in the period between pre-commissioning and operation. Unauthorised entry to junction boxes has resulted in the crossing of wiring previously checked out.

Analysis of Reactor Trips from Power due to Instrumentation

15. The BCD System gave rise to five spurious trips. When designed, it was not envisaged that the BCD signals would be used as criteria for tripping the reactor. Small changes in operating procedure and suitable modifications have solved this problem.

The Reactor inlet gas temperature control loop system gave rise to six spurious trips due to electrical faults. These have now been corrected. There were some Human error faults causing trips, these have reduced as the plant has entered its operational phase.

Use of Off-Line Computer to facilitate Plant Operation

16. The Off-line computer has proved to be a valuable tool in management technique to further plant operation, (without loss of its standby facility to the operational computer). Some 23 off-line programs have been written for such subjects as Xenon/Reactivity assessment, extraction of data from single tapes or complete scans, all fuel movements of the fuel cycle, plant performance studies, B.C.D. and temperature survey analysis.

SOME RECOMMENDATIONS FOR FUTURE STATIONS

Control Room

17. The Control Room of future Stations should be kept small as this provides considerable operational advantage, but spaces should be provided (near to the Control Room) where special test equipment and commissioning equipment can be placed and attended by extra personnel for special investigation. These rooms should provide jacking points so that additional display tubes can be put into use. The flicker present in the Data Display should be eliminated, as this is the cause of irritation to the operator and makes him less vigilant.

Alarms

18. A system should be devised whereby the number of standing alarms can be reduced. When plant is isolated for maintenance the alarms associated with that piece of plant should be capable of being shelved into a special section of Data Processing System, so that the operator does not need to look constantly at them.

When a decision is made to introduce a centralized control system to a power station, all items must be properly alarmed, otherwise they are liable to be missed and become the cause of loss of availability.

If this is not done, the economics in staffing allowed by centralized control cannot be fully realised.

It is not always possible to foresee all the alarms required so that adequate space should be left in the system to allow for additional alarms.

All trips should be analysed, including Reactor trips.

Alarms should be printed in order of occurrence to give better post incident fault analysis.

Installation standards

19. The ease of commissioning largely depends on the quality and accuracy of the installation and construction work. In this connection, it is most important for the mechanical engineer to be intimately involved with the planning of the work on the D.P. system.

Layout of Plant for Access

20. At Wylfa, instruments have been installed in places where in-situ calibration is difficult. A generally accepted code of practice covering the installation of instruments and clearances for termination etc., would be useful to guide designers.

Built-in Test Facilities

21. It is not always possible to do a simple meaningful check on measurements such as Eccentricity, Pedestal Vibration etc. on the Turbine Supervisory equipment. In-built test facilities on such vital measurements would be useful both in commissioning and operation.

Discipline of Control of Plant After Completion of Testing & Commissioning

22. Difficulty was experienced in preventing interference with equipment which had been tested and certified. This was sometimes due to wiring from many systems passing through the same junction box. For Safety circuits, the locking of junction boxes maintained security but for general equipment it would have been uneconomic and would have been resisted by sub-contractors. The practice adopted by the Board, on later power stations is the use of large trunk multicores scheduled by computer which would have considerably improved this situation at Wylfa. This later practice also gives significant financial saving.

Engineering of on-plant cubicles

23. Fluid and Electrical equipment should be better segregated or shielded in cubicles.

Changes in Operating Parameters

24. The Board's adoption of computer control for Nuclear Power Stations should enable changes to be more readily accommodated.

Control Loops

25. Consideration should be given to introducing some redundancy into the design of control loops where these are vital to availability. This may present difficulties in design, but it should always be possible to carry out maintenance of a control loop without affecting plant operation.

Action Phrases etc.

26. Adequate room must be built into a comprehensive D.P. System to cope with changes brought about by operational experience as it is not always possible for the design engineer to foresee all circumstances.

B.C.D.

27. Where equipment is used to make decisions to trip the reactor, the interconnection of various parallel channels prevents the inbuilt redundancy making a contribution to availability.

D.P. Displays

28. Factors such as flicker which lead to increased strain on the operator should be eliminated.

Management of Commissioning

29. Strong discipline is essential to the successful commissioning of a plant with an integrated D.P. System. Planning during the commissioning phase must be on a very short time scale. The methods used at Wylfa would be more successful if applied earlier in the project.

Maintenance

30. The maintenance of the C & I equipment should start as soon as it is made alive. It is probably impractical for the operator to carry this out during the early setting to work, but he should be integrated into the system as early as possible, even though the contractual situation may millitate against this.

It is essential to have an adequate supply of spares available during plant commissioning and early operation to prevent plant maintenance being at risk.

Computer Commissioning

31. Parallel commissioning of software programmes with simulated testing of hardware, software and high speed recorders similar to those used on Wylfa for B.C.D. and T.A.R.U. should expedite commissioning.

Computer Software Fault Investigation

32. Post mortem techniques which extracted the faulty information from the computer core store, considerably accelerated software fault finding. This technique is recommended for future installations.

Pressure Sensing Devices in Cubicles

33. These should be readily accessible and have test tapping and isolation facilities.

Time required for commissioning the D.P. System

34. The D.P. System was made alive some 3 years before the commissioning began. This time was necessary to achieve the required availability of the whole system to meet plant requirements. On future Stations, however, the majority of the software can be tested at works leaving only the final operational proof of performance with plant at site.

CONCLUSIONS

35. Complex heavy Engineering plants such as nuclear power stations can be designed, commissioned and operated, placing complete reliance on a highly centralised data processing and control system without affecting availability. In fact, many aspects of commissioning and operation are improved. However, delays will only be avoided by the exercise of strong discipline at all stages of the project. The Mechanical engineer must be intimately involved in all stages.

ACKNOWLEDGEMENTS

36. The authors wish to acknowledge the unstinted effort and co-operation on the part of their colleagues in the CEGB and BNDC and their sub-contractors, which was essential to achieve the successful result that made this report possible. They also wish to thank the CEGB for permission to publish this paper.

Valuable assistance in solving specialist problems was also given by the U.K.A.E.A.

REF. 1 On Line Computer in Power Stations
M.W. Jervis, M.Sc. Tech. C.Eng. F.I.E.E.
Proc. IEE I.E.E. Reviews Vol. 119
No.8R Aug. 72.

REF. 2 Data Processing and Control by a Computer
at Wylfa Nuclear Power Station.
Proc. Inst. Mech.Eng. 1965 179
pp 131 - 140.

C121/73

DAS DYNAMISCHE VERHALTEN VON SICHERHEITSVENTILEN MIT ENTLASTUNGSPRINZIP, GESTEUERT MIT EIGENMEDIUM

F. ARENS-FISCHER

Zusammenfassung

Nach Beschreibung der Meßeinrichtung zur Ermittlung des dynamischen Verhaltens und der Ventilzeiten von gesteuerten Sicherheitseinrichtungen werden die Meßwerte (System-Druckkurven und Entlastungskurven) bei unterschiedlichen Systemdrücken diskutiert, die Totzeiten (Zeit zwischen Ansprechen des Steuerventils und Öffnungsbeginn des Hauptventils) ermittelt und der Einfluß von Kondensat in Steuerleitungen beschrieben. Die Entlastungskurve wird als Kriterium für die Funktionstüchtigkeit der Sicherheitseinrichtungen behandelt und sonstige Erfahrungen bei der Prüfung solcher Sicherheitseinrichtungen (Ansprechverhalten der Steuerung und Störungen) angegeben.

1. Anforderungen an das Öffnungsverhalten von Sicherheitseinrichtungen gegen Drucküberschreitung in Blockkraftwerken

Die genaue Kenntnis des zeitlichen Verhaltens von Sicherheitseinrichtungen gegen Drucküberschreitung ist besonders dann notwendig, wenn diese Sicherheitseinrichtungen Systeme gegen Drucküberschreitungen absichern sollen, in denen große zeitliche Druckgradienten vorkommen können. Dies ist besonders dann der Fall, wenn diese Systeme ein engbegrenztes Volumen haben und Systemen mit höheren Drücken nachgeschaltet sind, wobei kurzzeitig relativ große Massenströme von dem System höheren Druckes in das System niederen Druckes überströmen können. In modernen Kondensationskraftwerken mit Zwischenüberhitzung ist dies für das Zwischendampfsystem der Fall. Der Hochdruckdampf wird hierbei nicht nur beim An- und Abfahren, sondern auch bei Störfällen über die Hochdruck-Bypassventile in das Zwischenüberhitzungssystem abgegeben. Das Zwischenüberhitzungssystem ist gegen Drucküberschreitung durch gesonderte Sicherheitseinrichtungen, die den Dampf ins Freie abblasen, abgesichert. An diese Sicherheitseinrichtungen sind bezüglich Dimensionierung und des zeitlichen Verhaltens besondere Anforderungen zu stellen. Sie müssen beim plötzlichen Überströmen von Hochdruckdampf über die Hochdruck-Sicherheitsumleitventile und abgesperrtem Zwischendrucksystem (d. h. geschlossene Mitteldruckumleitventile und geschlossene Schnellschlußventile am Eintritt des Mitteldruckteils der Turbine) einen unzulässig hohen Druckanstieg im Zwischendrucksystem sicher verhindern. Bild 1 zeigt für diesen Störfall den mittleren Druckverlauf im Zwischendampfsystem eines 300-MW-Blockkraftwerkes mit einer maximalen Dampfleistung von 1040 t/h. Für den Störfall gelten folgende Bedingungen:

Turbinenschnellschluß tritt bei maximaler Last (Überlast) ein. Die Mitteldruckumleitventile bleiben geschlossen. Die Hochdruck-Sicherheitsumleitventile haben beim höchstzulässigen Betriebsdruck einen Durchsatz von 110 % der maximalen Dampfleistung. Die Einspritzwassermenge im Sicherheitumleitventil beträgt 15 % des Dampfdurchsatzes dieser Umleitventile. Der Ansprechdruck der Zwischendruck-Sicherheitseinrichtung liegt beim höchstzulässigen Betriebsdruck von 56 bar. Die Öffnungszeit (Zeit vom Öffnungsbeginn bis zum vollen Öffnen des Hauptventils) der Zwischendruck-Sicherheitseinrichtung beträgt 100 ms.

Für diese Verhältnisse beträgt im Störfall der Druckgradient im Zwischendampfsystem 8,7 bar/s (Kurve I). Bei einer Verzugszeit (Zeitspanne zwischen Ansprechen der Steuerung und Öffnungsbeginn des Hauptventils) der Sicherheitseinrichtung von 1 s (Kurve 1) ergibt sich der maximale Druck im System zu 64,8 bar und bei einer Verzugszeit von 2 s (Kurve 2) zu 74 bar. Der höchstzulässige Betriebsdruck von 56 bar wird somit um 15,7 % bzw. 32,2 % überschritten. Sicherheitseinrichtungen gegen Drucküberschreitung müssen aber nach den gültigen Richtlinien so bemessen sein, daß die höchste im Dauerbetrieb erzeugbare Dampfmenge abgeführt werden kann, ohne daß dabei der höchstzulässige Betriebsdruck um mehr als 10 % überschritten wird. Für den untersuchten Fall können nur Sicherheitsventile mit einer Verzugszeit von = 0,7 s eingesetzt werden. Sind die Hochdruck-Bypassventile so bemessen, daß der Dampfdurchsatz 30 % über der maximalen Nennleistung liegt (Kurve II im Bild 1), so darf die maximale Verzugszeit nicht größer als 0,45 s sein. Ähnliche Verhältnisse liegen auch für die Absicherung des Hochdrucksystems einer Dampfkesselanlage vor. Diese kurzen Verzugs- und Öffnungszeiten werden sicher nur von einem Teil der auf dem Markt befindlichen gesteuerten Sicherheitseinrichtungen eingehalten. Zur Beurteilung solcher Ventile sind besondere Prüfmethoden erforderlich. Von uns wurde an einer größeren Anzahl von Sicherheitseinrichtungen mit Eigenmedium-Steuerung das dynamische Verhalten untersucht. Hierbei ergaben sich teilweise unzulässig hohe Verzugszeiten und sehr unsicheres Öffnungsverhalten. Nachfolgend wird hierüber im Auszug berichtet.

2. Wirkungsweise und Prüfung von Sicherheitseinrichtungen mit Steuerung durch Eigenmedium

2.1 Wirkungsweise und Funktionsverhalten

Eigenmedium-gesteuerte Sicherheitseinrichtungen können nach dem Belastungs- oder nach dem Entlastungsprinzip arbeiten. Hierbei ist es ohne

Bedeutung, ob der Dampfdruck des abzusichernden Systems auf dem Dichtkegel des Hauptventils öffnend oder schließend wirkt. Bild 2 zeigt je eine schematische Darstellung dieser beiden Arbeitsprinzipien. Beim Entlastungsprinzip öffnet das Hauptventil durch Aufheben der Belastung, während beim Belastungsprinzip das Öffnen des Hauptventils durch Aufbringen der Belastung bewirkt wird. Die Funktionsweise der beiden Prinzipien bedarf keiner weiteren Erläuterung. Sie ist im einzelnen aus der Darstellung in Bild 2 zu erkennen. Die an beiden Hauptventilen angebrachten Verbindungen mit Drosselstellen vom Steuersystem zum Hauptsystem bzw. zur Abblaseleitung sind für den Schließvorgang notwendig. Beim Schließen der Steuerventile wird beim Entlastungsprinzip über diese Verbindung der Steuerdruck aufgebaut und beim Belastungsprinzip abgebaut, um das Hauptventil zu schliessen.

Zur Beurteilung des Öffnungs- und Schließverhaltens dieser gesteuerten Sicherheitseinrichtungen wurden folgende Größen registrierend gemessen:

Druck im abzusichernden System
Druck im Steuersystem (möglichst im Arbeitszylinder des Hauptventils)
Hub des Steuerventils und
Hub des Hauptventils.

Die eingerichteten Meßstellen sind in den Schemata des Bildes 2 eingezeichnet. Als Druckmeßumformer wurden Geräte verwendet, deren Eigenfrequenz größer als 1 kHz war. Für die Wegmessung der Ventilhübe sind möglichst Wegaufnehmer mit induktivem Abgriff zu verwenden. Potentiometer-Wegaufnehmer mit mechanischem Abgriff wurden häufig zerstört, da diese Ventile zum Teil schnelle und auch stark schwingende Bewegungen ausführen. Die als Registriereinrichtung eingesetzten Mehrfach-Linienschreiber wurden mit Papiervorschüben von 20 bis 100 mm/s betrieben.

Beispiele solcher Messungen sind in den Bildern 3 und 4 wiedergegeben. Bild 3 zeigt das charakteristische Funktionsverhalten eines Sicherheitsventils mit Entlastungsprinzip und Bild 4 ein solches für ein Sicherheitsventil mit Belastungsprinzip. Bei den untersuchten Sicherheitseinrichtungen, die nach dem Entlastungsprinzip arbeiteten, konnte der Ventilhub des Hauptventils nicht gemessen werden, da der vorwiegend untersuchte Ventiltyp stopfbuchslos ausgeführt und kein äußerer Abgriff für den Hub vorhanden war. Das Funktionsverhalten der Sicherheitseinrichtungen kann aus den in den Bildern 3 und 4 wiedergegebenen Meßkurven eindeutig beurteilt werden. Die für das Öffnungsverhalten wichtigen Kennwerte wie Ansprechdruck p_0, Verzugszeit (Totzeit) $t_1 - t_0$ und Ventilöffnungszeit $t_2 - t_1$ lassen sich aus den Diagrammen unmittelbar entnehmen.

Ebenso läßt sich auch das Schließverhalten der Sicherheitsventile aus den Diagrammen direkt ablesen. Dieses ist aber im allgemeinen gegenüber dem Öffnungsverhalten von untergeordneter Bedeutung. Im Folgenden soll daher nur auf das Öffnungsverhalten eingegangen werden.

Das wichtigste Kriterium für die Beurteilung des Funktionsablaufes einer Sicherheitseinrichtung ist der Verlauf des Steuerdruckes. Wird zusätzlich zum Steuerdruck noch der Systemdruck oder der Hub des Hauptventils gemessen, so kann die gesamte Einrichtung im allgemeinen ausreichend beurteilt werden. Die Messung des Hubes am Hauptventil ist zur sicheren Beurteilung bei Hauptventilen mit proportionalem Öffnungsverhalten (Hub nach Öffnungsbeginn etwa proportional zum Steuerdruck) zu empfehlen. Bei Ventilen mit Vollhub-Charakteristik (Öffnen erfolgt nach Erreichen des Ansprechdruckes schlagartig bis zum Vollhub) sind die Öffnungs- und Schließpunkte des Hauptventils durch charakteristische Veränderungen in der Steuerdruck- und der Systemdruckkurve gut zu erkennen (siehe Bild 3), so daß sich die Messung des Ventilhubes hierbei im allgemeinen erübrigt.

Der Verlauf des Steuerdruckes ist weiterhin auch ein sehr wichtiges Kriterium für die Beurteilung der Funktionssicherheit der gesamten Sicherheitseinrichtung. Beim Steuerdruck p_1 beginnt das Hauptventil zu öffnen (Ansprechdruck des Hauptventils). Dieser Druck steht immer in einem bestimmten Verhältnis zum Systemdruck, welches von der Ausführung und den geometrischen Abmessungen des Hauptventils abhängig ist. Nennenswerte Reibungskräfte im Hauptventil oder Verklemmen der Bewegungsteile erfordern größere Öffnungskräfte und verursachen dadurch eine Verschiebung des Ansprechpunktes. Beim Steuerdruck p_2 ist das Hauptventil voll geöffnet. Dieser Druck tritt bei Hauptventilen mit Vollhub-Charakteristik nicht in Erscheinung, er ist nur bei Hauptventilen mit Proportionalverhalten von Bedeutung. Das in Bild 2 im Schema dargestellte Ventil mit Belastungsprinzip hat z. B. ein Proportionalverhalten. Werden beim Öffnen des Hauptventils die Zu- bzw. Abströmquerschnitte im Steuersystem nicht verändert, so ist der Abstand des Steuerenddruckes bei voll geöffnetem Hauptventil vom Druck p_2 bzw. p_1 ein Maß für die Funktionssicherheit der Sicherheitseinrichtung. Dieser Sicherheitsabstand darf ein gewisses Maß, z. B. 1/3 des theoretisch möglichen Abstandes, nicht unterschreiten. Werden beim Öffnen des Hauptventils die Zu- bzw. Abströmquerschnitte im Steuersystem verändert, wie dies z. B. bei dem Hauptventil nach Bild 2 mit Entlastungsprinzip der Fall ist, so kann als Kriterium für die sichere Funktion der Größe der Druckänderungs-Geschwindigkeit des Steuerdruckes beim Öffnungsbeginn des Hauptventils (Ventil mit Vollhub-Charakteristik) oder im Vollöffnungspunkt des Hauptventils (Ventil mit Proportional-Charakteristik) verwendet werden. Die zu fordernden Werte sind von den Konstruktionsmerkmalen der Hauptventile abhängig. Im allgemeinen liegen gute Verhältnisse vor, wenn der auf den Ansprechdruck p_0 der Steuerung bezogene Druckgradient $\frac{dp}{dt} = 1\ s^{-1}$ beträgt.

Das zeitliche Verhalten der Sicherheitseinrichtungen wird stark durch die Strömungsverhältnisse im Steuersystem beeinflußt.
Hierbei sind besonders maßgebend:

Durchmesser und Länge der Steuer- und Impulsleistungen,

Größe der freien Querschnitte in den Impuls- und Steuergliedern,

Höhe der Leckagen im Steuersystem (besonders am Arbeitszylinder) und

Kondensat im Steuersystem

Der Einfluß des Kondensats im Steuersystem ist besonders stark, wenn das Hauptventil nach dem Entlastungsprinzip arbeitet. Beim Belastungsprinzip ist dieser Einfluß von weit geringerer Bedeutung. Eine weitere Einflußgröße auf das zeitliche Verhalten solcher Sicherheitseinrichtungen ist der Druckgradient $\frac{dp}{dt}$ im Hauptsystem.

2.2 Besondere Ergebnisse aus Prüfungen an Sicherheitsventilen mit Entlastungsprinzip

An einigen besonderen Beispielen von Messungen, die an Sicherheitsventilen mit Entlastungsprinzip und Vollhub-Charakteristik des Hauptventils (entsprechend Schema Bild 2) vorgenommen wurden, sollen einige Einflüsse dargestellt werden. Bei den an einer größeren Anzahl von Ventilen routinemäßig durchgeführten Messungen wurden nur die Verläufe des Steuerdruckes und des Systemdruckes gemessen. Die erlauben bei diesem Ventiltyp eine ausreichende Beurteilung. Der Steuerdruck wurde hierbei nicht im Arbeitszylinder des Hauptventils, sondern unmittelbar am Hauptventil in der Steuerleitung gemessen.

2.2.1 Ungestörter Funktionsablauf

Im Bild 3 ist ein befriedigender und ungestörter Funktionsablauf wiedergegeben. Der Steuerdruck wird ausreichend schnell bis auf den Druck p_1, bei dem das Steuerventil öffnet, abgebaut. Die Verzugszeit beträgt etwa 0,5 s. Der Ansprechdruck p_0 wird bei dem vorliegenden niedrigen Druckgradienten im abzusichernden System nur unwesentlich überschritten. Es ist eine ausreichende Öffnungsicherheit vorhanden.

2.2.2 Ungenügende Druckentlastung im Steuer system

Bild 5 zeigt ein Beispiel ungenügender Entlastung im Steuersystem. Die dargestellten Funktionsabläufe wurden unmittelbar hintereinander gemessen. Bei mehreren Versuchen öffnete das Hauptventil mit einem Funktionsverhalten wie im Teil a des Bildes 5 wiedergegeben. Die Verzugszeiten betrugen 1,4 bis 1,8 s. Bei einem weiteren Versuch öffnete das Hauptventil trotz einwandfreier Funktion der Steuereinrichtung nicht mehr. Den hierbei aufgenommenen Verlauf des Steuer- und Systemdruckes zeigt Teil b des Bildes 5. Der Steuerdruck wird nicht genügend abgebaut. Er bleibt so hoch, daß das für das Öffnen des Hauptventils erforderliche Verhältnis von Steuerdruck zum Systemdruck nicht erreicht wird. Das Hauptventil kann nicht mehr öffnen, auch wenn der Systemdruck beliebig hoch ansteigt. Aus dem Verlauf der Entlastungskurve im Teil a ist zu erkennen, daß sie bei Öffnungsbeginn des Hauptventils schon stark abgeflacht ist. Der auf den Ansprechdruck bezogene Druckgradient betrug hier nur noch 0,06 bis 0,12 1/s. Es ist nur noch eine sehr geringe weitere Entlastung möglich. Diese geringe Öffnungsreserve kann durch geringfügige zusätzliche Leckagen am Arbeitskolben oder durch zusätzliche Strömungsverluste in den Steuergliedern aufgebraucht werden. Dies führt dann zunächst zu sehr großen Verzugszeiten und weiter zum Nichtöffnen des Ventils wie es der darauffolgende Versuch Bild 5 Teil b zeigt. Aus dem Verlauf der Steuerdruckkurve Teil a ist zu entnehmen, daß eine ausreichende Funktionssicherheit der Sicherheitseinrichtung nicht mehr gegeben ist, auch dann nicht, wenn die Verzögerungszeit für das abzusichernde System noch voll ausreichend sein sollte. Dieses Ventil führte bei einem Störfall durch Nichtöffnen zu einer unzulässigen hohen Drucküberschreitung und starken Beschädigung eines Zwischendampfsystems. Nach der Überprüfung der Sicherheitseinrichtung wurden zur Verbesserung des Funktionsverhaltens die Abdichtung des Arbeitskolbens im Hauptventil erneuert, die Steuerleitungen verkürzt und die Querschnitte der Steuerleitungen und der Steuerglieder erweitert. Das nach dieser Änderung gemessene Funktionsverhalten ist in Bild 6 wiedergegeben. Man erkennt einen wesentlich verbesserten Funktionsverlauf. Der Steuerdruck wird schnell und ausreichend abgebaut. Im Ansprechpunkt des Hauptventils beträgt der auf den Ansprechpunkt der Steuerung bezogene Druckgradient $\frac{dp}{dt} \cdot \frac{1}{p_0} = 1{,}0 \ s^{-1}$

Die Verzugszeit ergibt sich zu 0,4 s.
In dieser Form ist das Ventil als ausreichend schnell und funktionssicher zu bezeichnen.

2.2.3 Einfluß von Kondensat im Steuersystem

Der Einfluß von Kondensat im Steuersystem ist aus Bild 7 zu ersehen. Bei Beginn der Entlastung im Steuersystem tritt eine teilweise Verdampfung des Kondensats ein. Dieses Dampfvolumen und das Restkondensat muß zusätzlich aus dem Steuersystem abgeführt werden. Hierdurch wird die Verzugszeit beachtlich vergrößert. Bei unseren Untersuchungen wurden im Mittel Verzögerungszeiten von 1 - 4 s durch Kondensatansammlungen gemessen. In Extremfällen traten Verzugszeiten von über 2,5 Minuten auf. Steuersysteme von Sicherheitsventilen sind so zu gestalten, daß sich in den Steuersystemen kein Kondensat ansammeln kann. Dies ist besonders wichtig, wenn das Hauptventil nach dem Entlastungsprinzip arbeitet.

2.2.4 Einfluß des Druckgradienten im Hauptsystem

Der Einfluß des Druckgradienten auf das Funktionsverhalten eines Sicherheitsventils zeigt Bild 8. Hier sind die Funktionsverläufe einer Sicherheitseinrichtung bei zwei unterschiedlichen Druckgradienten des abzusichernden Systems aufgetragen. Es ist ersichtlich, daß sich der unterschiedliche Druckgradient besonders auf die Verzugszeit auswirkt. Im Bild 9 ist in Abhängigkeit von dem auf den Ansprechdruck bezogenen Druckgradienten die Verzugszeit von zwei unterschiedlichen Steuersystemen dargestellt. Diese Kennlinien gelten nur für bestimmte Steuersysteme, sie sind nicht allgemein gültig und auf andere Systeme übertragbar.

Ein nennenswerter eindeutiger Einfluß des Druckgradienten auf den Ansprechdruck der Steuerung konnte bei den Untersuchungen nicht festgestellt werden. Die Meßwerte ergaben einen Streubereich von etwa 4 %.

2.2.5 Einfluß des Betriebszustandes auf den Ansprechdruck

Unsere Untersuchungen an den Heißdampf-Sicherheitsventilen im Betrieb zeigten ferner, daß sich bei einer größeren Anzahl von Steuereinrichtungen bein unmittelbar aufeinanderfolgenden Versuchen unterschiedliche Werte für den Ansprechdruck des Impulsventils ergaben. Hierbei lag der Ansprechdruck bei einigen Steuersystemen beim erstmaligen Ansprechen um 8 bis 14 % über den Werten der unmittelbar darauf folgenden Versuche. Nach einer längeren Abkühlpause von etwa 1 bis 2 Stunden und mehr ergab sich dann immer wieder der zu Beginn gemessene höhere Wert innerhalb enger Grenzen. Es ist also dringend notwendig, bei der Einstellung und Prüfung von diesen Sicherheitseinrichtungen immer auch das erstmalige Ansprechen im betriebswarmen Ruhestand zu erfassen. Nur hierbei wird der für einen Störfall maßgebende Ansprechdruck und das entsprechende Funktionsverhalten - Einfluß von evtl. angesammeltem Kondensat - erfaßt. Wird der Ansprechdruck und das Funktionsverhalten nur nach einem vorangegangenen Durchblasen eingestellt und beurteilt, so können sich diese Werte für den Störfall wesentlich verändern und eine beachtliche Drucküberschreitung im abzusichernden System bewirken.

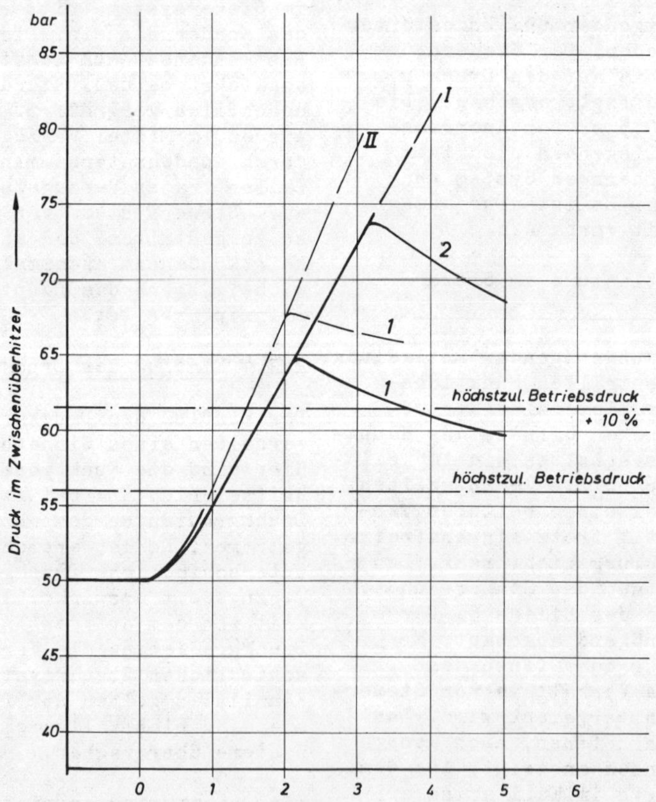

Druckverlauf im Zwischendampfsystem eines 300 MW Block-Kraftwerkes im Störfall Bild 1

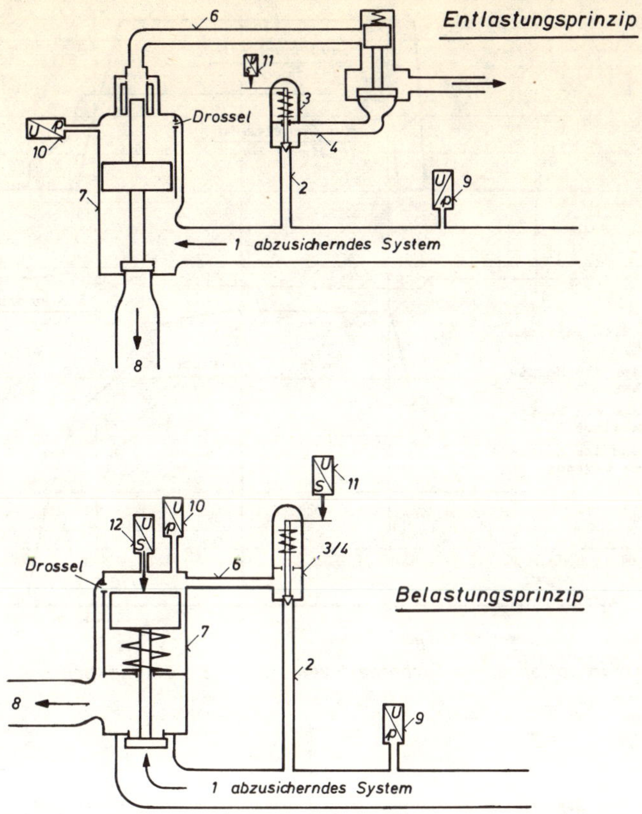

Arbeitsprinzip von Sicherheitseinrichtungen mit Steuerung durch Eigenmedium — Bild 2

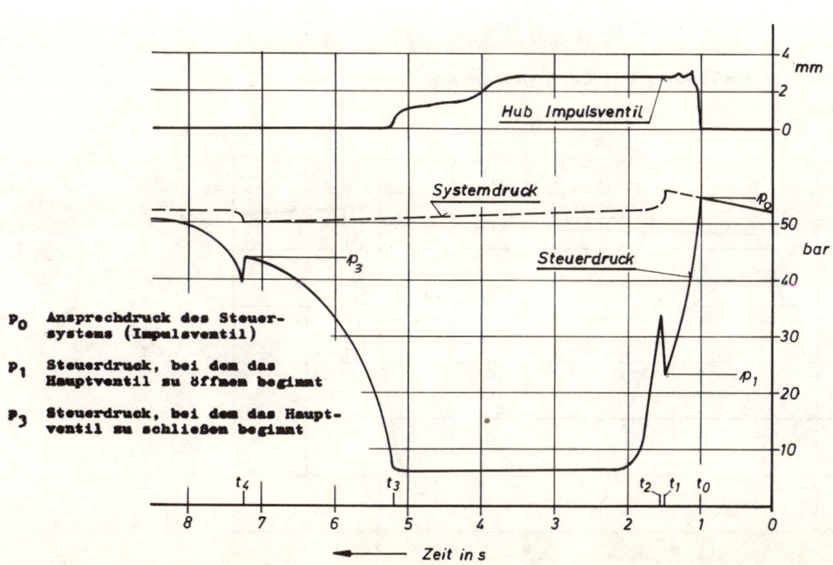

Funktionsverhalten eines Sicherheitsventils mit Entlastungsprinzip — Bild 3

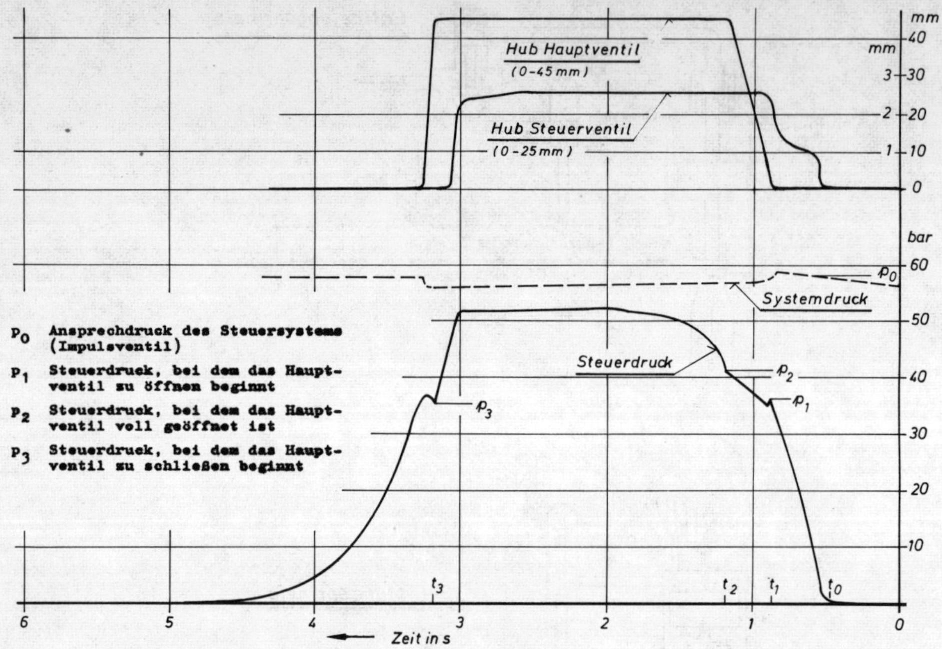

Funktionsverhalten eines Sicherheitsventils mit Belastungsprinzip Bild 4

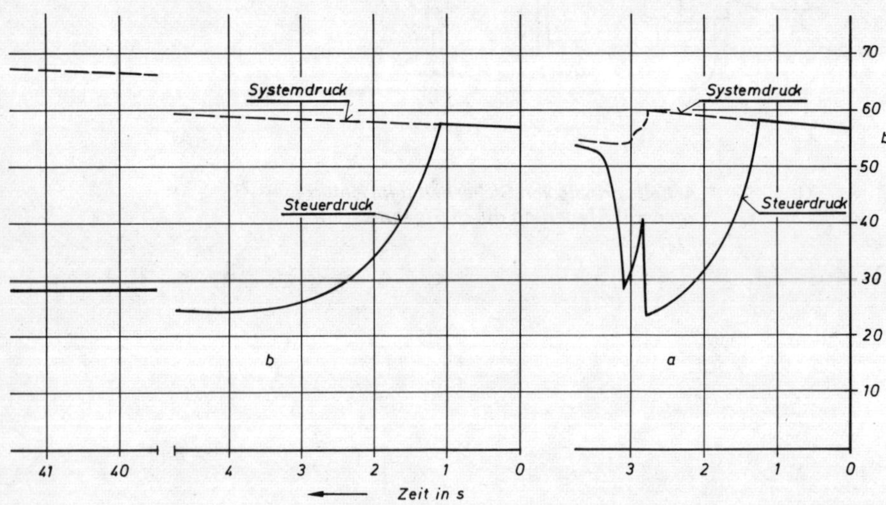

Funktionsverlauf bei ungenügender Druckentlastung Bild 5

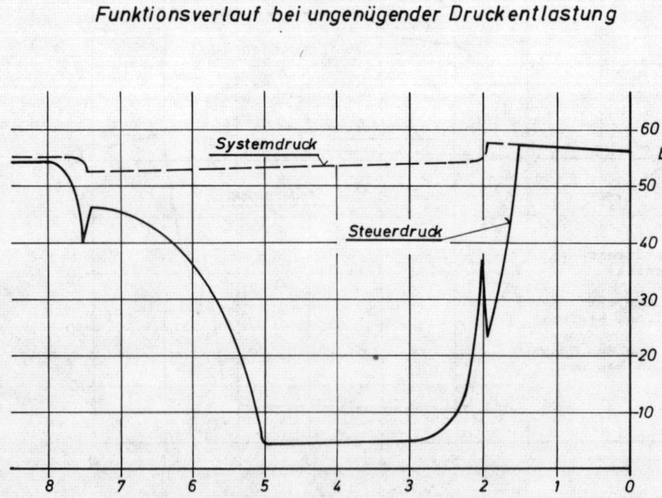

Funktionsverlauf nach Verbesserungen im Steuersystem Bild 6

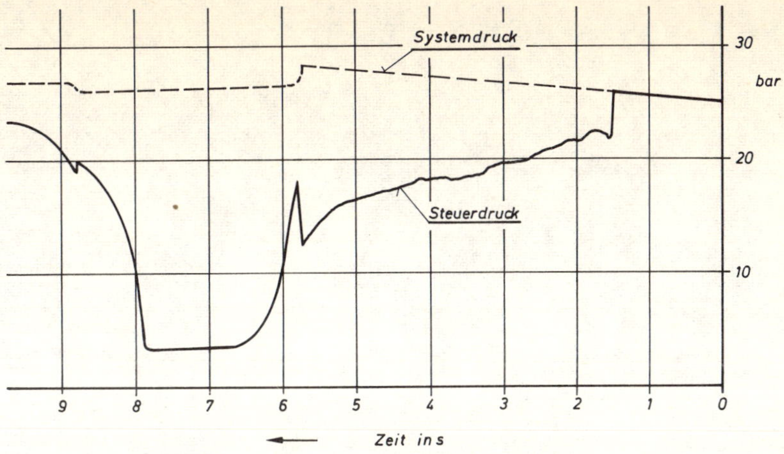

Einfluß von Kondensat im Steuersystem Bild 7

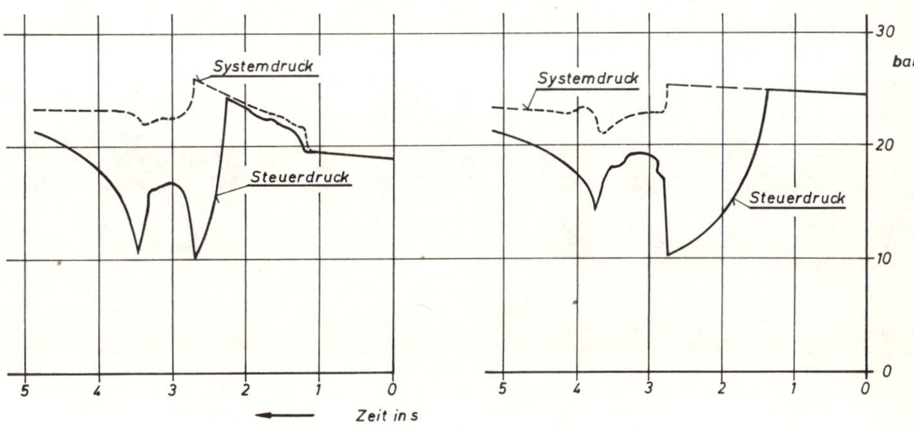

Einfluß unterschiedlicher Druckgradienten Bild 8

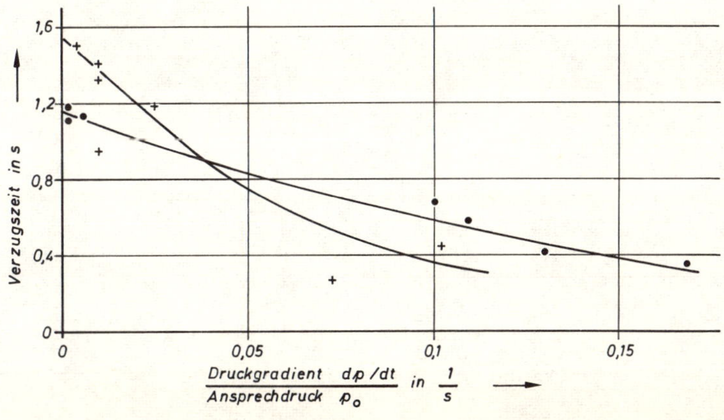

Einfluß des Druckgradienten auf die Verzugszeit Bild 9

C121/73 THE DYNAMIC BEHAVIOUR OF SAFETY VALVES OPERATING ON THE RELIEF PRINCIPLE USING THE CONTROLLED MEDIUM

F. ARENS-FISCHER

SYNOPSIS The measuring installation for the determination of dynamic behaviour and the valve times of controlled safety installations is described.

The measured results (system pressure curves and relief curves) with different system pressures and determination of "dead" times (time between response of the pilot valve and the begining of main valve opening) are discussed. Influence of condensate in the control piping is indicated. The relief curve as a criterion for the functional effectiveness of safety installations is demonstrated and further experiences in examining such safety installations (response behaviour of the control and faults are outlined.

1. Requirements for the Blowing Behaviour of Safety Valve Installations under Excess-pressure Conditions in Boiler Turbine Units

It is especially necessary to understand the dynamic behaviour of safety valve installations under excess-pressure conditions when the safety valves blow and large pressure rises occur. This is particularly the case when the systems have limited volume and are coupled to systems with higher pressure during which time temporary relatively high flows from the higher pressure system to the lower pressure system can occur

In modern reheat condensing power stations, this is the case for the reheater system. By the action of high pressure bypass valves, not only piped steam to-and-from the turbine, but also the contents of the reheater are discharged. The reheater system is protected against over pressure by special safety devices which allow steam to be freely discharged.

Special requirements are necessary, with respect to sizing and the transient behaviour of these safety devices. An unacceptable pressure rise in the reheater system must be prevented by immediate release of high pressure steam through the high pressure safety valves and by isolating the reheater (which is done by closing the intermediate bypass valve and the quick closing valve at the inlet to the reheat section of the turbine).

Fig.1 shows how this pressure is dissipated in the reheater system when an excursion occurs in a 300MW boiler/turbine unit with a maximum steam flow of 1040t/h.

For this disturbance, the following stipulations apply:-

Turbine quick closing occurs with maximum load (overload)

The intermediate bypass safety valves remain closed

The high pressure safety bypass valve has a throughput, with the highest permissible pressure, of 110% of the maximum steam capacity

The injection water flow in the safety valve bypass amounts to 15% of the steam throughput of the bypass valve

The set pressure of the intermediate safety valve installation lies at the highest permissible pressure of 56bar.

The opening time (time from commencement of opening until full stroke) of the intermediate pressure safety valve is 100ms.

For these conditions of disturbance, the pressure gradient in the reheater system is 8.7bar/s, Fig.1, Curve I. The dead time (the time between request of the control and the commencement of opening of the high pressure valves) of the safety valve system of one second (Fig.1, Curve I) shows that the maximum pressure in the system goes to 64.8bar, and with a dead time of 2s (Curve 2) to 74bar. The maximum allowable working pressure of 56bar is thus exceeded by 15.7% and 32.2% respectively.

Safety valves must, by statutory requirements, be so arranged as to ensure that the greatest steam flow generated in service can be relieved without the maximum allowable working pressure being exceeded by more than 10%.

For the case examined, only safety valves with a dead time of 0.7s can be fitted.

If the highest pressure bypass valves are adjusted so that the steam flow lies 30% over the maximum normal capacity (Fig.1, Curve II) then the maximum dead time must not be greater than 0.45s.

Similar conditions also apply for the protection of the high pressure system of the steam boiler plant.

These short delay times and opening times were reliably met by only a portion of the existing market for controlled safety valve installations. To assess such valves, special testing methods are required.

The dynamic behaviour of a large number of safety valves, controlled by their own medium, were examined by us. The results showed, in part, unacceptable delay times, and very erratic opening behaviour. The following is a summary:-

2.0 The Operation and Testing of Safety Valves with 'Own Medium' Servo-Control

2.1 Operation Functional Behaviour

'Own Medium' servo-controlled safety valve installations can operate in accordance with the 'loading principle' or 'unloading principle' It is immaterial whether the safety relief system steam pressure acts to open or close the valve disc of the main valve.

Fig.2 shows a schematic lay-out of both of these working principles. With the 'unloading principle' the opening of the main valve is brought about by the increase of the pressure before the valve. The functioning of both principles needs no further explanation. It is clear from the diagrams in Fig.2. Two appropriate main valve connections with restrictors from the control system to the main system and the vent line respectively are necessary for the closing action. With the closing of the control valve, on the 'unloading principle' the control pressure builds up through the clearance leakage and with the 'loading principle' it falls off, to close the main valve.

To assess the opening and closing aspects of the servo-controlled safety valves, the following recorded values were measured:

Pressure in the safety relief system

Pressure in the control system. (If possible in the actuating cylinder of the main valve.)

Lift of the pilot valve.

Lift of the main valve.

The installed measuring points are set out diagrammatically in Fig.2. Instruments such as pressure transducers were used, with inherent frequencies greater than 1 kHz. For the measurement of the valve lift, it is preferable to pick up the motion with an inductive device. Potentiometer motion pick-ups, with mechanical connection, often broke down because of rapid and severe valve oscillations. A multi-point recorder, with a chart speed of 20 to 100 mm/s, was employed.

Examples of such measurements are shown in Figs.3 & 4. Fig 3 shows the characteristic functional behaviour of safety valves with the 'unloading principle' and Fig.4 shows the same with the 'loading principle'

When testing safety valves which work on the 'loading principle' the valve stroke of the main valve could not be measured, because the majority of valves tested were glandless types and consequently no outside connection for stroke measurement was available.

The behaviour of the safety installations can be judged clearly from the test curves in Figs.3 & 4. The important opening behaviour characteristics, such as response pressure p_o, dead time $t_1 - t_o$, and valve opening time $t_2 - t_1$, can be immediately derived from the diagram. In the same way the closing behaviour of the safety valve can also be read directly from the diagram. This is, however, of secondary importance compared with the behaviour at opening. In the following, therefore, we will only go into the opening behaviour.

The most important criterion for judging the behaviour of the safety installation, is the change of control pressure. If in addition to the control pressure, the lift of the main valve is measured, then the whole installation can be adequatey evaluated. The measurement of the lift of the main valve is recommended as a sure way of judging a main valve with proportional behaviour, (lift after commencement of opening is approximately proportional to the control pressure).

In the case of a valve with full lift characteristics, (opening to full lift follows promptly when minimum response pressure is reached), the opening and closing points on the main valve are easilly recognised through characteristic changes in the system control pressure, and the system pressure curve (see Fig.3) so that the measurement of the valve lift is hardly necessary. The movement of the control pressure is, furthermore, a very important criterion for the evaluation of the functional security of the whole safety installation.

With the control pressure p_1, the main valve begins to open (the minimum response pressure of the valve). This pressure is always in a certain relationship to the system pressure, which is dependent on the lay-out and the geometric dimensions of the main valve. It is worth mentioning that friction forces and stickiness in the main valve moving parts require larger opening forces and cause a variation on the minimum response pressure.

With control pressure p_2, the main valve is fully opened, this pressure does not appear with 'full lift' characteristics, it is only important with main valves with proportional response. In the diagram in Fig.2, the valve with 'loading principle' has, for example, a proportional characteristic.

If by opening the main valve, the flow and return cross sections in the control systems are not changed, then the difference between the final control pressure, with a fully opened main valve and pressure p_1 and p_2 respectively, is a measure of the functional security of the safety system. This security factor must not fall below a certain value, for instance one third of the theoretically possible range.

If, by the opening of the main valve, the flow and return cross section in the control system is changed as, for example, in the case of main valves in Fig.2, with 'unloading principle', then the magnitude of the changing rate of control pressure, at the commencement of opening the main valve (valves with fully opening characteristics) or at the full opening point of the main valve, (valves with proportional characteristics) can be used as a criterion for sure functioning.

The determination of the value is dependent on the constructional features of the main valve. In general, it is favourable when the pressure gradient relationship with the minimum response pressure p_o is:

$$\frac{dp}{dt} = 1/s$$

The responsiveness of the safety installation is strongly influenced by the flow conditions in the control system. The following are particularly significant:-

- Diameter and length of control impulse lines
- Size of free cross-sectional areas in the impulse and control lines
- The amount of leakage in the control system especially in the actuating cylinder
- Condensation in the control system.

The influence of condensate in the control system is especially marked when the main valve operates on the 'unloading principle'. When the main valve operates on the 'loading principle' this influence is much less important. A further influence on the responsiveness of safety installations, is the pressure gradient $\frac{dp}{dt}$ in the main system.

2.2 Special Results from Tests on Safety Valves With the 'Unloading Principle"

Some special examples of measurements on safety valves with the 'unloading principle' and full lift characteristics in the main valve (corresponding to Fig.2) require several influences to be presented.

Only measurements of the movement of the control pressures were carried out as a routine on the larger number of valves; this allowed, for the type of valve, an adequate evaluation. The control pressure was not measured in the actuating cylinder of the main valve but directly in the control line at the main valve.

2.2.1 Undisturbed Functioning

In Fig.3 a satisfactory and undisturbed functioning is shown. The control pressure is released sufficiently quickly, until the pressure p_1 is reached, at which pressure the control valve opens. The delay time is about 0.5s, the minimum response pressure p_o has only unimportantly exceeded the existing low pressure gradient in the relief system, There is adequate opening time safety margin available.

2.2.2 Insufficient Pressure Unloading in the Control System

Fig.5 shows an example if insufficient pressure unloading in the control system. The displayed functional results were measured immediately after each other.

In several trials, the main valve opened with a functional behaviour as shown in Part 'a' of Fig.5. The test times were: 1.4 to 1.8s. In a further trial the main valve did not open at all, notwithstanding satisfactory functioning of the control system. The recorded movements of the control and system pressures are shown in Part 'b' of Fig.5. The control pressure is not sufficiently reduced. It remains so high that the necessary relationship between the control pressure and the system pressure for the opening of the main valve is not reached.The main relief valve, therefore, cannot open although the system pressure continues to rise. From the shape of the unloading curve in Part'a' it can be seen that this is already strongly flattened.

The minimum response pressure, which relates to the pressure gradient, was here only 0.06 to 0.12 1/s. There is only a very small further relief possible. This small opening reserve can be consumed by otherwise unimportant leakage at the actuating piston, or through additional flow losses in the control lines. This, then, leads to a very long delay time and further to the non-opening of the valves as shown in the later test (Part 'b', Fig.5). From the shape of the control pressure curve (Part'a', Fig.5), it can be seen that a sufficient functional security factor is no longer achieved, even when the delay time for the system to be protected is still adequate.

This valve, because it did not open as a result of a disturbance, led to a high pressure, over the limit, and resulted in heavy damage to a reheater section.

After an inspection of the safety installation, the sealing of the main valve piston was renewed in order to improve the functional behaviour and the control lines were shortened and the cross sections of the control lines and connections were made larger. The measured functional behaviour after this change can be seen in Fig.6. One can see a definite improvement in functional behaviour. The control pressure is quickly and adequately brought down.

In the response point of the main valve the pressure gradient relationship to the minimum pressure point is:

$$\frac{dp}{dt} \cdot \frac{1}{p_o} = 1.0 \ 1/s$$

The recorded time delay shows 0.4s. In this form the valve is sure to function quickly and safely.

2.2.3 Influence of Condensation on the Control System

The influence of condensate in the control system can be seen from Fig.7. At the beginning of release in the control system, partial evaporation of the condensate takes place. This steam volume and remaining condensate must be passed out of the control system. Because of this, the delay time is greatly increased. In our experiments, the delay times went up to 1 to 4s because of condensate collecting. In extreme cases the delay time went up to 2.5min.

The control system of safety valves must be so designed that no condensate can collect in the system. This is especially important when the main valves operate on the 'loading principle'.

2.2.4 Influence of Pressure Gradient in the Main System

The influence of the pressure gradient on the functional behaviour of safety valyes is shown in Fig.8. Here the functional characteristics of a safety installation is plotted for two varying pressure gradients for systems being protected.

The relationship between the pressure gradient and the delay time is shown on Fig.9 It can be seen that varying the pressure gradient especially affects the delay time. These characteristics are only valid for particular safety systems. They are not valid and cannot be applied to other systems.

A well defined and reportable affect of pressure gradient on the minimum response pressure of the control could not be established by the experiments. The tests showed a scatter of about 4%.

2.2.5 Influence of Service Conditions on Minimum Response Pressure

Our experiments on superheated steam safety valves in service showed that in the majority of installations, when conducting successive tests, varying values for the minimum response pressures resulted. Because of this, in some control systems, the minimum response pressure was, in the first response, 8 - 14% over the values of succeeding tests. After a longer cooling off period, of about 1 to 2 hours, or more, the same results, within narrow limits, were confirmed.

It is, therefore, necessary always to determine, by calibration and testing, the performance of these safety valves, under hot service conditions, from a state of rest and at the first operation. Only by doing this is the functional behaviour for any disturbance concerning minium response pressure - influence of collected condensate - determined. If the minimum response pressure and functional behaviour, is being adjusted and evaluated, after a 'blow-off' has just taken place, then the disturbance can significantly change these values and bring about a noticeable overstepping of the limit of pressure in the system which is being protected.

C122/73

LOW EXCESS AIR OPERATION PERFORMANCE EVALUATION USING COMPUTER TECHNIQUES

T. J. HANSON

SYNOPSIS The paper describes a computer mainline program and its associated subprograms which have been developed for performance evaluation of solid, liquid or gaseous fuel fired steam generating units. Print out provides computed efficiency with expected overall measuring error and permits a breakdown of losses into fourteen different categories. All relevant fuel and flue gas parameters are computed and include estimate of water and acid dew points. Combustion air acid pick-up level significance in regenerative type heaters is briefly discussed by way of application.

INTRODUCTION.

The execution of heat balances is classic among the problems associated with steam generating plant. Solution of such problems by use of the conventional calculation sheet or by resort to the aid of graphics is far too slow, tedious, inhibiting and subject to personal error. Where calculations are based on a manual approach there is also a natural tendency to employ approximating formulae or to have graphics which are limited in both range and scope.

Furthermore, the growing awareness, over the last two decades of the potential saving through improved plant availability apart from the inherent reduction in stack losses when low excess air levels are achieved with high sulphur fuels means that the heat balance is no longer complete in itself without some measure of flue gas acid dew point to enable air-heater operation evaluation.

Analysis of the propagation of uncertainties in test measurements into the results of efficiency determination by the three possible methods:

(1) Output - Input Method.

(2) Input - Loss Method.

(3) Output - Loss Method.

indicates that, unless highly accurate flow measuring devices are used, the input - loss method yields by far more reliable results provided all the so-called minor losses are recognised and evaluated (1,2). This method has been, predestined to be adopted for computer programming and has the practical advantage that it gives the operating staff a clearer understanding of how efficiency is influenced by operational factors.

Heat Balance Program Description.

(1) Computer Input Data.

Data input is by Hollerith card. Card No. 1 identifies the fuel type and nominal steam generator loading. (The program does not cater for dual or multiple fuels). Card No. 2 supplies details of fuel, combustion air and economiser feed-water inlet temperature if applicable. Gaseous fuel detail format is necessarily different to other two fuel types and to simplify mainline program, the input data having being read, is converted to common dimensions by calling a special subprogram. Cards Nos. 3 and 4 input all relevant plant operating details required for computation of losses and also contain the appropriate gross radiation loss figure. Input format details for one fuel type are outlined in the appendix 5.

Table 1.

List of subprograms.

Enthalpy of flue gas water vapour.	= f (water vapour partial pressure, flue gas temperature).
Water vapour saturation temp.	= f (water vapour partial pressure).
Water vapour partial pressure	= f (water vapour saturation temperature).
Flue gas acid point	= f (water vapour saturation temperature, acid vapour ratio by weight).
Gaseous fuel analysis by weight etc.	= f (gaseous fuel analysis by volume etc).

(2) Efficiency Computation.

The heat balance is assumed to take a form similar to that recommended in the ASME Power Test Code for stationary steam generating units (P.T.C. 4.1 - 1964).

Fuel heat input plus heat credits = heat output plus losses.
Efficiency is therefore defined as follows:

$$\frac{\text{Efficiency}}{100} = \frac{\text{heat output}}{\text{fuel heat input plus heat credits}}$$

$$= 1 \text{ minus } \frac{\text{losses}}{\text{fuel heat input plus heat credits.}}$$

Losses are based on outside ambient air temperature or other desired input datum.

In the program, the following heat credits can be computed where required:

(1) Combustion air preheating from source external to boiler "envelope".

(2) Heat in feedwater entering boiler "envelope" for atomising steam, unit oil heater and steam air preheater steam supplies.

(3) Heat in fuel oil at entry to unit oil heater.

Prior to gas loss calculations, the carbon balance is carried out. A typical computer output in the appendix lists the losses computed. The program facilitates corrections (if known) for chemical changes in some of the ash constituents which may increase or decrease their weight compared to the Laboratory determination. A loss of 30 to 50 per cent of ash content of the fuel can occur in brown coals, thus making the combustible loss calculated by the ASME - BSI method too high (3).

Where CO is present in the flue gas or where solid carbon in flue gas is expressed per unit volume, solution must be by an iterative process and is ideally suited to computer programming.

A more accurate determination of the composite mean specific heat of dry flue gases at constant pressure is indirectly achieved by expressing the specific heats for each particular component of gas in a suitable fit polynomonial over the normal temperature range encountered. This is considered desirable because an appreciable error can be introduced by assuming the constant value specified by each code to be accurate for any composition of gases.

A subprogram based on equations of state from V.D.I. Steam Tables (4) formulae is employed for the calculation of the flue gas water vapour enthalpy. In test codes, method of calculation is based on an approximating equation by Berry (5) for steam enthalpies at low pressure. The water vapour partial pressure in the program, however, is determined by assuming ideal gas behaviour but might be more accurately determined by using another subprogram for specific volume - again based on equations of state from steam tables.

For unit oil heater and air preheater loss calculations, a 75 per cent heat exchange efficiency is assumed.

Losses due to sensible heat in flue dust, heat in pulverised rejects and ash-pit cooling or quenching water have been included as these combined could total to 0.35 per cent (6).

(3) Expected overall measuring error.

The measuring errors for the major losses in the program are based on the maximum permissible tolerances prescribed in the V.D.I. Code (DIN - 1942 - September - 1956). For other minor losses, conservative tolerances are adopted. It is thus presumed that input data measurements are made in strict accordance with directions contained in the V.D.I. Code regulations.

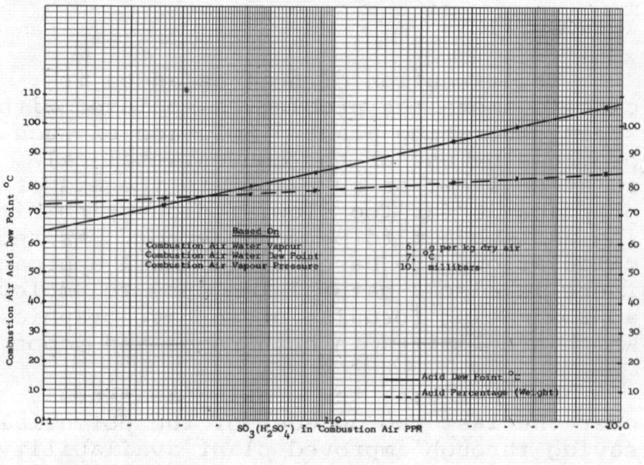

Fig.1 Combustion Air Acid Dew Points

Acid Dew Point Subprogram

Numerous works, both practical and theoretical have yielded a variety of results in a field which is clearly full of hazards. In the subprogram developed for calculation of dew points, the relationship derived by Fearn and Tessin (7) for sulphuric acid liquid-vapour equilibrium compositions and based on the works of Francis (8), Taylor (9) and Thomas and Barker (10) has been adopted as follows:

$$Y = \log_{10} \text{(liquid mol. fraction)}$$
$$= \log_{10} (.902) + .088 \log_{10} \text{(vap. mol. fract.)}$$

The variation of boiling point with pressure (or associated water vapour phase saturation temperature) for various acid concentrations is conveniently expressed by use of Duhring line equations (11). Co-efficients for these lines can be calculated from data appearing in Rogers (12) and International Critical Tables (13).

If the lines are assumed to be straight and their co-efficients are expressed in two polynominals as a function of $\log_{10}$ (liquid mol. fraction) a generalised formula for acid dew point at normal SO_3 levels can be derived as follows:

Acid dew point °C

$$= ST\,(1.635 + 1.715 + 1.88Y^2 + .703Y^3) + 196.1 + 409.81Y + 278.5Y^2 + 60.49Y^3$$

where ST = vapour water dew point °C

For oil this formula reduces to

$$279.5 + 494.27Y + 374.63Y^2 + 96.36Y^3$$

In the actual subprogram by using three such formulae over reduced ranges, greater overall accuracy is possible. Comparison of results with published data is shown in Table 2. Saturation Pressure and Saturation Temperature subprograms listed in Table 1 are used for vapour water dew point determination.

Acid Dew Point Program Application.

A modified version of the acid dew point subprogram has been used to determine the combustion air relationships shown in Fig. 1. In theory, the combustion air acid dew point is seen to be very sensitive to minute SO_3 concentrations and should therefore, reflect regenerative type air heater element operating conditions.

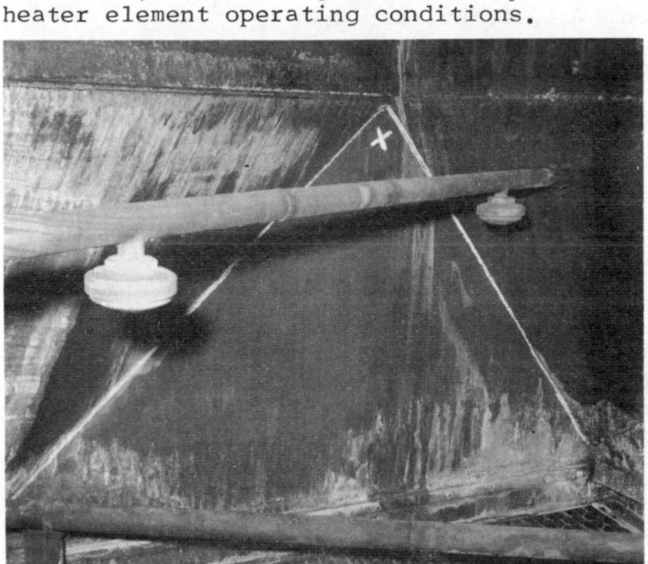

Fig. 2 Air-heater Test Point Location

Measurements using a water cooled electrical dew point meter capable of achieving low probe temperatures gave poor repeatibility but indicated higher temperatures than expected. These were confirmed indirectly by making SO_3 measurements using a method similar to that developed by Goksoyr and Ross (15) but with a reduced condenser temperature. The actual sample point was located on the rotor entry side of heater outlet as shown in Fig. 2 and extended to a depth of 75 cm. to provide adequate clearance in case of flue gas contamination.

This was confirmed by negative CO_2 checks. Preliminary figures are contained in the appendix 2.

Table 2.

Acid dew point comparisons.

SO_3 P.P.M.	3.0	7.5	15.0	30.0
Partial pressure H_2SO_4 N/m^2	0.267	0.667	1.33	2.66
Partial pressure water vapour kN/m^2	13.73	13.73	13.73	13.73
Acid Dew Point °C				
(a) Hause, Rehse Borgmann (14)	124	131	138	144
(b) Computer Subprogram	122	131	138	145

Conclusions

Programs of this type enable an amount of tedious work to be handled by the computer apart from providing more accurate computations, more detailed results and facilities for theoretical studies. The finding of measurable SO_3 concentrations in combustion air allows a completely new approach to air-heater corrosion investigations. Dual or multiple fuel operation can be easily dealt with by the addition of another subprogram.

Acknowledgement.

The co-operation and assistance of my colleagues in Generation Department and Dublin Generation Region and the permission of the Electricity Supply Board to publish this paper is gratefully acknowledged.

APPENDIX 1.

1. Buna, T., 1965, Combustion Calculations for Multiple Fuels. Trans. A.S.M.E. Vol. 78, August P. 1241

2. Vuia, R.E. (1963), Performance Testing of Large Steam Generators. Paper No. 62 - WA - 267, not published in Trans. A.S.M.E. or Mechanical Engineering, on file in Engineering Societies Library. P.4

3. Ibid., P. 11

4. Ibid., P. 9

5. V.D.I. Steam Table 1963, P. 10/25

6. Bostic, J. A., Long. W.F.,(1961), Code Testing of Large Boilers - Input - Output or Heat Loss Method. Paper No. 60 - PWR - 5, not published in Trans A.S.M.E. or Mechanical Engineering, on file in Engineering Societies Library. P.4

7. Combustion. Vol. 25. No. 8, P. 45. The Influence of Sulfuric Acid upon the Dew Point of Combustion Gases

8. Francis, W.E., 1952, The Measurement of the Dew Point and H_2SO_4 Vapour Content of Combustion Products. The Gas Research Board Communication GRB64.

9. Taylor H.D., 1951. The Condensation of Sulfuric Acid on Cooled Surfaces Exposed to Hot Gases Containing Sulfur Trioxide. Trans. of the Faraday Society, No. 346. Vol. 47 Oct.

10. Thomas, J.S. Barker, W.F. 1925. The Partial Pressures of Water Vapour and of Sulfuric Acid Vapour over Concentrated Solutions of Sulfuric Acid at High Temperatures. Journal of the Chemical Society. Vol. 127. P. 2820

11. Principles of Chemical Engineering, Third Edition, 1937, Walker, W.H., Lewis. W.H., and Gilland, E.R., P. 412

12. Rogers Industrial Chemistry, Sixth Edition, Vol. 1. Furnas. C.C.

13. International Critical Tables. 1st Edition 1928. Vol. 4. P. 203

14. Nussle, G., 1965. Flue Gas Dew Point and Flue Gas Corrosion. Energietechrik, 15, Book 12, P. 553/559

15. Goksoyr, H., Ross, K., 1962. The Determination of Sulphur Trioxide in Flue Gasses J. Inst. Fuel 35,177

APPENDIX 2.

Preliminary Figures for Combustion Air SO_3 Pick-Up
Boiler No. 7 Ringsend "B" Station.
Dublin Generation Region.
Fuel Oil Sulphur Percentage. 2.3

Percentage M.C.R.	80.				
Steam Flow kg/sec.	5.05				
Oxygen%	0.60	0.95	1.60	1.55	1.70
Air Air-Heater In °C	70.0	81.0	82.2	62.8	37.7
" " " Out °C	254.4	215.0	216.6	226.7	233.9
Flue Gas Air-Heater Out °C	127.2	125.5	125.5	123.9	118.3
" " " " In °C	312.8	303.3	282.2	282.2	287.8
Recir. Dampers %	50.0	72.0	72.0	45.0	0.0
By-pass Damper %	0.0	10.0	10.0	20.0	20.0
SO_3 p.p.m. (Test)	2.0 1.0*	2.2	4.4	6.0	8.3

*Probe immersion at 90 cm (other tests at 75 cm)

APPENDIX 3.

Program details.

(a) Language: Basic Fortran IV.

(b) Number of Inputs/Outputs.

(1)	Mainline Program	FGLC2.	44/36
(2)	Subprogram	PSAT	1/1
(3)	"	TSAT	1/1
(4)	"	ADWPT	2/3
(5)	"	CONVT	15/9
(6)	"	ENTHS	2/1

(c) Special work-length requirements 48 Bits per word.

Performance guide.

(a) Computer used: IBM 1130 Model 3C.

(b) Core size: 5702.

(c) Input medium: IBM cards.

(d) Output medium: Line Printer.

(e) Work or data files needed: None.

(f) Time taken to run program: 24 sec.

APPENDIX 4.

Copy of a Computer Print Out giving Boiler Loss Breakdown. (Oil Fired Boiler)

Fuel Type Code 2 Percentage M.C.R. 60.00

Dry Fuel Analysis per cent C85.20 H 11.80 N 0.00 S 2.50 O 0.00 Ash 0.04
G.C.V. as fired MJ/KG 43.05 Fuel moisture percentage as fired 0.50
Flue gas temp. C 130. Oxygen 3.7 CO P.P.M. 300. SO3 P.P.M. 12. Outside Air Temp. C 10.0
Boiler Hse. Air Temp. C 37.0

Boiler Efficiency Indirect (N.C.V. Based) 93.37 Per Cent; Tolerance (V.D.I. Code used for key losses) 0.25 Per Cent.

Breakdown of Losses	(Per Cent)	Flue Gas and Fuel Data		
Stoic Dry Gas Loss	4.04	CO2 (Flue Gas)	12.91	
Excess Air Gas Loss	0.82	Stoic. CO2	15.71	
Wet (Fuel) Gas Loss	0.64	Excess Air Percentage	19.98	
Atomising Steam Loss	0.23	Dry Gas Volume M3 STP per KG Fuel	12.22	
Air Moisture Loss	0.10	Wet Gas Volume M3 STP per KG Fuel	1.5703	Apparent
Ashpit Water Loss	0.00	Air Fuel Ratio KG/KG	16.61	
Quenching Water Loss	0.00	GCV as fired MJ/KG	43.05	
Pulverizer Reject Loss	0.00	NCV as fired MJ/KG	40.44	
CO Loss	0.11	Water Vapour Part. Pres. KN/M2	11.32	
Flue Gas Carbon Loss	0.10	Water Dew Point C	48.5	
Carbon Loc. No 1 Loss	0.00	H2SO4 Part. Pres. N/M2	1.07	
Carbon Loc. No 2 Loss	0.00	Acid Dew Point C	132.7	
Carbon Loc. No 3 Loss	0.00	Flue Gas Heat (Gross) KJ/KG Fuel	5395.0	
Ash sensible Heat Loss	0.00	Flue Gas Heat (Nett) KJ/KG Fuel	2789.6	
Air Preheater Loss	0.00	H2SO4/H2O Vapour Mol. Fraction	0.000093	SFO.000000
Unit Oil Heater Loss	0.05	H2SO4/H2O Liquid Mol. Fraction	0.39	SFO.048083
Nett Radiation Loss	0.48	(Recup.Heat Percentage)	1.11	

APPENDIX 5.

Input Data Format for Solid Fuels. (Coal, Brown Coal, Sod Peat, Milled Peat etc.)

	Column			
Card No. 1	1 - 5	Fuel Code Number		1*
	6 - 10	Nominal Percentage Boiler M.C.R.		%
Card No. 2	1 - 5	Carbon (anhydrous)		%
	6 - 10	Hydrogen "		%
	11 - 15	Nitrogen "		%
	16 - 20	Sulphur "		%
	21 - 25	Oxygen "		%
	26 - 30	Ash "		%
	31 - 35	Moisture "as fired"		%
	36 - 40	G.C.V. (anhydrous)		MJ/Kg
	41 - 45	Fuel Temperature		°C
	46 - 50	Moisture in Combustion Air		g/Kg (dry air)
	51 - 55	Economiser inlet temperature		°C
	56 - 60	Blank		
	61 - 65	Blank		
	66 - 70	Blank		
	71 - 75	Blank		
	76 - 80	Blank		
Card No. 3	1 - 5	Stack flue gas temperature		°C
	6 - 10	Stack flue gas oxygen level		%
	11 - 15	CO in flue gases		P.P.M.
	16 - 20	SO_3 in flue gases		P.P.M.
	21 - 25	Outside Air Temperature (or other base)		°C
	26 - 30	Boiler House Air Temperature		°C
	31 - 35	Internal Air preheater temperature rise		°C
	36 - 40	External Air preheater temperature rise		°C
	41 - 45	Gross Radiation Loss	(estimate)	%
	46 - 50	Pulveriser Rejection Rate	(estimate)	Kg/Kg fuel
	51 - 55	Calorific Value of Rejects		KJ/Kg rejects
	56 - 60	Specific Heat of Refuse	(location No. 1)	KJ/Kg °C
	61 - 65	Carbon Content of Refuse	(location No. 1)	%
	66 - 70	Temperature of Refuse	(location No. 1)	°C
	71 - 75	Fraction of total Refuse	(location No. 1)	%
	76 - 80	Correction Factor for ash weight change	(location No. 1)	Ratio
Card No. 4	1 - 5	Specific Heat of Refuse Continued as above	(location No. 2)	KJ/Kg °C
	26 - 30	Specific Heat of Refuse Continued as above	(location No. 3)	KJ/Kg °C
	51 - 55	Water to Ashpit or Slag Tank	(estimate)	g/Kg fuel
	56 - 60	Water from Ashpit or Slag Tank	(estimate)	g/Kg fuel
	61 - 65	Temperature of water leaving Ashpit		°C
	66 - 70	Water for ash quenching		g/Kg fuel

* Right oriented input

C123/73

BEHAVIOUR OF TURBO-GENERATOR BEARINGS UNDER THE INFLUENCE OF VARYING OPERATIONAL CONDITIONS

G. WRONSKI   A. DAVIES   B. D. BURROWS

SYNOPSIS The journal bearings of a large turbo-generator must be able to absorb the full range of loads imposed upon them by the changing operating conditions. The changes are due mainly to misalignment caused by varying thermal environment. By limiting the analysis to measurements of pedestal heights at the first four bearings at the hot end of the turbine the misalignment is expressed in terms of deviations from the cold catenary. Since the distribution of bearing loads is also a function of these deviations the measured and calculated results can be superimposed giving a graphical measure of load distribution under various operating conditions. The combined diagram is then used to determine the cold alignment bias required to achieve optimum results.

The differential equations describing the motion of a journal within a bearing have been solved for a range of steady and rotating loads. The calculated journal orbits tend to increase disproportionately when the load is reduced below a certain value. On the other hand as the load increases the oil temperature within the oil film tends to rise. By limiting this rise to an arbitrary maximum, a range of loads is defined for a given bearing between the limits of unacceptably large amplitudes and potential bearing wear.

Combining the two sets of results, conclusions are drawn regarding the optimum cold alignment and bearing design for any known variation of loads caused by thermal and other effects.

NOTATION

p	=	bearing oil pressure.
h	=	oil film thickness.
z	=	axial distance from the bearing edge.
ψ	=	angular displacement of journal centre from the bearing centre measured in the direction of rotation from the vertical centre line of the bearing.
ε	=	non-dimensional radial displacement of the journal centre from the bearing centre.
Θ	=	angular displacement variable measured in the direction of rotation from the journal attitude line.
μ	=	dynamic viscosity.
$\dot{\psi} \ldots \dot{\varepsilon}$	=	differential coefficients of ψ and ε with respect to time.
ω	=	journal speed (rd/sec).
b	=	bearing length.
R_2	=	Radius of bottom surface of the bearing.
R_1	=	Journal radius.
C	=	$R_2 - R_1$
R	=	mean bearing radius.
$P_1 \ldots P_2$	=	oil film reaction in the direction of, and normal to the journal attitude line.
m	=	proportion of shaft mass acting at the bearing.
W	=	bearing design load.
Ph	=	total static horizontal load acting on the journal.
Pv	=	static vertical load acting on the journal in excess of W.
Pc	=	Rotating out of balance load.
Pv'	=	total static vertical load acting on the journal.
H	=	static horizontal force applied at the journal.
S	=	Sommerfeld parameter.
P	=	load variable.
F	=	applied force.
a_{ij}	=	the load on bearing i due to a unit deflection of journal j.
δ_j	=	deflection of journal j.
n	=	number of bearings under consideration.
$\delta V_j \ldots \delta h_j$	=	vertical and horizontal deflections of journal j.
$\Delta V_i \ldots \Delta h_i$	=	vertical and horizontal displacements of bearing i.
εv	=	$\varepsilon \cos \psi$.
εh	=	$\varepsilon \sin \psi$.
$\varepsilon vo_i \ldots \varepsilon ho_i$	=	vertical and horizontal non-dimensional radial journal displacements when the journal (i) is under the action of Wi only.

$y_2 \ldots y_3$ = vertical displacements of bearings 2 and 3 in the design catenary condition from a chord joining the centres of bearings 1 and 4.

Φ, f = function symbols.

$\Delta y_2 \ldots \Delta y_3$ = change of deflections y_2, y_3 between the cold and hot condition.

INTRODUCTION

The response of many types of journal bearings to a variety of applied loads has been extensively investigated and reported upon in scientific and technical literature. Amongst these, the bearings of large turbo-generators and the loads they are expected to support may seem fairly straightforward. A more detailed examination reveals, however, that although this view is generally true the complex thermal environment created by a steam turbine can influence conditions to an extent which will cause occasional difficulties to occur. Since the successful maintenance of plant flexibility and reliability depends to some extent on our ability to deal with such difficulties it is worthwhile to consider their possible causes.

One of the more important factors in this context is the considerable range of steam temperature (Fig. 1) which affects the turbine and its supporting structure. Their response to the various heat inputs is a complex and variable three-dimensional pattern of relative expansions which must be absorbed by the assembly without loss of dimensional compatibility or dynamic stability. The varying operational conditions are particularly complicated during transients and the differential effects become more pronounced as the size of the turbo-generator is increased.

Because of the generally satisfactory performance of journal bearings the instrumentation relating to them is usually fairly rudimentary. When difficulties do arise, therefore, the data acquisition facilities are limited while the results of the investigations, however complex they may be, must be translated into simple and direct terms of operational and maintenance practices. The investigations must be carried out within the restrictions imposed by normal operation of the plant and there is always the powerful incentive to resolve any problems affecting full utilisation of the plant as quickly as possible.

In pursuing these objectives a number of instruments, additional to those used for operational purposes, have been installed on several large turbo-generators in the Midlands Region of the Central Electricity Generating Board. The information about a number of aspects of turbine operation, acquired in this way, has been analysed bearing in mind the points made above.

The following discussion refers to the results and analysis of measurements of bearing alignment and the position and amplitude of journal motion, obtained over the full range of operating conditions. The approach adopted by the authors is based on a combination of experiment and empiricism linked by well documented analytical methods. The objective of the work has been to use all the means available in order to gain maximum advantage in the context of practical engineering.

INSTRUMENTATION AND MEASUREMENTS

Bearing in mind that instruments would be inaccessible once installed and that the installation time would be strictly limited it was realised that only a relatively small number of instruments of proven reliability could be used. In the event only two types had been installed, i.e. inductive proximity transducers to measure movement of journals relative to the bearing housings and multi-limb manometers to measure movements of bearing pedestals in the vertical plane relative to a datum. The inductive transducers were mounted in brackets secured to the bearing housings and produced measurements of journal position and movement in two planes at right angles. The electrical output of the transducers could be connected to suitable recording devices. This equipment has been in service for periods up to three years and has proved to be quite reliable.

The level measuring instruments consisted of a number of manometers rigidly attached to the bearing pedestals and connected in parallel to a Master Unit capable of altering the water level in the system. All water connections were cooled by water jackets and the system was vented to ambient pressure at a common point. In operation, the water level was raised to make electrical contact with probes mounted in each limb of the manometer system and each individual contact was suitably recorded giving the corresponding heights. Where frequent measurements were required the system has been converted to automatic operation.

Given careful installation and regular maintenance the manometric system has proved to be fairly reliable. Measurements of bearing level variation have been monitored on a number of large turbo-generators for periods of up to nine months. The total volume of results obtained in this way could not possibly be reproduced here, but a typical set is shown in Fig. 2. The measurements shown are typical of all others, although there are differences in detail.

Many records of journal attitudes and orbits have also been obtained during the same period of time and a typical set is shown in Fig. 3. In view of the fact that the majority of bearing problems occur at the high temperature end of the turbine the analysis of results has been limited to the measurements produced by instrumentation installed in that area.

VARIATION OF BEARING ALIGNMENT

Great care is normally taken during assembly to ensure a virtually perfect concentricity of turbine shafts and the correct distribution of loads on all bearings. As a result of steam admission, however, the bearing pedestals and the supporting structure are heated by the surrounding pipes and casings and various temperature gradients are established. Because of the size of large units the resulting differential expansions and the consequent changes of bearing alignment can be quite considerable (Fig. 2), while the complexity of the heat transfer pattern and the response of various components causes the variation to be of an almost random nature.

As it is not possible in practice to compensate for these phenomena, we must consider how the observed misalignment affects the running of the turbine and what should be done to counteract any adverse effects.

The first problem is to understand the quantitative significance of measurements such as those shown in Fig. 2, particularly as, in spite of the recorded misalignment, the unit has operated without any trouble throughout this period.

Accepting the static load on a bearing as an important factor in the context of journal stability, the measured variation of alignment should be related to changes in the distribution of bearing loads.

Limiting the analysis to the four bearings which support the H.P. and I.P. shafts of a turbine such as shown in Fig. 1, we can refer the vertical movements of bearings 2 and 3 to a chord drawn between the displaced positions of bearings 1 and 4. Using the notation of Fig. 4, the original alignment, i.e. the cold catenary, will be characterised by deflections y_2 and y_3. Changes in support heights ΔV_{1-4} will cause these deflections to change by amounts Δy_2 and Δy_3 and the correlation can be found quite simply

$$\left.\begin{aligned} \Delta y_2 &= \frac{L_3 - L_1}{L_3}\Delta V_1 - \Delta V_2 + \frac{L_1}{L_3}\Delta V_4 \\ \Delta y_3 &= \frac{L_3 - L_2}{L_3}\Delta V_1 - \Delta V_3 + \frac{L_2}{L_3}\Delta V_4 \end{aligned}\right\} \quad (1)$$

The usefulness of the above correlation becomes apparent when the seemingly random variations of bearing heights similar to those shown in Fig. 2 are replotted in terms of Δy_2 and Δy_3 in Fig. 5. The main reason for the simplification is that the Δy-plot eliminates the overall rise and fall components of bearing displacements and only shows the differential movements. Generally speaking, certain areas of the Δy-plot correspond to different thermal states of the machine and are marked accordingly in Fig. 5.

Having expressed the changes of alignment in terms of deflections at supports 2 and 3 the next step is to represent the changes in reactions at all four supports in terms of the same variables. This can be done by considering the shaft as a continuous beam and deriving the relationship between the distribution of journal deflections and the consequent changes of reactions. Calculations have shown that the elastic analysis can also be limited to the first four bearings of the turbine (Appendix 2). The conditions of particular interest are those corresponding to sets of journal deflections which produce zero reactions at various bearings. The elastic analysis shows that these conditions can be represented by straight line relationships between deflections at bearings 2 and 3.

Before combining the correlations of measured and calculated results it must be noted, however, that whereas the thermal displacements have been measured on bearing pedestals, the elastic analysis referred to the journal centres. A correction must therefore be applied to allow for the variation of oil film thicknesses consequent upon the changes of loads imposed upon them.

Although the calculation of journal position for a given load is relatively simple (Appendix 1) when the loads are changing due to the movement of supports the problem becomes somewhat more complicated. The difficulty lies in the fact that in accepting the change of load the journal moves in the opposite direction to the bearing. The equilibrium positions can be found by solving a set of matrix equations representing the forces and journal positions in all bearings. The problem is further complicated if bearing diameters vary along the shaft and the shaft deflection curve cannot remain in the vertical plane. In this case horizontal force components are required to produce overall equilibrium and must therefore be included in the calculation. When dealing with vertical movements of pedestals only, the horizontal forces are not very significant. They do become important, however, when considering more complex patterns of forces and displacements and the diagram of Fig. 6 shows the calculated force field which exists within a journal bearing. The curves of Fig. 6 illustrate the fact that horizontal forces can cause relatively large displacements of the journal within its clearance space and also that they cause it to rise or fall relative to the bearing centre. Both these features can be important under certain circumstances, as will be shown later.

After applying the correction for the variation of oil film thickness the results of elastic analysis can be used to define areas in the Δy-diagram in which the loads on various bearings will tend to zero. An example of such superposition of measured and calculated results is shown in Fig. 5. Since the origin of co-ordinates in the Δy-diagram represents the design catenary the correct distribution of bearing loads can only exist when the displacement locus is at that point. A movement of the locus away from origin indicates load re-distribution but this need not necessarily cause any difficulties as long as the locus point remains within the area bounded by the zero load bands. In the case illustrated in Fig. 2 this was in fact true and consistent with the freedom from vibrations on that particular unit. The Δy-plot shown in Fig. 5 has been obtained on another unit on which fairly large amplitudes of journal vibrations have been observed at times, the corresponding points being marked in the diargam. As can be seen, the areas of journal instability coincide quite well with the zero load bands for bearings 2 and 3.

Whatever the design of turbine support structure may be, it will be subject to the thermal effects mentioned above to a greater or lesser degree and it is necessary to limit the consequent variation of bearing loads to a minimum. The optimum position in this respect is one in which the Δy-plot of pedestal movements is central relative to the zero load bands. In some cases it is possible to achieve this starting from the design catenary. In others, such as shown in Fig. 5, the optimum position can only be achieved by introducing a certain bias in the cold alignment.

It is clear from equations (1) that any permanent changes of bearing heights should be added to the variable displacements. It follows that the cold bias on bearings 2 and 3 will cause the whole Δy-plot to move in the direction of Δy_2 and Δy_3 respectively, while a bias on bearing 1 will move it parallel to a line defined by

$$\Delta y_3 = \frac{L_3 - L_2}{L_3 - L_1}\Delta y_2 \qquad (2)$$

TABLE 1

Condition	Load kN					
	Brg. 1	Brg. 2	Brg. 3	Brg. 4	Brg. 5	
1. Design	44.54	55.21	95.35	103.8	205.3	Vert.
	% Change from Design					
2. Bearing 2 up 890 μm Bearing 3 up 635 μm	-24 - 0.2	+67.5 + 0.3	-22.5 0.6	-30 - 4.7	+11.9 3.3	Vert. Hor.
3. Bearing 2 up 890 μm Bearing 3 up 635 μm sideways 250 μm	-19 - 4.2	+34.3 +44.2	- 0.3 -31.5	-43 +11.2	+16 - 1.7	Vert. Hor.
4. Displacements as in (3) Apply 10 kN upwards to H.P. shaft	-26 - 4.1	+18 +42.7	+ 1.1 -30.6	-43 +11.2	+16 - 1.6	Vert. Hor.
5. Bearing 2 up 380 μm Bearing 3 up 635 μm sideways 250 μm Apply 10 kN upwards to H.P. shaft	- 6 - 0.9	-92 +17.2	+64 -16.3	-51.2 + 8.3	+16 - 1.1	Vert. Hor.

Assuming therefore that the results of measurements and calculations required to produce the Δy-diagram as shown in Fig. 5 are available, the cold alignment bias necessary to compensate for misalignment under hot conditions can be obtained directly from the Δy-diagram as regards both the numerical values and the distribution of the alignment changes.

DYNAMIC RESPONSE OF JOURNAL BEARINGS

Although movements in the vertical plane have perhaps the major influence on bearing load distribution, other effects producing transverse displacements and forces (see Fig. 6) must also be taken into account. A few examples of such force-displacement systems and their effects on load distribution have been calculated and the results are given in Table 1. As will be seen later, the magnitude of load changes produced in this way can have a profound effect on the dynamic behaviour of the journals.

Whatever the distribution of static loads may be the rotating forces due to residual shaft out-of-balance and any other oscillatory excitation must be contained by the bearings without excessive amplitudes of the journal motion. In practice, journal orbits vary between more or less elliptical synchronous orbits of fairly small amplitude, complex, non-synchronous orbits with internal loops and/or cusps, and large amplitude approximately half-synchronous orbits. All three types of motion are illustrated in Fig. 3. As the transition from one type of motion to another seems to be dependent on bearing load and since the large amplitude orbits need to be avoided it is interesting to consider the mechanism of the observed phenomena.

Referred to the point of static equilibrium the motion of the journal centre along an elliptical path can be represented by two harmonic vibrations in quadrature in line with the major and minor axes of the ellipse. The major axis of the ellipse is usually normal to the journal attitude line. Neglecting friction, the forces required to sustain the two components of motion can only be provided by the hydro-dynamic force which acts towards the static equilibrium point and the rotating force which is mainly due to shaft out-of-balance but may also be affected by other sources of excitation.

Considering the component of motion projected onto the major axis, say, we find from Fig. 6 that the hydro-dynamic force component along the same axis is not zero as the point moves through the origin of co-ordinates, i.e. the point of static equilibrium. Since the acceleration in a harmonic vibration must be zero at that point the hydro-dynamic force must be balanced by the rotating force and it follows that there is a phase angle between the two vectors. The magnitude of this angle can be found from the triangle of vectors.

$$\cos\phi = \frac{M_f^2 + P_c^2 - P_B^2}{2M_f P_c} \quad (3)$$

Where M_f - inertia force vector
P_B - hydro-dynamic force vector
P_c - rotating force vector
ϕ - angle between M_f and P_c

As the load on the bearing and hence the restoring force P_B is reduced (see Fig. 6) due to the non-linearity of the force field the phase angle ϕ will also become smaller. The limiting condition occurs when the three vectors are in line. The same reasoning can be applied when tne magnitude of the rotating load P_c is increased. So long as the harmonic motion is maintained vector P_c is leading as seen by an observer moving with the journal centre. When the limiting condition is exceeded, variation of phase angle ϕ produces a non-harmonic acceleration pattern and elliptical motion is no longer possible. Although the tangential accelerations produced by the loss of synchronism between vectors P_B and P_c cause the journal orbit to become rather complicated the amplitude does not increase unduly and many journals operate in this mode. It is, however, an indication that a further trend in the same direction is likely to cause a disproportionate increase of amplitude due to the increasing tangential accelerations and the well known effect of the velocity of the journal attitude line. The sequence of changes described above has been observed in practice as shown in Fig. 3.

In addition to qualitative considerations of observed phenomena it is necessary to find a quantitative basis for solving practical problems. In order to do so we must attempt to simulate the behaviour of a journal by solving the dynamic equations of motion. The necessary calculations, using the method described in Appendix 1, have been carried out for a bearing of the following description:

Diameter - 254 mm
$b/_D = 0.5$ $\quad c/_R = 0.0026$
Steady load - 44.5 kN
Rotating force - 2.415 kN at 3,000 r.p.m.
Oil temperature - 50^oC

The orbit calculated for the above conditions was found to be very small, elliptical and entirely stable. The static load was then gradually reduced and the calculations repeated with the result that the orbits became distorted until at a load of about 19 kN the motion became unstable. Just before the transition the orbits became non-synchronous but their amplitude remained stable similarly to those measured on actual journals. In the unstable region the calculation gave amplitudes increasing beyond the limits acceptable in practice and was terminated at that point.

Introduction of horizontal force components of static load produced the same results when the total value of the load vector was sufficiently reduced. Reversing the trend, calculations were also done for large values of both static and rotating forces. In this case, the result was a large amplitude but stable motion of the journal.

In order to summarise the rather large number of calculations the locus of transition points has been plotted in the clearance circle of the hypothetical bearing giving the minimum steady load required for stability under the action of the assumed rotating force.

Pollmann (3) showed the close relationship between the load carried by a bearing and the temperature rise of the lubricating oil. A limit may be placed on the acceptable increase in oil temperature within the bearing and the corresponding journal eccentricity calculated. We then obtain a range of loads and displacements within which the journal can operate without danger of very large vibrations or excessive wear. Increasing the out-of-balance force will, of course, reduce this range, other things being equal. The effect of reducing the $c/_R$ ratio was to reduce both the value of minimum load to 13.4 kN for $c/_R = .0017$, and the capacity of the bearing to accommodate higher loads. The limiting conditions and examples of calculated orbits are shown in Fig. 7.

PRACTICAL APPLICATIONS

Let us now consider how the above correlations can be applied in practice, assuming that the following information is available:

1. Shaft dimensions.
2. Bearing and journal dimensions.
3. Design loads.
4. Transverse and vertical movements of bearing pedestals.
5. Static equilibrium positions and the amplitude and form of journal orbits.

Having the above data the Δy-diagram (e.g. Fig. 5) can be drawn, and the conditions under which maximum deviation from design bearing load distribution is likely to occur, can be established. Using all this information the following assessment can be carried out:

1. Calculate bearing loads and journal positions on the basis of measured misalignment.
2. Compare with measurements and repeat calculation until a compatible system of applied forces is found.
3. Calculate the permissible range of loads for all bearings, e.g. Fig. 7.
4. Calculate journal orbits for a range of values of rotating forces. Repeat if necessary until reasonable agreement with measurements is achieved.

Admitting that the accuracy of instruments as well as the over-simplification of analytical methods can be questioned, one can nevertheless claim that when one is reinforced by the other in the above iteration, the results will be quantitatively significant. If so, they will give us a numerical measure of available margins.

In the case of a gradual deterioration of bearing performance being experienced, the proposed approach is much more effective since instruments retain their calibrations better than their zero settings and calculated results are likely to be more accurate when dealing with changes of conditions rather than absolute values. By matching the calculated and measured data the system of forces and displacements required to produce the observed phenomena can be deduced. The effectiveness of possible remedial measures can then be checked by the same method.

The authors realise that a number of factors such as the exact conditions within the oil film, dynamic interaction between bearings and shaft elasticity, etc. have been omitted. It can be argued, however, that all these phenomena cannot be affected by remedial measures feasible on an operational unit and that the numerate trial and error approach is the most likely to succeed. A more rigorous, generalised method of analysis would be most welcome, providing that the limited amount of information available under conditions of commercial operation would suffice for its application.

If persistent difficulties are experienced with

journal bearings the available remedial measures are rather limited, mainly by the prohibitive cost of any substantial modifications. Those which are feasible must, therefore, be used as effectively as possible.

The importance of limiting the shaft unbalance to a minimum is quite obvious and is normally accepted as a matter of course. Great care must be taken, however, that the state of balance achieved on works test is repeated when shafts are assembled. Effects of flexible couplings, use of dummy stub shafts for balancing, the effect of the demonstrated non-linearity of bearings and changes in load distribution on balancing in situ must be clearly understood and taken account of. The alignment of bearings allowing for thermally induced changes during operation has been discussed and its importance is beyond doubt. The point to note here is the small magnitude of the changes in bearing heights which are sufficient to cause significant re-distribution of bearing loads. The same comments apply to the transverse movement of bearing pedestals where the design and maintenance of pedestal and casing keys has a decisive influence.

Clearly, the complexity of the alignment problem cannot be resolved by the traditional intuitive approach based on past experience and it must be reinforced by measurement and analysis as proposed here.

Assuming that the optimum alignment has been achieved we must consider the capability of bearings to carry the full range of loads. The apparent mechanical simplicity of a journal bearing is rather difficult to express mathematically and even approximate general solutions are very complex indeed. The results of investigations and technical studies are therefore reported in simplified parametric terms and thus presuppose the knowledge of all the factors which affect the operation of the bearings. Although this approach is quite justifiable in the context of design, such knowledge is rarely, if ever, available in the environment of commercial operation. It follows that when considering design modifications intended to adapt bearings to particular operation circumstances we must think in a more empirical way and look more closely at the physical significance of the theoretical solutions.

The most common parameter used to characterise a journal bearing is the Sommerfeld variable which can be written:

$$\frac{W}{\omega R b \mu} \left(\frac{C}{R}\right)^2 = \Phi\left(\frac{b}{D}, \varepsilon\right) \qquad (4)$$

Although it is usual to use the radial clearance C in equation (4) it should be remembered that its true significance is to express the ratio of curvatures of journal and bearing which determines the shape of the converging oil wedge. In the case of a perfectly circular bearing, with R_2 and R_1 as the radii of bearing and journal respectively, $C = R_2 - R_1$ and equation (4) is correct. If, however, we consider an 'elliptical' bearing, or if we find that the bearing has been distorted or damaged the above equality does not apply. In such cases, very small dimensional changes can have significant effects, as the unit of measurement must be of the same order of magnitude as the average thickness of the oil wedge. It follows, therefore, that when measuring bearing clearances we must ensure that they are representative of the shape of the oil wedge. It is doubtful whether single measurements of top and bottom clearances meet this requirement in a general case.

Another essential condition is that the converging oil film should be filled with oil at the correct temperature. In fact, the Sommerfeld variable can be written in a form which reflects this requirement.

$$\frac{b}{R} \frac{W}{2Rb} \frac{C^3}{\mu} = \frac{C \omega Rb}{2} \times f\left(\frac{h\ max}{h\ min}\right) \qquad (5)$$

Grouped in this way the variables express the relationship between the flow induced by the load carrying pressure, the pumping capacity of the journal acting against this pressure gradient and the variable dimensions of the oil film which produce the balance between them. Looked at in this way the Sommerfeld variable represents a physical rather than a mathematical concept and shows clearly that purely analytical manipulation of this parameter must be subject to physical reality. Excessive extrapolation of analytically derived solutions is, therefore, not advisable and bearing modifications must be based on a quantitative appreciation of their consequences in terms of oil flow through the bearing.

The velocity term ωR gives a measure of the pumping capacity when the journal centre is stationary relative to the bearing centre. The correct value is, of course, $(U_1 + U_2)$ i.e. the sum of journal and bearing surface velocities with U_2 normally taken to be zero. When the journal centre and hence the point of minimum clearance is moving relative to the bearing surface, or if the bearing housing itself is free to move, e.g. on flexible supports, the assumption that $U_2 = 0$ is no longer true and the pumping capacity can be seriously impaired.

The build-up of pressure within the oil film occurs mainly near the point of minimum clearance and a full 180° arc is not required for this purpose. Excessive reduction of the effective arc, however, is likely to interfere with the pumping action and should therefore be avoided. Circumferential and axial grooves, etc. will have similar disadvantages.

Continuing this type of qualitative analysis one must conclude therefore that the most important features of a journal bearing are the ratio of curvature of the two surfaces and the precision with which the chosen dimensions are realised in practice. The choice of these dimensions should be made on the basis of detailed quantitative considerations such as proposed above. The greatest asset of a journal bearing is its basic simplicity. Any modifications which alter this fundamental fact are unlikely to be successful.

CONCLUSIONS

Thermally induced misalignment of supports, changes in the state of dynamic balance of rotors, slight alterations in the geometry of bearings, etc. are a fact of life in the context of long-term operation of large steam turbines. These changes must not be allowed to affect the flexibility and availability of the units and correct identification of operating conditions and of the causes of difficulties with journal bearings is therefore essential. The problem can be summarised by saying that every bearing in the line of shafts must be capable of absorbing the whole range of variation of steady and rotating loads imposed upon it under all operational conditions. As the size of units increases the range of changing loads and the interaction between them becomes more complex and the intuitive judgement of practical engineers which has served us so well for many years must be combined with a quantitative analysis of operational measurements. Both the measurements and the analysis must be simple and effective because of the limited time and resources available under conditions of commercial operation.

The approach proposed by the authors relies on measurements of the movements of bearing pedestals relative to a datum, and of the movements of the journals relative to the bearing shells. Simple analytical methods are then used to determine the cold alignment which results in minimum deviations of bearing loads from design values and to establish journal and bearing dimensions giving the optimum conditions between the limits of excessive wear and unstable running. The authors believe that departures from the simple combination of a circular journal rotating in a slightly larger bush do not offer many advantages in this respect. The decisive factor is more likely to be the precision in manufacture and assembly, which must be commensurate with the elastic deflections of the shaft and the thickness of the oil film.

ACKNOWLEDGMENTS

The authors wish to thank Mr. D. R. R. Fair, O.B.E. Director-General of the Midlands Region of the C.E.G.B., for permission to publish this paper and Mr. G. A. W. Blackman, Director of Generation, for his advice and encouragement during the period of data collection and analysis.

Special appreciation is due to Mr. A. E. Woollaston, Head of the Computer Branch, and his staff for the valuable assistance given by them in carrying out the calculations which formed the basis of the paper.

APPENDIX 1

Using the 'narrow bearing' Ocvirk approximation to the Reynold's equation

$$\frac{\partial}{\partial z}\left[h^3 \frac{\partial p}{\partial z}\right] = 6\mu\{\omega - 2\dot{\psi}\}\frac{\partial h}{\partial \Theta} + 12C\mu\dot{\varepsilon}\cos\Theta$$

Holmes (1) derived the pressure distribution

$$p = \frac{z\{z - b\}6\mu}{C^2}\left[\frac{2\dot{\varepsilon}\cos\Theta - \{\omega - 2\dot{\psi}\}\ \varepsilon\sin\Theta}{\{1 + \varepsilon\cos\Theta\}^3}\right]$$

Integrating this equation over the length of the bearing and between the limits

$$\Theta_1 = \tan^{-1}\left[\frac{2\dot{\varepsilon}}{\varepsilon\{\omega - 2\dot{\psi}\}}\right]$$

$$\Theta_2 = \Theta_1 + \pi$$

the following dynamic oil film forces are obtained

$$P_1 = \frac{2Rb^3\mu}{C^2}\left[\left(\frac{\omega}{2} - \dot{\psi}\right)\varepsilon I_1 - \dot{\varepsilon} I_2\right]$$

$$P_2 = \frac{2Rb^3\mu}{C^2}\left[\left(\frac{\omega}{2} - \dot{\psi}\right)\varepsilon I_3 - \dot{\varepsilon} I_1\right]$$

where I_1, I_2 and I_3 are functions of ε and Θ.

Using the equations of journal motion derived by Holmes (1)

$$P_1 + \bar{Y}\cos\psi + \bar{X}\sin\psi = mC\{\ddot{\varepsilon} - \varepsilon\dot{\psi}^2\}$$

$$P_2 + \bar{X}\cos\psi - \bar{Y}\sin\psi = mC\{\varepsilon\ddot{\psi} + 2\dot{\varepsilon}\dot{\psi}\}$$

where $\bar{X} = Ph + Pc\sin\omega t$
$\bar{Y} = W + Pv + Pc\cos\omega t$

the journal orbits can be calculated for various systems of static and out-of-balance loads, using a standard I.C.L. analogue computer simulation package.

In the steady state, the above equations reduce to

$$P_v + W = \frac{Rb^3\mu\omega\varepsilon}{C^2}\left[\frac{(\pi/2)\sin\psi\sqrt{1-\varepsilon^2} + 2\varepsilon\cos\psi}{\{1 - \varepsilon^2\}^2}\right]$$

$$Ph = \frac{Rb^3\mu\omega\varepsilon}{C^2}\left[\frac{2\varepsilon\sin\psi - (\pi/2)\cos\psi\sqrt{1-\varepsilon^2}}{\{1 - \varepsilon^2\}^2}\right]$$

Invoking the Sommerfeld parameter

$$S = \frac{\text{Load}}{b\mu\omega R}\left[\frac{C}{R}\right]^2$$

Then, for any value of $b/_R$, the horizontal and vertical components of this load parameter may be obtained for $0 < \varepsilon < 1$ and for $-\frac{\pi}{2} < \psi < \frac{\pi}{2}$

APPENDIX 2

Considering the shaft as a continuous beam simply supported at the bearings, the support reactions at each bearing are given by

$$P_i = \sum_{j=1}^{n} a_{ij}\,\delta_j + F_i \qquad (i = 1 \to n)$$

In the vertical plane this is

$$P'_{vi} = \sum_{j=1}^{n} a_{ij}\,\delta_{vj} + W_i \qquad (i = 1 \to n) \quad (1)$$

Limiting the analysis to the first four bearings and assuming that the deflections of the shaft from bearing 4 onwards relative to the chord connecting bearings 1 and 4 do not significantly affect load distribution on bearings 1, 2 and 3, it is possible to represent the locii of points at which bearings 2 and 3 become unloaded on a diagram relating the movements of these two bearings (see Fig. 5).

i.e. for $P'V_2 = 0$

$$\delta V_2 = \frac{-a_{23}}{a_{22}}\,\delta V_3 - \frac{W_2}{a_{22}} \qquad (2)$$

and for $P'V_3 = 0$

$$\delta V_2 = \frac{-a_{33}}{a_{22}} \delta V_3 - \frac{W_3}{a_{32}} \quad \text{etc.} \qquad (3)$$

In the horizontal plane

$$P_{h_i} = \sum_{j=1}^{n} a_{ij} \, \delta_{hj} + H_i \qquad (i = 1 \rightarrow n) \quad (4)$$

Hence

$$\left\{ P'_v \right\} = \left[a \right] \left\{ \delta_v \right\} + \left\{ W \right\} \qquad (5)$$

$$\left\{ P_h \right\} = \left[a \right] \left\{ \delta_h \right\} + \left\{ H \right\} \qquad (6)$$

From simple geometry

$$\delta_{vj} = \Delta_{vj} + C_j \left\{ \varepsilon_{vj} - \varepsilon_{voj} \right\}$$

$$\delta_{hj} = \Delta_{hj} + C_j \left\{ \varepsilon_{hj} - \varepsilon_{hoj} \right\}$$

Then

$$\left\{ \delta_v \right\} = \left\{ \Delta_v \right\} + \left\lceil C \right\rfloor \left\{ \varepsilon_v \right\} - \left\lceil C \right\rfloor \left\{ \varepsilon_{vo} \right\} \qquad (7)$$

$$\left\{ \delta_h \right\} = \left\{ \Delta_h \right\} + \left\lceil C \right\rfloor \left\{ \varepsilon_h \right\} - \left\lceil C \right\rfloor \left\{ \varepsilon_{ho} \right\} \qquad (8)$$

P'_{vi} and P_{hi} are functions of ε_i and ψ_i and hence of ε_{vi} and ε_{hi} (see Appendix 1).

By substituting (7) and (8) into (5) and (6) and inverting, the following equations were obtained

$$\left\lceil C \right\rfloor \left\{ \varepsilon_v \right\} = \left[a \right]^{-1} \left\{ P'_v (\varepsilon_v, \varepsilon_h) - W \right\} - \left\{ \Delta_v \right\} + \left\lceil C \right\rfloor \left\{ \varepsilon_{vo} \right\}$$

$$\left\lceil C \right\rfloor \left\{ \varepsilon_h \right\} = \left[a \right]^{-1} \left\{ P_h (\varepsilon_v, \varepsilon_h) - H \right\} - \left\{ \Delta_h \right\} + \left\lceil C \right\rfloor \left\{ \varepsilon_{ho} \right\}$$

This system of equations can be solved using Powell's 'non linear least squares' program (2) and vectors of journal eccentricities and bearing forces are then obtained for various vectors of bearing deflections and applied static forces referred to the bearings.

REFERENCES

1. Holmes, R. 'Non-linear Performance of Turbine Bearings' *Journal of Mechanical Engineering Science Vol. 12 No. 6, pp 377-380 (1970)*

2. Powell, M.J.D. 'A Method for Minimising a Sum of Squares of Non-linear Functions without Calculating Derivatives' *Computer Journal (Jan. 1965) pp 303-307*

3. Pollman, E. 'Effect of Variable Oil Viscosity in the Design of Plain Bearings' *Konstruktion 19(5) pp 176-183 (1967)*

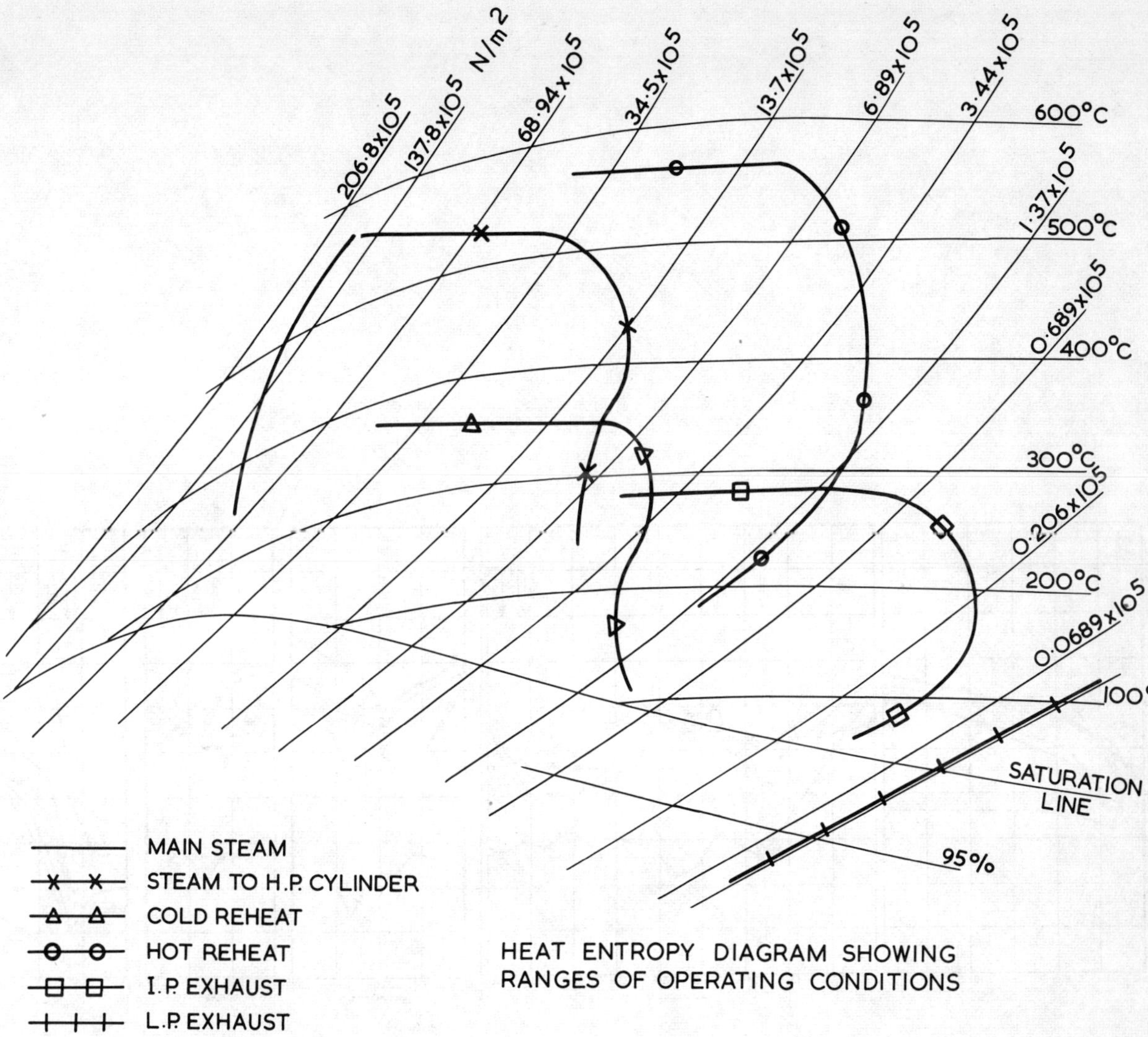

HEAT ENTROPY DIAGRAM SHOWING RANGES OF OPERATING CONDITIONS

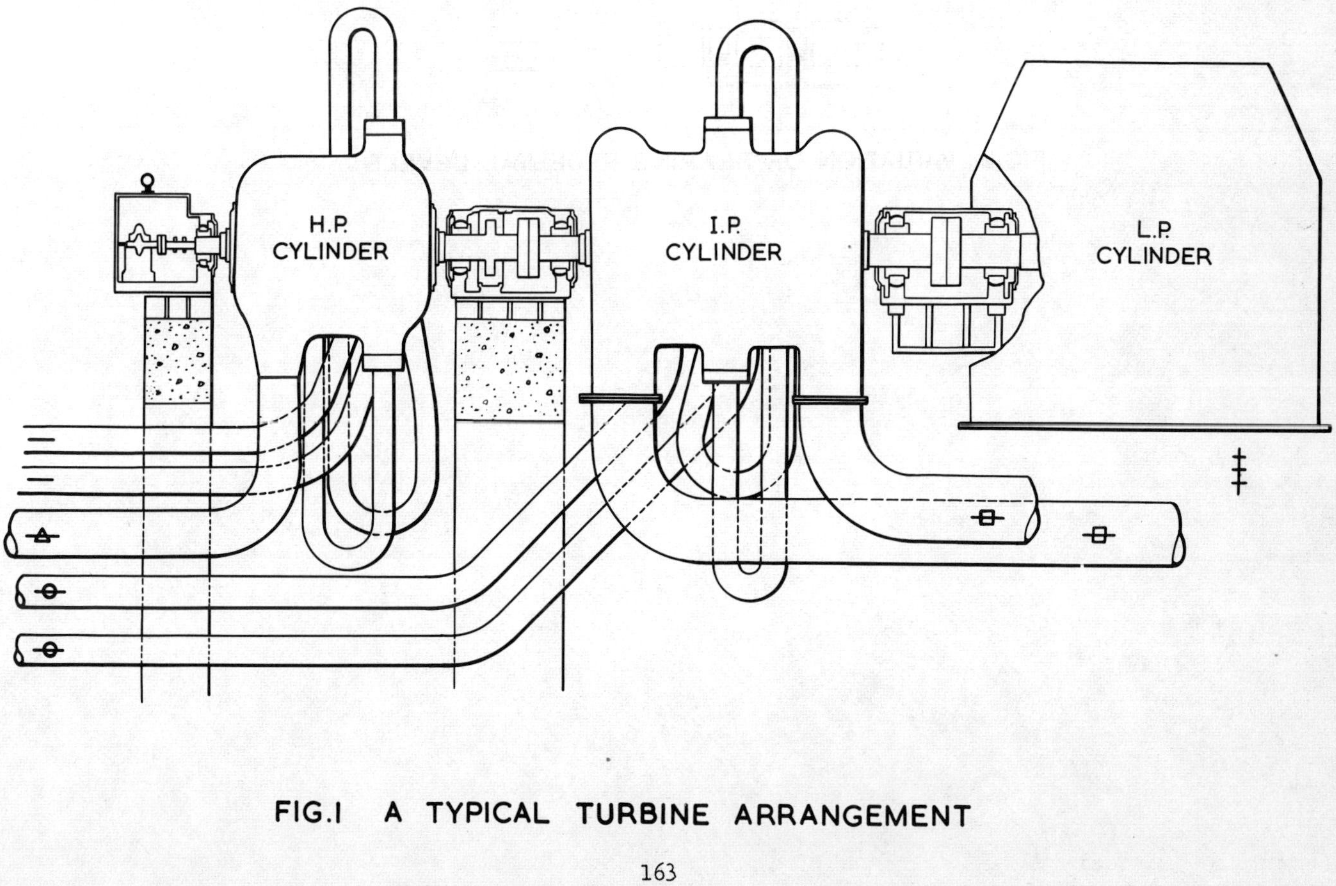

FIG.1 A TYPICAL TURBINE ARRANGEMENT

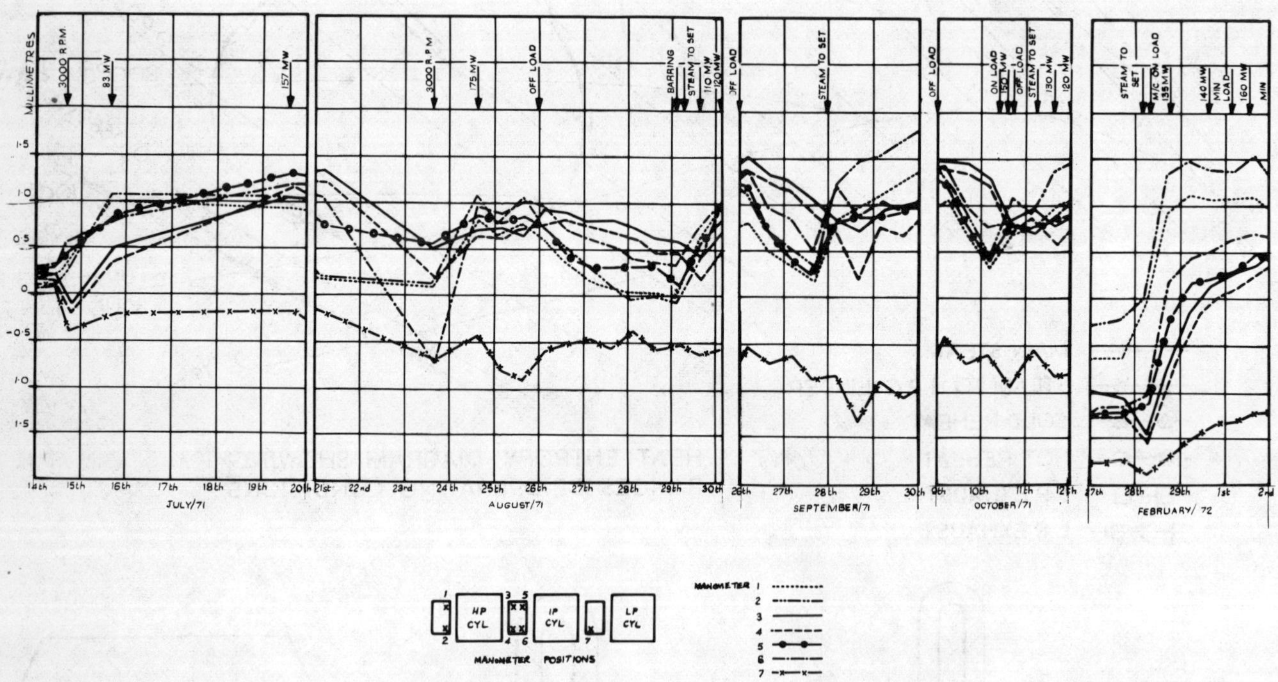

FIG.2 VARIATION OF BEARING PEDESTAL LEVELS

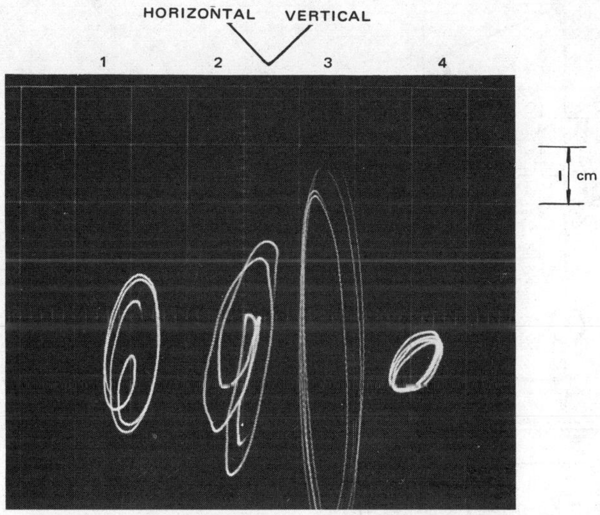

MACHINE LOAD 340 MW

	ϵ	ψ°
BEARING 1	.757	54
BEARING 2	.684	47.6
BEARING 3	.705	52
BEARING 4	.52	40

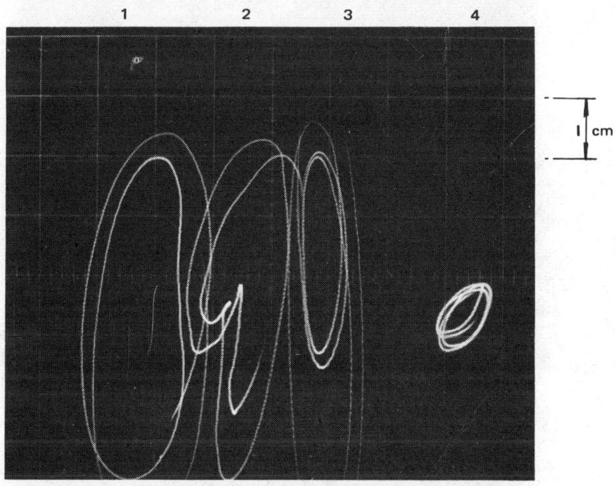

MACHINE LOAD 400 MW

	ϵ	ψ°
BEARING 1	.66	46.5
BEARING 2	.591	53
BEARING 3	.705	52
BEARING 4	.52	40

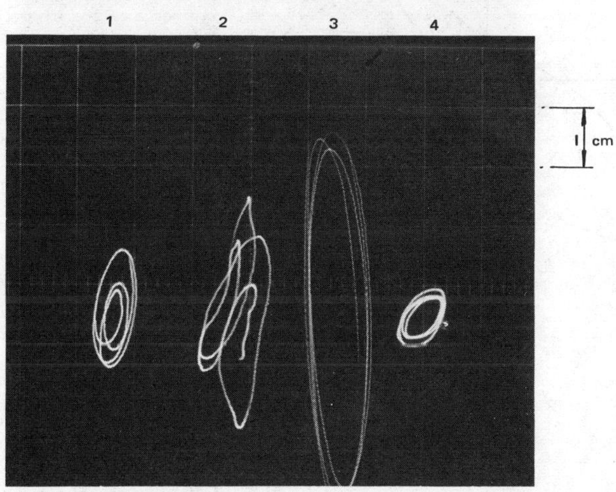

MACHINE LOAD 440 MW
STEAM VALVES BIASED

	ϵ	ψ°
BEARING 1	.691	29
BEARING 2	.655	36
BEARING 3	.698	47
BEARING 4	.52	40

CALIBRATION 15 μm/cm

NOTE: THE RECORDED ORBITS ARE SLIGHTLY DISTORTED BY UNEQUAL CALIBRATIONS OF THE TWO TRANSDUCERS

FIG. 3 MEASURED JOURNAL ORBITS

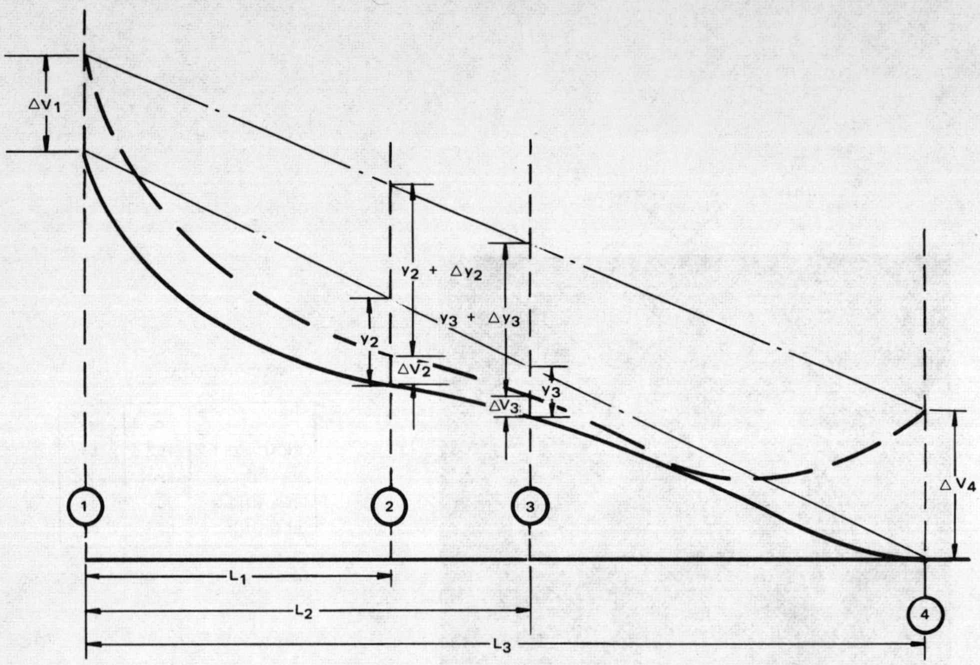

FIG. 4 SHAFT DEFLECTION

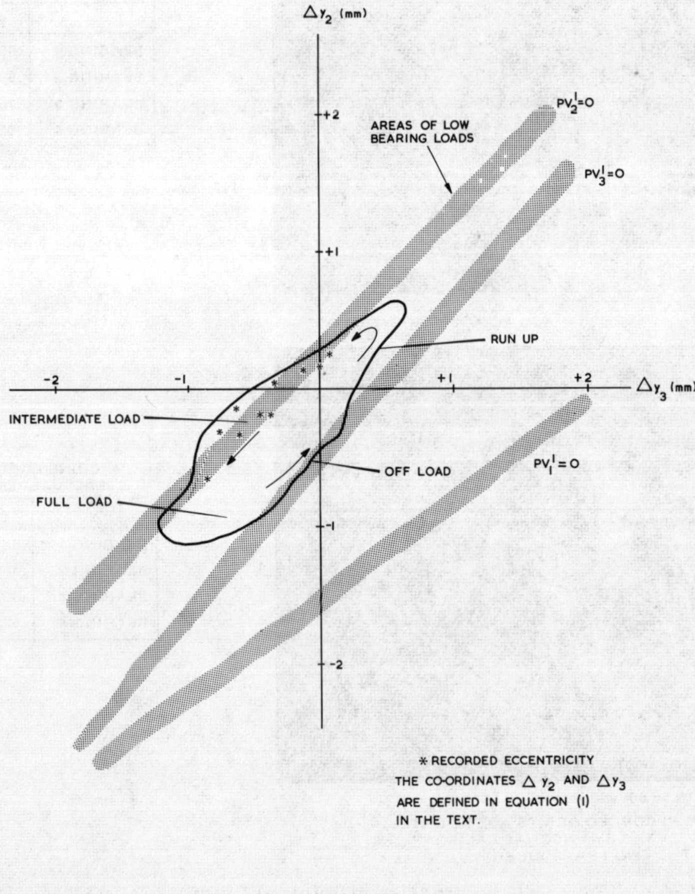

FIG.5 Δy – DIAGRAM

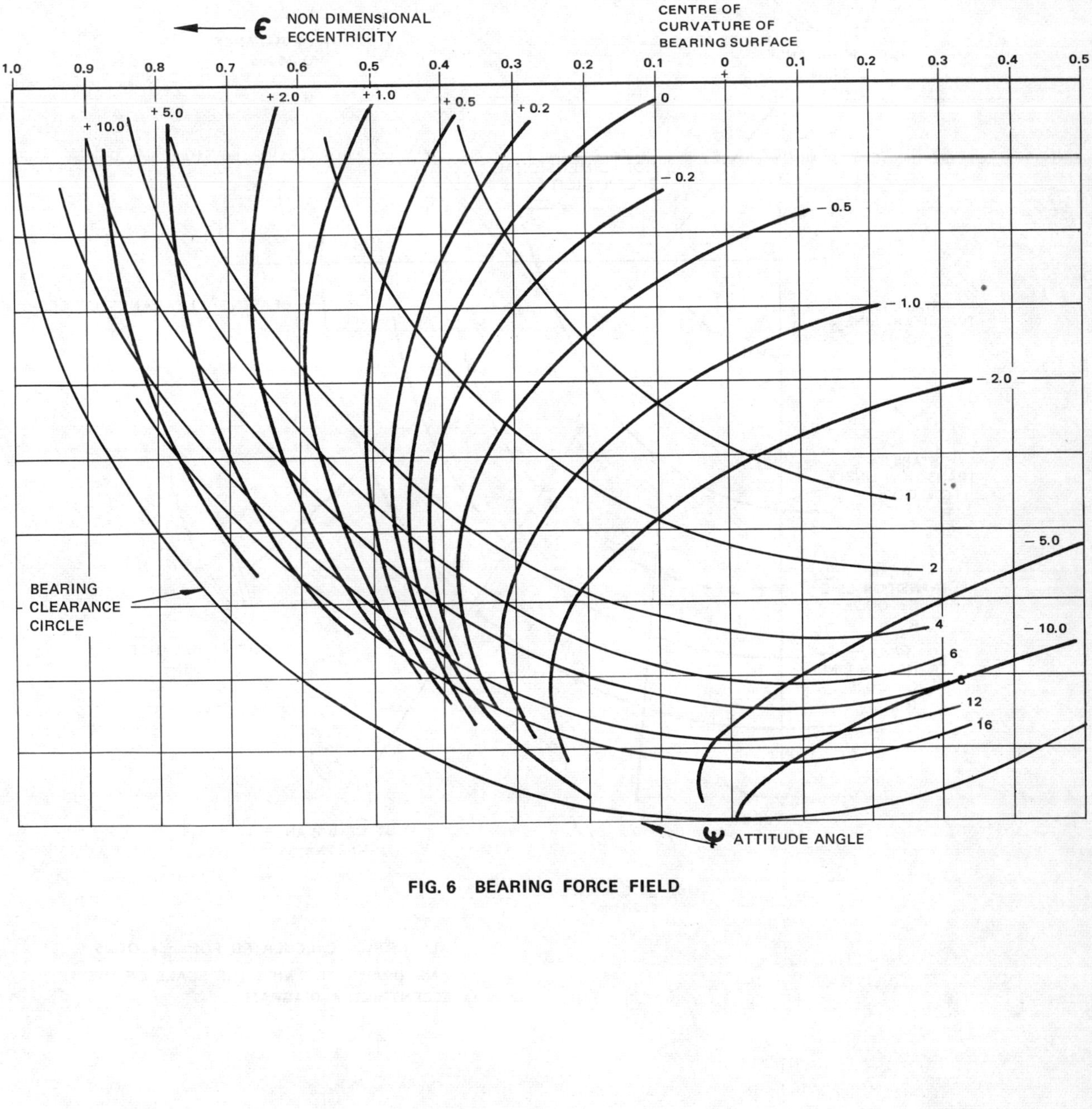

FIG. 6 BEARING FORCE FIELD

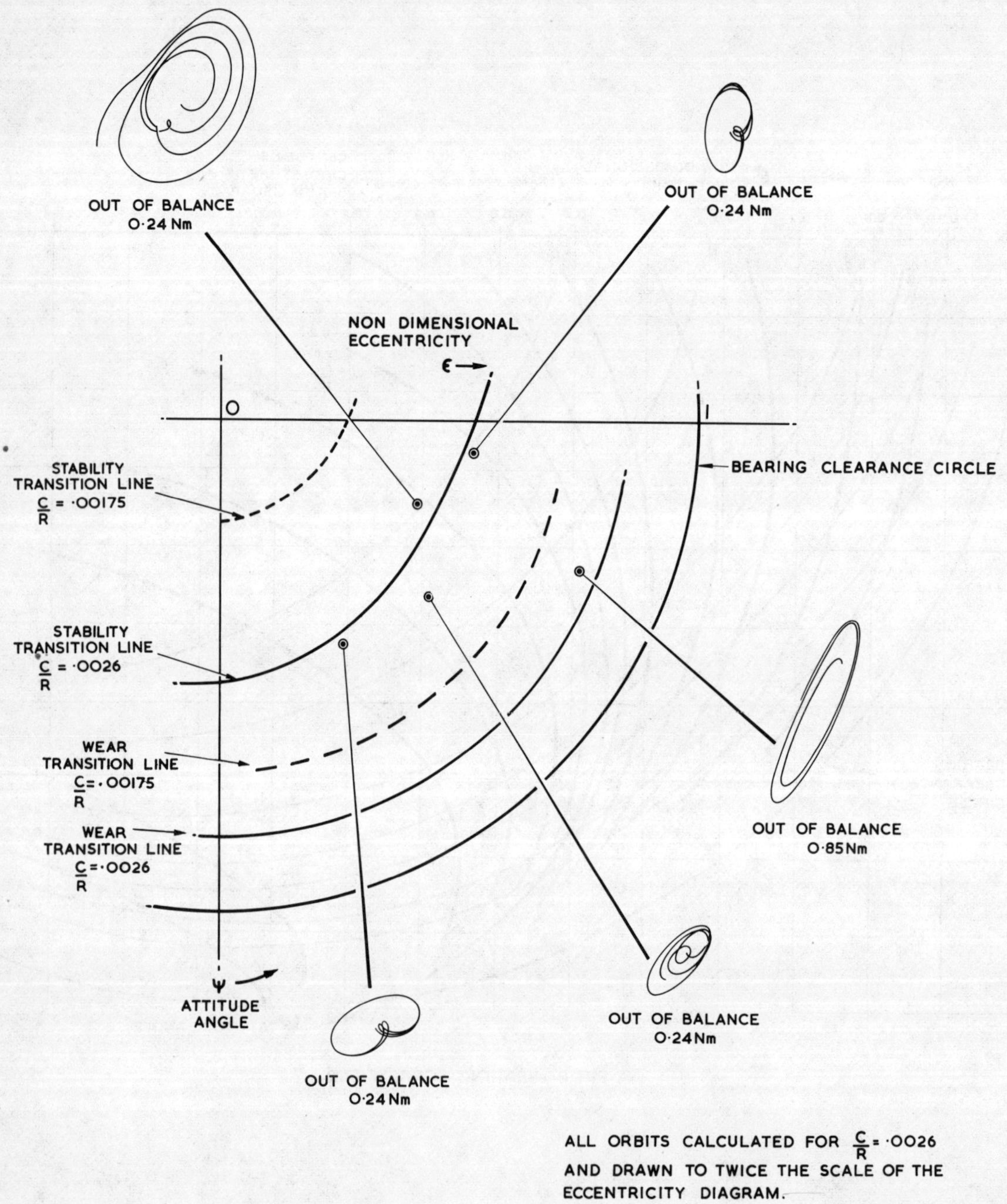

M.156

FIG.7 LIMITS OF STABILITY AND WEAR IN A JOURNAL BEARING AND ORBITS CALCULATED FOR VARIOUS LOADING CONDITIONS.

C124/73

ABSCHALTVERSUCHE ALS NACHWEIS FÜR DAS GEPLANTE VERHALTEN DER SICHERHEITS- UND REGELEINRICHTUNGEN IN DAMPFKRAFTWERKEN

K. H. FASOL R. KREMPL

Zusammenfassung

Der Aufbau und der Ablauf von Abschaltversuchen, bei denen nach dem Trennen des Generators vom Netz festgestellt wird, wie die vorhandenen Regel- und Sicherheitseinrichtungen reagieren, wird dargestellt, wobei ein typischer Versuch ausführlich behandelt wird. Versuchsergebnisse von anderen Anlagen werden diesen Resultaten gegenübergestellt. Die Untersuchungen zeigten, daß solche radikalen Methoden des Abschaltens notwendig sind, um ausreichend über das Verhalten von Kraftwerksblöcken bei außergewöhnlichen Betriebsereignissen unterrichtet zu werden. Die Versuche haben bewiesen, daß manche Probleme, die mit steigender Blockgröße schwierig werden, beherrschbar sind. Trotz hoher Dichte des Dampfes bei hohen Betriebsdrücken und trotz spezifisch geringerer Schwungmassen des Läuferstranges des Turbosatzes wurde bei plötzlicher Entlastung von Vollast auf Nullast die Drehzahlsteigerung vom Drehzahlregler beherrscht, so daß der Sicherheitsregler nicht eingreifen mußte. Auch die Sicherheitsventile am Kessel sprachen nicht an, weil vorhandene Regeleinrichtungen in Verbindung mit den vorhandenen Umführungseinrichtungen der Turbine verhinderten, daß der Abblasedruck erreicht wurde.

1. Einleitung

Es ist eine wichtige Forderung an alle in Kraftwerken installierten Anlageteile, daß ihre Abschaltsicherheit nachgewiesen werden kann. Dieser Nachweis bezieht sich auf einen Betriebszustand, bei dem die Energieabgabe an das Netz durch eine außerhalb des Blockes liegende Ursache (z. B. durch eine Netzabschaltung infolge einer Störung) plötzlich unterbrochen wird. In einem derartigen Fall muß der Block mit allen seinen Hilfseinrichtungen im Betrieb bleiben. Der Block muß in der Lage sein, bei Beendigung der Störung sofort wieder Energie an das Netz abzugeben. Diese Forderung bedingt, daß der Block durch eine kurzzeitige Störung nicht zum Stillstand kommen darf. Er müßte sonst mit erheblichem Zeitaufwand wieder neu angefahren werden. Nach Trennung des Blockes vom Netz muß er seinen Eigenbedarf weiter versorgen.

Die Bewältigung dieser Aufgaben muß von der Regelung des Blockes übernommen werden. Die Abschaltung der Teil- oder Vollast und der rasche Übergang auf den neuen Betriebszustand (Leerlauf bzw. Eigenbedarf) muß so erfolgen, daß die Sicherheitseinrichtungen (z. B. Schnellschluß) nicht ansprechen und daß an keinem Anlageteil kritische Materialbeanspruchungen auftreten. Der Abschaltversuch als extremer Betriebsfall dient mit zur Funktionskontrolle der gesamten Regeleinrichtung des Dampferzeugers, der Turbine und des Generators.

Ein Abschaltversuch umfaßt im wesentlichen:

1. Überprüfung aller wichtigen Betriebswerte im Dampf- Wasser-Kreislauf,
2. Überprüfung des Drehzahlverlaufes des Turbosatzes und der Funktion der Turbinenregeleinrichtung,
3. Überprüfung der elektrischen Kenngrößen am Generator und die Sicherheit der Eigenbedarfsversorgung.

Die Ergebnisse eines Abschaltversuches geben Aufschluß über mögliche Fehler an den Regel- und Sicherheitseinrichtungen. Nur durch das Zusammenwirken aller Anlagenteile werden Fehler erkannt, die bei der Prüfung eines einzelnen Aggregates nicht auftreten. Außerdem können Hinweise für bessere Einstellungen an diesen Einrichtungen gewonnen werden. Weiter können aus den gemessenen Daten Rückschlüsse auf das dynamische Verhalten der verschiedenen Anlageteile gezogen werden.

Eine Lastabschaltung bedeutet für das System "Kraftwerkblock" die sprungförmige Änderung einer Eingangsgröße. Die Reaktion der Ausgangsgrößen des Systems auf diese Sprungfunktion am Eingang werden als Sprungantworten oder Übergangsfunktionen bezeichnet. Sie sind die einfachsten Hilfsmittel der experimentellen Systemanalyse. Die beim Abschaltversuch gemessenen Druck-, Temperatur- und Drehzahländerungen stellen im Sinne der Systemanalyse die Übergangsfunktionen eines äußerst komplexen Mehrgrößensystems dar.

Aus Abschaltversuchen können auch Unterlagen für die Projektierung von neuen Kraftwerksblöcken gewonnen werden. Bei einer Vollastabschaltung treten nämlich in vielen Anlagenteilen die maximalen Beanspruchungen auf. Gelingt es, diese kritischen Werte zu messen, so können diese Bauteile genauer dimensioniert werden oder es können durch eventuelle Konstruktionsänderung zu hohe Beanspruchungen vermieden werden.

2. Durchführung von Abschaltversuchen

Für genaue Auswertung eines Abschaltversuches ist es notwendig, daß alle Meßgrößen verzögerungsfrei und unverfälscht registriert werden. Außerdem ist auf eine exakte zeitliche Zuordnung der verschiedenen Registriergeräte zu achten. Im Augenblick der Lastabschaltung treten bei vielen Größen, vor allem bei Druck-, Durchfluß und Weggrößen sehr schnelle Änderungsvorgänge auf. Für die Registrierung dieser Vorgänge kommen daher nur Schreibgeräte mit hohem Auflösungsvermögen in Frage. Bei den bisher durchgeführten Versuchen wurden daher hauptsächlich Lichtstrahl- oder Flüssigkeitsstrahloszillographen verwendet. Da die Änderungen von Temperaturen träger verlaufen als die Änderungen der meisten anderen Kenngrößen, genügen zur Registrierung von Temperaturverläufen u. U. normale Laborschreiber mit ausreichend schnellem Papiervorschub.

Alle mechanischen oder thermischen Meßgrößen müssen durch geeignete Meßumformer in elektrische Spannungen oder Ströme umgewandelt werden. Die Ventilhübe werden durch Weggeber in Form von Differentialtransformatoren, Drehmelder, Dreh- oder Schiebepotentiometer erfaßt. Zur Umformung von Drucksignalen in elektrische Signale werden Druckmeßdosen mit Dehnungsmeßstreifen oder induktive Druckaufnehmer verwendet. Die Drehzahl des Turbosatzes wird durch die Ausgangsspannung eines Tachogenerators oder durch ein digitales Frequenzmeßverfahren erfaßt. Zur Temperaturmessung werden Widerstandsthermometer oder Thermoelemente verwendet. Für Temperaturen und für andere weniger wichtige Meßwerte werden häufig auch die eingebauten Betriebsmeßgeber verwendet. Es muß dann allerdings bei der Auswertung auf die Trägheit dieser Geräte und auf die eingeschränkte Genauigkeit Rücksicht genommen werden. Außer den für den Versuch zusätzlich erforderlichen Meßstellen werden auch die Informationen der Betriebsschreiber bei der Auswertung mitverwendet. Diese dienen vor allem zur Aufzeichnung von Meßgrößen die sich sehr langsam ändern oder zum Bestimmen von Maximalwerten. Um eine größere Aussage über die Dynamik des Vorganges zu erhalten, werden eventuell auch die Vorschubgeschwindigkeiten der Betriebsschreiber erhöht. Die Anzahl der Meßstellen hängt ab von der Konzeption des Blockes (z. B. ohne oder mit Zwischenüberhitzung), von der Bauart (z. B. Ein- oder Zweikesselblock) und vom gewünschten Informationsumfang. Bei einer ausführlichen Untersuchung eines 300 MW-Blockes werden heute bereits 80 bis 100 Meßstellen ausgewertet.

Der Einbau der Meßwertaufnehmer und der Aufbau der Meßeinrichtung nimmt erfahrungsgemäß 2 bis 3 Tage in Anspruch. Um bei den Messungen möglichst wenig Personal einzusetzen und um Verständigungsfehler zu vermeiden, wäre es vorteilhaft, wenn sich alle Registriergeräte an einem zentralen Ort befänden. Dies würde aber zum Teil sehr lange Meßleitungen verursachen, wodurch die Gefahr von Störsignaleinstreuung stark ansteigen würde. Es hat sich deshalb bewährt, drei verschiedene Meßplätze einzurichten: Einen für die Kesselwerte, einen für die Turbinenwerte und einen für die Generatormeßwerte.

Vor Beginn der Abschaltversuche werden durch eine Überdrehzahlauslösung die Schnellschlußeinrichtungen überprüft. Da eine Vollastabschaltung höchste Anforderungen an einen Kraftwerkblock stellt, wird durch diese Überdrehzahlprobe bereits gewährleistet, daß im Gefahrenfalle der Turbosatz sicher in den Stillstand übergeführt werden kann. Gleichzeitig werden bei diesem Versuch alle Meßgeräte auf richtige Funktion überprüft. Nach dieser Schnellschlußprobe werden bei niedrigen Leistungsniveaus die ersten Abschaltversuche vorgenommen. Dies dient zur Erprobung der Regeleinrichtung, und aus den Ergebnissen dieser ersten Versuche kann auf die für die Vollastabschaltung zu erwartenden kritischen Werte geschlossen werden.

3. Beschreibung einer untersuchten Anlage

Am Beispiel eines 300 MW-Blocks sollen in den nächsten Kapiteln die grundsätzlichen Vorgänge bei der Lastabschaltung erläutert werden. Bild 1 zeigt ein vereinfachtes Anlagenschema. Als Dampferzeuger dient ein Bensonkessel mit einer Frischdampferzeugung von 960 t/h, einem Nenndruck von 173 bar und einer Frischdampftemperatur von 530° C. Der Kessel besitzt 2 Durchlaufsysteme. Über zwei Schnellschlußventile wird der Frischdampf dem HD-Teil der Turbine zugeführt. Hinter dem HD-Teil gelangt der Dampf über die Rückschlagklappen zum Zwischenüberhitzersystem, das ebenfalls zweisträngig ausgeführt ist. Nach Zwischenüberhitzung auf 530° C strömt der Dampf über zwei kombinierte Schnellschluß-Stellventile dem MD-Teil zu. Nach Durchströmen des vierflutigen ND-Teiles wird der Dampf in zwei Kondensatoren niedergeschlagen, deren Kühlwasser im Kreislauf über einen Naturzugkühlturm läuft. Der Block ist mit HD-Reduzierstationen und einer ND-Umleiteinrichtung ausgerüstet. Beide Einrichtungen sind für die Umleitung des 100 %-Frischdampfmassenstromes zuzüglich der erforderlichen Einspritzwassermenge dimensioniert (siehe Kapitel 5).

Die Turbine der beschriebenen Anlage hat eine Nennleistung von 300 MW bei 163 bar Frischdampfdruck. Sie ist mit einem elektrohydraulischen und einem mechanischen Regler ausgerüstet. Der mechanische Regler besteht aus einem Drehzahlregler und aus einem Vordruckregler, der vorwiegend als Grenzdruckregler verwendet wird. Der Grenzdruckregler schützt den Dampferzeuger vor unzulässigen Druckabsenkungen. Von den beiden Drehzahlreglern, die in anderen Anlagen oft kombiniert werden, ist nur derjenige im Eingriff, dessen Drehzahlsollwert tiefer liegt. Der mechanische Regler wird dem elektrischen Regler nachgefahren, so daß er bei einer Störung oder bei Ausfall des elektrischen Drehzahlreglers die Regelung der Maschine übernehmen kann. Die Belastung des Turbosatzes erfolgt nach dem Synchronisieren durch Verstellen des Drehzahlsollwertes entsprechend der eingestellten Reglerstatik.

Um den Turbosatz vor unzulässigen Überdrehzahlen zu schützen, besitzt der elektrische Regler einen analogen und einen digitalen Beschleunigungszusatz. Ebenso besitzt auch der hydraulische Drehzahlregler eine Beschleunigungseinrichtung. In anderen Anlagen sind auch Einrichtungen bekannt, welche direkt die Änderung der elektrischen Leistung erfassen. Bei einem Drehzahlanstieg, der einem plötzlichen Lastabwurf von ca. 50 % der Nennlast und mehr entspricht, gibt diese Einrichtung einen Schließbefehl an die Stellventile. Bei Aufhören der Drehzahlbeschleunigung verschwindet der Einfluß des

Beschleunigungszusatzes, die Drehzahlregelung übernimmt der im Einsatz befindliche Regler. Aufgrund der eingestellten Statik des elektrohydraulischen Turbinenreglers (in der Regel $x_p = 4$ %) ergibt sich nach Lastabwurf eine bleibende Regelabweichung (bei $x_p = 4$ %: $f_{100\ \%} = 52$ Hz). Um die Eigenbedarfsanlage während des Inselbetriebes vor Überbelastung zu schützen, müssen alle Hilfsantriebe so ausgelegt werden, daß sie bei maximaler Drehzahlüberhöhung nicht durch Überstrom ausfallen. Darüberhinaus sollte der Drehzahlsollwert von Hand aus oder automatisch zurückgefahren werden, um die Beanspruchungen wieder zu normalisieren.

4. Das dynamische Verhalten des Turbosatzes bei Lastabwurf

Vor der Lastabschaltung läuft der Turbosatz mit Nenndrehzahl, die HD-Stellventile haben eine der Leistung entsprechende Öffnung, die MD-Stellventile sind ab 30 % Last voll geöffnet. Durch Auslösen des Leistungsschalters wird der Abschaltversuch eingeleitet. Die vom Turbosatz abgegebene Leistung sinkt auf Eigenbedarf bzw. geht auf Null zurück (Leerlauf). Dadurch sinkt das Arbeitsmoment des Generators; der Turbosatz wird beschleunigt. Die wesentlichste Aufgabe der Regelung ist es nun, den Drehzahlverlauf so zu regeln, daß die Turbine nicht die Schnellschlußdrehzahl erreicht. Nach den deutschen "Technische Richtlinien für Dampfturbinenregelung" (VDEW) ist festgelegt, daß die Drehzahlerhöhung bei plötzlicher Entlastung von Nennleistung mindestens um 1,5 % der Nenndrehzahl unter der eingestellten Schnellschlußdrehzahl bleiben muß.

Bereits 30 ms nach Auslösen des Leistungsschalters liefert der Beschleunigungszusatz des jeweiligen Reglers einen Schließimpuls. Nach einer Totzeit von 160 ms beginnen die HD- und MD-Stellventile zu schließen (Bild 2). Bis zu diesem Zeitpunkt strömt weiter die volle Dampfmenge in die Turbine und der Turbosatz beschleunigt sich entsprechend der umlaufenden Massen. Als Maß für die Größe der Drehzahlbeschleunigung wird die Anlaufzeit T_A verwendet. Unter dieser Anlaufzeit T_A eines Turbosatzes versteht man jene fiktive Zeit, in der der Turbosatz aus dem Ruhestand beschleunigt durch das Vollastmoment bis auf Nenndrehzahl hochlaufen würde. Die Anlaufzeiten großer Turbosätze mit Zwischenüberhitzung liegen in der Regel zwischen 6 und 15 sec. Turbosätze großer Leistung haben geringes Schwungmoment, so daß hohe Dampfdichte und hoher Kondensatordruck kurze Anlaufzeiten begünstigen, die an die Drehzahlregelung der Turbine höchste Anforderungen stellen.

Erst mit Einsetzen des Schließvorganges der Stellventile wird die in die Turbine einströmende Dampfmenge verringert und die Drehzahlbeschleunigung des Turbosatzes sinkt (Bild 2). Selbst bei geschlossenen HD- und MD-Stellventilen steigt die Drehzahl weiter an, weil sich der in der Turbine eingeschlossene Dampf entspannt und damit zur weiteren Beschleunigung beiträgt. Im Zeitpunkt des völligen Schließens der Hochdruck- und Mitteldruckventile liegt je nach Turbinenbauart das Antriebsmoment noch in der Größenordnung von 30 bis 55 % des Nennmomentes. Der Maximalwert der Drehzahl wird zu jenem Zeitpunkt erreicht, in dem das Beschleunigungsmoment zu Null wird.

Die maximale Überdrehzahl wird also im wesentlichen von 4 verschiedenen Faktoren bestimmt:

1. von der Anlaufzeit des Turbosatzes,
2. von den Totzeiten und Stellgeschwindigkeiten der HD- und MD-Stellventile,
3. von der Größe des eingeschlossenen Dampfvolumens,
4. vom Ausdampfen des Kondensats in den Wasserabscheidern und Rohrleitungen bei Sattdampfturbinen.

Die Punkte 1, 3 und 4 stellen konstruktive Eigenschaften der Anlage dar, nur auf den Punkt 2 kann die Regelung Einfluß nehmen. Um den äußerst steilen Drehzahlanstieg bei kurzen Anlaufzeiten begrenzen zu können, müssen vor allem die Totzeiten und die Stellzeiten der Ventile sehr kurz gehalten werden. Nach Schließen der Regel- und Abfangventile verläuft die Drehzahlkennlinie näherungsweise nach einer e-Funktion. Die Zeitkonstante T_D dieses Ausgleichsvorganges gibt an, wie schnell das Arbeitsvermögen des eingeschlossenen Dampfes abgebaut wird.

Der Lastabwurf mit anschließender Eigenbedarfsversorgung entspricht einem in der Praxis nicht selten vorkommenden Betriebsfall. Daher wird bei den Abschaltversuchen auch bei diesen Betriebsbedingungen das Drehzahlverhalten geprüft. Die Drehzahlregelung beherrscht solche Lastabwürfe auf Eigenbedarf leichter, weil eine Eigenbedarfsleistung von ca. 5 % (bei turbinenangetriebener Kesselspeisepumpe) sich dämpfend auswirkt.
Bild 3 zeigt den Drehverlauf bei Abschaltung von 310 MW auf 13 MW Eigenbedarf. Der Drehzahlanstieg ist geringer, das Drehzahlmaximum wird bereits 950 ms nach der Lastabschaltung erreicht. Im Gegensatz zur Abschaltung auf Leerlauf sinkt die Drehzahl rasch auf den stationären Wert ab.

Zum Zeitpunkt der Lastabschaltung laufen alle Stellventile mit höchstmöglicher Geschwindigkeit in die Schließstellung. Außerdem werden zu diesem Zeitpunkt noch andere hydraulische Stellorgane betätigt. Um den dadurch bedingten großen Druckölbedarf zu decken, sind ausreichend dimensionierte Druckölleitungen, Ölpumpen bzw. Druckspeicher erforderlich. Durch absinkenden Öldruck werden bei manchen Bauarten die Stellzeiten der Ventile verlängert. Sinkt der Druck der Ölversorgung zu stark ab, so kann durch zu niedrigen Schnellschlußöldruck sogar Schnellschluß ausgelöst werden, der Block ist dann nicht mehr abfangsicher.

5. Dynamische Vorgänge im Wasser- Dampf- Kreislauf bei Lastabwurf

5.1 Hochdrucksystem

Der durch eine Störung im Netz ausgelöste Schalterfall des Leistungsschalters verursacht schnell laufende Änderungsvorgänge im Wasser- Dampf-Kreislauf. Die vorhandene Steuerungs- und Regelungseinrichtung hat die Aufgabe, den Block in den Betriebszustand Eigenbedarfsdeckung bzw. Leerlauf überzuführen, ohne daß dabei gewisse Sicherheitsgrenzen (z. B. Drücke, Temperaturen, Temperaturgradienten usw.) überschritten werden.

Nach dem Lastabwurf beginnen die HD-Regelventile mit höchstmöglicher Geschwindigkeit zu schließen. Der Dampferzeuger kann dieser raschen Änderung der Dampfmenge nicht folgen, der Druck vor der Turbine würde rasch ansteigen. Um dies zu verhindern wird der erzeugte Dampf am HD-Teil der Turbine vorbeigeleitet, gekühlt und in die kalte Zwischenüberhitzerleitung geführt (Bild 1). Diese Aufgabe übernimmt die HD-Umleitstation. Diese ist meist für die volle Frischdampfmenge des Kessels ausgelegt; bei Lastabwurf kann also die gesamte erzeugte Dampfmenge ohne Verlust an der HD-Turbine vorbeigeführt werden. Die über Dach blasenden Sicherheitsventile sprechen nicht an, wenn die Öffnungsgeschwindigkeit der Umleitventile groß genug ist. Dadurch wird der Dampfverlust und auch eine Lärmbelästigung der Umgebung vermieden. Liegt die Leistung des Turbosatzes unter der Kesselmindestlast, so wird ebenfalls der überschüssig erzeugte Dampf an der Turbine vorbeigeleitet. Durch Wassereinspritzung z. B. in einem Dampfumformerventil wird der Dampf auf die Temperatur der kalten Zwischenüberhitzerleitung abgekühlt. Auch beim Anfahren des Blockes wird der Dampf solange über die HD-Reduzierstation geleitet, bis die geeignete Temperatur zum Anstoßen der Turbine erreicht ist und der Schwachlastbetrieb beendet ist.

HD-Reduzierstationen begrenzen unzulässige Druckanstiege im HD-System, sie stellen also zugleich Sicherheitsorgane dar. Die gesetzlich vorgeschriebenen Sicherheitsventile sprechen daher normalerweise nicht an, außer bei den Einstellvorgängen. Eine Kombination der Sicherheitsfunktion mit der Umleitfunktion liegt daher nahe. Im Zuge dieser Entwicklung entstanden kombinierte HD-, Anfahr-, Reduzier- und Sicherheitsstationen (5). Auf die Verwendung getrennter Sicherheitsventile konnte dadurch verzichtet werden. Die Vereinigung all dieser Funktionen bringt Kostenersparnisse, vor allem werden Kosten an den Rohrleitungen vermindert. Durch die verminderte Anzahl der Bauteile ergibt sich auch eine geringere Störanfälligkeit.

Die Überleitung des Dampfes in die kalte Zwischenüberhitzerleitung bewirkt, daß das Zwischenüberhitzersystem immer mit Dampf gekühlt wird und vor Übertemperatur gesichert ist. Es wird also auch bei Lastabwurf oder bei Schnellschluß das Zwischenüberhitzersystem mit gekühltem Dampf durchströmt und die Dampfmenge ändert sich gegenüber dem Normalbetrieb nur unwesentlich.

Langsame Druckänderungsvorgänge in der HD-Leitung werden durch den Druckregler über den Regelantrieb der Reduzierstation ausgeglichen. Der Sollwert dieser Druckregelung kann konstant sein oder bei Gleitdruckbetrieb in Abhängigkeit von der Last geführt werden. Im allgemeinen liegt der Sollwert des Druckreglers etwa 5 % über dem normalen Betriebsdruck. Schnelle Druckanstiege, wie sie bei Lastabwurf auftreten, könnten durch diese Einrichtung nicht ausgeregelt werden: Bei Überschreiten eines gewissen Druckwertes wird auf den Schnellantrieb der Reduzierstation ein Öffnungsbefehl gegeben. Das Verhältnis der Stellzeiten von Schnellantrieb zu Regelantrieb beträgt 1 : 6 bis 1 : 8. Der Ansprechdruck für den Schnellantrieb muß genügend hoch über dem Betriebsdruck liegen (es muß allerdings auch der Einfluß auf den Genehmigungsdruck und damit auf die Kosten beachtet werden!), so daß bei normalem Betriebszustand keine Öffnungsimpulse ausgelöst werden. Bild 4 zeigt die Staffelung der Druckgrenzen.

Diese beiden Maßnahmen, die Regeleinrichtung und der Schnellantrieb der HD-Stationen, würden aber bei Vollastabschaltung den Druckanstieg nicht immer ausreichend begrenzen können. Durch die Staffelung der Ansprechwerte würde eine gewisse Zeit verstreichen, bis der Öffnungsbefehl für die Schnellantriebe ausgelöst würde. Zur Verbesserung der Dynamik wendet man daher das Prinzip der Regelung mit Störgrößenaufschaltung an: Der Impuls des Lastsprungrelais wirkt als Schnellöffnungsbefehl auf die HD-Reduzierstation. Wie in Bild 5 zu sehen, wirkt der Schnellöffnungsimpuls 90 ms nach Schalterfall. Der Druckanstieg in der FD-Leitung beginnt nach ca. 300 ms und würde erst nach ca. 450 ms einen Öffnungsbefehl auslösen, der den Druckanstieg nicht mehr begrenzen könnte. Durch die Störgrößenaufschaltung wird aber die Totzeit der HD-Reduzierstation um 360 ms verkürzt und die Stellbewegung beginnt bereits 100 ms vor dem Druckanstieg (Bild 5).

Der Schnellöffnungsimpuls wirkt für die Dauer von 880 ms auf die HD-Station. Nach Ende des Impulses laufen die Stationen im Regelbetrieb weiter auf und regeln den FD-Druck auf einen Wert, der um 5 bis 10 bar höher liegt als der FD-Druck vor der Abschaltung. Wichtig ist die richtige Bemessung der Impulslänge des Lastsprungrelais: Bei zu kurzem Impuls wird der FD-Druck nicht ausreichend begrenzt, bei zu langer Impulsdauer öffnen die HD-Stationen zu weit, der Druckregler versucht das Ventil wieder zu schließen. Dies kann Pendelungen verursachen; die stark schwankende FD-Menge könnte zu Schwierigkeiten in der ND-Umleitung führen. Während des Schließens der HD-Ventile steigt der Frischdampfdruck zunächst steil an. Der weitere Druckverlauf hängt ab vom Speichervermögen des Dampferzeugers und der Rohrleitung in Verbindung mit der Öffnung der HD-Station.

Von Interesse ist auch der Verlauf der Temperatur am Austritt des Turbinen-Hochdruckteiles bei Abschaltung auf Leerlauf: Durch das vollkommene Schließen der HD-Regelventile strömt kein Dampf durch die Turbine, der eingeschlossene Dampf erwärmt sich durch die Ventilationsverluste. Zur Überprüfung dieser Temperatur wurde anschließend an eine Vollastabschaltung der Turbosatz 30 min im Leerlauf betrieben. Die Austrittstemperatur stieg in diesem Fall innerhalb von 2 min von 305° C auf 450° C an. Nach Erreichen des Drehzahlsollwertes strömt eine der Leerlauföffnung entsprechende Dampfmenge durch die Turbine und begrenzt den Temperaturanstieg. Es wurde bei diesem Vorgang eine maximale Temperatur von 475° C erreicht.

Die Überleitung des gesamten Frischdampfes über die HD-Station zur kalten Zwischenüberhitzerleitung garantiert eine ausreichende Kühlung des gesamten Zwischenüberhitzersystems (Bild 8). Bis zur vollen Öffnung der HD-Station tritt eine Verminderung des Dampfstromes ein, die Austrittstemperatur des Zwischenüberhitzers steigt nur kurzzeitig an.

5.2 Niederdruck-Umleiteinrichtung

Der durch die HD-Reduzierstation und durch den Zwischenüberhitzer geleitete Dampfstrom muß am Mitteldruck- und Niederdruckteil der Turbine vorbei dem Kondensator zugeführt werden. Diese Aufgabe übernimmt die ND-Umleiteinrichtung, die den Druck im Zwischenüberhitzersystem konstant hält. Auch beim normalen An- und Abfahren oder bei Schwachlastbetrieb unterhalb der Kesselmindestlast wird die von der Turbine nicht übernommene Dampfmenge durch die ND-Umleiteinrichtung in den Kondensator geführt.

Bei der beschriebenen Anlage ist die ND-Umleitregelung als eine pneumatisch-hydraulische Regelung ausgeführt. Der Zwischenüberhitzerdruck ist abhängig vom Dampfdurchsatz durch die Turbine. Damit seine Überwachung von der Art der Betriebsweise unabhängig ist, wird alsFührungsgröße für den Zwischenüberhitzerdruckregler der Druck in der HD-Radkammer gewählt, der ebenfalls massenstromabhängig ist. Wahlweise kann auch bei besonderen Betriebszuständen z. B. während des An- und Abfahrvorganges mit einem Festsollwert an Stelle des gleitenden Führungswertes gefahren werden, d. h. für die Kühlung des Zwischenüberhitzers darf ein Mindestdruck nicht unterschritten werden.

Im pneumatischen Teil der ND-Umleitregelung greifen die Kondensatorschutzeinrichtungen ein. Ihre Aufgabe ist es, die Einleitung des Dampfes in den Kondensator zu verhindern. Dies könnte dann der Fall sein, wenn das Einspritzwasser zur Dampfkühlung fehlt oder wenn der Druck im Kondensator zu hoch wird, weil z. B. das Kühlwasser fehlt oder die Evakuierung ausgefallen ist. Wie schon erwähnt, kann im Hochdruckteil die HD-Reduzierstation auch die Funktion eines Sicherheitsventils übernehmen. In der Zwischenüberhitzerleitung kann auf gesonderte Sicherheitsventile aber nicht verzichtet werden, denn bei Ansprechen der Kondensatorschutzeinrichtungen erhalten die Umleitventile Schließimpulse, und der überschüssige Dampf muß ins Freie abgeblasen werden.

Bild 6 zeigt den Druckverlauf in der heißen Zwischenüberhitzerleitung. Durch das Schließen der MD-Stellventile beginnt der ZÜ-Druck anzusteigen. Die Druckschwankungen sind auf dynamische Ausgleichsvorgänge im Zwischenüberhitzersystem zurückzuführen. Der zweite Druckanstieg mit einem nach 5 s auftretenden Maximum von p = 6,7 bar entsteht durch die Dampfeinspeisung über die HD-Reduzierstation. Die ND-Umleitregelung öffnet zuerst das MD-Absperrventil, bei Beginn des zweiten Druckanstiegs öffnen die MD-Umleitungsregelventile. Bei der Abschaltung auf Leerlauf öffnen auch kurzzeitig die MD-Sicherheitsventile, weil die anfallende Dampfmenge durch die dort knapp bemessenen Umleitventile nicht abgeführt werden kann.

5.3 Kondensator

Eine Vollastabschaltung bedeutet auch für den Kondensator höchste Beanspruchung. Der Kondensatanfall ist nach der Abschaltung starken Veränderungen unterworfen. Nach dem schnellen Schließen der Turbinenstellventile bleibt für kurze Zeit der Dampfanfall fast völlig aus. Sobald die HD-Station und die ND-Umleiteinrichtung geöffnet haben, wird der gesamte erzeugte Dampf mit Ausnahme des HD-Vorwärmer-Heizdampfes aus der kalten Zwischenüberhitzerleitung und des Stützdampfes für den Entgaser in den Kondensator geleitet. Alle übrigen Turbinenanzapfungen schließen. Außerdem muß der Kondensator noch die dem Einspritzwasser der HD-Station und der ND-Umleiteinrichtung entsprechende Dampfmenge aufnehmen. Durch den vermehrten Kondensatanfall steigt der Wasserstand im Hotwell, der als Speicher ausgebildet ist. In ähnlicher Weise verändert sich das Vakuum, es steigt zunächst kurzzeitig an, bei erhöhtem Kondensatanfall sinkt das Vakuum. Eine ausreichende Dimensionierung der Kondensatpumpen ist erforderlich, so daß bei einem Abschaltvorgang der Kondensator vor Überflutung geschützt wird. Es ist auch darauf zu achten, daß durch die zusätzliche Dampfmenge der Kondensatordruck und damit die Sattdampftemperatur nicht zu hoch ansteigen, um unzulässige Spannungen in den Abdampfstutzen zu vermeiden. Das Eingreifen der Lastabfahreinrichtung und damit auch die Verminderung der Frischdampferzeugung bringt eine Entlastung des Kondensators.

5.5 Speisewasservorwärmung

Ein Abschaltvorgang beeinflußt auch das gesamte System der Speisewasservorwärmung. Durch Absinken des Dampfdurchsatzes und des Dampfdruckes in der Turbine schließen alle Rückschlagklappen der Turbinenanzapfungen. Nur die Vorwärmer, die an die kalte Zwischenüberhitzerleitung angeschlossen sind, werden mit Heizdampf versorgt. Die Speisewassertemperatur "Temperatur vor Speisepumpe" (Bild 7) fällt infolge fehlender ND-Vorgänge ab. Die thermische Belastung der mit Heizdampf versorgten HD-Vorwärmer steigt stark an. Dies bedeutet starke Zunahme der Heizkondensatbildung in diesen Vorwärmern. Die normal geregelte Kondensatableitung ist nicht in der Lage, das Kondensat abzuführen. Die Notabläufe in den Kondensatsammelbehälter öffenen daher zusätzlich.

Ebenso wie bei den Vorwärmern sinkt auch der Druck im Entgaser, der mit Heizdampf aus einer Turbinenanzapfung versorgt wird. Um zu vermeiden, daß der Entgaserdruck in das Vakuumgebiet absinkt, wird über ein Regelventil Stützdampf z. B. aus der kalten Zwischenüberhitzerleitung entnommen. Eine andere Möglichkeit besteht darin, bei Lastabwurf den Entgaser zu umgehen und das Kondensat direkt zur Speisepumpe zu führen.

Die hier ausführlich beschriebene Anlagenkonzeption ermöglicht es also, daß im Falle eines Lastabwurfes der Block mit allen seinen Anlageteilen in Betrieb bleibt. Für den Dampferzeuger des Blockes bedeutet dies, daß er fast ungestört seinen Betrieb aufrecht erhalten kann. Die "Speisewassertemperatur vor Kessel" und die "Zwischenüberhitzer-Eintrittstemperatur" ändern sich nur in engen Grenzen. Ebenso ändert sich die Austrittstemperatur nur wenig, Frischdampf- und Zwischenüberhitzerdruck werden durch die Bypass-Regelung konstant gehalten. Bei Lastabwurf wird durch das Lastsprungrelais die Lastabfahreinrichtung des Kessels eingeschaltet und damit wird langsam, eventuell nach einem eingestellten Gradienten, auf Kesselmindestlast zurückgefahren.

Ein Vollastabwurf bringt eine völlige Änderung der Verteilung der Masseströme im Block mit sich. Im Prinzipschaltbild (Bild 8) sind die nach einer Abschaltung erreichten stationären Strömungsverhältnisse dargestellt. Die Zahlenangaben bedeuten die Durchsätze in Prozent des Frischdampfmassenstromes. Die Werte in den Klammern geben die Massenströme vor der Lastabschaltung an. Vor allem wird die stark ansteigende Belastung des Kondensators deutlich; die niedergeschlagene Dampfmenge verdoppelt sich etwa gegenüber dem normalen Betriebszustand.

6. Das dynamische Verhalten der elektrischen Kennwerte

Bild 9 zeigt den Verlauf der wichtigsten elektrischen Größen bei einer Abschaltung von 309 MW auf Eigenbedarf. Der Leistungsfaktor war vor der Abschaltung etwa cos = 0,82. Interessant ist der Verlauf der Eigenbedarfsleistung: Bei Abschaltung springt die Eigenbedarfsleistung sofort von 13,9 MW auf 26,4 MW. Durch die Beschleunigungsarbeit und durch die gleichzeitig überhöhte Generatorspannung erreicht die Eigenbedarfsleistung nach 330 ms ein kurzzeitiges Maximum von 41 MW, um dann rasch wieder abzusinken. Aus der Schwebung zwischen Generator-und Netzspannung kann ebenfalls der Drehzahlverlauf berechnet werden. Je kürzer die Periodendauer des Schwebungsvorganges ist, desto größer ist die Abweichung von der Netzfrequenz. Um eine Überlastung der Eigenbedarfsanlage infolge höherer Stromaufnahme der Antriebe zu vermeiden und um die Synchronisierung des Turbosatzes vorzubereiten, muß die Drehzahl wieder auf die Nenndrehzahl zurückgeführt werden.

7. Vergleich einiger Abschaltversuche in verschiedenen Anlagen

Die Tabelle 1 vergleicht die Ergebnisse von Abschaltversuchen in verschiedenen Anlagen und gibt eine Übersicht über die erreichten Werte bei Abschaltung von Vollast auf Eigenbedarf. Bei Anlage D wurde trotz der extrem kurzen Anlaufzeit von 6,1 sec nur eine sehr geringe Drehzahlüberhöhung festgestellt. Alle Turbosätze wurden weit unter der Schnellschlußdrehzahl abgefangen. Aus der Tabelle ist aber auch folgende Entwicklung der letzten Jahre zu erkennen: Trotz steigender Blockleistung und damit erhöhten Anforderungen an die Drehzahlregelung des Turbosatzes, konnten die erreichten Überdrehzahlen etwas vermindert werden. Die Regelvorgänge laufen in immer kürzer werdenden Intervallen ab, bei Anlage D wird bereits 0,73 s nach Lastabwurf die maximale Drehzahl erreicht.

Bei Vergleich der verschiedenen Turbosätze A bis F zeigt sich, daß die Regelungen und die Stellantriebe so ausgelegt sind, daß der Anteil an der Drehzahlerhöhung durch Speicherung in der Größenordnung von 30 bis 40 % liegt. Alle diese Blöcke sind als Hochdruck-Blöcke mit einfacher Zwischenüberhitzung ausgeführt. Zum Vergleich werden Abschaltergebnisse des Blockes G angegeben, einer Anlage ohne Zwischenüberhitzung und mit Heizdampfentnahme. Da kein Zwischenüberhitzersystem vorhanden ist, fehlen die Abfangventile. Der gesamte Turbinendampf muß hier auf Kondensatordruck entspannt werden. Die Heizdampfentnahmeleitung bringt zusätzlichen Speicherraum. Die Drehzahlregelung dieses Blockes wird schwieriger, trotzdem ist dieser Block noch vollkommen abfangsicher (Δn Leerlauf = 7,9 %). Die Zeitkonstante T_D in Tabelle 1 charakterisiert den Drehzahlverlauf nach dem Schließen der Regelventile. Es zeigt sich, daß Turbinen mit kurzer Anlaufzeit in der Lage sind, das Arbeitsvermögen des eingeschlossenen Dampfes schnell abzubauen.

Ein völlig anderes Drehzahl-Verhalten als die Hochdruck-Kondensationsmaschinen zeigen die Sattdampfturbinen der Kernkraftwerke. Trotz großer Anlaufzeiten (15 - 20 s) ergeben sich einige Schwierigkeiten: Durch Ausdampfen von Wasser in den Wasserabscheidern und von den benetzten Oberflächen der Rohrleitungen, Turbinenschaufeln und Turbinengehäusen ergeben sich hohe Speicheranteile. Außerdem ist die Dampfspeicherung in den erheblich größeren Verbindungsleitungen zu beachten. (Der Anteil der Schließzeit an der Drehzahlerhöhung zum Anteil der Speicherung liegt in der Größenordnung von 1 : 3 bis 1 : 6). Nur besondere konstruktive Maßnahmen oder der Einbau von Abfangklappen in die Überstromleitungen können Überdrehzahlen vermeiden.

Tabelle 2 gibt eine Übersicht über die Tot- und Stellzeiten der Regelventile und Umleitstationen. Bei Vergleich der einzelnen Kraftwerkblöcke erkennt man relativ große Unterschiede in den

Anlage	A	B	C	D	E	F	G+	
Jahr d. Versuches	1959	1962	1967	1966	1969	1970	1971	
Baujahr d. Blockes	1959	1961	1966	1965	1968	1969	1971	
Leistung	100	100	300	300	300	330	150	MW
Anlaufzeit T_A	13	12,5	14	6,1	7,5	14	7,6	s
Zeitkonst. T_D	-	~0,50	~0,53	~ 0,38	-	~0,56	~ 0,4	s
Δn_{max}	210	212	136	143	192	165	227	U/min
Δn_{max}	7,0	7,1	4,2	4,8	6,4	5,5	7,55	%
$\Delta n_{Speicher}$	-	~ 2,6	~1,4	~ 1,4	~ 2,3	~ 2,3	~ 3,7	%
$\Delta n_{Schließzeit}$	-	~4,5	~2,8	~ 3,4	~4,1	~ 3,2	~3,8	%
Δn_{max} nach	1,7/4,3	1,89	1,45	0,73	0,95	2,0	1,4/3,6	s

Tabelle 1 Drehzahlkenngrößen (Abschaltung auf Eigenbedarf)

+Kondensationsmaschine ohne ZÜ mit Heizdampfentnahmeleitung

Ventilschließzeiten, vor allem bei den MD- Stellventilen. Diesen Abfangventilen kommt aber größere Bedeutung zu als den HD-Stellventilen, weil der MD- und ND-Teil der Turbine 70 bis 80 % zur Leistung der Turbine beitragen. Der Block D mit einer Anlaufzeit von 6,1 s ist mit extrem schnell schließenden MD-Ventilen ausgerüstet. Bereits 315 ms nach Schalterfall sind diese Ventile geschlossen.

Auch bei den HD-Stationen ergeben sich große Unterschiede. Bei Block D wird der Schnellgang des Stellantriebes durch ein Kolbenmanometer ausgelöst, dessen Ansprechwert etwas ungünstig eingestellt war. Die HD- Station öffnete erst nach 3100 ms. Dadurch kam es bei diesem Block zum kurzzeitigen Abblasen der Sicherheitsventile. Bei Block E öffnete die HD-Station bereits nach 188 ms durch Öffnungsbefehl des Lastsprungrelais. Der Druckanstieg konnte einwandfrei begrenzt werden.

Tabelle 3 gibt schließlich eine Übersicht über die Druckverläufe im HD- und Zwischenüberhitzersystem nach einer Lastabschaltung. Interessant ist der Wert des Druckgradienten bei den verschiedenen Anlagen. Im Laufe der letzten 10 Jahre trat eine deutliche Steigerung dieses Wertes ein, der auch erhöhte Anforderungen an die Regelungseinrichtungen des Blockes stellt.

Anlage	A	B	C	D	E	F	G	
Totzeit Regeldruck HD-Stellventil	45	108	70	43	-	50	-	ms
Totzeit HD-Stellventil	113	200	230	100	150	180	140	ms
Stellzeit HD-Stellventil	320	360	120	280	370	120	250	ms
Totzeit Regeldruck MD-Stellventil	45	120	180	45	-	180	-	ms
Totzeit MD-Stellventil	122	230	420	110	150	380	-	ms
Stellzeit MD-Stellventil	420	540	190	205	220	280	-	ms
Totzeit HD-Station	0,5	1,5	0,75	1,35	0,188	-	0,6	s
Stellzeit HD-Station (Schnellgang)	3,8	7,5	1,5	3,1	0,800	-	~3,0	s

Tabelle 2 Schließzeiten der Ventile und HD-Station

Anlage	A	B	C	D	E	G	
Δp_{FD} Druckanstieg Frischdampfdruck	18	18	16	23,7⁺	16,5	10,5⁺	bar
$\Delta p_{FD}/p_{FD}$ Frischdampfdruckänderung (in %)	10	10	8,2	13,7⁺	10	14⁺	%
$\Delta p_{FD}/\Delta t$ Druckgradient	35	27	55	40	71,5	40	bar/s
$\Delta p_{ZÜ}$ Druckanstieg vor MD-Stellventile	2,5⁺	-	6,5	3,1	6,9⁺	-	bar
$\Delta p_{ZÜ}/p_{ZÜ}$ Zwischenüberhitzerdruckanstieg (in %)	6,5⁺	-	18	10	22⁺	-	%

Tabelle 3 Druckänderungen im HD- und MD-System

+ Druckanstieg durch Sicherheitsventil begrenzt

Schrifttum

(1) Tröscher, H.:
Lastabschaltversuche an Kraftwerkblocks
Siemens-Zeitschrift 37 (1963) S. 712-720

(2) Spalthoff, F. H.; Friedrich, W., Haag, W.:
Abschaltversuche an einem 300-MW-Block
Elektrizitätswirtschaft 68 (1969)
S. 773-780

(3) Rahlwes, H.; Lehman, V., Stöckler, H.P.:
Lastabschaltversuche mit einer 310-MW-Turbogruppe
BBC-Nachrichten 52 (1970) S. 370-377

(4) VDEW-Technische Richtlinien für Dampfturbinenreglungen
VDEW, Frankfurt 1963

(5) Krost, H., Kückelhaus, K. Sulliga, J.:
Kombinierte Anfahr-, HD-Reduzier- und Sicherheitseinrichtungen für Groß-Blockanlagen
Mitteilungen VGB 50 (1970) S. 1-10

(6) Brünecke, E.:
Regelversuche an Dampfkesseln in Hinblick auf die Anforderungen des Verbundnetzes
VGB-Mitteilungen 1966 S. 237-247

(7) Bolte, W.:
Der Drehzahlverlauf von Dampfturbinen bei Vollastabschaltung und Schnellschlußauslösung
BWK 18 (1966) S. 446-448

(8) Raab, A.:
Verfahren zum Abfangen von Turbosätzen bei Netztrennung
AEG-Mitteilungen 52 (1962) S. 181-189

(9) Düsenberg, W.:
Absperr-, Regel- und Sicherheitsamaturen in HD-Dampfkraftwerken
Techn. Mitteilungen 62 (1969) S. 506-513

(10) Buchwald, K.:
Zur Abfangsicherheit von Turbinen
Elektrizitätsw. 70 (1971) S. 150-152

(11) Stoll, A.:
An- und Abfahren eines Kraftwerkblockes
VGB-Mitteilungen 41 (1961) S 345-351

(12) Friedrich, W.:
Elektrohydraulische Regelung großer Dampfturbinensätze
Siemens-Zeitschrift 41 (1967) Beiheft "Dampfturbinen großer Leistung"
S. 120-133

(13) Wachter, J.:
Moderne Versuchstechnik, eine Voraussetzung für den Großturbinenbau
Siemens-Zeitschrift 41 (1967) Beiheft "Dampfturbinen großer Leistung"
S. 98-105

(14) Timm, W.:
Untersuchungen zum Überdruckzahlverhalten von Sattdampfturbinen:
Diss. München 1971

(15) Bieber, K. H.:
Assured Power Supply with Modern Generating Units and Bypass-Systems operating at Variable Pressure in a West German Utility System
Joint IEEE-ASME Power Generation Conference, St. Louis, Sept. 1971

C124/73 # LOAD REJECTION TESTS AS PROOF OF THE PLANNED BEHAVIOUR OF SAFETY AND GOVERNOR GEAR IN STEAM POWER STATION

K. H. FASOL P. KREMPL

1. INTRODUCTION

It is an important requirement of all parts of the equipment installed in power stations that its safe operation under load rejection conditions can be demonstated. This proving relates to an operating condition under which the power supplied to the distribution system is suddenly interrupted due to a cause external to the generating unit, e.g. a trip out due to a disturbance in the system. In such an event the unit, together with all its auxiliaries must remain in operation. The unit must be able to supply energy to the system immediately the trouble is overcome. This requirement means that the unit must not be shut down by a disturbance of short duration, otherwise a long period of time would be required to start it up again from standstill. After disconnection from the system the unit must continue to supply power for its own auxiliaries.

These duties must be taken care of by the governing system of the unit. The rejection of partial or full load and the rapid transition to the new operating conditions (no load or auxiliary load) must take place in such a manner that the safety devices (e.g. overspeed trip) do not operate and that no critical stressing occurs in any part of the plant. The load rejection test, representing an extreme condition of operation, serves as a check on the functioning of the whole governing and control gear of the boiler, turbine and generator.

A load rejection test comprises in the main:-

1. Checking all the principal operating data in the steam/water circuit.

2. Checking the speed variation of the turbo-set and the functioning of the turbine governing equipment.

3. Checking the electrical data at the generator and the safety of the auxiliary supply for the unit.

The results of a load rejection test indicates possible sources of error or failure in the governing and safety equipment. It is only in combined operation of all parts of the plant that failures will come to light which would not occur in testing individual items or sections of plant. Furthermore, indications may be obtained for improvements in the adjustment of the equipment. Conclusions can also be drawn from the data recorded regarding the dynamic behaviour of various parts of the plant.

A load rejection represents for the unit an instantaneous change in an input magnitude. The reactions of the output magnitudes of the unit to this instantaneous change in the input are termed dynamic responses or transition functions. They present the simplest form of approach in experimental system analysis. In terms of system analysis the changes in pressure temperature and speed measured in a load rejection test represent the dynamic response of an extremely complex system of multiple variables.

Load rejection tests can also provide data for the design and planning of new power generating units. Thus a full load rejection induces maximum stressing in many parts of the plant. If it is possible to measure these critical values these parts of the plant can be more accurately dimensioned, or excessive stressing can be avoided by modification in the design.

2. CARRYING OUT REJECTION TESTS

For an exact interpretation of a load rejection test it is important that all measurements should be recorded with the minimum possible time delay and without falsification by extraneous influences. In addition, care must be taken to obtain precise time sequence in the various recording instrument. At the moment of rejection very rapid change - sequences take place, especially in the magnitudes of pressure, flow and travel. Consequently only recorders with a very high rate of response can be used to record these sequences. For this reason principally light beam or liquid jet type oscillographs have been used in rejection tests carried out hitherto. Since changes of temperature take place more slowly than those of most other values, standard laboratory instruments with adequate chart speed can be used for recording temperature.

All mechanical and thermal data must be converted by means of a suitable transducer into electrical voltages or currents. Valve travels are measured through the agency of travel devices in the form of differential transformers rotating indicators or rotating or sliding potentiometers. For the conversion of pressure signals into electrical signals pressure chambers with strain gauges or inductive devices. The speed of the turbo set is measured by the output voltage of a tacho-generator or by a digital impulse counter. Temperatures are measured by resistance

thermometers or thermocouples. The commercial type instruments supplied with the unit are frequently used for temperatures and other less important measurements.
Allowance must of course be made for the inertia of these instruments and for their limited accuracy In addition to the extra measuring points necessary for the test, the information given by the station recorders is also used in the calculation These serve primarily for recording measurements which vary only very slowly or for determining maximum values. In order to obtain increased evidence of the course of the rejection phenomena the chart speed of the station recorders nay be raised. The numbers of measuring points will depend on the type of plant (e.g. with or without reheat), on the layout (e.g. single or two boiler unit) and on the extent of information required. For the comprehensive investigation of a modern 300 M W unit some 80 to 100 points would be measured. From experience the installation of instruments and setting up the measuring equipment requires 2 to 3 days. To restrict the number of personnel to a minimum and to avoid misunderstandings it might be an advantage to concentrate all recording apparatus in one central location. This, however would to some extent involve very long measuring leads and greatly increase the risk of inducing stray signals. It has therefore been found advisable to arrange for three measuring locations, one each for boiler, turbine and generator measurements.

Before commencing the load rejection tests the emergency trip gear is checked by overspeeding the machine. As full load rejection imposes the most severe demands on a generating unit, this overspeed test ensures that in the event of danger the turbo-set can with certainty be brought to rest. At the same time, during this test, the proper functioning of all the measuring equipment can be checked. After the overspeed check the final rejection tests can be carried out at low levels of power. These serve to prove the governing and control gear and from the results of these final tests the expected critical figures for full load rejections can be assessed.

3. DESCRIPTION OF A PLANT TESTED

Taking a 300 M W unit as an example, the following sections of the paper set out the basic chain of events on load rejection. Fig. 1 shows a simplified diagram of the plant. The steam is generated in a Benson boiler with a capacity of 960 t/h, a rated pressure of 173 bar and a live steam temperature of 530°C. The boiler has two parallel circuits paths. The live steam is led to the H.P.Cylinder of the turbine through two emergency stop valves via governor valves. From the H.P.cylinder the steam passes through the non-return valves to the reheat section of the boiler which also comprises two parallel paths. After reheat to 530°C the steam passes via two combined stop and governor valves to the I.P.Cylinder. After expanding through the 4-flow low pressure part of the turbine the steam is condensed in twin condensers, the circulating water for which is cooled in a natural draught cooling tower. The unit is equipped with an H.P. bypass station and an L.P. bypass system. Both these pieces of equipment are designed to bypass the full 100% live steam flow together with the injection water quantity (See Section 5).

The turbine in the plant described has a rated output of 300 M W at 163 bar live steam pressure. It is provided with an electro-hydraulic and a mechanical governor. The mechanical governor comprises a speed governor and an inlet pressure regulator which functions predominantly as a pressure limiting regulator. The pressure limiting regulator protects the boiler from inadmissible falls in pressure. Of the two speed governors, which in other plants are often combined, only the one with the lower threshold speed setting is engaged. The mechanical governor acts as back up to the electrical governor so that in the event of a fault in or failure of the electrical governors the mechanical governor can take over.

The loading of the turbo set is carried out after synchronising by adjusting the speed threshold value corresponding to the pre-set governor equilibrium setting.

To protect the turbo-set from inadmissible overspeed the electrical governor has an analogue and a digital acceleration sensitive component. The hydraulic governor also has an acceleration device. In other plants devices are known which respond directly to changes in the electrical load. with a speed rise corresponding to a sudden throwing off of 50% or more of rated output, such a device gives a closing signal to the control valves. When acceleration ceases the effect of the acceleration component disappears and speed governing is taken over by whichever governor is then engaged. According to the equilibrium setting of the electro-hydraulic turbine governor (Normally $X_p = 4\%$) there will, after load rejection, be a residual governor deviation (for $X_p = 4\% : f_{100\%} = 52$ Hz)
In order to protect the auxiliary plant from overload during isolated operations, all auxiliary drives must be designed so that they will not be tripped out by their over-current relays at maximum overspeed of the main set. In addition to this. the speed threshold value should be run back either by hand or automatically so as to bring the stresses back to normal.

4. DYNAMIC BEHAVIOUR OF THE TURBO SET ON LOAD REJECTION

Before load rejection the turbo-set is running at normal speed, the opening of the H.P.governing valves corresponds to the load; the I.P.governing valves are fully open above 30% load. By tripping the main outside supply breaker the load rejection test is initiated. The load on the turbo-set falls to auxiliary power requirement or to zero (no-load). As a result the torque on the generator shaft falls; the turbo-set is accelerated. The most important duty of the governor now is to control the speed rise so that the turbine does not attain the speed to operate the emergency trip. According to the German "Technical Guidelines for Steam Turbine Governing" (V.D.E.W.) it is laid down that for sudden rejection of the rated load the speed must remain at least 1.5% below that for which the overspeed trip is set.

Within 30 ms of tripping the supply breaker the acceleration component of the governor in engagement gives a closing impulse. After a dead time of 160 ms the H.P. and I.P. governing valves begin to close (Fig.2). Up to this period in time the full steam quantity continues to flow into the turbine and the set accelerates corresponding to the moment of inertia. As a measure of the magnitude of the acceleration the nominal run-up time T_A is used. By this is to be understood the hypothetical time taken by the turbo-set to accelerate from rest up to rated speed if full load torque were applied. Normal run-up times for larger turbo sets with reheat are generally between 6 and 15 sec. Turbo-sets of high output have a low rotational inertia so that high steam density and high condenser pressure contribute to short nominal run-up times and impose the severest demands on the speed control.

Not until the governing valves begin to close is the steam supply reduced so that the acceleration of the turbo-set falls (Fig 2). Even when the H.P. and I.P. stop and governing valves are closed the speed continues to rise because the steam locked up in the turbine expands and causes further acceleration. At the moment of complete closure of the H.P. and I.P. valves the driving torque will be in the order of 30 to 55% of the rated torque, depending upon the design of the turbine,1 The maximum excursion of speed is attained at that point in time when the accelerating torque falls to zero.

The maximum overspeed is thus determined principally by four different factors:-

1. The nominal run-up time of the turbo-set.
2. The dead times and travel speeds of the governing valves.
3. The amount of locked up steam.
4. The evaporation of condensate in the water separator and pipework in turbines working with saturated steam.

Factors 1,3 and 4 relate to design features of the plant: the governing can only influence the second factor. In order to limit the extremely rapid speed rise corresponding to short nominal run-up times, the dead time and the travel times of the valves must, above all, be kept as short as possible. After closure of the governing and interceptor valves the speed characteristic approximate to an e-function. The time constant T_D of this equalising sequence determines the rate at which the energy in the locked up steam is used up.

Load rejection while retaining auxiliary power is a condition not infrequently met with in practice. In carrying out load rejection tests, therefore, the effect on speed is also investigated under these operating conditions. The speed governor controls such load rejections down to auxiliary load more easily because this load, about 5% where the boiler feed pumps are turbine driven, has a damping effect. Fig. 3 shows the speed characteristic for a load rejection from 310 MW to 13 MW auxiliary load. The speed rise is less, the maximum speed being attained only 950 ms after tripping the load. As opposed to rejection to no-load the speed drops rapidly to its steady value.

At the moment of tripping, all the governor valves move to their closed positions with maximum possible speed. In addition, at this moment other hydraulic control mechanisms are also operated. In order to provide for the consequent large oil requirements, and adequately dimensioned oil piping, oil pumps or accumulators are necessary. If the oil pressure falls the travel times of many types of governing valves are extended. If the pressure of the oil supply falls too low the overspeed trip may operate due to loss of oil pressure and the unit can no longer be held in operation.

5 DYNAMIC PHENOMENA IN THE WATER/STEAM CIRCUIT ON LOAD REJECTION

5.1 HIGH PRESSURE SYSTEM

The tripping of the external load breaker due to a system fault gives rise to rapid changes in the water/steam circuit. The function of the governing and control gear is to bring the unit to no load or auxiliary load operation in such a manner that certain safety limits, e.g. of pressures, temperatures, temperature gradients, etc, are not exceeded

After load rejection the H.P. governor valves start to close as quickly as possible. The boiler is unable to follow this rapid change in steam quantity and the pressure at the turbine would rise rapidly. To avoid this the steam is by-passed round the H.P. section of the turbine, cooled, and led into the cold reheat line (Fig 1). This duty is performed by the H.P. bypass station. This station is usually designed to handle the full live steam quantity from the boiler; in the event of load rejection the whole of the steam can thus bypass the H.P.turbine without loss. The blow-off valves above the roof do not operate if the operating speed of the bypass valves is sufficiently high. This avoids both loss of steam and objectionable noise in the neighbourhood of the power station. If the load on the turbine is below the minimum boiler load the excess steam generated bypasses the turbine in the same way. The steam is cooled down to the temperature of the cold reheat line by water injection, for example in a steam mixing valve. When starting up the unit steam is also bypassed through the H.P. bypass station until the temperature suitable for starting up the turbine is attained and until operation at low load is ended.

H.P. bypass stations put a limit on inadmissible pressure rises in the H.P.system and also function as safety equipment. The safety valves required by law consequently do not operate in the normal course of events except when being adjusted initially. There is thus a close relationship between the safety and bypass functions, Combined stations for H.P., starting, pressure reducing and protection have resulted from this line of development (5). Separate safety valves could then be dispensed with. The uniting of all these functions leads to lower costs, in particular the cost of pipework is reduced. The reduction in the number of pieces of equipment also reduces liability to failure.

The transfer of steam to the cold reheat line ensures that the reheat system is always cooled with steam and protected against excessive temperatures. The reheat system thus has cooled steam flowing through it at load rejection or overspeed trip and the change in steam quantity compared with normal operation is only marginal.

Slow changes of pressure in the H.P. main are compensated by the pressure regulator via the regulator drive in the H.P.bypass station. The threshold value of this pressure regulation may be constant or, with variable pressure operation, controlled as a function of the load. In general the threshold value of the pressure regulator is about 5% above normal operating pressure. Rapid rises in pressure, such as occur with load rejection could not be taken care of by this equipment - where a predetermined pressure is exceeded an opening signal is transmitted to the emergency quick acting gear of the bypass station. The ratio of the travel speeds of the quick-acting gear to the regulating gear is from 1:6 to 1:8. The signal pressure for the quick acting gear must lie sufficiently above the operating pressure so that no opening impulse will be initiated in normal operation. (due regard must in any case be paid to the influence on the standard test pressure and hence on cost). Fig 4 shows the grading of the pressure limits.

These two provisions, the regulating gear and the quick acting gear for the H.P.stations, would not however, always be able to limit the pressure rise adequately. Resulting from the grading of the threshold values a certain time would elapse before the opening signal was passed to the quick acting gear. To improve the dynamic response of the system therefore, the principle of control with heavy fault switching is applied. The impulse from the load rejection relay acts as a quick opening signal to the H.P.bypass station. As seen in Fig.5, the quick opening impulse occurs 90 ms after the main switch trips. The pressure rise in the live steam main commences after about 300 ms and would not give an opening signal until after about 450 ms - too late to be able to limit the pressure rise. With the load rejection relay however, the dead time for the H.P.bypass station is reduced by 360 ms and the valves begin to move 100 ms before the pressure rise (Fig 5).

The quick opening impulse acts for a period Of 88 ms on the H.P. station. After the termination of the impulse the stations continue their control function and regulate the live steam pressure to a value about 5 to 10 bar higher than that before load rejection. The correct determination of the duration of the impulse from the load rejection relay is important. If the impulse is too short, the live steam pressure will not be sufficiently limited. If the duration is too long the bypass valves open too far and the pressure regulator tries to close them again. This can cause hunting and the widely varying live steam quantity could lead to difficulties in the L.P.bypass. During the closing of the H.P.valves the live steam pressure at once rises steeply. The subsequent pressure characteristic depends on the storage capacity of the boiler and pipework in combination with the opening of the H.P. station.

It is also interesting to note the changes in temperature at the exhaust of the H.P.turbine on rejectionto no load. Due to the complete closure of the H.P.governing valves no steam flows through the turbine and the locked up steam heats up from windage losses. To check this temperature a turbo-set was kept running for 30 min at no load immediately following a full load rejection. The outlet temperature rose in this case within 2 min from 305°C to 450°C. When the threshold speed is attained a quantity of steam corresponding to no load flows through the turbine and limits the temperature rise, during this process a maximum temperature of 475°C was reached.

The transfer of the whole of the live steam through the H.P. station to the cold reheat line ensures adequate cooling of the entire reheat system (Fig 8). Up to full opening of the H.P. station a reduction in steam flow occurs, the outlet temperature from the reheater rises only for a brief period.

5.2 LOW PRESSURE BYPASS EQUIPMENT

The steam passing through the H.P. reducing station and the reheater must bypass the I.P. and L.P. turbine cylinders and pass to the condenser. This duty is performed by the L.P.bypass equipment which maintains constant pressure in the reheat system. During normal starting up and shutdown or at low loads below the minimum boiler output, the steam not used by the turbine passes through the L.P. bypass station to the condenser.

In the plant described the I.P.bypass control gear is of the pneumatic-hydraulic type. The reheat pressure depends on the steam flow through the turbine. In order that the supervision of this pressure is independent of the method of operation the pressure in the H.P. wheel chamber is chosen as the control function for the reheat pressure regulation, this also being dependent on mass flow. Alternatively, under special operating conditions, for example, during starting up and shutting down, operation may be linked to a fixed threshold value instead of a varying pressure, that is to say, the pressure must not fall below a fixed minimum level for cooling the reheater

The condenser protective gear is linked with the pneumatic section of the L.P.bypass control gear. Its duty is to prevent steam passing into the condenser. This might occur if the water spray for steam cooling should fail, or if the pressure in the condenser should rise too high because, for example, the circulating water should fail or the air ejector equipment shut down. As already mentioned, the H.P.bypass stationcan take over the functions of a safety valve in the H.P.part of the plant. It is, however, not possible to dispense with special safety valves in the reheat line because if the condenser protective gear operates the bypass valves recieve closing impulse and the surplus steam must be blown off into the atmosphere.

Fig. 6 shows the pressure characteristics in the hot reheat line. When the I.P control valves close the reheat pressure begins to rise. The pressure oscillations are attributable to dynamic compensating effects in the reheat system. The second rise in pressure, which reaches a maximum of $p = 6.7$ bar after 5s, arises from steam feed-in via the H.P. bypass station. The I.P. bypass control first opens the I.P. interceptor valve; at the commencement of the second pressure rise it opens the I.P. bypass control valves. When rejecting to light load the I.P. safety valves also open briefly because the resultant volume of steam cannot be released through the closely dimensioned bypass valves.

5.3 CONDENSER

A full load rejection also represents the most severe conditions for the condenser. The quantity of condensate is subject to wide variations after load rejection. After the rapid closing of the turbine governor valves the quantity of steam falls for a brief period almost to zero. As soon as the H.P. station and the L.P bypass gear have opened, the whole of the steam produced, except for the bled steam to the H.P. feed heaters from the cold reheat line and the ejector steam, passes to the condenser. All the remaining turbine tappings close. The condenser must also accept the steam quantities corresponding to the injected water to the H.P. station and L.P. bypass equipment. Due to the increased condensate supply the water level rises in the hotwell, which is constructed as a storage tank. Similarly the vacuum also varies; at first it rises for a short period, then it falls with the increase in condensate. It is necessary to dimension the condensate pumps generously so that the condenser is protected against flooding on load rejection. Care must be taken that the increased steam quantity does not lead to too high a condenser pressure, and hence to saturated steam temperature, so as to avoid excessive stresses in the exhaust branches. The operation of the load reducing gear with the consequent decrease in steam production relieves the load on the condenser.

5.5. FEED HEATING

A load rejection also effects the whole feed heating system. As a result of the reduction in steam flow and pressure in the turbine all the non-return valves in the bled steam lines close. Only those heaters connected to the cold reheat line continue to be supplied with heating steam. The feed water temperature, "temperature at feed pump suction" (Fig.7). falls due to the cessation of L.P. heating processes. The thermal loading of the H.P. heaters supplied with heating steam rises sharply. This means heavy increases in condensate production in these heaters. The normally controlled condensate delivery main is not able to handle the condensate. The emergency discharges in the condensate collector tank therefore open in addition.

In the same way as with the feed heaters, the pressure also falls in the air ejector, this being supplied from a bled steam point on the turbine. To avoid the ejector pressure falling in the vacuum region, supplementory steam is supplied via a regulating valve, for example from the cold reheat lines. Another possibility is to bypass the ejector at load rejection and to pass the condensate direct to the feed pump.

The plant concept described in detail in this paper thus makes it possible, in the event of load rejection, to maintain the unit together with all its auxiliaries in operation. This means that the boiler can continue in operation practically free from disturbance. The "feed temperature at boiler inlet" and the "temperature at reheater inlet" vary only within narrow limits. Similarly the outlet temperatures only vary a little, live steam and reheat pressures are held constant by the bypass control gear. When the load is thrown off the load reducing gear of the boiler is cut in by the load rejection relay and the boiler output is reduced gradually to the minimum permissible, at a predetermined and adjusted rate.

Rejection of full load brings about a complete change in the distribution of mass flow throughout the unit. The diagrammatic arrangement (Fig.8) shows the steady flow conditions following a load rejection. The figures indicated represent the flow as a percentage of the live steam mass flow. The figures in brackets are the mass flow before load rejection. Most noticeable is the large increase in the loading of the condenser; the condensed steam quantity is doubled as compared with the normal full load conditions.

6. DYNAMIC BEHAVIOUR OF THE ELECTRICAL CHARACTERISTICS.

Fig.9 shows the sequence of changes in the most important electrical quantities on load rejection from 309 MW down to auxiliary load. Before rejection the power factor cos ϕ was about 0.82. The shape of the auxiliary power curve is interesting. At the moment of rejection the auxiliary load immediately jumps from 13.9 MW to 26.4 MW. Due to the work of acceleration and to the concurrently increased generator voltage the auxiliary load attains a momentary maximum of 41 MW after 330 ms and then falls rapidly. From the oscillation between the generator and system voltage the speed characteristics can also be calculated. The shorter the period of oscillation the greater the deviation from system frequency. In order to avoid overloading the auxiliary equipment due to the higher demand for current by the drives, and also to make preparation for resynchronising the turbo set, the speed must be brough back to the rated value.

7. COMPARISON OF SOME LOAD REJECTIONS IN VARIOUS PLANTS

Table 1 compares the results of load rejection tests in various plants and gives a survey of the values attained in rejecting from full load to auxiliary load. In plant D, in spite of an extremely short normal run-up time of 6.1 sec, only a very small increase in speed was measured. All the turbo sets were held well within the overspeed trip setting. The following development in recent years can, however, also be seen from the table, viz, in spite of growing unit size and hence more severe demands on the speed control of the turbo set, the maximum overspeeds could be reduced somewhat. The successive control functions take place at ever decreasing time intervals-in plant D the maximum speed is attained only 0.73s after load rejection.

In comparing the various turbo sets A to F it is seen that the governing and the valve operating mechanisms are designed so that the proportion of the speed rise due to stored steam is of the order of 30 to 40%. These are all extra high pressure units with single reheat. By comparison, results are shown for unit G, a plant without reheat and with an extraction point for heating steam. As there is no reheat system there are no interceptor valves. The whole of the steam to the turbine must be expanded to condenser pressure. The heating steam extraction main provides additional storage capacity. The speed control of this unit is more difficult, but nevertheless it can be held within tripping speed with absolute certainty (An no-load = 7.9%) The time constant T_D in table 1 characterises the speed changes after closure of the governing valves. It becomes evident that a turbine with a short nominal run-up time is able to reduce the work capacity of the locked up steam rapidly.

The saturated steam turbines in nuclear power stations display totally different speed behaviour from high-pressure condensing machines. In spite of high nominal run-up times (15 - 20s) certain difficulties arise. Due to evaporation of water in the separators and from the wetted surfaces of the pipework, turbine blades and casings there is large storage capacity in several places. Moreover, attention must be given to the storage of steam in the considerably larger connecting piping. (The proportion of the speed rise due to closure time in relation to that due to stored steam is of the order of 1:3 to 1:6). Trip-out on overspeed can only be avoided by making special provision in the design or by installing interceptor valves in the cross-over pipes.

Table 2 gives a summary of the dead times and travel times of the control valves and bypass equipment. In comparing individual units the relatively wide differences in valve closure times become evident especially for the I.P. control valves. These interceptor valves however are of greater significance than the H.P. governing valves because the I.P. and L.P. cylinders contribute from 70 to 80% of the total output. Unit D with a nominal run-up time of 6.1s is equipped with extremely quick closing I.P.valves. Only 315 ms after tripping the breaker these valves are already shut.

Wide differencies also exist in H.P.stations In unit D the quick closing device of the operating gear is tripped by a plunger type manometer, the setting of which was somewhat unsatisfactorily adjusted. The H.P. station opened only after 3100 ms. Consequently the safety valves of this unit opened for a short period. In unit E the H.P.Station opened after only 188 ms inresponse to an opening impulse from the load rejection relay. The pressure rise was satisfactorily held within the required limit.

Finally Table 3 gives a survey of the pressure rises in the H.P. and reheat systems after load rejection. The figures for rate of pressure rise in the various plants are interesting. In the course of the past 10 years there has been a definite increase in these figures, which also imposes more severe demands on the governing.

8. SUMMARY

Load rejection tests provide proof that the existing governor and control gear is capable of bringing the unit from full load to no-load or auxiliary load.

Load rejection tests carried out earlier have yielded valuable information for the improvement in the quality of governing. Further development is aimed at cutting down the closing times of the control valves (inter alia by raising the governing oil pressure) and at reducing the volume of locked up steam. Tests carried out in recent years have demonstrated that in spite of ever increasing demands the problems of full load rejections for condensing turbines is well under control. The results lead to the conclusion that in spite of increasing unit size in the coming years, units with governing equipment as used hitherto can be satisfactorily controlled.

In concluding it must be stated that the simulation of the whole sequence of phenomena in load rejection can scarcely be achieved with digital or analogue computers owing to the extremely comprehensive and complicated system. Moreover the necessary data are not available for such a comprehensive simulation. Such tests also could only serve to help improve the properties of the governing system, they could afford no proof of ability to hold the machine in operation. Simulation methods are therefore only used for the systematic investigation of past problems.

Load rejections occuring in normal service due to line faults do give some indication of the behaviour of a unit. For precise study however, the information obtained from the slow response station instruments is insufficient and the number of measuring points is too small. It is consequently not possible in such a case to obtain an exact reconstruction of the sequence of events in holding the unit in service.

The authors wish to acknowledge the help they received in preparing this paper from the extensive and valuable data and information received from the R.W.E. Essen, and from Kraftwerk-Union, Erlangen, Brown Boveri, Mannheim and MAN Nuremberg.

Reference

1. H.Troescher Load rejection tests on power station units. Siemens-Zeitschrift 37 (1963) pages 712-720

2. F.H. Spalltoff. W. Friedrich. W. Haag. Load rejection test on a 300 MW unit. Elektrizita tswirtschaft 68 (1969) paper 773-780.

3. H.Rahlwes. V.Lehman. H.P.Stoeckler. Load rejection test on a 310 MW turbo-set. Brown-Boveri Nachrichten 52 (1970) pages 370-377

4. V.D.E.W.-Technische Richtlinien Fuer Dampfturbinenreglungen (Technical guide lines for steam turbine governing system. Published by VDEW, Frankfurt. (1963)

5. H.Krost K. Kuckelhaus. J.Sulliga. Combined starting. H.P. reducing and emergency equipment for large units. Mitteilungen VGB 50 (1970) pages 1 - 10.

6. E.Bruenecke Regulating test on boilers with regard to the requirements of the interconnected system VGBM Mitteibungen 1966 pages 237-247.

7. W.Bolte The speed characteristic of steam turbines on full load rejection and overspeed trip. BWK 18 (1966) paper 446-448.

8. A.Raab Methods of holding turbo sets in operation on disconnection from the mains.

9. W.Düsenberg Shut off, governing and safety equipment in high pressure power stations. Techn.Mitteilungen 62 (1969) paper 506-513.

10. K.Buchwald Keeping turbines in operation on load rejections. Elektrizitatsw 70 (1971) pages 150-152).

11. A.Stoll Starting up and shuting down a power station unit. VGB-Mitteilungen 41 (1961) paper 345-351.

12 W.Friedrich Electro-hydraulic governing of large turbo sets. Siemens. Zeitschrift 41 (1967) supplement 'Steam turbines of large output' pages 120-133.

13. J.Wachter Modern testing techniques - a prerequisite in large turbine design ibid pages 98-105

14. W. Timm Investigations into over-pressurisation of saturated steam turbine

15. K.H. Bieber Assured Power Supply with Modern Generating Units and Bypass-systems operating at variable Pressure in a West Germany Utility System. Joint IEEE-ASME Power Generation Conference. St.Louis Sept.1971

Plant	A	B	C	D	E	F	G+	
Date of Test	1959	1962	1967	1966	1969	1970	1971	
Date of Manufacture	1959	1961	1966	1965	1968	1969	1971	
Output	100	100	300	300	300	330	150	MW
Nominal running up time T_A	13	12,5	14	6,1	7,5	14	7,6	Sec
Time constant T_D	-	~0,50	~0,53	~0,38	-	~0,56	~0,4	Sec
Δn_{Max}	210	212	136	143	192	165	227	U/min
Δn_{Max}	7,0	7,1	4,2	4,8	6,4	5,5	7,55	%
$\Delta n_{Stored\ Steam}$	-	~2,6	~1,4	~1,4	~2,3	~2,3	~3,7	%
$\Delta n_{Closing\ Time}$	-	~4,5	~2,8	~3,4	~4,1	~3,2	~3,8	%
$\Delta n_{Max\ after}$	1,7/4,3	1,89	1,45	0,73	0,95	2,0	1,4/3,6	Sec

Table 1 Speed Characteristics (rejection to auxiliary load)

+ Condensing turbine without reheat with extraction

Plant	A	B	C	D	E	F	G	
Dead time for control pressure HP Governing Valve	45	108	70	43	-	50	-	ms
Dead time of HP Governing Valve	113	200	230	100	150	180	140	ms
Travel time of HP Governing valve	320	360	120	280	370	120	250	ms
Dead time for control pressure IP Control Valve.	45	120	180	45	--	180	--	ms
Dead Time IP Control Valve	122	230	420	110	150	380	--	ms
Travel time IP Control Valve	420	540	190	205	220	280	--	ms
Dead time HP Station	0,5	1,5	0,75	1,35	0,188	--	0,6	sec
Travel time HP station (Quick Acting)	3,8	7,5	1,5	3,1	0,800	--	~3,0	sec

Table 2. Closure times of valves and HP Station

Plant	A	B	C	D	E	G	G
ΔP_{FD} Live Steam Pressure rise	18	18	16	23,7+	16,5	10,5+	Bar
$\Delta P_{FD}/P_{FD}$ Live Steam Pressure variation (Per Cent)	10	10	8,2	13,7+	10	14+	%
$\Delta P_{FD}/\Delta t$ rate of pressure change	35	27	55	40	71,5	40	Bar/s
ΔP_{ZU} Pressure rise before IP Control valve	2,5+	-	6,5	3,1	6,9+	-	Bar
$\Delta P_{ZU}/P_{ZU}$ reheat pressure rise (per cent)	6,5+	-	18	10	22+	-	%

Table 3. Pressure variations in HP and IP Systems

+ Pressure rise limited by safety valves

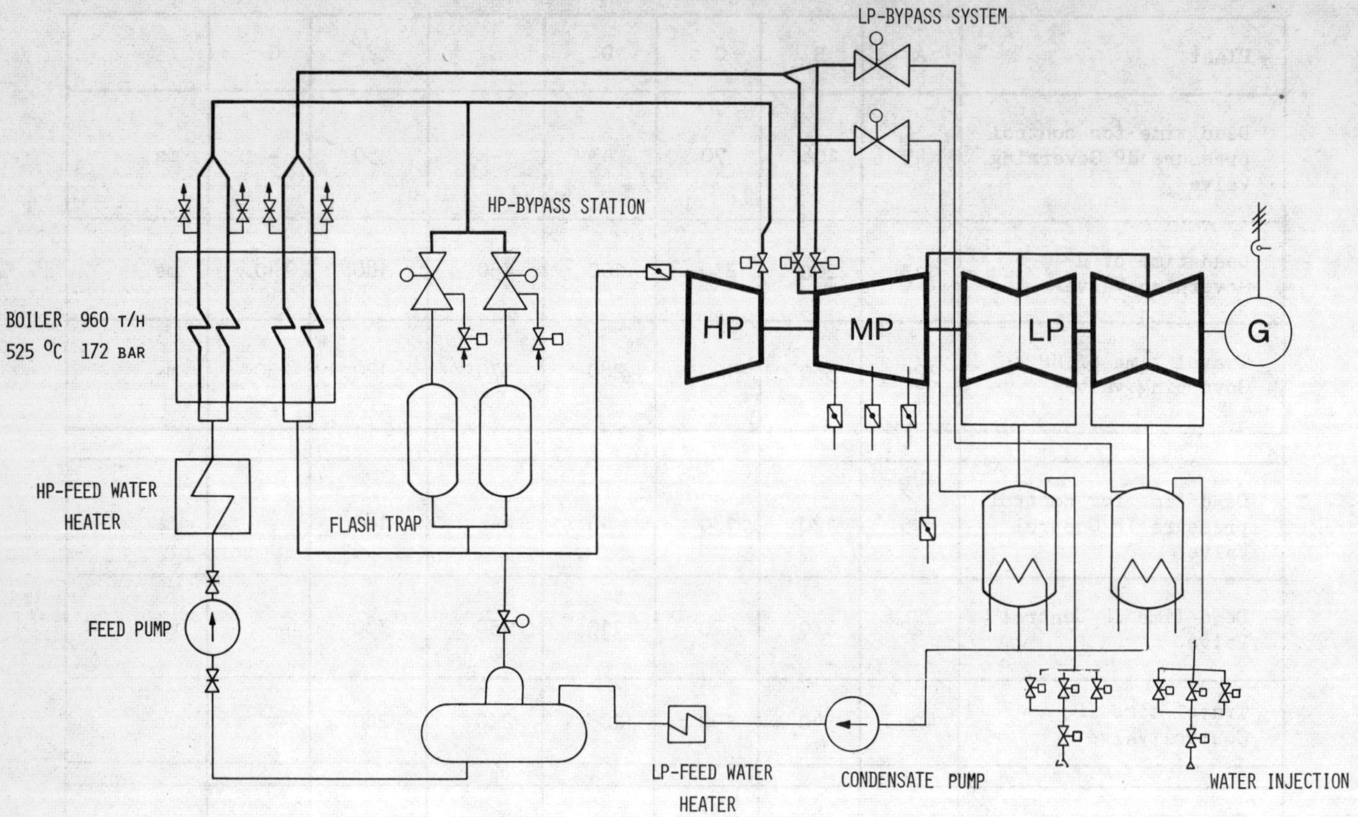
LP-BYPASS SYSTEM
HP-BYPASS STATION
BOILER 960 T/H
525 °C 172 BAR
HP
MP
LP
G
HP-FEED WATER
HEATER
FLASH TRAP
FEED PUMP
LP-FEED WATER
HEATER
CONDENSATE PUMP
WATER INJECTION

Fig.1

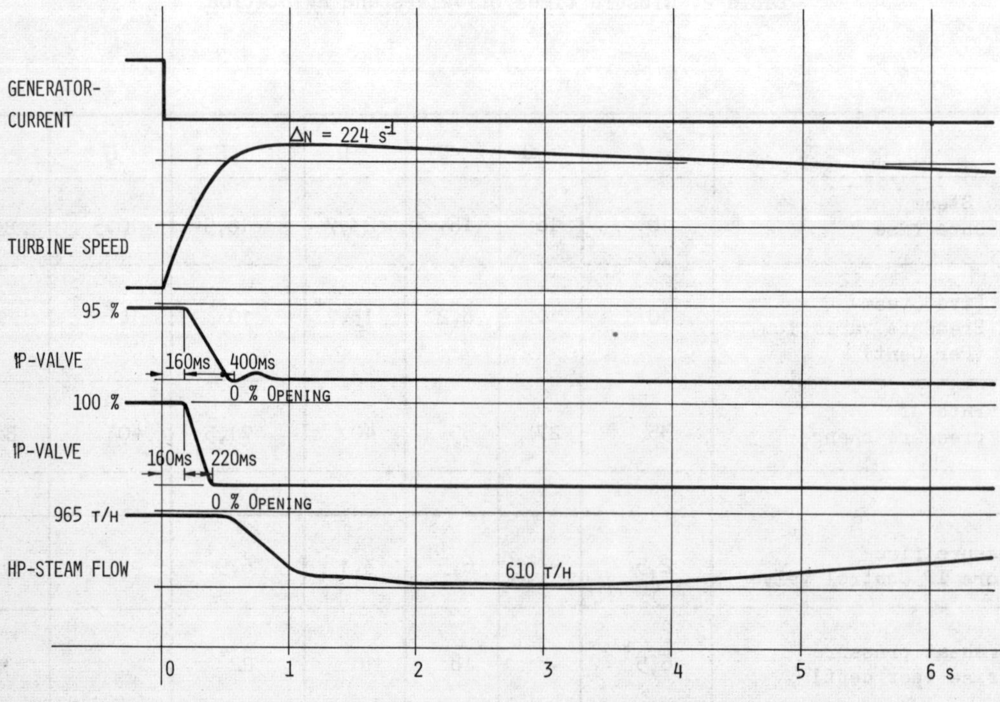
GENERATOR-
CURRENT
ΔN = 224 s⁻¹
TURBINE SPEED
95 %
IP-VALVE
160MS
400MS
0 % OPENING
100 %
IP-VALVE
160MS
220MS
0 % OPENING
965 T/H
HP-STEAM FLOW
610 T/H
0
1
2
3
4
5
6 s

Fig.2

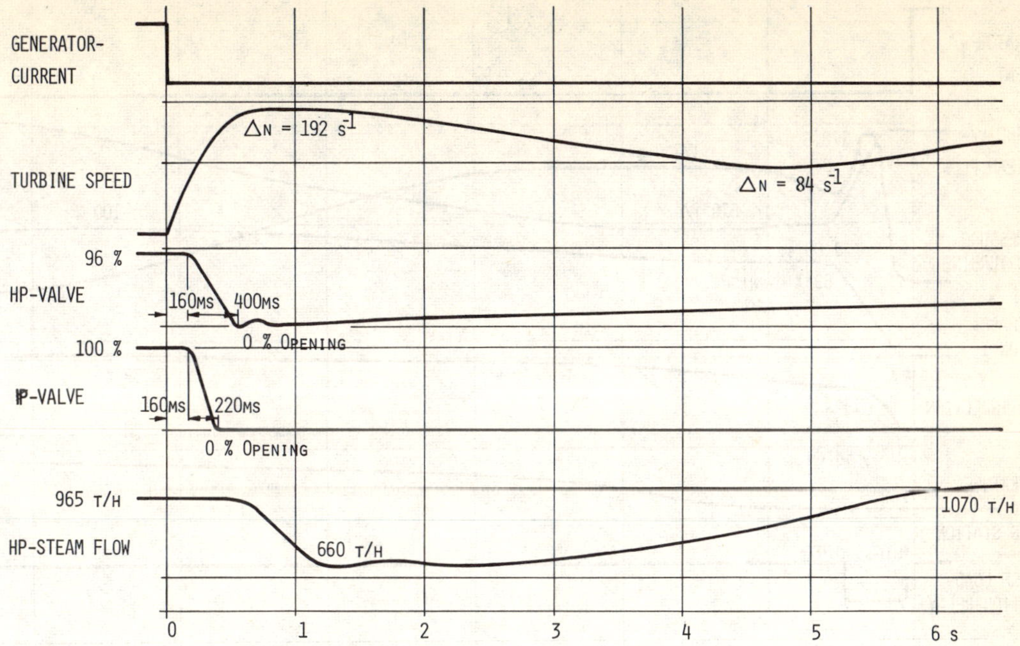
GENERATOR-
CURRENT
TURBINE SPEED
ΔN = 192 s-1
ΔN = 84 s-1
96 %
HP-VALVE
160MS
400MS
0 % OPENING
100 %
IP-VALVE
160MS
220MS
0 % OPENING
965 T/H
HP-STEAM FLOW
660 T/H
1070 T/H
0
1
2
3
4
5
6 s

Fig.3

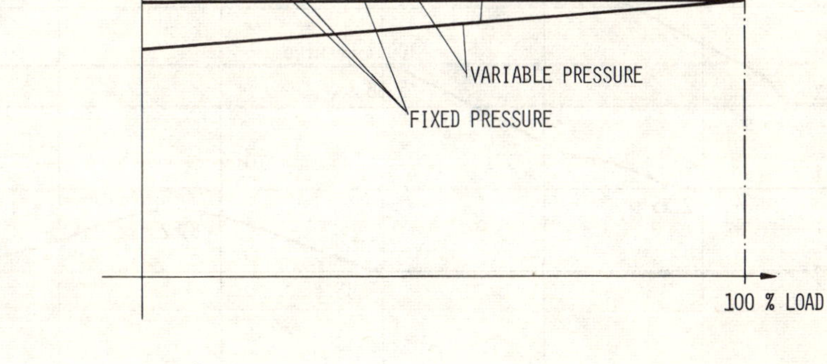
HP-PRESSURE
THRESHOLD HP-SAFETY-VALVE
THRESHOLD QUICK MOTION
DESIRED VALUE FOR HP-BYPASS-PRESSURE CONTROL
HP-WORKING PRESSURE
VARIABLE PRESSURE
FIXED PRESSURE
100 % LOAD

Fig.4

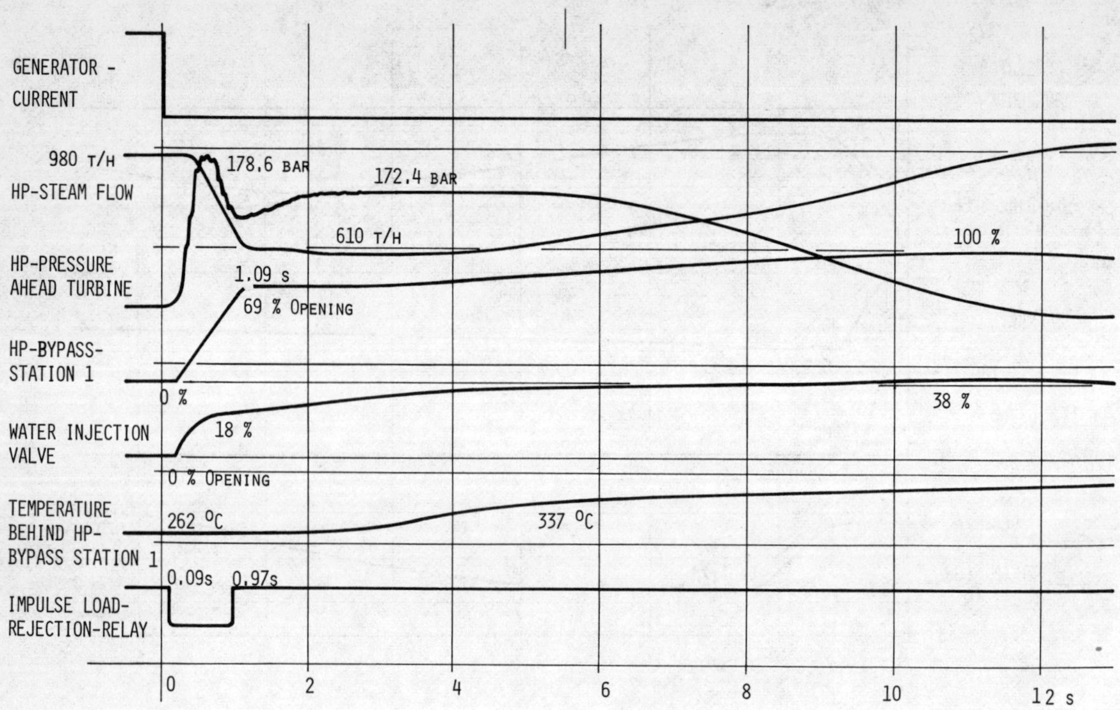
GENERATOR - CURRENT
980 T/H
HP-STEAM FLOW
178.6 BAR
172.4 BAR
610 T/H
100 %
HP-PRESSURE AHEAD TURBINE
1.09 s
69 % OPENING
HP-BYPASS-STATION 1
0 %
38 %
WATER INJECTION VALVE
18 %
0 % OPENING
TEMPERATURE BEHIND HP-BYPASS STATION 1
262 °C
337 °C
0.09s
0.97s
IMPULSE LOAD-REJECTION-RELAY
0
2
4
6
8
10
12 s

Fig.5

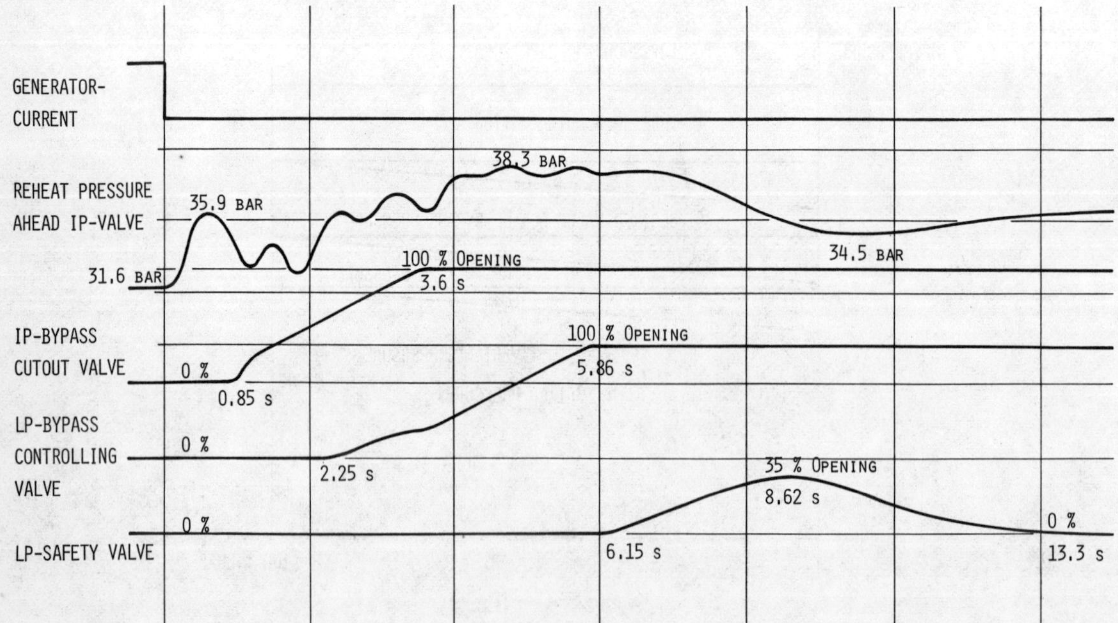
GENERATOR-CURRENT
REHEAT PRESSURE AHEAD IP-VALVE
35.9 BAR
38.3 BAR
31.6 BAR
34.5 BAR
100 % OPENING
3.6 s
IP-BYPASS CUTOUT VALVE
0 %
0.85 s
100 % OPENING
5.86 s
LP-BYPASS CONTROLLING VALVE
0 %
2.25 s
35 % OPENING
8.62 s
LP-SAFETY VALVE
0 %
6.15 s
0 %
13.3 s
0
2
4
6
8
10
12 s

Fig.6

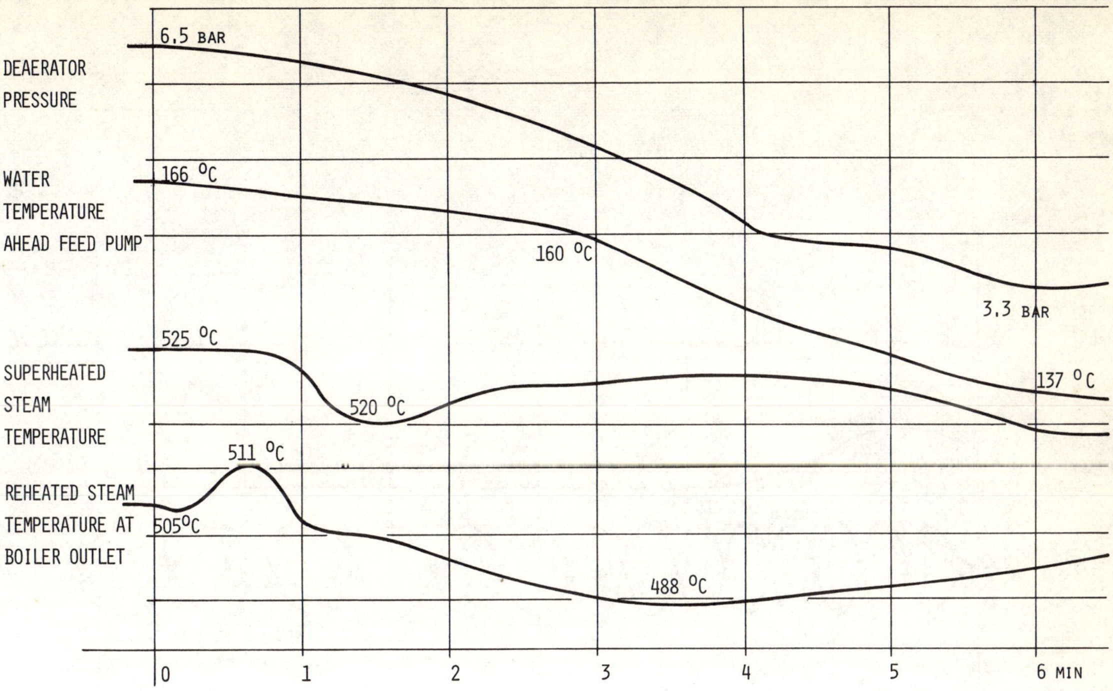
DEAERATOR
PRESSURE
6.5 BAR
3.3 BAR
WATER
TEMPERATURE
AHEAD FEED PUMP
166 °C
160 °C
137 °C
SUPERHEATED
STEAM
TEMPERATURE
525 °C
520 °C
REHEATED STEAM
TEMPERATURE AT
BOILER OUTLET
511 °C
505°C
488 °C
0
1
2
3
4
5
6 MIN

Fig.7

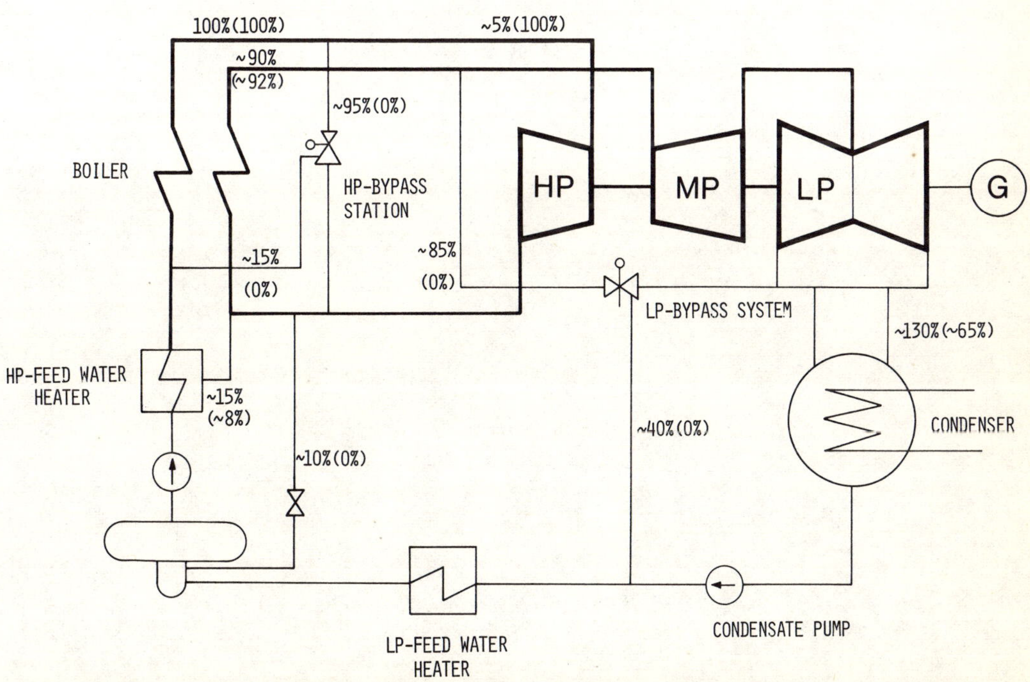
100%(100%)
~5%(100%)
~90%
(~92%)
~95%(0%)
BOILER
HP-BYPASS
STATION
HP
MP
LP
G
~15%
(0%)
~85%
(0%)
LP-BYPASS SYSTEM
~130%(~65%)
HP-FEED WATER
HEATER
~15%
(~8%)
~40%(0%)
CONDENSER
~10%(0%)
LP-FEED WATER
HEATER
CONDENSATE PUMP

Fig.8

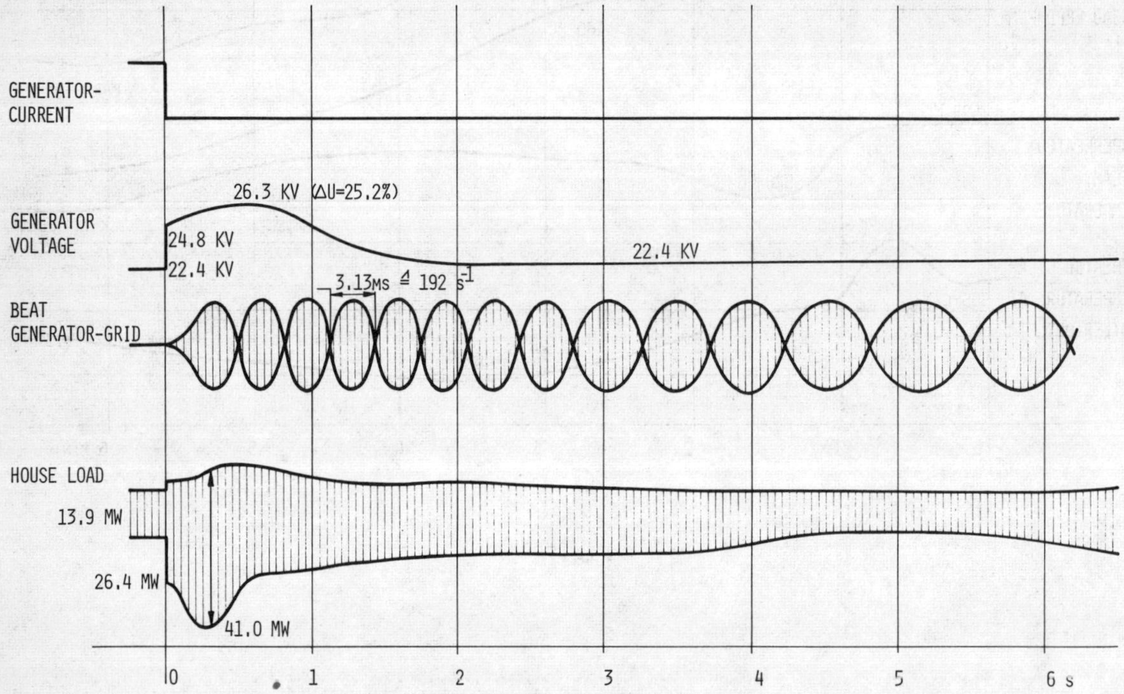

GENERATOR-
CURRENT
26.3 KV (ΔU=25.2%)
GENERATOR
VOLTAGE
24.8 KV
22.4 KV
22.4 KV
3.13MS ≙ 192 s-1
BEAT
GENERATOR-GRID
HOUSE LOAD
13.9 MW
26.4 MW
41.0 MW
0
1
2
3
4
5
6 s

Fig.9

C125/73 OPERATIONAL ASPECTS OF MARINE STEAM TURBINE INSTALLATIONS

P. B. OWEN

SYNOPSIS In the shipping world the late 1960's were a period during which the first of the very large crude carriers came into service. Such was the rate of progress over these few years that the design teams of the shipowners and shipbuilders very often working in isolation, produced a whole series of different engine room systems which were often startlingly different from each other. Far more different than the designs and types of ships that they replaced. The industry now has a few years operational experience of these ships and the second generation of ships now coming into service is benefitting from these experiences. In this paper the thoughts and ideals of one shipowner are detailed and discussed.

INTRODUCTION

Any Shipowner designing a steam ship is faced with a whole series of technical decisions and it is essential for the success of the final design that the Shipowner should have a sound philosophy which he methodically applies to the various decisions. The alternatives available usually lie between a complicated possibly expensive heat cycle which results in a low fuel rate and a simple less expensive cycle with a less attractive fuel rate. If only capital and fuel costs are bought into the economic evaluation then the more complicated cycle usually appears attractive. However when the operational and maintenance aspects are fully considered then the high cost efficient cycle may not be so attractive. The major design opportunities to improve the fuel economy are to increase the boiler and cycle efficiencies and these two aspects are best considered separately.

BOILER DESIGN CONSIDERATIONS

When discussing and comparing boiler designs there are three basic factors to consider, the initial cost, the maintenance and reliability factors and the efficiency. Clearly, capital cost should be kept as low as possible provided it does not effect the reliability or the efficiency. The simple way to reduce this cost is to use a single boiler in lieu of the more traditional concept of two units. The major concern with this concept is to ensure the reliability of the single main boiler. Operationally a single boiler presents no problems, in fact the control circuits can be simplified when compared to a twin boiler system, this simplification in itself gives increased reliability. But the design of the boiler must be such as to guarantee operational availability over long periods and to avoid the major causes of the maintenance and repair costs which often plague the older designs of boiler. This primarily concerns paying attention to,

1. Ensuring an absolute minimum of refractory materials are involved.
2. Ensuring the superheater configuration is not prone to fouling and corrosion.
3. Ensuring that the combustion is as efficient as possible.

Refractory has always been a maintenance load. Regardless of how well it is installed or what quality of material is used, it has a limited life particularly where it is exposed to the combustion zone. The solution is to adopt a welded wall design. This type of construction using gas tight panels to form the boiler walls eliminates the furnace refractory and the conventional double boiler casing. The overall result is a significant saving in weight, elimination of maintenance of furnace refractory and boiler casing. Hopefully also a saving in cost when compared to a double casing boiler. All the major boiler manufacturers now have monowall designs available.

THE SUPERHEATER

The most vulnerable part of the boiler is the superheater. Even some modern designs have been prone to slagging problems and material failures. Such failures result in unanticipated maintenance costs and detracts from the overall reliability of the boiler. In fact it could be the possible operational problems which have resulted from superheater failures that have influenced some Shipowners to readopt a twin boiler installation, after their initial acceptance of the single boiler concept. Superheater failures can be minimised if the following ideals are observed. The steam flow in the superheater should be arranged to minimise the tube temperatures. Tube hangers and supports should be made from the most reliable corrosion resistant material available and no attempt made to economise by accepting inferior materials. Uncooled beams and similar support arrangements should be avoided as they are bound to fail eventually. All support seats and similar lugs should be as solid and neat as possible and firmly attached to a cooled tube. Where possible primary support arrangements should be external to the boiler. The spacing of the superheater tubes should be wide enough to prevent bridging of the tubes and arranged in line to allow efficient soot-blowing. Finally the sootblowers must be installed so that they can be maintained without shutting down the main boiler. So the sootblower gland seals at the boiler casing should be accessible. Adequately sized purge air-lines should keep combustion products out of the sootblower assemblies when not in use. Drive motors should be remote from the boiler to allow comfortable maintenance and drive chains should be avoided if possible but if fitted must be easily lubricated. Only if the sootblower installation is always fully operational will the boiler itself have the chance to give trouble free service.

COMBUSTION

Truly successful combustion will pay big dividends in keeping the boiler in service. The flame zone must be kept within the furnace and not allowed to stray into the superheater area. There have been instances where incorrect air distribution to the burner throats from the windbox has resulted in excessive flame lengths. So particular attention should be paid to the distribution of the air to the burners. In fact for the first boiler of a series an air distribution model test is essential to ensure controlled combustion. Wide turn down burners are also prudent, they will permit wide swings in boiler load without the need to cascade burners. Any burner management system which involves cascading of burners is likely to present operational problems and should be avoided if possible..

BOILER EFFICIENCY

A further major decision is the efficiency of the single boiler. The basic options are a boiler fitted with a steam air heater and exhaust gas economiser with an efficiency of approximately 88% or, a boiler with a rotary air heater combined with multi stage feed heatings, that can yield a boiler efficiency of approximately 90%, by further lowering of the exhaust gas temperature efficiencies as high as 90.7% are possible. As far as the boiler design is concerned the choice is between a rotary air heater or an economiser design.

AIR HEATER DESIGN

At this stage operational experience and design philosophy really come into the picture. Having suggested a single boiler concept as one way of improving reliability and saving capital cost, the Shipowner must now decide whether to consolidate this position and accept the low efficiency boiler design or to strive for further economies at the risk of operational problems. At the centre of the argument is the rotary air heater. If fitted, these units will give operational and maintenance problems that are not apparent on an economiser style boiler. The rotary unit has to be provided with a bypass for use at low boiler loads and in case of an emergency. This bypass ducting includes dampers in the air and flue gas paths, all giving a maintenance load. The cold end of the heat exchanger plates require special protection in the form of vitreous or similar coatings if serious corrosion is to be avoided. Even then, due to the brittle nature of the available coatings, the coatings often fail and the plates suffer severe corrosion. Ceramic plates can be used but they are expensive and easily break. The plates can become fouled by an accumulation of deposits on the heating surfaces, these deposits decrease the size of the gas passages resulting in an increased pressure drop for the same gas flow on both the flue gas and air passages. They also effect the heat transfer rates. Because of these deposits the rotary air heater has to be fitted with sootblowers in an attempt to keep the surfaces clean. Inevitably when the rotary air heater is in service small soot particles which have adhered to a heat exchanger plate whilst in the gas path will blow off when in the air path. This continuous process results in an accumulation of fine soot particles in the air spaces of the boiler casing. These particles can accumulate in the windbox and in serious cases will effect the distribution of the air to the burners. In a double casing boiler, they can leak out through gaps in the casing so completely eliminating one of the basic intentions of the double casing which is to prevent leakage of combustion products into the engine room. The rotary air heater units are also prone to serious fires due to the accumulation of soot particles on the heat exchanger surfaces.

ECONOMISER RELIABILITY

On the other hand a well designed economiser installation will operate with no such problems. They have to be fitted with sootblowers, but serious corrosion and similar associated problems are virtually unknown. The decision then is whether the extra cost and operational complexity of the rotary air heater are worth the 2% increase in boiler efficiency that is obtained. The authors opinion is that it is not. It seems much wiser having adopted a single boiler concept to consolidate the advantages of this concept by accepting the operationally and more reliable economiser unit and forfeiting the available small increase in boiler efficiency. Compared to the alternatives this concept gives an improved operational performance, better safety, easier control, and reduced capital cost.

THE SINGLE BOILER CONCEPT

Marine boilers were for many years designed on the assumption that space was difficult to provide, so high thermal ratings were required. This was possibly true for naval vessels but certainly not so for tankers, particularly the larger ones. The full utilisation of the available space using a single main boiler allows reduced thermal ratings which in itself tends to improve reliability and improve performance.

There are some critics who might doubt the viability of the single boiler concept, but from a safety point of view it cannot be assumed that having two items of equipment in use will give 100% protection against failure. This is particularly true in the case of boilers. Most boiler failures, or to be more precise most losses of steam availability are due to some disruption in the system which does not involve the pressure parts of the boiler. Moreover on the very rare occasions when pressure parts are involved in a failure, it often does not mean an instantaneous loss of steam availability. However, if an instantaneous loss of steam availability does occur then the cause will usually be found in the systems or equipment common to all the boilers. So the single boiler concept cannot justifiably be criticised as being less safe than a two boiler installation. Rather, for the reasons stated above it should be considered as safer. A further operational advantage of the single boiler is the comparative ease with which it can be controlled. When large boilers are steamed in parallel in a Marine installation, there can be an interaction between the control loops which results in load swings between the two boilers. This reaction is not fully understood nor is it easy to control, what is certain is that there have been occasions in the past where this interaction has caused serious casualties. The single boiler concept is an obvious way to avoid the problem. Most ships which are fitted with the single main boiler also have an auxiliary boiler of about one third capacity to provide an emergency supply of steam. Before moving away from the boiler aspects and considering the heat cycle, something should be mentioned about the operational aspects of this auxiliary boiler. The main function of this emergency boiler is to give an emergency steam source in the unlikely event of failure of the main boiler. But a well designed steam plant will also permit this auxiliary boiler to be put on line to provide excess steam during a peak demand, such as is needed if the ship is required to maintain full speed during a tank cleaning operation. The modern high efficiency tank cleaning installations currently fitted to large ships require a considerable quantity of steam. Rather than build this capacity into the main boiler, because it is only an occasional demand, it is more satisfactory to arrange for the auxiliary boiler to provide this demand. For ease of operation the auxiliary steam systems should be arranged so that when the auxiliary boiler is on line providing the demand for the tank cleaning, then the main and auxiliary boilers should be operating as independently of each other as possible. Load fluctuations within the tank cleaning system should be reflected only on to the auxiliary boiler, allowing the main boiler to steam steadily providing steam for the main propulsion system.

MAINTENANCE OF THE AUXILIARY BOILER

During normal steaming the auxiliary boiler is shut down. Experience is that the soundest way to protect the auxiliary boiler during this condition is to use a wet lay up system. This technique allows water from the deaerator to flow via specially provided pipes through the superheater thence to the steam drum, returning to the feed system from a connection on the water drum which leads to the atmospheric drains tank. This system means that deaerated warm feed water is constantly circulating the auxiliary boiler. The heat loss is minimised by adjusting the flow rate to about 60 gallons per hour. This system also gives a convenient method of warming the auxiliary boiler, by merely increasing the flow rate through the boiler.

When the ship is on a standby or manoeuvring condition, to actually raise steam on the auxiliary boiler and maintain it under pressure without working the boiler brings hazard unnecessarily, since a boiler is always at the greatest risk under such conditions. It seems wisest and operationally more acceptable to keep the auxiliary boiler safe and not at risk, but available to be brought into service only after a disaster with the main unit. So, prior to a standby or manoeuvring condition being accepted for the main plant, the recirculation of the auxiliary boiler should be stopped, the boiler water level dropped to a working level, the superheater drained, all fuel and safety circuits tested and checked, and the boiler then held in readiness for immediate use if required. This system seems the wisest compromise as it provides for a corrosion free boiler during the lay up condition, but permits easy operational availability should the boiler be required in an emergency.

THE HEAT BALANCE

Considering now the overall cycle design, the first decision is the initial steam temperature and pressure. In fact a free choice may not be available because most turbine and boiler designs progress in steps, so only a limited number of options will be available. The sole incentive for any increase in pressure or temperature is an improvement in fuel consumption. Against this must be balanced the increase in cost for the equipment and the possible increase in the maintenance costs. Any Shipowner contemplating an increase in cycle conditions will have an accurate assessment of the increased cost and the saving in fuel cost, but the third figure, the increase in maintenance can only be an estimate. More realistic perhaps, is the shipowner who after having decided to go for increased steam conditions can step back after a few years operational experience and say to himself, was it really worth it.

INITIAL TEMPERATURE AND PRESSURE

An increase in pressure alone brings few immediate problems but nor does it give much increase in efficiency. A pressure increase from say 41 Bar to say 62 Bar only gives about a 1% decrease in fuel consumption. Modern jointing materials, all welded pipelines, and more sophisticated valves have all helped to significantly reduce leaks from the steam system which might have been a draw back to increases in pressure. Remember that a ship has to make good its system losses from its own evaporators and hence leaks cannot be tolerated. However an increase in pressure unless accompanied by an increase in temperature will give erosion problems in the LP turbine, because of steam wetness. In the mid 1960's, when the first of the now operational large crude carriers were being planned, the upper limit of temperature was set at 510°C, mainly because at that temperature comparatively cheap materials could be used for the superheaters, increases beyond 510°C require austenitic steels. At the same time this temperature gave a useful increase in cycle efficiency. The upper limit of 62 Bar for pressure, was set because it was felt that this was the pressure beyond which boiler water treatment problems would be encountered which were beyond the scope of the average marine engineer, who is not a trained chemist.

BOILER WATER TREATMENT

It is strange but true that the subject of boiler water treatment is rarely given adequate attention by the Shipowner. There have been several recent cases of failure of boiler pressure parts in modern ships after only a few years service due to in attention to boiler water treatment techniques. As pressures in excess of 62 Bar, problems can be encountered with silica, copper and iron contamination which are beyond the average Marine Engineers capability to monitor and control. The poor increases in fuel efficiency gained with further increases in pressure do not make it an attractive risk.

SUPERHEATER MAINTENANCE

The problem with increases in temperature mainly involve corrosion and slagging problems in the superheater area. Currently many Shipowners are encountering severe problems with superheater slagging and corrosion. The dramatic recent increases in ship repair costs are no doubt making a nonsense of the original economic justification for the increase in temperature. However the problems are probably more a result of inattention to design detail in the initial stages than just to the increase in temperature. Generally the temperature increase was accompanied by the adoption of monowall boilers, top firing, etc., and part of the corrosion problems were due to the flame impingement in the superheater, the result of poor combustion. There are boilers of more conventional design with front firing which have operated successfully with superheat temperatures of 510°C with no significant fouling problem. What is true is that with a final steam temperature of 510°C there is far less margin for error than at the lower temperatures. The components of the superheater are far closer to their critical temperatures than if the final steam temperature were more moderate. The prevention of superheater corrosion and fouling are dependent on good boiler design rather than merely reducing the design final superheater temperature. The boiler designers must dedicate themselves to a deeper understanding of the heat transfer situation in the boiler and learn to predict gas and metal temperatures in the various sections of the boiler with consistent accuracy. It is not entirely satisfactory that a boiler should be designed by trial and error using the ship as a test bed.

One final factor is involved, that is the number of days per year that the ship is likely to be steaming at full power. Whilst 62 Bar and 510°C might be economic for a ship steaming at full power for in excess of 90% of its life, these initial steam conditions may not be attractive for a ship which spends a greater percentage of its time in port. For such a ship steam conditions nearer 41 Bar and 460°C would be quite adequate.

THE PROBLEMS OF REHEAT

On larger ships some shipowners have adopted steam conditions within the limits just mentioned, but have sought further fuel economies by adopting a reheat cycle, some have adopted reheat cycles with even higher steam conditions. Some of these plants have fuel rates as much as 10% below a less complicated cycle with the same initial steam conditions. This saving in fuel is offset against an increased initial capital cost and an increased maintenance cost. There is also the increased operational complexity of the plant, particularly of the reheat boiler to be considered. The adoption of such plants is primarily due to the competitive pressures brought to bear on the manufacturers of marine steam plant by the large diesel engine. The main operational disadvantage of the concept is simply how to protect the boiler reheater during astern manoeuvring. There are two basic approaches. One is to protect the reheater by installing it in a separate furnace which will be shutdown during manoeuvring conditions. The alternative is to arrange the reheater in such a manner that the combustion gases can be diverted from the reheater section by means of gas dampers. Either of the solutions presents a difficult challenge to the boiler designer and ultimately an operational and maintenance problem to the shipowner. Any dampers that are fitted will be in the corrosive atmosphere of the flue gas, difficulties have been experienced with such dampers in previous selectable superheat boilers, and such problems will surely recur in the reheat boiler. With the separate furnace approach, because the astern steam requirements in terms of steam flow can be greater than the ahead steam requirements, then once the reheater section has been shutdown during astern running, then the remaining superheater furnace must be capable of being overfired to generate sufficient astern steam. During this overfiring period, the normal superheat final temperature will rise considerably past the design value unless additional controls in the form of a spray type desuperheater are adopted. Of the two approaches the divided furnace solution is the soundest, but it does introduce considerable operational problems. It seems wisest not even to adopt a reheat cycle. The fuel cost is not the only running expense of a ship, maintenance costs can be just as high. If a shipowner wants a low fuel cost then diesel propulsion is the obvious answer. If steam turbine propulsion has been selected then it is better to consolidate the inherent simplicity of the turbine and establish a heat balance that has an acceptable compromise between initial capital cost, fuel cost and most important maintenance cost.

DESIGN CRITERIA FOR A SIMPLE HEAT BALANCE

Within the feed and condensate section of the heat balance there are several points where this objective can be achieved.

Having previously stated that an economiser type boiler is preferred, the first point within the heat balance to decide is the feed inlet temperature to this economiser. This temperature will already have been taken into account in the boiler efficiency calculations. Too high a temperature will limit the maximum possible boiler efficiency, too low a temperature may result in corrosion problems in the cooler sections of the economiser caused by condensation of boiler gases. For the type of cycle being discussed a reasonable compromise is in the region of 135°C, this being the criterion around which the remainder of the heat balance is constructed.

This temperature can usually be achieved by a single deaerating feed water heater. Depending on alternator size, the exhaust from the turbo alternator can be taken either to a back pressure exhaust system from which the heating steam for the deaerator is supplied, or direct to an independent feed circulated low pressure feed heater. Either way the adoption of a back pressure alternator provides operational advantages. It gives a supply of process steam which is available for feed heating and can also be used to supply the steam/air heater fitted to the main boiler. The complication of condensing turbo alternator units which can involve extra pumps and air ejectors and present additional points of possible seawater contamination is avoided. Likewise the operational disadvantages of turbo alternator units which exhaust directly to the main condenser are also avoided. In a well designed heat balance, the back pressure concept in fact gives a slightly better fuel rate. A further significant advantage is the lower capital cost of the back pressure turbo alternator unit. One of the disadvantages of the concept is that if the electrical load is high, there may be more steam available than the process can consume. But in most cases an agreeable compromise is possible.

So an economiser type boiler coupled to what is virtually a single stage feed heating cycle whilst not at the top of the efficiency league, is certainly very low in maintenance costs and operational complications.

DRIVE OF MAJOR AUXILIARIES

Of further interest is the method of driving the feed pump and other large auxiliaries. From an overall cycle efficiency aspect the best way to do this is to directly attach them to some other large turbine, possibly the main turbine or turbo alternator, next efficient is electric drive from the turbo alternator and usually least efficient is an individual turbine drive. Again the operational aspects of the options have to be considered. Electric drive is generally not favoured because of the problems of starting such large machines with the limited electrical capacity available, and the high initial cost of the equipment bearing in mind the need to provide additional normal electrical capacity. For these reasons electric feed pumps are virtually obsolete, but electrically driven fans are still used, with large units the problem of starting is overcome by using two fans which operate in parallel, this is an acceptable solution but it does require a more sophisticated damper control system. Steam turbine drives are almost universally adopted for feedpumps, they are cheap, fairly reliable, and if back pressure units are used from a heat balance point of view they give a further supply of process steam into the back pressure exhaust system. Regarding main engine attached audiliaries, such a proposition for boiler fans is obviously not attractive due to the large amounts of trunking that will be required, but for a feed pump the idea of a main engine driven unit is more acceptable.

There are installations in which the boiler feed pump is attached to the gearbox of the turbo alternator. Due to the comparatively low revolutions per minute of such a unit, a multi-stage pump is required. The clearances within the pump have to be increased beyond the normal limits to allow the pump to run off-load for a prolonged period, alternatively a clutch has to be provided but the former solution seems more acceptable and certainly cheaper. From an operational aspect these alternator attached feedpumps are very successful, particularly if two turbo alternators are fitted to the ship. In this case a feed pump is attached to each unit and when required the turbo alternator/feed pump units are put on and off load together. Generally the drawback to these units is the premium demanded by the alternator and feed pump manufacturers to provide such a system. This increase in capital cost is usually so high that it cannot be justified because the increase in efficiency is so marginal. That there is a cost increase is mainly due to the fact that the attached feed pump would be of special 'one off' design, whereas the alternative turbo feed pump is produced on a production line basis and is so competitively priced. Consequently whilst attached feed pumps are potentially attractive and have few operational disadvantages, they are rarely fitted.

DISTILLERS

Condensate cooled distillers are nowadays frequently used as a means of slightly improving the cycle efficiency with a real improvement in reliability. The former salt water cooled units were a constant maintenance load and had operational disadvantages. It was difficult if an evaporator was producing contaminated water to tell if the contamination was due to a leaking condenser or to priming. These problems are overcome by adopting a condensate cooled unit. Obviously one salt water cooled unit is fitted for use in port when sufficient condensate is not available to cool the main unit.

CHOICE OF AIR EJECTORS

One final minor aspect of the heat balance is the type of air ejector selected. Many shipyards today have a preference for a vacuum pump unit in place of the more traditional steam operated air ejector. The advantages to the shipyard of this arrangement are clear. Vacuum pumps permit frequent easy raising of main engine vacuum, they handle air leaks into the system with much greater efficiency, consequently they allow the shipyard to commission the plant quickly and with few problems. The advantages for the shipowner are far less obvious. It is likely that the ship will be delivered to him with condenser air leaks which the steam air ejector could not have handled, consequently they would have had to have been found and eliminated. Likewise, during service air leaks into the condenser will be masked by the efficiency of the vacuum pump, the result will be oxygen contamination of the feed system which will give boiler feed water treatment problems. The vacuum pump will also have a higher maintenance load than the comparatively simple steam air ejector. So it is suggested that the steam air ejector is from the shipowners point of view a wiser choice. It is simple, easy to maintain and operationally reliable. It's relative inefficiency is in fact a virtue as it means that air leaks cannot be tolerated and have to be eliminated immediately if they occur. This prevents any possible further corrosion complications that can arise due to oxygen contamination of the feed water.

EXAMPLES OF TYPICAL HEAT BALANCES

At the end of this paper there are four heat balances which illustrate the extremes of the options just discussed.

Table 1 shows the percentage of these cycles fitted to the various types of ships over the past few years. It is interesting to note that all the container ships and gas carriers, ships where reliability is truely at a premium have all been fitted with simple economiser cycles. For tankers the spread is fairly even, the cycle which the authors company adopt is cycle 1 which accounts for 22% of the tanker tonnage.

The first cycle, table 1, differs from the other three cycles in that the forced draught blower is turbine driven instead of electrically driven and that the heating steam for fuel oil and domestic services is saturated steam extracted from the main boiler instead of from a steam/steam generator operated on HP bleeding steam. Furthermore, it differs from the other two back pressure systems (2 and 3) in that the generator turbine is exhausting to the LP feed heater instead of to the deaerating feed heater.

The 1 and 2 cycles have boiler arrangements with economiser and steam air heater while the 3 and 4 cycles have gas air heaters and HP feed heaters.

The 2 and 3 cycles, are apart from the boiler arrangement and HP feed heating identical. Surplus steam from the back pressure system is during normal operation being passed in to the main turbine cross over line.

The 4 cycle, is in its turn identical with the 3 cycle apart from the generator turbine which exhausts to the main condenser.

AVAILABILITY OF STAFF

It is not practical in a paper of this length to pursue the minor machinery options available but the paper would not be complete if the influence of staff on the ship were not discussed. It has never been easy to attract engineers into a long term carrer at sea. Over the past decade there has been a steady increase in the turnover rate of engineering staff. Fewer people have made it a long term career and the age at which they have left the sea to take up shore employment has decreased. The net result is that the average age of the engineers on board a ship is much less than it was say 10 years ago. Taking the implication one stage further it means that the number of years of experience on board the ship has declined considerably. So whilst there is no real shortage of people prepared to spend a few years at sea, the years they are prepared to spend is getting fewer. The result being a decrease in the accumulation of experience available on board the ship. No shipowner can afford to ignore this trend.

CONCLUSION

The ships of the future must be designed to be run by a staff with a very limited experience, simplicity of operation and ease of mainteance must be the guidelines. To meet this aim some sacrifice of overall efficiency will be required and will have to be accepted.

The true success of any machinery system must be judged by it's ability to fulfil its total function in an economic manner but the economic criteria by which it is judged must in future take into account not only fuel but maintenance and staff costs. It is the author's contention that these objectives will best be achieved by adopting the simple style of heat cycle as discussed in this paper.

TABLE 1

	CYCLE TYPE	APPROX. FUEL RATE	CONTAINER SHIPS PERCENT	TANKERS BULK CARRIERS PERCENT	GAS CARRIERS PERCENT	TOTAL PERCENT	CYCLE NO.
STEAM AIR HEATER	2 feed heaters back pressure alternator	286 KG/MWH	8	22	94	18	1
	3 feed heaters back pressure alternator	280 KG/MWH	82	9		26	2
ROTARY GAS AIR HEATER	4 feed heaters back pressure alternator	271 KG/MWH		36		28	3
	4 feed heaters condensing alternator	271 KG/MWH		26		21	4
	Other types		10	7	6	7	5
TOTAL			100	100	100	100	

Note

The above fuel rates are for a cycle with a steam turbine driven feed pump, coupling the feed pump to the turbo alternater would reduce the fuel rate by 1.5 KG/MWH

KG/MWH = G/KWH = 1.3596×G/HPH METRIC

CYCLE NO. 1

2 Feed Heaters
Back Pressure Alternator
Turbine Driven Forced
Draught Fan.
Steam Air Heater.

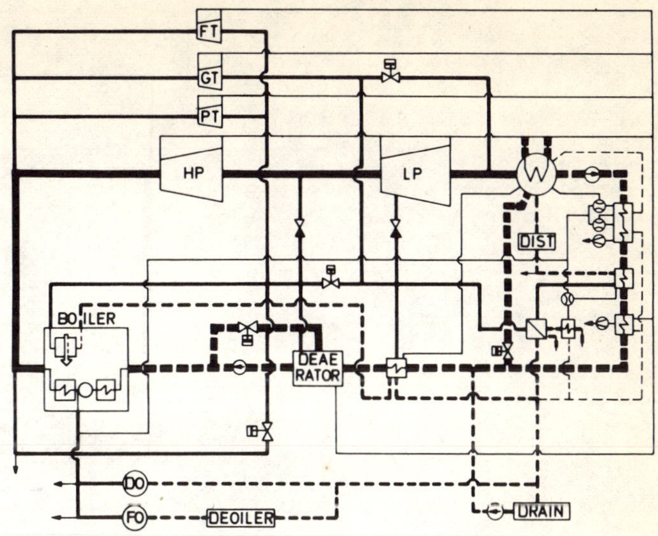

CYCLE NO. 2

3 Feed Heaters
Back Pressure Alternator
Electric Forced Draught Fan.
Steam Air Heater.

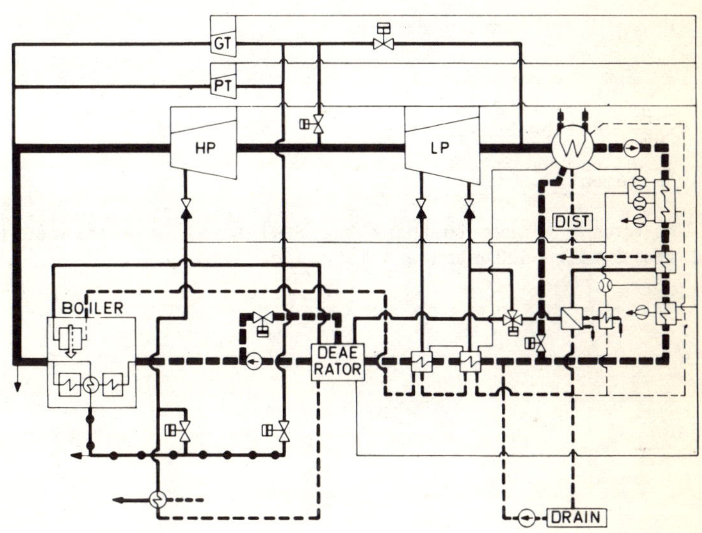

CYCLE NO. 3

4 Feed Heaters
Back Pressure Alternator
Electric Forced Draught Fan.
Rotary Gas Air Heater.

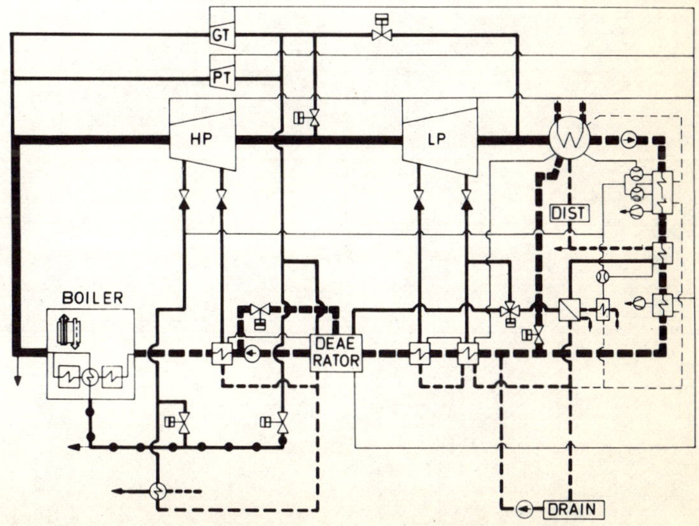

CYCLE NO. 4

4 Feed Heaters
Condensing Alternator
Electric Forced Draught Fan
Rotary Gas Air Heater

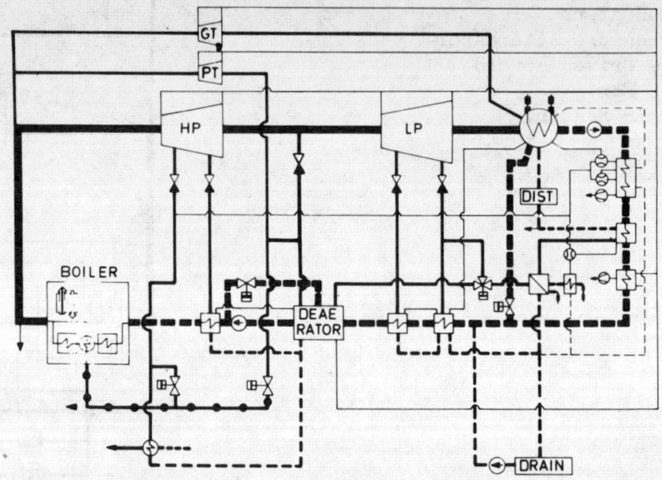

The code used in the above cycle diagrams is

HP = High Pressure Turbine
LP = Low Pressure Turbine
ET = Generator Turbine
PT = Feed Pump Turbine
FT = Boiler Fan Turbine

Acknowledgements

The author wishes to thank the Stal Laval Organisation for permission to use their standard cycle diagrams to illustrate this paper.

C126/73

FORCED AIR COOLING OF STEAM TURBINES

S. HOTHER-LUSHINGTON P. G. S. ESSELL

SYNOPSIS A technique has been developed of force cooling turbines using compressed air whilst on barring to reduce barring times and hence outage costs. A description of the development of the cooling technique is given in the paper and the problems which have to be considered in applying it are discussed.

INTRODUCTION

When steam turbines are taken out of service for maintenance or repair work it is customary to "bar" them (i.e. rotate the shafts at low speed) until the casing metal temperatures have fallen to certain specified values. This is done to ensure that the bearing whitemetal is not damaged by heat soakage from the hot rotors and also to ensure that the rotors cool symmetrically and hence do not bend. The specified temperature limits at which turbines may be taken off barring vary from one design to another, but typically machines are not taken off barring until their casings have cooled to 150°C. Because of their large size, high operating temperatures and improved lagging this can take up to 5 days on modern 500 MW turbines and very large outage costs can be incurred for relatively minor repairs. Substantial financial savings can be achieved if the cooling time can be reduced.

One means of doing this is by lowering steam temperatures and pressures whilst the unit is being unloaded. Results from steam cooling tests are described in references (1) and (2). Steam cooling is sometimes used to a limited extent during planned shutdowns but there is usually no chance to do any steam cooling if a machine has to be taken out of service at short notice. In addition steam cooling down to low temperatures requires very careful control of boiler temperature and pressure to prevent water carryover to the turbine and the degree of supervision necessary is difficult for normal shift staff to include with their other duties.

Because of these disadvantages it was suggested some time ago that turbines might be force cooled with air, whilst they were on barring. This paper describes an air cooling technique which has been developed for large machines and some of the results which have been obtained.

INITIAL TESTS

1. The initial testing of the feasibility of air cooling was done on a 20 MW turbine at Bradford Power Station. This was a two cylinder, 3,000 r.p.m. English Electric machine first commissioned in 1925. It has one single flow HP cylinder and one double flow LP cylinder; steam conditions at the stop valve were 14 bar, 400°C. There was no barring gear.

2. Cooling air was supplied to the condenser steam space of the machine from a diesel driven compressor rated at 0.28 m^3/s (600 c.f.m.) and 7 bar. The air passed back through the LP cylinder, HP cylinder, stop valves and pipework to exhaust through a spare relief valve in the boiler house. Since the station was operated on a range system it was possible to supply steam to the turbine via another route for normal running.

3. A series of tests was completed at various air flow rates, the machine being run up and loaded without difficulty after each test. Measurements were taken of the HP cylinder metal temperatures during cooling and the results are shown in Fig.1; they were promising enough to justify the extension of the tests to larger machines.

FORCED AIR COOLING OF 500 MW TURBINES

1. Turbine Design

The 500 MW Ferrybridge 'C' machines, on which the forced cooling technique for large turbines has been developed, are 3000 r.p.m. tandem compound machines with 5 cylinders, one single flow HP, one double flow IP and three double flow LP's. The HP and IP cylinders are of double casing construction. A thrust bearing is located between the HP and IP cylinders, the rotors expanding about this point; the casings expand about a fixed point at mid length of the LP cylinders.

At full load, steam is supplied to the HP cylinder at 568°C and 160 bar and is reheated to 568°C at 27 bar before entry to the IP cylinder.

An underslung condenser is employed with bursting discs or diaphragms fitted to the LP exhausts to prevent condenser gauge pressure exceeding 0.15 bar.

2. Method of Forced Cooling

Because the Ferrybridge 'C' machines were already in operation by the time these tests began, the number and size of air inlet or exhaust holes which could be drilled in high pressure casings was severely limited. This placed restrictions on the air cooling scheme at Ferrybridge 'C' which would not be met if air cooling was being designed into a new machine. For example, the need to use existing pipework of 38 mm or 50 mm bore meant that a supply of air at 7 bar was necessary to obtain the mass flow rates required.

Careful consideration was given to the various ways in which cooling air could be passed through the machines, the main criteria to be satisfied being:-

a) Thermal stresses and cylinder distortions should be a minimum.

b) It should be possible to control differential expansions to keep them within limits.

c) The LP cylinders and condenser should not be pressurised above 0.1 bar.

d) The time and effort required to put air cooling into operation should be a minimum.

e) The capital cost and modifications to the machine should be minimised.

Cooling of the LP cylinders was not thought to be necessary since they operate at relatively low temperatures (approximately 250°C at inlet at full load, 40°C at exhaust).

The air cooling scheme which has proved to be the most satisfactory to date is shown in Figs. 2 and 3.

3. H. P. Cylinder

Air enters the annular space between the inner and outer HP cylinder through four symmetrically disposed 38 mm dia. holes at the inlet end of the outer casings (see Fig.2). It then passes between the inner and outer casings part going through the cold reheat branches and the reheater and out to atmosphere via the reheater dump valve and, if it is necessary to cool the rotor more rapidly, part going through the blading, against the normal steam flow direction to the steam leg drains. The flow through the blading is however restricted by existing small orifices in the drains lines.

4. I. P. Cylinder

Air enters the IP cylinder through eight symmetrically disposed, 50 mm dia. holes in the outer casing (see Fig.3). It flows between the inner and outer casings,but because the cylinder has a double casing for only part of its length the air must then pass through several stages of blading to reach the IP exhaust branches. The hot air passes out to atmosphere through four 300 mm x 200 mm access doors, one on each of the exhaust branches, which have to be removed prior to the start of air cooling. If the IP loop pipe drains are open a very small air flow may also pass back through the first 7 stages of blading, against the normal steam flow direction. However, this flow is restricted by small orifices (approximately 10 mm dia.) in the drains lines and the majority of the flow exhausts through the access doors.

5. Air Supply

For test purposes cooling air was supplied to the machines from four oil-lubricated, diesel-driven, portable air compressors each delivering 0.28 m^3/s (600 c.f.m. free air) at 7 bars. The air was filtered before entering the turbines. For operational use electrically driven compressors with a total capacity of 1.42 m^3/s (3000 c.f.m.) of oil free air are recommended for a station with 500 MW units.

The air temperature at inlet to the turbine is about 50°C. In order to protect the outer and inner casings from direct impingement by the relatively cold air, the holes in the outer casing are fitted with "thermal sleeves/air diffusers". An example of one of these is shown in Fig. 4. A clearance of about 3 mm is provided between the sleeve and the inside of the hole in the outer casing to act as a thermal barrier and prevent sudden chilling of the inside of the hole. The air leaving the sleeve is directed sideways, i.e. circumferentially and axially, to prevent direct impingement on the inner casing.

6. Instrumentation

During operational forced air cooling the standard control room instrumentation is sufficient to control the process. In particular casing metal temperatures, casing top/bottom temperature differences, barring motor current, differential expansions and eccentricities are monitored.

For test purposes additional instrumentation was installed on one unit. This included a total of 46 extra thermocouples to measure HP and IP casing temperatures, thermometers to measure air outlet temperatures and orifices and manometers to determine accurately the air flows to the individual casings.

RESULTS AND DISCUSSION

1. Typical natural and forced cooling curves for the Ferrybridge 'C' HP and IP inner casings are shown in Fig.5. It can be seen that the machine can be cooled to 150°C in 24 hours from the start of cooling using the scheme described earlier with a total air flow of 1.13 m^3/s (2400 c.f.m.). This represents a saving of 2 to 3 days in the outage period.

2. During forced cooling it is necessary to ensure that the thermal stresses induced in the various components are minimised and that there is no transient distortion of movement which could cause rubbing of the rotor on the glands or of blading within the casings.

The turbine casings, rotors (including the blading), thermal sleeves/diffusers and air inlet pipes are the main areas of concern for thermal stresses. The direct measurement of strains on casings is extremely difficult and the calculation of stresses on the complex shapes involved is inaccurate, even with the finite element stress analysis computer programmes developed by our Berkeley Nuclear Laboratories. Temperature measurements taken on casings during forced cooling have shown however that rates of change of temperature and through wall temperature differences, which are a measure of the thermal stresses, can be maintained below those experienced during normal operation. This is illustrated in Fig.6 where it can be seen that the maximum through flange difference on the HP inner casing during forced cooling is less than when the machine is on load.

It is concluded that the contribution of forced air cooling to any fatigue damage which might occur on the turbine casings is insignificant, especially when it is realised that forced air cooling is unlikely to be used more than 200 times on any one machine during its whole life. (This compares with several thousand hot starts if a machine is two shifted). Confirmation that casing stresses are low during forced cooling is however being sought by attempting some stress analysis and by making use of the model techniques developed by Berkeley Nuclear Laboratories.

High stresses in the blades are avoided by not passing cold air over them. On the HP cylinder only a very small proportion of the total air flow cools the blading and this air has been preheated by its passage between the inner and outer casings. In addition, the air flow is against the normal steam flow direction so the hottest blades are not subjected to thermal shock. Nearly the whole of the IP air flow passes through the last 9 stages of blading with only a small proportion flowing back, against normal steam flow direction, through the first 7 stages. Again however the air is preheated between the inner and outer casings and the counter flow arrangement over the hottest blades ensures that thermal shocks are minimised.

At the start of air cooling the air flow is increased only slowly to its maximum value (see Fig.6) and this helps to reduce thermal stresses.

The air diffusers and air inlet pipes local to the turbine casing may be subject to large thermal shocks if the air flow is not increased gradually at start up. However the stresses can be minimised by correct attention to detail design, e.g. by ensuring that thin sections are not constrained from expansion or conraction by much heavier sections and by providing some flexibility in the pipework. In about two years of forced cooling no difficulties have been experienced with air diffusers and pipework but it is probably wise to inspect them annually.

3. The possibility of distortion or differential expansion problems during forced cooling is minimised by correct selection of the air flow paths through the machine and by using the air diffusers to prevent localised cooling. The use of symmetrical air inlets with air entries at both the top and bottom of the casing helps in obtaining uniform cooling and by correct proportioning of the flow to the top and bottom halves of a casing it should be possible to eliminate the top to bottom differences in temperature which arise during natural cooling and which lead to casing hog. Differential expansions between rotors and casings do not give rise to any difficulties provided the main air flow does not pass through the rotor blading and hence cause over rapid cooling of the rotor relative to the casing. The optimum flow path of the cooling air through a large turbine depends on the actual design of the machine and varies from one manufacturer's design to another. On existing plant the air inlets and outlets chosen may be a compromise between various requirements. For example, on some machines it is more convenient to pass the warm exhaust air from the IP cylinder to atmosphere through LP cylinder (by removing access doors in the LP cylinders). The maximum temperature of the air leaving the IP cylinder is 180°C to 200°C which is 50° - 70° lower than the on load steam temperature at the LP inlet. The total mass of the LP cylinders is more than 10 times that of the IP cylinder and overheating of the LP cylinders is not thought to be a problem. A limited number of measurements have confirmed this. The warm air passing through the LP cylinders may help to reduce off load corrosion problems by drying the LP rotors and casings. However, there is some concern about stress corrosion on LP rotors and erosion shields and the purity of the air passing into the cylinders must be given careful

consideration. This applies especially to stations on the coast where NaCI can be present in the air in variable amounts depending on weather conditions, or to stations in areas of high atmospheric pollution.

CONCLUSIONS

Forced air cooling of turbines can be used to reduce outage times by several days. In the two years following the first tests on a large machine the technique had been used operationally 40 times on 8 units at two power stations and the resulting financial savings were far in excess of the original costs of the tests and development work.

The experience gained at Ferrybridge 'C' and Eggborough will form a basis for cooling schemes on future large turbines but there is still scope for further development of the technique; especially if it can be incorporated at the design stage.

ACKNOWLEDGEMENTS

The work described in this paper was carried out by N.E. Region, Scientific Services Department and the paper is published by permission of Mr. P. J. Squire, Director General, N.E. Region, C.E.G.B., who originally suggested the use of forced air cooling.

Acknowledgements are made to Mr. P. R. Saunders, Division Head, Mechanical Engineering Division, C.E.G.B., N.E. Region, S.S.D., for advice and assistance and to the staff of Ferrybridge 'C' and Eggborough Power Stations for their co-operation and assistance with the experiments. Acknowledgements are also due to C.A. Parsons, Ltd. for their interest and advice and for their permission to publish figures 2 and 3.

REFERENCES

1. J. Dutton "Steam Cooling of Turbines" Investigation Report No.5, C.E.G.B. Southern Division, South Western Region, 1961.

2. D. Cambier "Refroidissement accelere d'une turbine de 125 MW" Bulletin de l'Inf. des Centrales Electriques" Vol.3 pp.20-24, Jan.1961.

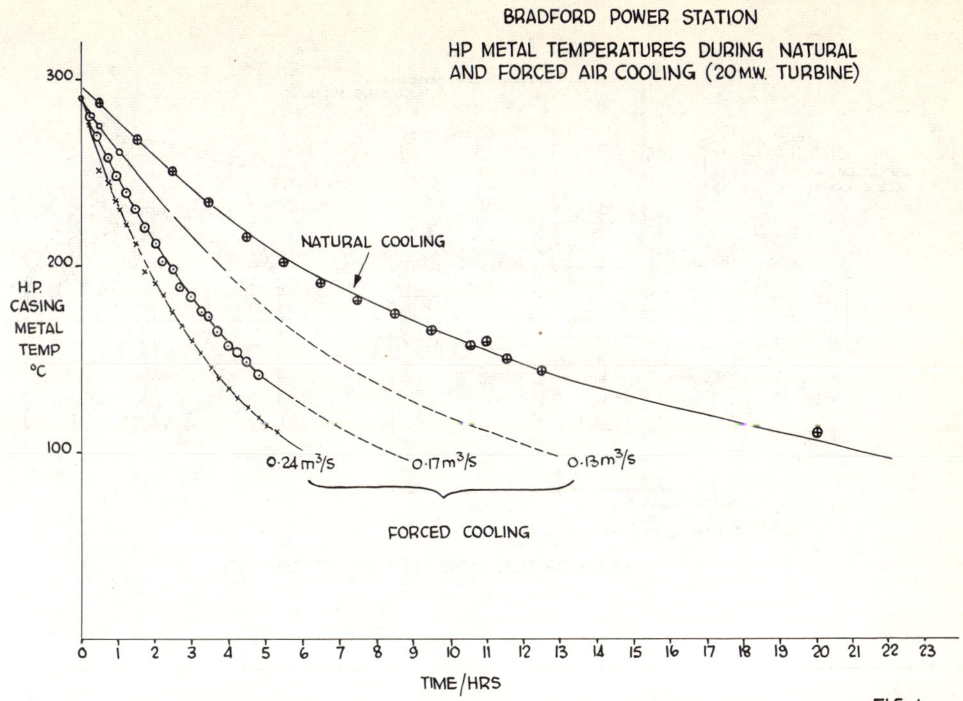
BRADFORD POWER STATION
HP METAL TEMPERATURES DURING NATURAL AND FORCED AIR COOLING (20 MW. TURBINE)
H.P. CASING METAL TEMP °C
300
200
100
NATURAL COOLING
0·24 m³/s
0·17 m³/s
0·13 m³/s
FORCED COOLING
0 1 2 3 4 5 6 7 8 9 10 11 12 13 14 15 16 17 18 19 20 21 22 23
TIME/HRS

FIG. 1.

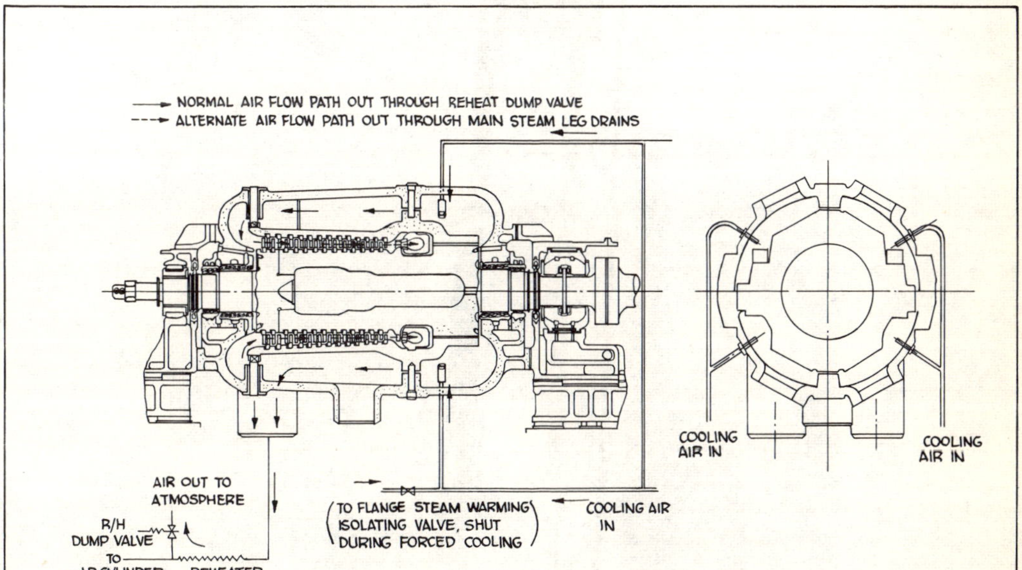
NORMAL AIR FLOW PATH OUT THROUGH REHEAT DUMP VALVE
ALTERNATE AIR FLOW PATH OUT THROUGH MAIN STEAM LEG DRAINS
AIR OUT TO ATMOSPHERE
R/H DUMP VALVE
TO I.P. CYLINDER
REHEATER
TO FLANGE STEAM WARMING ISOLATING VALVE, SHUT DURING FORCED COOLING
COOLING AIR IN
COOLING AIR IN
COOLING AIR IN
COOLING AIR FLOW PATHS THROUGH HP CYLINDER

FIG. 2

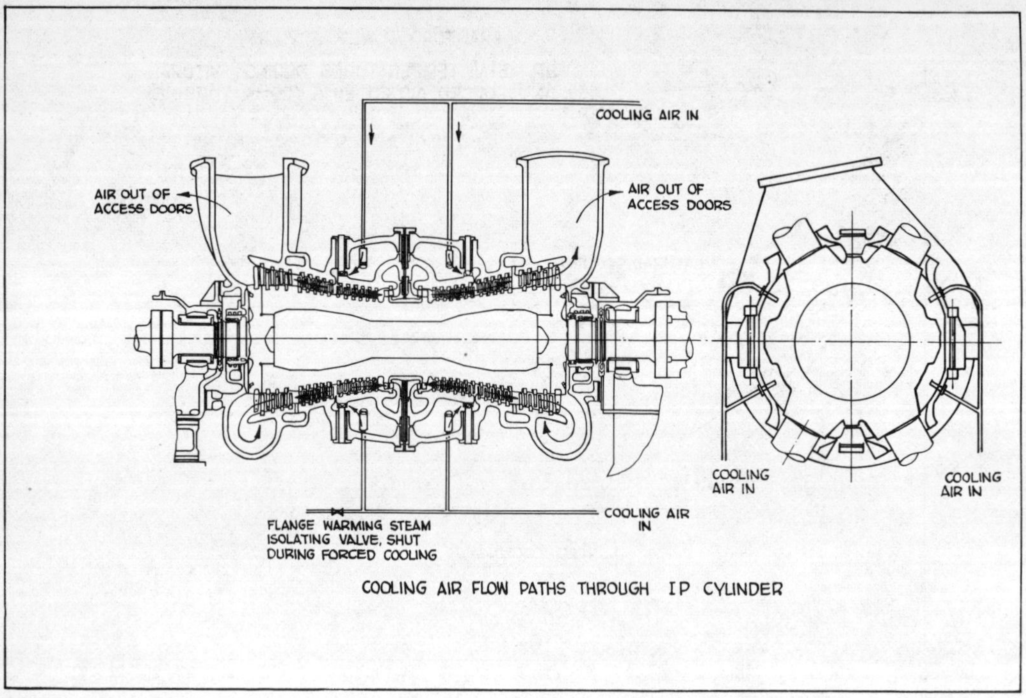

FIG. 3

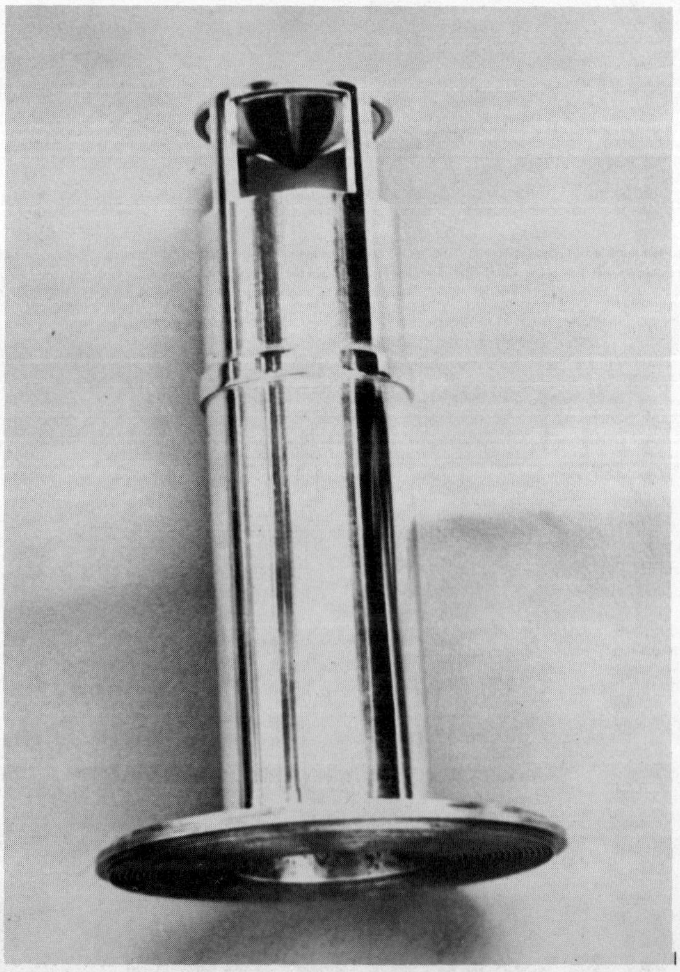

FIG.4 THERMAL SLEEVE/AIR DIFFUSER USED AT FERRYBRIDGE 'C'

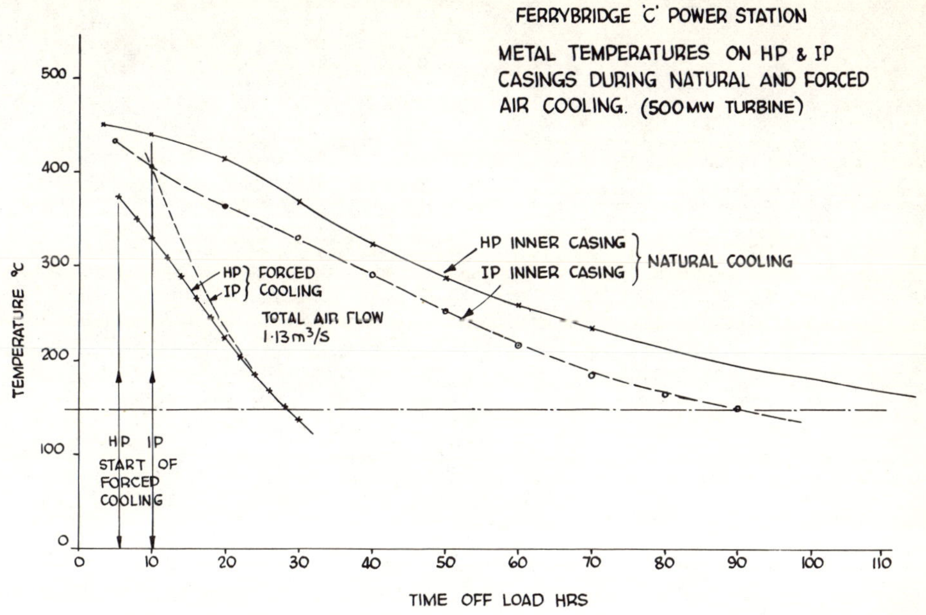
FERRYBRIDGE 'C' POWER STATION
METAL TEMPERATURES ON HP & IP CASINGS DURING NATURAL AND FORCED AIR COOLING. (500MW TURBINE)
TEMPERATURE °C
HP INNER CASING
IP INNER CASING
NATURAL COOLING
HP
IP
FORCED COOLING
TOTAL AIR FLOW 1·13m³/S
HP IP START OF FORCED COOLING
TIME OFF LOAD HRS

FIG. 5.

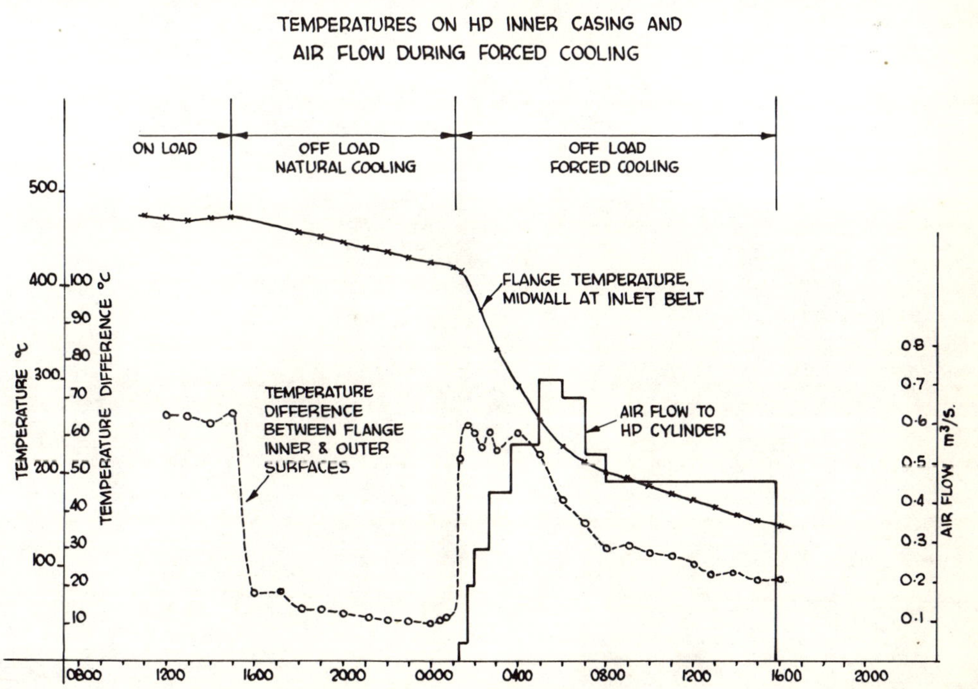
TEMPERATURES ON HP INNER CASING AND AIR FLOW DURING FORCED COOLING
ON LOAD
OFF LOAD NATURAL COOLING
OFF LOAD FORCED COOLING
TEMPERATURE °C
TEMPERATURE DIFFERENCE °C
FLANGE TEMPERATURE, MIDWALL AT INLET BELT
TEMPERATURE DIFFERENCE BETWEEN FLANGE INNER & OUTER SURFACES
AIR FLOW TO HP CYLINDER
AIR FLOW m³/S.
TIME

FIG. 6.

C128/73 OPERATING EXPERIENCE WITH LARGE BOILER PLANT

D. E. UPTON

SYNOPSIS Recent years have seen a considerable advance in the capacity and steam conditions of new plant installation. The general success of such boilers confirms the validity of the principles of design and application of earlier knowledge bearing in mind that progressive implementation has been required before experience can be fed back from a previous step. Achievement is reviewed with indication of areas in which experience has led to development. Little adjustment to heating surface has been required and difficulties with pressure parts other than drum nozzle rectification problems have been confined to details. Start-up operation is discussed with some reference to fuel firing equipment. Freedom from incidence of corrosion confirms deductions made from earlier experience

INTRODUCTION

A review of United Kingdon practice in steam engineering demonstrates a progression in steam conditions and unit size for power generation. This trend has the objective of cost reduction by increased cycle efficiency, higher return on capital and improvement in operating economics from increase in size. An indication is given by Fig.1, showing the conditions and size of leading boilers, against year of initial operation.

From the early post war years there has been an acceleration, first in steam pressure and then in size. The move from 62bar (900lbf/in^2), which held for a decade, has progressed to the economic ceiling of about 175bar (2500lbf/in^2) at the superheater outlet for drum boilers, either natural or assisted circulation. Temperature has advanced to about 570°C, being limited by economic consideration of available materials. Size increase has continued with boilers coming into service of over 2000t/h (4 000 000lb/h) evaporative capacity to serve 660MW turbo-alternators.

There is no reason why boilers of considerably greater capacity could not be built should the market require and higher pressures above the critical point can be accommodated with proven technology in once through practice. When considering these advances it may be remembered that the interval from design to operation can be five years so that feedback from experience may well lag behind commitment to new work.

TYPICAL DESIGNS

2.1 Fig.2 shows a natural circulation coal fired boiler, of 1508t/h (3 350 000lb/h) evaporation at 165bar (2400lbf/in^2) and 568°C superheated steam with reheating to 568°C. Twelve have been built for the C.E.G.B. They are designed to burn a range of coals, predominantly East Midlands, high in alkali, with ash from 4 to 40 per cent, moisture content between 4 and 28 per cent and initial deformation temperature of the ash as low as 1000°C. The circular burners are in four rows in the front wall, six burners being supplied by each mill in symmetrical groups of three to maintain balanced heat input. Eight direct firing large ball type 'E' mills permit at least one spare mill with low grade coals. Co-axial lighting-up and low load oil burners are an integral part of the burner. Dry ash extraction is provided. The furnace walls are fully water cooled, using membrane tubes. Gas flow from the furnace is over primary and secondary platens, followed by two stages of secondary superheater and the final bank of reheater. The primary superheater and reheater are in parallel gas paths with proportioning dampers at the economiser inlet.

2.2 Fig.3 shows a boiler in South America for 760t/h (1 675 000lb/h) at 65bar (2400lbf/in^2) pressure with steam at 543°C with reheating to 543°C. It has a membrane wall furnace pressure fired by natural gas and oil, through circular combined burners in the front wall. Gas recirculation from economiser outlet to furnace bottom gives reheat temperature control.

2.3 The majority of large natural circulation boilers of recent years have followed the general layout of these examples having two gas passes, with convection down pass divided for reheat temperature control in coal fired installations, and with gas recirculation with oil and gas firing. Control of superheat temperature is by spray attemperation. In some cases, such as the 660MW coal fired units at Drax, now entering service, opposed firing is adopted with symmetrical arrangement of burners in both front and rear walls.

2.4 A somewhat similar layout has been employed with once through units and although the domestic British market has not required such units beyond isolated prototypes, several successful installations have been made overseas in collaboration with licensees and associates.

2.5 The experience, here discussed, relates to coal fired, natural circulation boilers of 200MW size and above of about 165bar (2400lbf/in^2) superheater outlet pressure with main steam and reheat at 568°C and oil and gas fired natural circulation boilers from 120MW size at 127bar (1850lbf/in^2)

pressure with main steam and reheat temperature about 540°C to the 250MW unit described above. An exhaustive study is beyond the scope of this paper but aspects of operation believed to be significant in demonstrating the general success of these boilers are set out.

START-UP AND OPERATING TECHNIQUES

3.1 Factors in start-up and operation include limiting conditions of stress and temperature and achievement of desired steam conditions for turbine and pipework, having regard to economy in fuel, water and operator tasks. Start-up philosophy is guided by a rate of temperature change giving acceptable temperature differential stresses and controlled heating up of the structure.

3.2 Major pressure parts, particularly the boiler drum, must be treated with circumspection and are instrumented to observe temperature patterns. Fig.4 shows a typical array of thermocouples for this purpose and Fig.5 curves setting limits on permissible divergence between any two points. It will be seen that the limits for drum cooling are more stringent than for heating, due to the major temperature stresses acting in support of the pressure stress during cooling, but in opposition during heating.

3.3 Superheaters and reheaters are not normally cooled until a steam flow is established and accordingly gas temperatures must be contained to avoid damage by overheating. At the same time, some tubes may be partly water filled, requiring that operation be directed towards dry out of the water plug. An aim in firing during start-up is accordingly to achieve an adequate temperature in pendant superheater and reheater zones to ensure dry out without exposing the tube metal to risk of overheating. Mobile gas temperature probes, either permanently installed, or temporarily used in commissioning to establish a routine procedure are employed. In addition, knowledge of progress in dryout of water logged tubes is provided by thermocouples on the outlet legs of selected tubes outside the gas path. These indicate when boil-off at the then obtaining saturation temperature is supplanted by a progressive passage of steam with some superheat.

3.4 Normal British practice is not to provide turbine steam bypass or other facilities for start-up purposes and turbine requirements must be reconciled with boiler achievement without buffer provisions.

3.5 Fig.6 shows the pattern of start-up from cold of a unit such as Fig.2 and indicates steam flow to drainage and for turbine run-up. To achieve this, a low firing pattern in the furnace avoids unduly high gas temperatures in superheater zones and, in addition, air is admitted through idle burners at the top of the pattern to reduce the gas temperature. To protect the reheater this limitation continues up to synchronising. Pressure raising and initial load may all be on oil but equally the first mill can be brought in at synchronising.

3.6 Fig.7 shows a hot start after a shut down of six hours, as in a two shift operating regime, Again, limits are observed to protect plant and at the same time to establish suitable steam temperatures for the hot turbine. Relatively little heat is required to restore pressure and with a boiler such as the 500MW unit of Fig.2 with a useful amount of superheater surface exposed to the furnace, temperature is readily achieved, without unduly onerous restrictions on firing. It will be seen that load build-up is rapid and it is important that the turbine takes steam at the appropriate point to ensure that superheater and reheater flows develop to match rising heat input without undesirable peaking.

3.7 Technique may be varied to suit requirements with, for example, a high firing pattern for moderate rate of pressure increase whilst encouraging steam temperature. Additional flexibility may be had where gas recycling is available since this can permit a higher heat input at controlled temperatures. This not only achieves the required steam temperatures more quickly but can also reduce heat and water loss by venting since large steam flows are not necessary for cooling.

FURNACE CONDITIONS

4.1 The predominant fuel fired to PF boilers in England comes from the East Midlands coal field. These coals have quite low ash fusion temperatures and significant alkali chloride content. Furnaces are moderately rated to avoid slagging and widely spaced superheater surface is disposed above the furnace to cool the gases to discourage unacceptable deposition in the superheater regions. Furnace wall sootblowers are provided and long lance blowers are fitted to clean superheater and reheater surfaces. Trouble in the past with external tube wastage, both furnace and superheater, has been due to pyrosulphate attack associated with the alkali content of the ash. Case study has demonstrated that this relates to inadequate air for combustion, either locally or widespread, and is not specific to particular metal temperatures or firing method. The boilers considered here have not suffered from severe or unexplainable slagging problems and gas side corrosion has not been encountered.

4.2 The significance of this experience lies in the combination of furnace construction and firing equipment. The advent of the fully welded furnace and improved sealing has meant that leakage of diluting air along the gas path is less than with earlier construction, as is deterioration in service. Air for combustion is thus introduced as intended and the risk avoided of incorrect deductions on furnace conditions from a diluted gas analysis late in the gas path. Past troubles could often be related to endeavours to run at apparent high combustion efficiency as shown by gas analysis which in reality meant a gross deficiency of air at the burners. The circular burner has demonstrated its ability to mix combustion air with the coal stream without zones of inadequate air, which, with appropriate furnace proportions has ensured against tube corrosion.

4.3 Oil firing practice is to design for low excess air operation to minimise low temperature corrosion with attendant benefit of reduced stack loss. These expectations have been achieved.

COAL FIRING EQUIPMENT

5.1 The coal fired plant under discussion has large ball, slow speed, vertical shaft 'E' type mills, the majority of 40t/h capacity. In service these have met the intended two years life of the grinding elements. The drag link feeders have proved more reliable than table feeders of earlier and smaller mills with difficult fuels whilst station practice has moved towards maintaining a protected good quality reserve coal stock to minimise difficulties in severe weather. Wide bunker mouths are commonly furnished with rod shut-off gates, permitting a routine variation of partial opening to avoid clogging. This feature has met but with partial success because of preference to avoid the labour commitment required. In normal operation, especially at part load, there is a small dribble of reject material from the mill comprised partly of raw coal. In quantity per mill this should be of no special concern, but in aggregate over a station has prompted consideration of pneumatic recycling equipment for return to the grinding zone. To date this is not normal requirement.

5.2 Indifferent combustion may be experienced with the co-axial lighting-up oil burner associated with the circular pulverised coal burner, especially with cold air. This is due to mismatch between oil burner capacity and burner throat, sized for full load coal requirements. In some installations where conditions justified the technique, this has been overcome by retracting the p.f. impeller and oil burner into the primary air nozzle, combustion air coming from the primary air system, thus employing the primary air nozzle as the oil burner throat and achieving very good combustion at initial light-up. Before coal firing commences combustion air and boiler setting are sufficiently hot for the oil burner to be advanced to the coal firing position without embarrassment.

5.3 The Dual Signal flame monitor has been successfully applied to circular burners,to observe both lighting-up oil flames and main coal flame. Operators have found it to give reliable warning of abnormal flame characteristics, permitting investigation before major difficulties have developed.

GAS SIDE CONDITIONS

6.1 Due note is taken of fuel characteristics in determining furnace proportions and spacing of the tube elements to avoid gas side fouling. A factor in maintaining required conditions is the provision and use of sootblowers, to date largely with steam as blowing medium. Past practice was to operate sootblowers from full boiler pressure steam which, as pressure increased, became troublesome because of the arduous duty imposed on the sootblower valves. With reheat cycles, adequate medium pressure steam becomes available, and accordingly reheat steam is now the normal blowing medium. Initial experience showed that an alternative supply, such as by reduction from full pressure, is advisable for sootblowing when reheat steam is not to be had. An example would be airheater sootblowing during commissioning activities to reduce fire risks from combustibles in airheaters under low firing.

6.2 Some oil fired boilers have experienced progressive build-up of deposit on surfaces in and near the furnace which has not been arrested by normal sootblowing regimes. A hope that these deposits might prove to be self-shedding was not realised but adequate cleaning has been achieved by off-load methods, basically water washing, without, it is believed, posing any serious availability problems.

6.3 The Scottish coals burned by the S.S.E.B. have high fusion ash and are abrasive, giving little fouling of heating surfaces, but with risk of erosion in the gas stream. These boilers are designed with lower gas velocities than for a less abrasive ash, but nonetheless tube erosion has taken place in particular locations. The partition baffle between the primary superheater and reheater in the 300MW boilers at Cockenzie was made up of refractory tiles carried on spaced tubes. In normal operation a differential gas pressure exists across this baffle, encouraging leakage with entrained grit, causing local tube damage. This was overcome by a gas tight baffle of heat resisting steel plate. Similar plate baffles have been applied elsewhere when local movement allowed release of tiles.

SUPERHEATERS AND REHEATERS

7.1 Conditions at superheater entry are determined by consideration of furnace absorption based on calculation methods regularly reviewed to take account of operating experience. To give the highest economically attainable final steam temperature, the properties of the materials of superheaters and reheaters must be fully exploited. Performance in these areas is, therefore, of particular interest. Materials are required to work under conditions of high temperature creep, and perhaps subject to scaling where but a small increment of temperature above the design point can give a steep rise in rate of life consumption. Besides uneven distribution of temperature and gas weight across a gas passage steam flow may vary between individual tubes and considerable experience and judgement is required for optimum performance. Finesse of design method has been achieved by feedback of information on overall tube bank performance and of individual tubes, the latter from thermocouples outside the gas pass uninfluenced by any external heat source.

7.2 There has been a growing desire by users for direct indication of tube metal temperatures within the gas pass. Robust thermocouples without excessive inaccuracy from heat input at the hot junction have been evolved. This thermocouple employs a mineral insulated metal sheathed element protected in a carrier tube welded to the parent tube, with hot junction sunk in a groove and secured in good thermal contact by brazing or metal spray. This thermocouple gave superior results to others in C.E.G.B. evaluation trials, the temperature shown by the brazed couple being 8K above mid wall tube temperature under the conditions of the tests.

7.3 Observation of tube performance has confirmed that with front wall firing, once clear of the effect of the side walls, the gas temperature profile across the superheater face is flat without any severe peak. To ensure, however, that any effects of uneven distribution of gas weight and temperature are further reduced the superheater may be divided into separate parallel paths from platen inlet to final outlet with transfer of steam from side to middle or the reverse on progressing through the tube banks. Early experience with large platens and high final steam temperatures showed the need to consider differences in exposure in multi-tube elements where, for example, the outside tube might receive greater heat pick-up than its companions.

7.4 Accumulation and use of this experience has narrowed the spread of individual tube performance about the mean, with resultant success in maintaining metal temperatures within code and specification limits. Of the twenty-six coal fired boilers supplied to the home market of 200MW size and above, excluding the Drax units, still to be proved, the only modification required to superheater surface to meet specification has been to shorten one platen superheater in the 200MW units at S.S.E.B. Kincardine. Adjustment to steam flow balance was made to four 200MW boilers supplied to the C.E.G.B. The C.E.G.B. has also made a change to the single 550MW unit at Thorpe Marsh by dispensing with the front wall radiant superheater to ease an operational pinch point at part load. Five 120MW oil fired units in the home market have required small changes to adjust the balance between reheater and superheater surface for reheat control without spray. The 250MW oil and gas fired unit of Fig.3 has required no change to surface.

SPECIAL TESTS

8.1 The C.E.G.B. and S.S.E.B. have conducted tests on major plant, outside demonstrations of contract completion, to inform themselves of behaviour of equipment to advanced specification and to provide a feedback to suppliers for comparison with design expectations. These have included instrumentation of one 500MW boiler by the C.E.G.B. and one 300MW boiler by the S.S.E.B. to observe heat flux patterns in the furnace and circulation in the tubes. Satisfactory correlation has been found with prediction confirming the soundness of concept and extrapolation where employed.

8.2 The S.S.E.B. has also mounted tests in the context of failure of drum nozzle welds covering operating cycles and observing activities such as steam purging. These confirmed that operation within the recommended limits of rate of change of pressure and permissible temperature differentials induced stresses as predicted and without unexpected loading of the nozzle welds. The information was of considerable interest underlining, for example, the desirability of complete draining between nozzles when emptying a hot boiler.

8.3 Investigation of membrane wall and tie bar corner difficulties gave evidence that restarting from the banked condition can have significance. When banked, the lower parts of the furnace and supply system cool faster than the drum and upper areas so that, on firing, early water movement will be influenced by density differences and accompanied by temperature changes.

ON LOAD CORROSION

9.1 A decade ago there was considerable unease at the extent of waterside corrosion experienced in earlier plant. This was seen to be accompanied by accumulations of magnetite and other debris, tube wall thinning and failure by full wall penetration, or sometimes through a thicker wall by mechanism of hydrogen embrittlement. Circumstantially this problem appeared to increase with advancing pressure, and corrosion sites could, to a degree, be related to irregularities in tubes, such as weld intrusions and sometimes to bends or section changes.

9.2 Considerable activity was stimulated by the Generating Boards towards understanding the problem and to overcoming it. One area of speculation was the observed difficulty at tube bore irregularities and the significance of circulation since if the initiation of trouble was the deposition of material this could be influenced by such factors. Earlier experience suggested that neither bore disturbances, nor normal circulation, were of absolute significance since cases were known where corrosion difficulties had been overcome without change to these factors, but nonetheless there was a good case to eliminate butt welds from highly heated zones and to avoid heavy tube bending and too disproportionate exposure of tubes to heat.

9.3 Conclusions drawn from the studies were that proper control of water chemistry, both within the boiler and throughout the whole condensate and feed cycles, is imperative at all times. With hindsight, much of the trouble experienced was due to importation of corrosion products from adverse feed system conditions. Within the boiler the requirement to establish and maintain a uniform protective magnetite film was brought into clear focus. Current practice is thus towards a no solids water treatment technique and to avoid the use of caustic soda. Even brief departures from correct conditions may be hazardous and in the event, say, of condensate leakage, trisodium phosphate may be dosed as an emergency measure with prompt unloading to correct the fault.

9.4 To eliminate random magnetite from mill scale and other foreign matter, it is customary to conduct a chemical clean of new boilers before entering service, typically employing inhibited hydrochloric acid with mechanical circulation, often followed by an ammoniated citric acid rinse. Alkaline boil-out with hydrazine passivates the surfaces and initiates the desired coherent magnetite film which is consolidated in subsequent service. Despite rigorous control of conditions, the film will tend to thicken in service and, to avoid loss of stability, a post service chemical clean may be periodically required as determined by experience.

9.5 With such measures, and the general alertness now engendered, corrosion problems have been substantially reduced and have not developed as the major anxiety feared in some quarters.

PRESSURE PARTS

10.1 Except for weld cracking with set through large bore nozzles in heavy drums, pressure part problems have been minor in nature, although causing loss of availability.

10.2 The nozzle problem related to unmerged inside and outside strength welds leaving an unwelded dead land towards the middle of the drum plate thickness. Cracks were sometimes found to have propagated through the weld or parent metal from the weld root. This was first discerned by such a crack showing on the drum surface at Cockenzie, S.S.E.B. Inspection of welds, by means such as ultrasonic examination, disclosed cracks in a significant proportion of other drums. Repair procedures included welds with full penetration. In some instances, as appropriate, nozzles were lightened by reduced thickness. These repairs were carried out in situ, requiring comprehensive procedures to ensure general control, correct preheat and stress relief, and proper support of loads severed from the nozzles. Some of this work has been performed by the plant owners with collaborative assistance. The current practice for new work is to employ laid-on nozzles.

10.3 Welded tube connections, both between tubes

and at headers, have given some troubles through leaks, and although incidents are low in relation to the total number of connections, each necessarily represents a loss of availability. Such leaks probably more associated with inadequate welds than primarily due to factors such as working stress, may be more troublesome in the economiser than elsewhere because the fluctuating temperature pattern is searching in its effects and damage by impingement from the water leak is greater than, for example, a steam leak in a superheater with a much less compact tube array. Design is thus towards reducing the number of welds by, for example, increasing component lengths in long elements, ensuring adequate welding access and careful selection and control of welding processes with comprehensive inspection to maintain quality.

10.4 Problems specific to particular installations or details have been experienced from time to time, and examples may be quoted.

10.5 A long spacer in some reheater elements was unsatisfactory as the thin tube wall was distorted at the attachment weld should a sideways thrust come onto the spacer. Such supports have been eliminated in subsequent design.

10.6 A minor feature found to give occasional trouble was the small circulating connection from a heated support tube, possibly being too rigid. Greater flexibility has been successful.

10.7 When the first membrane wall furnaces were put to work some difficulties were experienced, especially near the corners below the burners at the top of the hopper. Investigations showed that temperature changes were induced, especially during start-up, by use of the economiser recirculating facility. This was arranged between economiser inlet and a main downcomer. After intermittent feed, on reverting to the circulating mode, a displacement of water took place to the downcomer admitting a slug of cold water to the adjacent wall tubes. An operating procedure has been adopted to avoid recirculation in these circumstances, although the problem may also be overcome by taking the connection to high level as in recent construction.

10.8 The initial membrane wall buckstay and tie bar corner assembly showed shortcomings with tearing of welds between tie bars and tubes. Redesign avoided tube to tie bar welds by substitution of clips, and with tie bars no longer welded at the corners but passed one through the other for buckstay attachment. At the junction of vertical wall and hopper slope the tie bar is severed and the membrane used as tying meduim, the tie bar being retained to transmit puff loads to the buckstay and to support it.

EFFICIENCY TESTS

11.1 In recent years fourteen large boilers in the United Kingdon, p.f. or oil fired have been tested; all have satisfied contract guarantees. Current practice is to test by the indirect, or heat loss, method as permitted by the code, usually BS 2885. British practice determines gross efficiency based on the higher calorific value of the fuel. Guaranteed thermal efficiencies for the boilers tested ranged from 87.2% to 90.76% as appropriate to the installation.

11.2 Commercial use considerations required some tests without full preparation to the 'as new' state implied by 'A' test conditions. The results are of interest as approaching the 'deferred efficiency' test condition of a boiler aged to a stable state of fouling. An example is the test of a 550MW boiler with 'A' test efficiency guaranteed at 90.7% both at M.C.R. and 80% M.C.R. The test fuel differed from design giving corrected guarantees of 90.02% for the 'A' test and 87.52% for the 'B'. The test results were 88.97% at M.C.R. and 89.36% at 80% M.C.R., both within the 1.5% tolerance permitted under the contract for the 'A' condition and substantially bettering the 'B' condition without measurement tolerance. Of four 300MW boilers guaranteed at 88.6%, the 'A' test results were 89.39%, 89.42%, 88.78% and 89.20% gross efficiency, and the one tested under the deferred 'B' condition gave 89.13%. This slight drop in performance after extended service confirms the earlier comments on gas side condition.

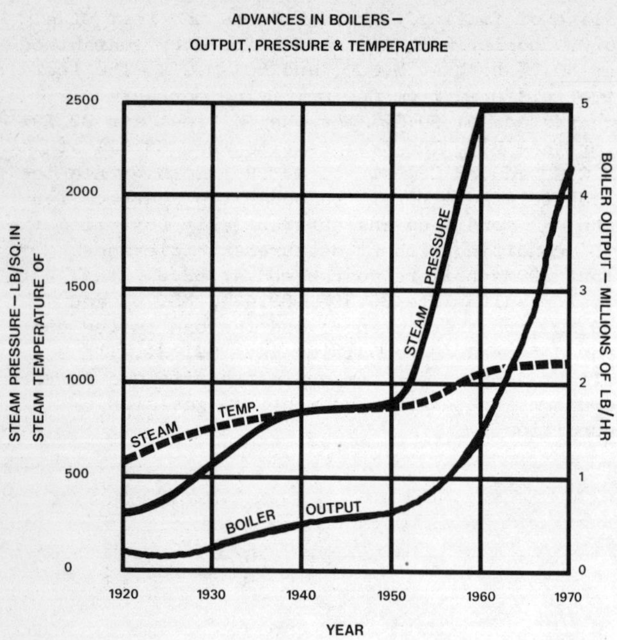

Fig.1 Advances in boilers

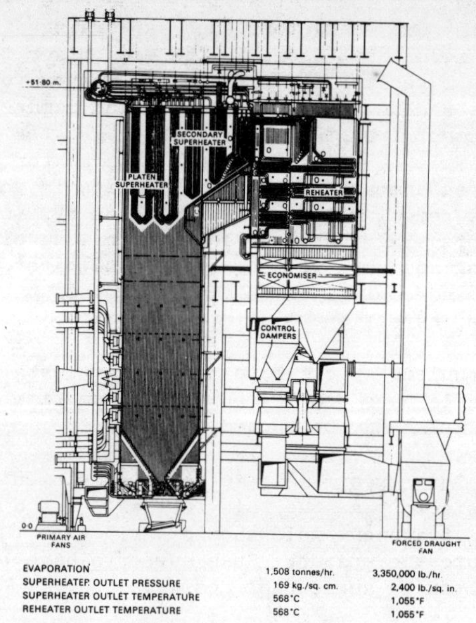

Fig.2 500MW coal fired boiler

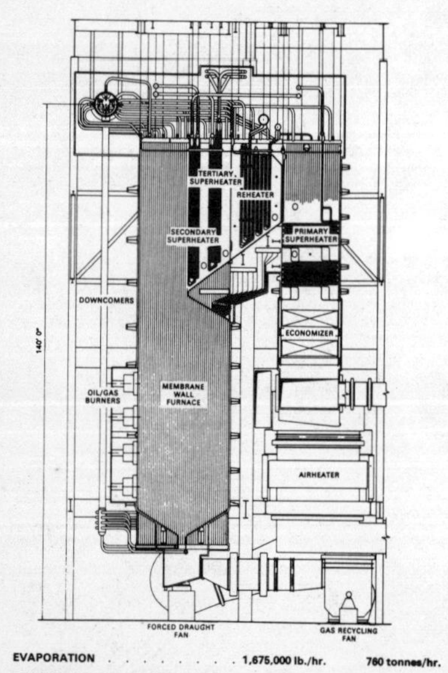

Fig.3 250MW oil and gas fired boiler

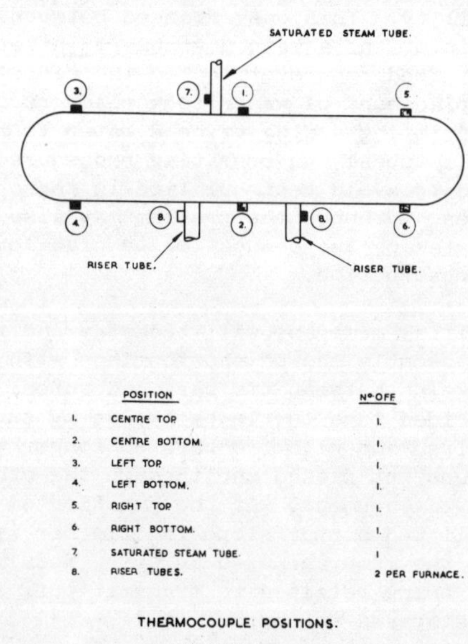

Fig.4 Boiler drum thermocouples

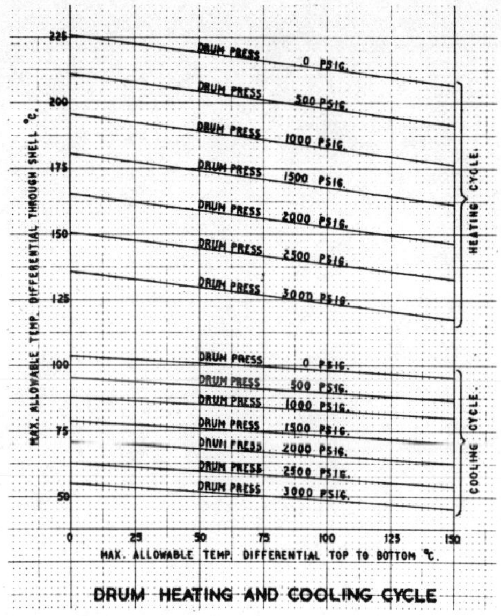

Fig.5 Drum temperature differential limits

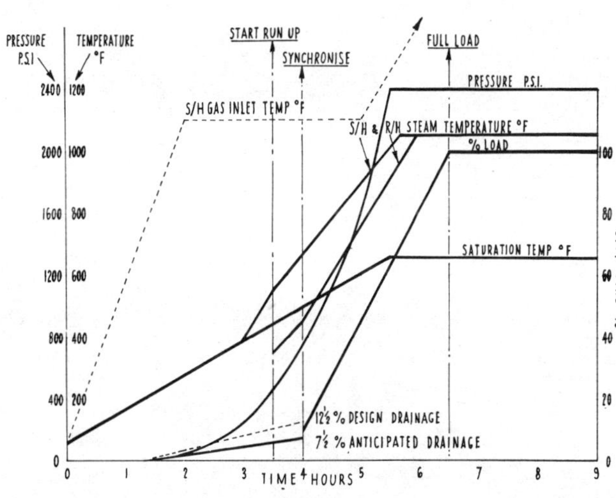

Fig.6 Start-up from cold

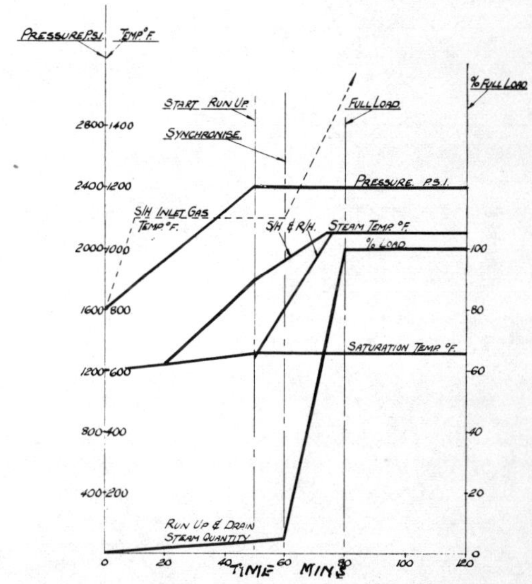

Fig.7 Start-up after 6 hour shutdown

C127/73

DRUM LEVEL INDICATION

J. A. FULLER

SYNOPSIS Drum level indication is that which, except in the case of extremely low pressure boilers, always has to be obtained by indirect means.

The theory of error in direct reading, and in manometric, water level indicators is discussed, as is its significance under different working conditions.

Designs of direct reading water level indicators are compared with particular reference to the temperature-equalising and the density compensating principles. Likewise are designs of manometric type remote water level indicators and examples given of means of minimising their inherent errors. Reference is made to the design and development of an indicator embodying a series of electrical probes, arranged vertically and able to differentiate between water and steam.

The paper does not discuss the relationship between the level of water in the drum of a boiler with that indicated by instruments mounted externally.

INTRODUCTION

In a treatise published in 1898 entitled 'The indication of water levels in steam boilers', it is stated that a water level indicator should be so designed that 'it is beyond the power of any man, either ignorantly or wilfully, no matter how the cocks of the gauge are operated, to indicate a water level in the glass other than the drum water level in the boiler'. Furthermore, 'that water level indicators ought to be of simple construction and free from complicated and unsafe devices and recesses which hold dirt and cannot be blown through with boiler pressure'.

That philosophy still holds good.

It is well known that at the time when the Industrial Revolution was at its height, and steam boilers were being built and operated in their hundreds to provide the necessary power, fatal boiler explosions were commonplace. Even today, the most usual cause of boiler failure is the shortage of water, often brought about by the neglect of the water gauge fittings, leading to faulty indication of water level.

Direct Reading Water Level Indicators

Many will be familiar with the former practice, on very low pressure shell boilers, of having a vertical series of test cocks, so that by successive manipulation the water level was able to be determined. Others may be familiar with the practice of the boiler attendant being equipped with a brush and a bucket of whitewash, so that a vertical stroke on the boiler front indicated, by the rapidity of the whitewash drying, where steam was present on the other side of the plating.

These then are two methods of direct reading water level indication. Conventionally, indicators mounted on water and steam arms connected to the boiler drum, and able to have the water level viewed, are termed direct reading indicators. Indicators embodying tubular, flat or prismatic glasses all come into this category.

The designer of all such indicators has to face the problems involved in the making of pressure type joints between the glass and metal components. Glass is a material strong in compression, but weak in tension, and boiler operating conditions, imposing thermal stresses, both transient and constant, present problems which are solved in a number of ways, as will be evident from a study of manufacturers' catalogues.

Remote Reading Water Level Indicators

However successful a design may be, there are few who are bold enough to claim that a direct reading water level indicator never needs any maintenance. As a means of avoiding it, manometric level indicators have been developed. Often known as remote indicators, they rely on the principle of comparing the height, above the instrument, of water in the drum with a datum - often enough a static head of condensate connected to the steam space of the drum.

Errors in Direct Reading Indicators

Inherent in all designs of indicator, be they direct reading or manometric, are errors of indication under certain boiler operating conditions.

Dealing firstly with a direct reading water level indicator, and with stable operating conditions, steam condenses in the water level indicator and the condensed water flows back into the drum through the water arm. The surface level of the water in the indicator is very near saturation temperature. The water cools as it flows down the indicator and back into the drum, and, therefore, becomes more dense than the water in the drum. This density difference produces a level difference between the indicated water level and the true water level in the drum, as illustrated in Fig. 1.

The density of water varies primarily with temperature, and to a very small degree with pressure. The temperature in an indicator may vary from very near saturation at the surface of the water in the indicator body to several hundred degrees below saturation in the water connection. Since the denser, cooler water in the indicator balances the hot water in the drum, a lesser head, or height, indicates the head of water actually in the drum. Site testing with thermocouples fitted into indicator bodies have demonstrated that errors of 150 mm (6") of indicated water level below true level are by no means uncommon on sub-critical boilers. The amount of indicator surface radiating to atmosphere, the ambient temperature and the air velocity past the indicator affect the actual temperature and thus affect the error. Equally, a 'continuous vision' indicator will have a greater error than a 'multiport' or 'bullseye' indicator, because it has more metallic surface radiating heat to the atmosphere.

Errors in Remote Reading Indicators

A typical remote or manometric water level indicator, as illustrated in Fig. 2, establishes a datum or reference level in a head chamber of the overflow type located above the highest level in the drum at which it is desired to have the level indicated. A second connection is made into a lower portion of the drum. The instrument responds to the difference in weight of these two columns as the level in the drum changes. This change in water level is indicated by the movement of a pointer over a scale covering the selected water level range. Unless precautions are taken to maintain the datum column at the uppermost end, at a temperature close to saturation, inherent errors will exist at all pressures other than that at which the instrument has been calibrated, and at all levels other than mid-water level.

Relative Errors of Various Instruments

To illustrate the degree of divergence of indication of water level, in a drum, as shown by various instruments, Figures 3a and 3b show, on a time basis the readings of the various instruments fitted to the drum of a boiler, which was maintained at a steady pressure of 165.5 bar (2400 lbf/in^2) during deliberate change of water level. The body of the bulls eye water level indicator had thermocouples fastened to it, and in consequence it has been possible to add to the graphs of test readings a mathematically derived graph of what the direct reading indicator would have shown if the body had been at saturation temperature.

This test, which makes no attempt to relate the the actual level in the boiler drum with that indicated by the various instruments, was carried out in 1963 (refs. 3 and 4). The instruments which are indicated as temperature equalised and pressure compensated all had independent temperature equalising columns and pressure compensation devices based on a bourdon tube and mechanical linkage. Such may, of itself, introduce errors and present day designs use solid state electronics, as illustrated schematically in Fig. 4.

Reduction in Erros of Direct Reading Indicators

Since the errors in water level indication are primarily a function of temperature, and since change in density is a function of change in temperature, either of these variables can be used to affect a correction of indication.

Direct reading water level indicators which aim to reduce error by raising the temperature of the indicator body, using only the condensate for this purpose, sometimes incorporate one or more byepass passages in the indicator body as a means of keeping it hot and yet having the vision appertures clear of falling condensate.

a) Temperature Equalising Principle

From this concept developed temperature equalising or steam heated indicators, in which the steam and condensate flowing down the byepass passages in the indicator body are taken via a suitable tapping into a downcomer. The principle is as shown in Fig. 5. Thus, the indicator body is maintained at as near a temperature as possible to saturation. However, under emergency feed conditions the temperature of the indicator maybe higher than that of the water in the drum and then an indicator may show a water level higher than that which exists. Furthermore, on a sudden drop in operating pressure, water in the indicator may be flashed into steam and vision be totally obscured. Although such would normally be regarded as an extreme case, instances have been reported under operating conditions, and for such to happen at a time when the speed of response of other instruments may themselves be suspect, is regarded as a grave disadvantage.

b) Density Compensated Principle.

Because it is a difference of density which is the prime cause of indication errors, a design having multiple connections between a lagged water column, which is approximately at drum temperature, and the indicator body, will reduce the effective height of any 'U' tube and, therefore, the possible actual error of indicator reading. Such a design, as in Fig. 6, will be free of any risk of flashing, and will be equally accurate whatever the feed conditions. Simultaneous filming of indicators (7) of the conventional and of the density compensated principles, mounted on the drum of a 500 MW boiler, have shown the latter design to be more accurate under all conditions of operation. The test showed that at a time when the conventional indicator was giving a reading 113 mm (4½") low, the error of the density compensated indicator was less than 6 mm (¼") low. Such a comparison was typical of all the test results.

Reduction in Errors of Remote Reading Indicators

If, in a manometric indicator, the reference column of water is at ambient temperature, and therefore of different density to that of the water in the drum, and if no corrections are made for water density or pressure, the indicator will be prone to even greater inaccuracies than a direct reading indicator.

The average temperature of the reference column may be:

a) at the ambient temperature
or b) heated to a temperature close to saturation
or c) heated to a temperature approximately mid-way between ambient and saturation.

If the column is at ambient temperature and the measuring device has been calibrated for the operating density, then the indicator agrees with the drum level at the operating pressure only.

When the column is heated to saturation temperature the indicator is influenced at all pressures by the differential between two columns of equal density. This provides a level indication which is not influenced by a change in system pressure. It cannot correct for errors resulting from density changes in the drum due to changes in boiler feed conditions.

If the reference column is maintained at a temperature midway between saturation and ambient, the normal drum level readings are accurate at all pressures, but levels above and below normal are subject to error.

The type of reference column often used in the power industry is the type in which the water is heated approximately to saturation temperature.

In addition to the heated reference column a pressure compensating device may be incorporated to compensate for drum water density changes resulting from pressure variations.

Service Difficulties with Manometric Indicators

Trouble has been experienced with manometric equipment in the past due to:

a) the indicator having a high volumetric capacity.

b) the runs of interconnecting piping between tapping points and indicator being too long and/or being horizontal in places, giving rise to air locks.

c) the bore of the connecting pipes being too small

d) the piping runs from the temperature equalising column being run straight down vertically to the indicator.

If an indicator having a high volumetric capacity is used for drum level measurement, errors will occur if any rapid swings in pressure or level occur, due to displacement of the reference head of water.

Electronic Remote Reading Indicator

A design of electronic water level indicator has been developed at a research establishment and been tested at an independent laboratory and at selected power stations. The principle is based on that of the differing electrical resistivities of water and steam. Schematic arrangement is as in Fig. 7.

The boiler drum has connected to it a vessel, having a vertical series of electrodes, each of which is connected to a separate detector circuit. This enables the level at which the transition occurs between water and steam to be determined.

Reliable electrodes have been developed incorporating titanium and a very high purity alumina ceramic, the joints between the two materials being by means of a vacuum brazing technique. The joint between electrode and pressure vessel incorporates a spiral wound gasket, the load being applied by a screwed nut, precautions being taken to preserve the integrity of the screw threads.

Each electrode, with its associated portion of the vessel, forms a cell in which the resistance measured is a function of the contents of the cell.

Work has shown that an adequate differential exists between the resistivities of the water and the steam at boiler pressures up to about 216.5 bar (3140 lbf/in^2). (ref. 7).

At and immediately above the critical point, 221.2 bar (3208 lbf/in^2), the resistivity of the fluid corresponds to that of water.

It has been stated (ref. t) that the inherent error of the design of electronic indicator is only one sixth of that of a conventional water level indicator.

At the time of writing no equipment of the design as developed is, as far as is known, in commercial operation, although it is anticipated that six installations will be operating before the paper is published.

Acknowledgements

Assistance from colleagues in the Power Industry is acknowledged, as is the permission of Hopkinsons Ltd., Huddersfield, for the presentation of the paper.

Bibliography

1. 'Indication of Water Level in Steam Boilers'. J. Hopkinson & Co. Ltd., 1898.

2. 'Water Gauge Accuracy'. W.F. Cantieri. Diamond Power Speciality Corporation, 1961.

3. 'Water Level Indication in Modern Power Plants, Nuclear & Fossil Fuelled'. J.W. Williams. Combustion, August, 1969.

4. Unpublished work. International Combustion Ltd.

5. Unpublished work. Bailey Meters and Controls Ltd.

6. "Electronic Water Gauge'. E.F. Haslar and P.E. Martin. Engineering, March, 1972.

7. Unpublished work. Hopkinsons Ltd.

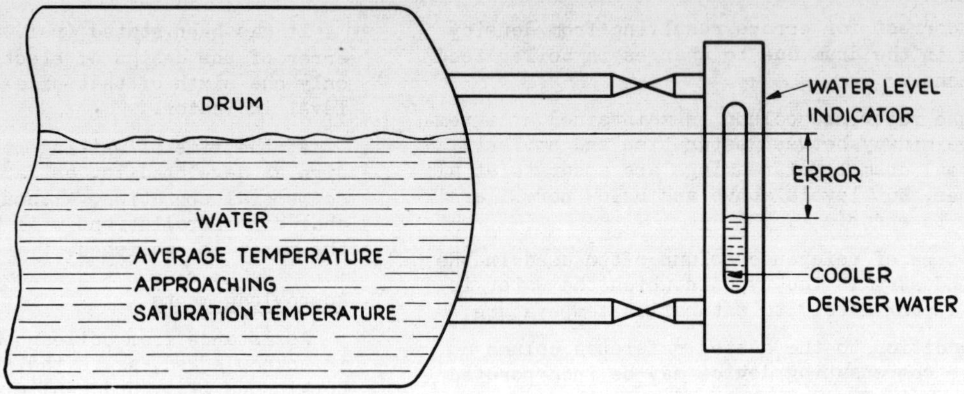

FIG. 1 ERROR IN DIRECT READING WATER LEVEL INDICATOR.

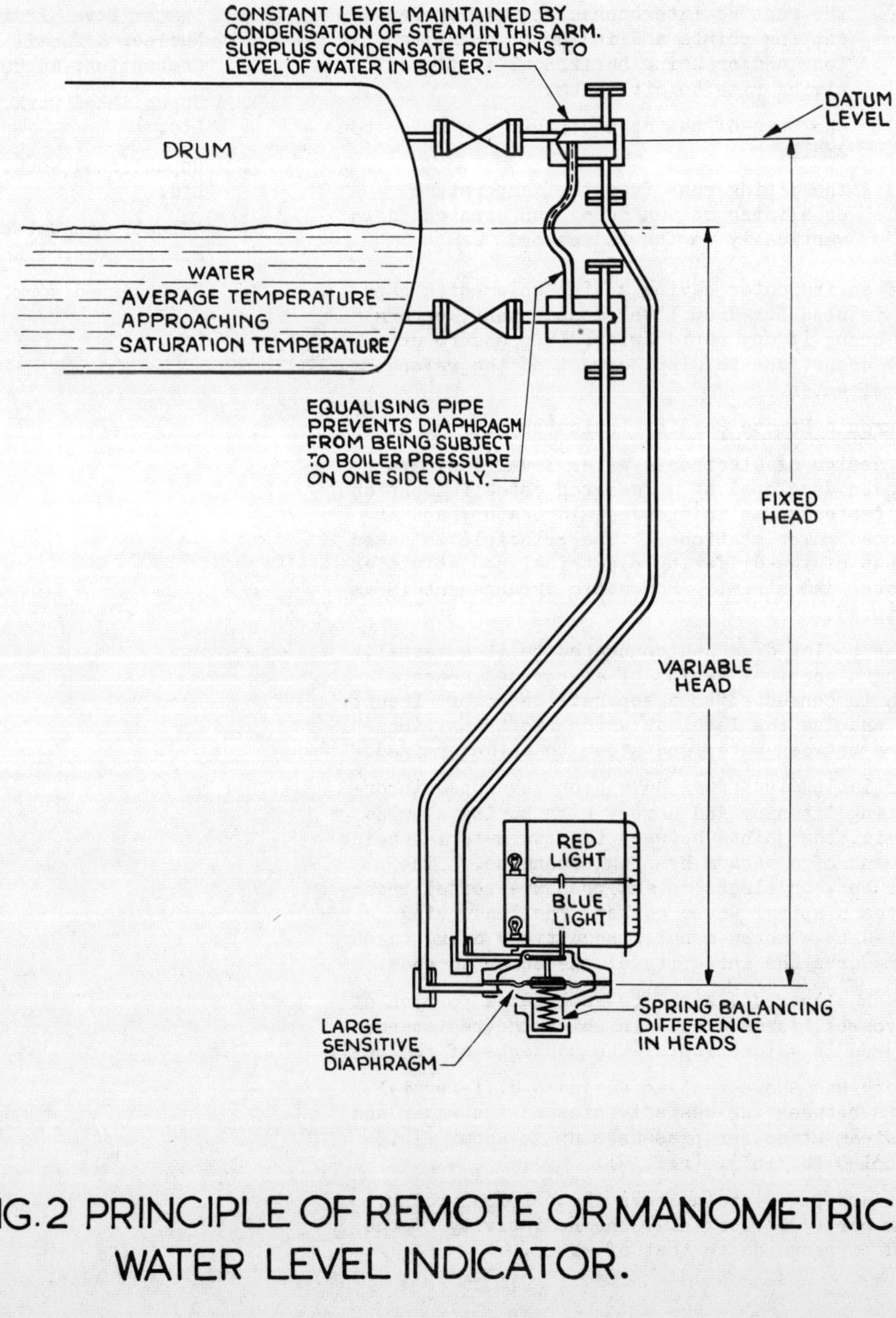

FIG. 2 PRINCIPLE OF REMOTE OR MANOMETRIC WATER LEVEL INDICATOR.

FIG. 3a. WATER LEVEL RESPONSE TEST, DRUM L.H. END

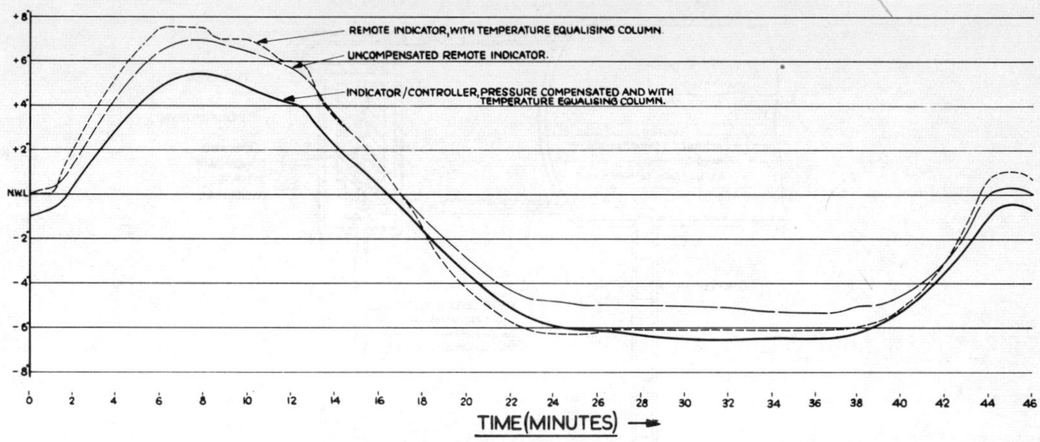

FIG. 3b. WATER LEVEL RESPONSE TEST. DRUM R.H. END

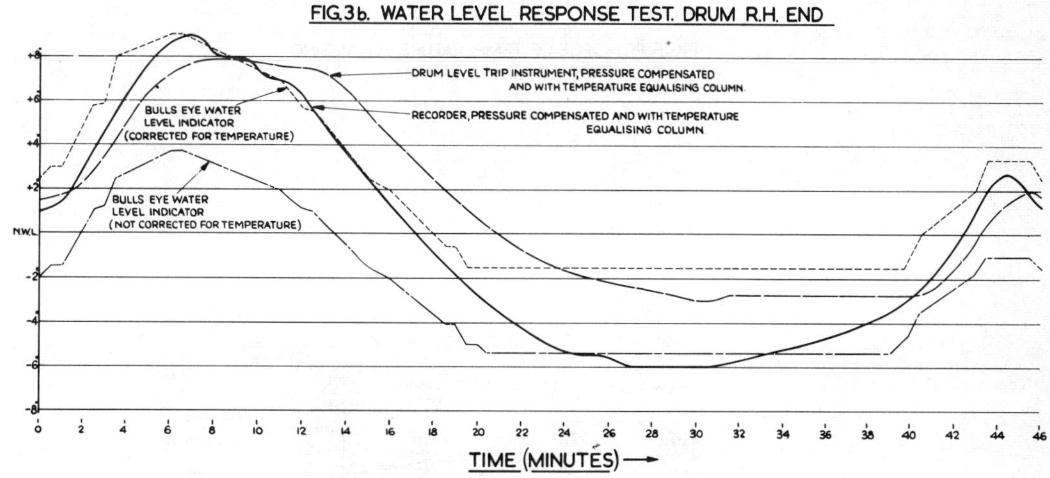

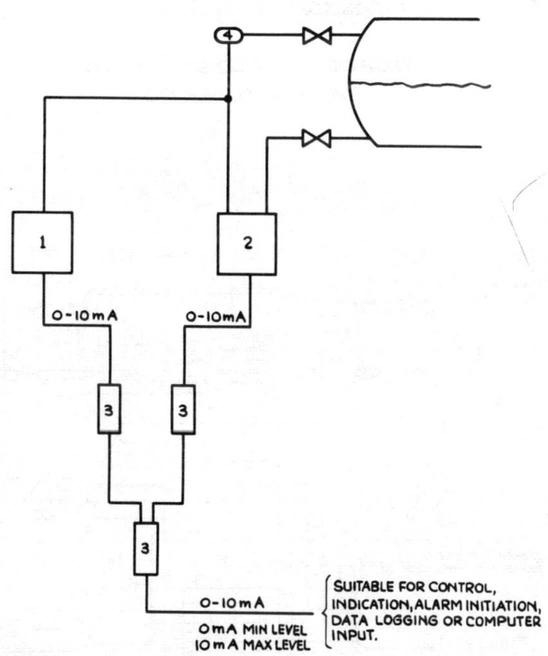

1. DRUM PRESSURE TRANSMITTER (BLIND OR INDICATING)
2. DRUM LEVEL TRANSMITTER (BLIND OR INDICATING)
3. COMPUTING MODULES
4. CONSTANT HEAD RESERVOIR

FIG. 4 DRUM LEVEL MEASUREMENT WITH PRESSURE COMPENSATION USING SOLID STATE ELECTRONICS.

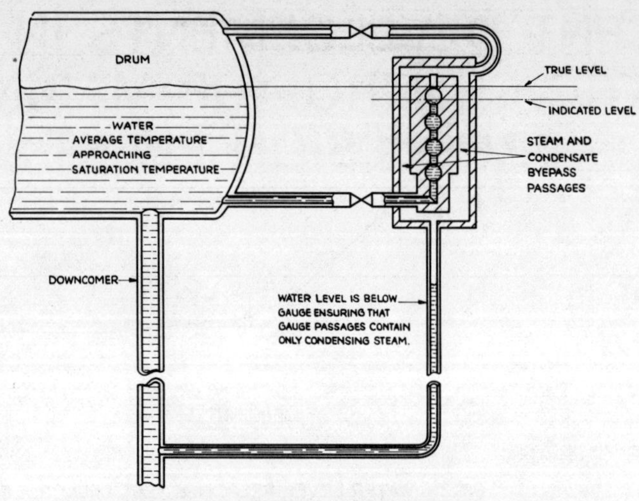

FIG. 5 PRINCIPLE OF TEMPERATURE EQUALISING WATER LEVEL INDICATOR.

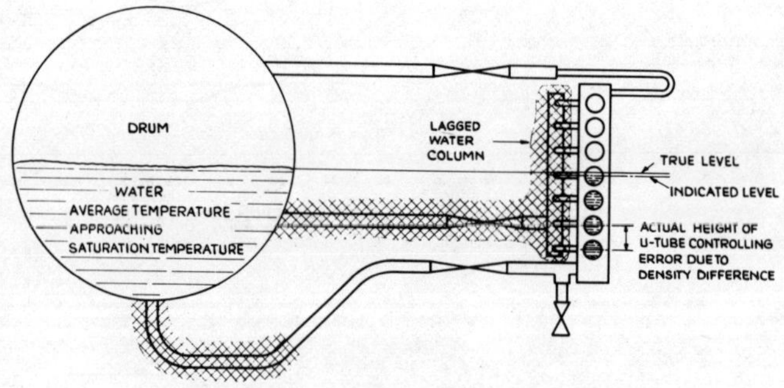

FIG. 6 PRINCIPLE OF DENSITY COMPENSATED WATER LEVEL INDICATOR.

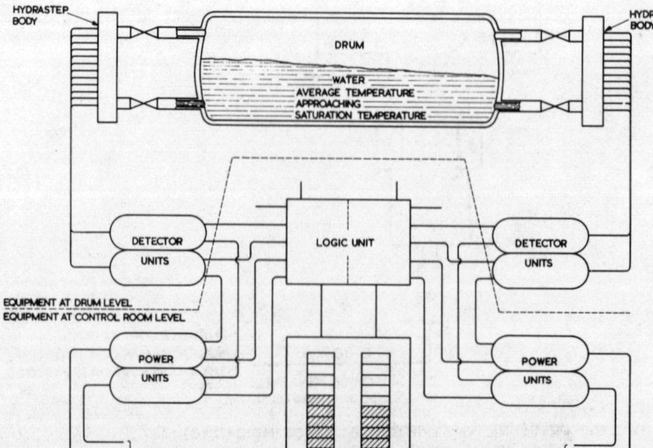

FIG. 7 PRINCIPLE OF HYDRASTEP ELECTRONIC WATER LEVEL INDICATOR.

C129/73

RECENT DEVELOPMENTS IN THE AUTOMATIC CONTROL OF MARINE STEAM PROPULSION PLANT

L. C. van HOLTZ A. G. HOP

SYNOPSIS Manning problems have caused an increased interest in the operation of turbine-driven tankers with the engine rooms largely unattended. A prime requirement is a safe and reliable system which permits shaft speed control from the bridge. The paper shows that the bridge (shaft-speed) and boiler control systems should be integrated in order to achieve the highest degree of manoeuvrability and that a good insight into the operating constraints of the plant is necessary to arrive at an adequate control system design. The authors have studied the above aspects using an analog computer simulation of the complete propulsion plant and, subsequently, a more detailed model representing various marine boiler configurations. The models were verified by measurements made on board tankers. One of the outcomes of the work is a new bridge control system that uses redundancy techniques to improve reliability. The study has also revealed that minimum requirements are to be met by the boiler design itself and by the operation of final control elements (speed of response of the fuel supply system, characteristics of the feedwater supply system, etc.) in order to obtain stable boiler performance. Results of computer experiments are presented which demonstrate the improvement in manoeuvring speed resulting from the application of integrated controls. Finally, the outlook is given for matters like the application of control computers.

1 INTRODUCTION

The problem of the automatic control of marine steam propulsion plant is not a new one. Within Shell since the early sixties work has been done to introduce into marine plant the control philosophy and techniques that have proved their usefulness in the processing industry. Gradually the study has focussed on the problems peculiar to the marine situation, such as the consequences of the concept of unattended engine (control) rooms and the ever increasing size of tankers and their steam plant. It was with a view to its large new construction programme and the consequent need for standardization that Shell decided to form their own opinion of these control problems rather than leave them to steam plant manufacturers.

The plant under study is depicted schematically in Fig. 1. For reasons explained in ref. (1) a Simplex cycle without reheat is applied on most steam-driven tankers owned by Shell. A typical installation produces 30 kg/s steam at a pressure of 60 bar and a temperature of 515 °C.

1.1 Requirements for the design of marine steam plant control systems

The principles of operation of marine and of land-based steam power plants are essentially the same. The most important differences are:

+ In marine installations the required operating range (from maximum load down to about 10 % of the maximum load) has to be covered by a single unit. In land-based installations it is often achieved by changing the number of units working in parallel.
+ For a land-based power station the disturbance pattern generally is accurately known and there is thus ample time for anticipatory action. This is not so with marine installations.
+ The marine installation most of the time has to operate on the high seas, far away from extensive servicing facilities.
+ With the increasingly rapid move towards unmanned machinery space (UMS), special measures have to be taken to make the propulsion plant operable from the bridge by navigators who are not necessarily familiar with the operating limits of the plant.

In general, when designing a system for the control of a steam plant the following factors should be considered:

mode of operation;
safety;
reliability;
maintenance;
ergonomics.

The following subsections highlight only the main aspects of marine plants; for further details the reader is referred to ref. (2).

Operation and safety

Manoeuvrability and controllability are the crucial points here. Manoeuvrability of the propulsion machinery is considered to be the ability of the installation to respond to changes ordered from the bridge. It is sometimes argued that steam plants of very large tankers need not be highly manoeuvrable because ship speed responds very slowly to propeller speed changes anyway. This may be true when the ship is at full speed on the high seas, but when a pilot is faced with the problems of harbour entrances and berthing operations fast manoeuvres have to be carried out to provide (additional) steering power.

The controllability of a system is considered good when all plant variables are kept close to their design values over the entire operating range of the plant (rangeability) without becoming unstable (stability). It should be possible for changes in bridge order to be followed quickly without violating plant constraints. For reasons of economy, at the steady-state full-power condition the plant should operate with the highest efficiency.

Reliability and maintenance

With an unattended engine room reliability requirements are even more stringent than when the plant is continuously watched. This calls not only for a careful choice of the equipment but also suggests that redundancy techniques as already applied in the aircraft industry may have to be resorted to in many cases. The system configuration should be easy to understand and the equipment standardized so as to reduce training requirements and the stock of spare parts. Repair by replacement should be adopted whenever practical and the spare units should be stored in the equipment itself. Also, adequate checking facilities should be provided.

Ergonomics

Information about the operation of the plant supplied to the engineer should be very clear. It should enable the engineer to assess at a glance the state of the machinery, in particular any abnormal condition. When standby instrumentation has to take over service this should be clearly indicated so that the engineer can take proper action. More specifically, attention should be given to the layout of manoeuvring consoles, instrument panels, alarm messages, etc.

1.2 Control philosophy

From the outset it was realized that the propulsion plant, including the boiler, turbine and auxiliaries, should be looked upon as one integrated unit consisting of interacting sub-systems.

The solution to the control problem was based on the philosophy visualized in Fig. 2. The control system of the propulsion plant is divided into an inherently fast shaft-speed and a relatively slow boiler control system. The former manipulates the manoeuvring valves so that the actual shaft speed obeys the bridge order. The latter consists of a number of control loops which ensure stable operation of the plant within acceptable limits under conditions of load changes and other disturbances.

Two different ways of integration of control are indicated. Firstly, information from the boiler control system and the turbine may be used to impose limitations on the shaft-speed control system such that the rate of change of the boiler load is kept at a sufficiently low value. Secondly, from the shaft-speed control system feedforward* connections may be derived that improve the speed of response of the boiler. The conventional way here is to use the steam demand as a feedforward signal, but a more sophisticated combination of signals might give better results. Needless to say that a thorough knowledge of the system dynamics and operational constraints is a prerequisite to arrive at a well-balanced design.

* For those not familiar with control engineering terms a brief explanation is given in the appendix.

1.3 New developments

Work done in Shell led in 1968 to the introduction of a bridge control system which was essentially a shaft-speed control system with the necessary limiting equipment built in (3). The limiting decisions were here taken off-line by adjustments in the limiting equipment. This had the advantage that complicated hardware connections between boiler, turbine and the bridge control system could be avoided. The system used standard pneumatic components throughout and was successfully applied on a number of tankers ordered in Western Europe and Japan. Since 1968 continuous attention has been given to improving the set-up, adjustment procedures and reliability of bridge control systems. This has resulted in some further developments which are presented in Section 4 of this paper.

A difficulty in the design of suitable limiting equipment was the collection of sufficient quantitative information on the dynamic behaviour and operating constraints of propulsion plant. Yet, with the steady increase in the size of tankers and of their steam plant it was thought essential to check whether manoeuvrability and plant stability remained at an acceptable level. It is for this reason that it was decided to set up a rather detailed computer simulation of the marine boiler and its controls and to carry out an extensive measuring programme on board ss "MACOMA". The main items of the study were:

(a) the stability of operation;

(b) the effect of design particulars on the controllability;

(c) the effect of various feedforward control connections on the manoeuvrability.

The most important findings are described in the following sections of this paper. They may be of interest to those dealing with the manufacture and operation of steam plants in general.

2 BOILER CONTROL STUDIES

Almost all Shell tankers of over 200,000 dwt are driven by a steam propulsion plant equipped with one oil-fired natural-circulation boiler of the radiant type. Generally (4), feedback and feedforward control techniques (see appendix) are applied in a system as shown in Fig. 3. Over the full load range, drum-level and steam-pressure variations are to be kept within constraints via, respectively, the feedwater supply system and the combustion process. The superheater outlet temperature is required to meet the design value at about 70 % of maximum boiler evaporation rate above which the cooling arrangement (e.g. attemperator) should prevent excessive temperature overshoots.

In the past the manoeuvrability of some marine installations equipped with the above control configuration was not always satisfactory. To obtain more insight into the operational constraints, an analog computer was programmed to represent the static and dynamic behaviour of different boiler designs over the full load range.

Boiler simulation

The operation of a natural-circulation boiler with attemperator coil can be described in terms of the mass and energy flow rates indicated in the simplified block diagram shown in Fig. 4. Each block in this diagram represents a section of the boiler. The simulation technique applied is based on the use of material and energy balances over each of these sections to describe the nonlinear physical behaviour of the plant (5). In addition to some relatively unimportant simplifications, two basic assumptions had to be made to keep the size of the model within reasonable limits:

(1) The process of boiling is instantaneous, that is to say throughout the system the two phases, steam and water, when present together are at any moment in equilibrium.

(2) In the wet part of the steam drum the incoming flows are ideally mixed.

The model also incorporated the control configuration, including the final control elements which were simulated as simple first-order time lags.

Since sufficient consistent data were not readily available, an extensive programme of measurements was executed on the steam plant on board ss "MACOMA" to verify the validity of the computer model. Thirteen extra transmitters were installed because more information was required for verification than for control of the boiler. Altogether, some 50 variables were recorded.

The programme was split up into a number of sub-programmes. This had the advantage that interpretation was easier and more reliable and that more redundant information could be obtained.

The sub-programmes were drafted on the basis of a common frame, comprising three types of test:

(1) static tests, preceding the dynamic ones;

(2) small perturbations at two different boiler loads, aimed at obtaining information about process dynamics and process controllability;

(3) large changes in steam flow (manoeuvring) in order to determine the characteristics of the "final control elements" (i.e. pumps with piping and valves, etc.) and to look for possibilities of improving controller settings.

They were designed to deal with the various aspects of the boiler to be studied:

(a) steam drum level control system;

(b) air flow control system;

(c) superheater outlet pressure control system;

(d) superheater outlet temperature control system;

(e) manoeuvring.

The computer model parameters were adapted to represent "MACOMA"'s steam plant, and checked against the measurements. Fig. 5 proves that the steady-state characteristics of the plant could adequately be represented, at least for boiler loads between 10 and 30 kg/s. The dynamic behaviour of the model was checked by repeating the tests performed on board, using the same controller settings. It was found that the original first-order models of the combustion and feedwater control systems were not adequate. A detailed simulation of the operation of the feedwater pump and feedwater control valve could be incorporated, but the combustion control system responses had to be studied separately because of limitations set by the computer capacity. Repeating the manoeuvres carried out on board served as a final test of the validity of the model. As an example, the actual and the model responses to the manoeuvre "HALF ASTERN" to "FULL AWAY" are compared in Fig. 6. It should be noticed that exact matching of the measured and the calculated response is hampered by:

(1) inaccurate or inadequately precise indication of the controller settings on board;

(2) the complexity of the relation between the measured and the actual mixture level in the steam drum;

(3) the fact that test runs performed on board did not always start from steady-state conditions;

(4) the actual combustion control system being more complicated than an ideal first-order system.

All these effects caused deviations between calculated and measured responses. Nevertheless, all the important characteristics and trends of the static and the dynamic behaviour were generated with an accuracy sufficient for the purpose.

Results

The computer model has been used to make a qualitative assessment of the requirements concerning plant design, control system design and/or plant operation to be met to achieve a high degree of manoeuvrability. Feedback control of the non-linear, high-order process concerned is rather sluggish because, to ensure stable operation of the plant, the controller gain and other settings have to be rather conservative. Pure feedback control therefore is certainly not suitable to cope with large and fast load variations. Feedforward actions are the proper means to meet the requirements of such an operation. It was found that the highest manoeuvrability can be achieved when the boiler control system is modified according to Fig. 7. These modifications can be summarized as follows:

(1) For steam temperature control a proportional feedback controller and a feedforward signal proportional to the boiler load are recommended. In case condensate injection is used as the correcting condition, a slave controller is required to attenuate the effect of pressure variations; a slave flow controller and a slave inlet temperature controller proved to be equally effective.

(2) The steam drum level responds faster and with less overshoot when a proportional feedforward signal derived from the boiler load is applied to the slave feedwater flow control arrangement via a first-order exponential lag; the tuning thereof is not very critical.

(3) Steam pressure control is improved significantly when a sufficiently large amount of derivative feedforward action (proportional to the rate of change of the load) is applied to both the set value of the combustion process and the actuators of the air flow system, in addition to the proportional feedforward action derived from the boiler load.

The results of computer model experiments, represented in Figs. 8 and 9, indicate that the proposed control configuration can improve the speed of response of the boiler by a factor of at least 1.5.

It is considered impractical to derive the necessary large amount of derivative feedforwa action directly from the measured value of th boiler load, because of the high noise co thereof. When the rate of change of the is known to be consistent and almost manoeuvring range a noise-free esti can be made and used in the boil off-line, i.e. without on-line calculations. The opportunity to do so is provided by the bridge control system described in Section 4.

3 THE EFFECT OF THE BOILER DESIGN ON PLANT CONTROLLABILITY

A sensitivity analysis carried out on the model representing a boiler with attemperator coil revealed which parameters and operational conditions have a large effect on the controllability of the plant. For instance, the rangeability of the attemperator arrangement was found to be sensitive to erroneous estimates of the attemperator heat-transfer coefficient and friction factor, and of the economizer outlet temperature, particularly when, for reasons of economy, only one control valve (bypass valve B, see Fig. 3) was installed. Fig. 10 demonstrates that the rangeability of the cooling arrangement, for a given heat-transfer coefficient and maximum allowable pressure drop, then requires an accurate estimate of the friction factor, say within 10 %. However, it is by no means certain that this requirement can easily be met in the design stage, since actual values found on board ss "MACOMA" differed up to 50 % from the design values. The rangeability of the attemperator arrangement with two control valves was found adequate to compensate for such errors, and should therefore be preferred to an arrangement with only one control valve.

A theoretical analysis of the boiler characteristics around the steady-state conditions revealed that the stability is dependent on the degree of interaction between the drum pressure and the feedwater supply system. A slight decrease in drum pressure results in an increase in feedwater flow rate. When the feedwater is subcooled, this increase requires more steam in the drum to condense in order to raise the feedwater temperature to the saturation level. As a result, the drum pressure further decreases. The interaction between the pressure and the level control system thus has the properties of a closed loop with a positive loop gain. Since the drum pressure affects all the important control systems this positive loop gain may significantly impair the stability of the plant.

A theoretical analysis based on the Routh criterion, carried out to determine the plant conditions for stable operation, revealed that stability is adversely affected by:

(1) an increase in the subcooling of the feedwater;

(2) a reduction in the water hold-up and the steel mass of the natural-circulation system;

(3) a reduction in steam drum volume available for steam hold-up;

(4) an increase [illegible] in case the [illegible]ter valve is [illegible]

[illegible] across the [illegible]

[illegible] feed pump [illegible]

[illegible]nse of the [illegible] the [illegible]

[illegible]s can thus be [illegible]ive evaluation [illegible]n plant design [illegible]lant stability. [illegible] examples:

+ Upscaling generally implies a reduction of drum volume, water hold-up and steel mass relative to the throughput, which will result in a narrower stability margin (items 2-4).

+ The installation of a feed pump operating at a constant discharge pressure is not recommendable (item 6).

+ For reasons of economy a low pressure drop across the feedwater valve is desirable. However, item 5 indicates that this is achieved at a sacrifice in plant stability.

+ Long-range burners are to be preferred to a burner cascading system (item 7).

+ A slave feedwater flow controller is recommended (item 7).

Quantitative results can be obtained from analog computer simulation work. Also, digital computer techniques are being developed for calculating more precisely the stability margin at various plant equilibria. These quantitative results will be useful in evaluating the operational constraints of future generations of boilers of increased steam capacity.

4 BRIDGE CONTROL SYSTEM

Reliability requirements related to the concept of unattended engine (control) rooms and the desirability of achieving as high a rate of manoeuvrability of marine steam plant as possible were incentives to the development of an electronic bridge control system suitable for integration with the boiler controls (Fig. 2). Although designed so as to behave functionally the same as the pneumatic system introduced in 1968 in the Shell fleet, it is not a mere copy.

An increase in safety and reliability was achieved by applying the concept of dual control, that is to say that one string actually performs control, while an identical string is a running spare for comparison (Fig. 11). The consequent increase in cost and size was effectively restricted by taking full advantage of modern electronics.

Each string consists of four main parts:

(1) The bridge order transmitter provides the desired value for the controller. When a conventional synchro-type telegraph is installed suitable converters are to be applied. However, a telegraph consisting of a series of push buttons with a fine adjustment does not need such converters and is considered an ideal desired value station.

(2) The speed transmitter measures the shaft speed, without any mechanical contact, by electromagnetic pick-up elements which detect the passage of evenly spaced holes in a ring mounted on the shaft (Fig. 12). To detect the direction of rotation of the shaft two pick-up elements are necessary.

(3) The special-purpose nonlinear controller has been developed for matching bridge order and measured shaft speed in one of the following modes of operation: manual control; engine room in control; bridge in control. The first two modes can be selected bumplessly without balancing.

When the plant is on automatic control, then, if the difference between measured shaft speed and bridge order exceeds an acceptable value a limiter circuit will cause the controller output to change at a predetermined maximum rate which can be adjusted such that the maximum rate of change of steam flow will be approximately constant over the manoeuvring range. This feature is attractive (see Section 2) in that it allows almost complete off-line integration of bridge and boiler controls. The "feedforward connections" depicted in Fig. 2 are now limited to a few logic signals (like a yes/no change in bridge order) which determine whether derivative feedforward action is to be applied to the combustion system. The magnitude of this derivative action need not be calculated in-line but, the rate of change being known, can be tuned off-line.

When the measured shaft speed comes close to the desired value the controller has proportional-plus-integral (P + I) action.

Apart from the limiter circuit the following overriding systems have been incorporated:

- an ahead/astern safety system to prevent braking steam being admitted to the astern turbine at too high a ship speed;
- a stop order system which prevents braking steam being applied such that it would cause the shaft to remain stationary for prolonged periods of time;
- a blasting system to avoid a prolonged stand-still of the shaft after a stop order has been given;
- a turning gear safety system to keep the manoeuvring valves closed when the turning gear is engaged;
- a full-away safety system to prevent high rates of change in steam flow when working up to full away;
- a controller output limiting system to permit engine room operations like soot blowing, cargo pump operations, etc. while keeping the bridge in control of the main machinery.

Most of these overriding systems have already proved their usefulness in the pneumatic system (3).

(4) Electropneumatic converters of the plug-in type convert the electric output of the controller into a pneumatic signal. Via a pneumatic lock-up valve and a pneumatic auto/manual station the output of the operational string goes to the ahead and astern manoeuvring valves. The lock-up valve can be used to isolate the pneumatic output from the electronic system while maintaining the air pressure in the pneumatic part (pneumatic "memory" or "hold function").

The outputs of the corresponding main parts of the two strings are compared in an error-detection and switch-over unit. This unit closes the lock-up valve ("hold") as soon as too large a difference is detected, and indicates the location of the error by means of lights in the error-message field of a specially designed test panel. An electronic dummy turbine is provided to facilitate repair by replacement of defective units, so that detailed knowledge of the electronics is not required.

A prototype system (Fig. 13) was installed in January 1972 on board ss "MYRINA" for field testing. After teething troubles were overcome the system has operated satisfactorily. Only a few "holds" were generated, which caused single-string operation for short periods of time. Commercialization of the system is now being considered.

5 CONCLUSIONS AND FUTURE TRENDS

With reference to Fig. 2 it can be said that by the techniques described in this paper the integration of shaft-speed and boiler control can be realized largely off-line so that the system hardware remains easy to understand. A reduction of at least 35 % of manoeuvring time is possible if certain minimum requirements are met regarding the dynamic behaviour of the fuel, air and feedwater supply systems.

One important proviso still has to be made: it remains to be checked whether, by improving the manoeuvrability of the boiler, the turbine and/or the gear box have not become the limiting factors with respect to the manoeuvrability of the plant as a whole. Information on their operating limits is still very scarce and most certainly there is room for further study here.

The computer simulation study has shown that the equipment design greatly affects the controllability of the boiler. In this respect the cri de coeur from control engineers that the control system should be looked upon as an integral part of the plant and not as some sort of attachment is understandable. Further discussions between designers and operators seem necessary to arrive at a well-balanced overall design.

The electronic bridge control system developed is not a direct copy of the pneumatic one. Only by using a special design could the capabilities of electronics be fully utilized. The tests on board ss "MYRINA" have indicated that the technique of using redundancy equipment can improve reliability. The concept of repair by replacement was applied successfully; only a limited amount of technical instruction was required.

The authors expect that for involved configurations electronic instrumentation will become commercially available that is really competitive with pneumatics. It will then be interesting to investigate the merits of applying the described redundancy techniques to, say, the most important loops in the boiler control system. Control computers also are round the corner, waiting for shipboard application. It has always been Shell's policy not to apply computers on board tankers on a large scale before they have proved their worth in land-based installations and then only where there is technical, economic, or some other advantage. Nevertheless, in order to gain early experience a computer was installed on ss "DOLABELLA" in 1967 (6). On that occasion the reliability of the system hardware appeared not entirely adequate. It was also learned that the system software should be fully developed and thoroughly checked in advance because there is little opportunity to do debugging work once the ship is in operational service.

A large number of computers are now in operation in processing plant (7). Reliability seems to have much improved during the last few years. This applies not only to the computer proper (central processor) but, fortunately, also to the peripheral equipment. Perhaps we have now reached the stage where the proposition of using control computers on board is realistic. Recent applications have been reported in the literature (8). We strongly believe that the merits of computers for shipboard control functions like main machinery control, cargo control, collision avoidance, etc., should be evaluated by following a "step by step" approach rather than by including them all at once in a big project. The application of a number of minicomputers may well be a logical solution.

If direct digital computer control (DDC) of the main machine is considered the problem of back-up arises. Up to now this has usually been provided in the form of analogue devices laid out in what can now be regarded as a conventional manner on panel boards or consoles. However, ergonomically this is not sound practice. It may not be long before a big ship can be operated from a cockpit-like control room. Of course, the practical value of such a development, if any, has to be investigated.

ACKNOWLEDGEMENT

The authors would like to acknowledge the contributions of Messrs. J. van der Voort, K. Spaargaren and P. van Eek to the development work described in this paper, as well as the valuable assistance given by their company and Shell International Marine, Ltd.

REFERENCES

1. PRESTON J.F. Design and commissioning of steam turbine installations. Trans. Inst. Marine Engrs. 81 1969 No. 1 (January), p. 14.

2. LLOYD'S REGISTER OF SHIPPING List of type approved control and electrical equipment. 1972.

3. BORSBOOM A.C.H., HOP A.G., BRETVELD K.W. and VAN DEELEN F.W. Bridge control of marine steam turbine plant, an analytical approach. Trans. Inst. Marine Engrs. 81 (1969) No. 2 (February), p. 33.

4. PROFOS, P. Die Regelung von Dampfanlagen. Springer Verlag, Berlin/Göttingen/Heidelberg, 1962.

5. CHIEN, K.L., ERGIN, E.I., LING, C. and LEE, A. Dynamic analysis of a boiler. Trans. ASME 1958 (November), p. 1809.

6. CHAVANET L. and HOPKINS R.C. Analyse des résultats obtenus avec le calculateur à bord du Dolabella. 1971. Paper presented to the Association Technique Maritime & Aeronautique, Paris, May 10-14.

7. WINKLER O. Betriebserfahrungen mit Prozessrechnern. Regelungstechnische Praxis und Prozess-Rechentechnik, 5 1970, p. 168.

8. THE MARINE ENGINEERING SOCIETY IN JAPAN Recent developments in technology and research of marine engineering in Japan. 1972.

APPENDIX

APPLICATION OF FEEDBACK AND FEEDFORWARD CONTROL

The influence of a disturbance on a controlled variable of a plant can be reduced in two ways:

(1) The controlled variable is measured; the value obtained is compared with the desired value. When a deviation exists, a properly tuned feedback controller eliminates this deviation by adjusting the correcting element (e.g. control valve). See Fig. 14.

(2) The disturbance is measured. A properly tuned feedforward controller eliminates the effect of the disturbance on the controlled variable even before a deviation has developed (Fig. 15).

Generally, feedback control is applied because it reduces the effect of all possible disturbances and the tuning procedure of the controller settings is simple.

Major disadvantages are:

+ the controller gain is limited to ensure stable operation of the closed loop (conservative settings);
+ the controller action does not start before a deviation has developed.

These disadvantages can be overcome to a large extent by the application of feedforward control. However, feedforward control is restricted to those cases where:

+ the disturbance is either known or can be measured;
+ the effect of the disturbance on the controlled variable is reasonably well known.

Moreover, feedforward control is effective only with respect to the known or measured disturbance.

The advantages of the two control methods can be combined by using the control configuration shown in Fig. 16. Then the feedforward action provides a quick but rather inaccurate action of the corrective element, whereas the relatively more sluggish feedback system provides further trimming action to eliminate any remaining deviation between the desired and the measured value.

LEGEND
AH = AIR HEATER
AHV = AHEAD MANOEUVRING VALVE
ASV = ASTERN MANOEUVRING VALVE
AST = ASTERN TURBINE
DEAER = DEAERATOR
EVA = EVAPORATOR
FPT = FEED PUMP TURBINE
FT = FAN TURBINE
HPT = HIGH-PRESSURE AHEAD TURBINE
LPT = LOW-PRESSURE AHEAD TURBINE
LPFH = LOW-PRESSURE FEED HEATER
TG = TURBINE GENERATOR

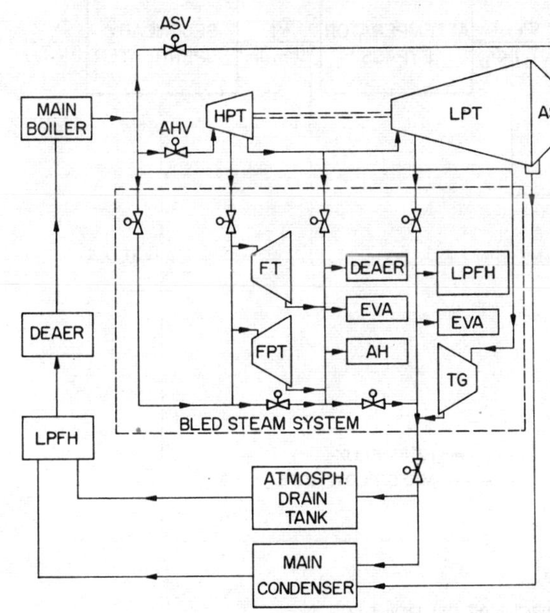

FIGURE 1
SIMPLIFIED BLOCK DIAGRAM OF SIMPLEX CYCLE

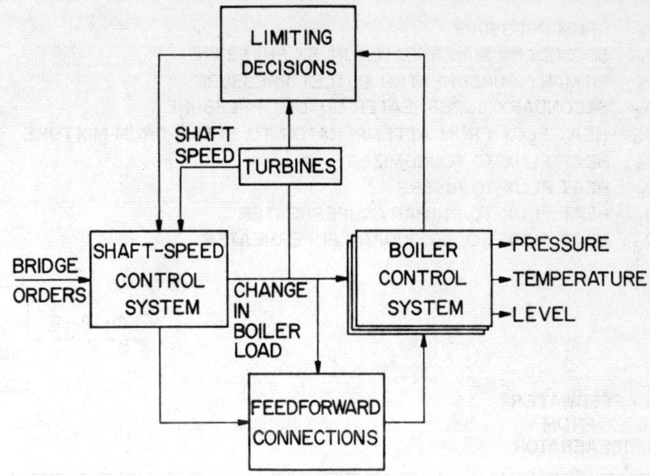

FIGURE 2
BASIC PHILOSOPHY OF
MAIN STEAM PROPULSION PLANT CONTROL

LEGEND
CR = COMPUTING RELAY
DPC = DIFFERENTIAL PRESSURE CONTROLLER
FRC = FLOW RECORDER/CONTROLLER
FT = FLOW TRANSMITTER
HS = HIGH-SIGNAL SELECTOR
LRC = LEVEL RECORDER/CONTROLLER
LS = LOW-SIGNAL SELECTOR
PRC = PRESSURE RECORDER/CONTROLLER
RR = RATIO RELAY
SC = SPEED CONTROLLER
ST = SPEED TRANSMITTER
TRC = TEMPERATURE RECORDER/CONTROLLER
VC = VANE CONTROLLER

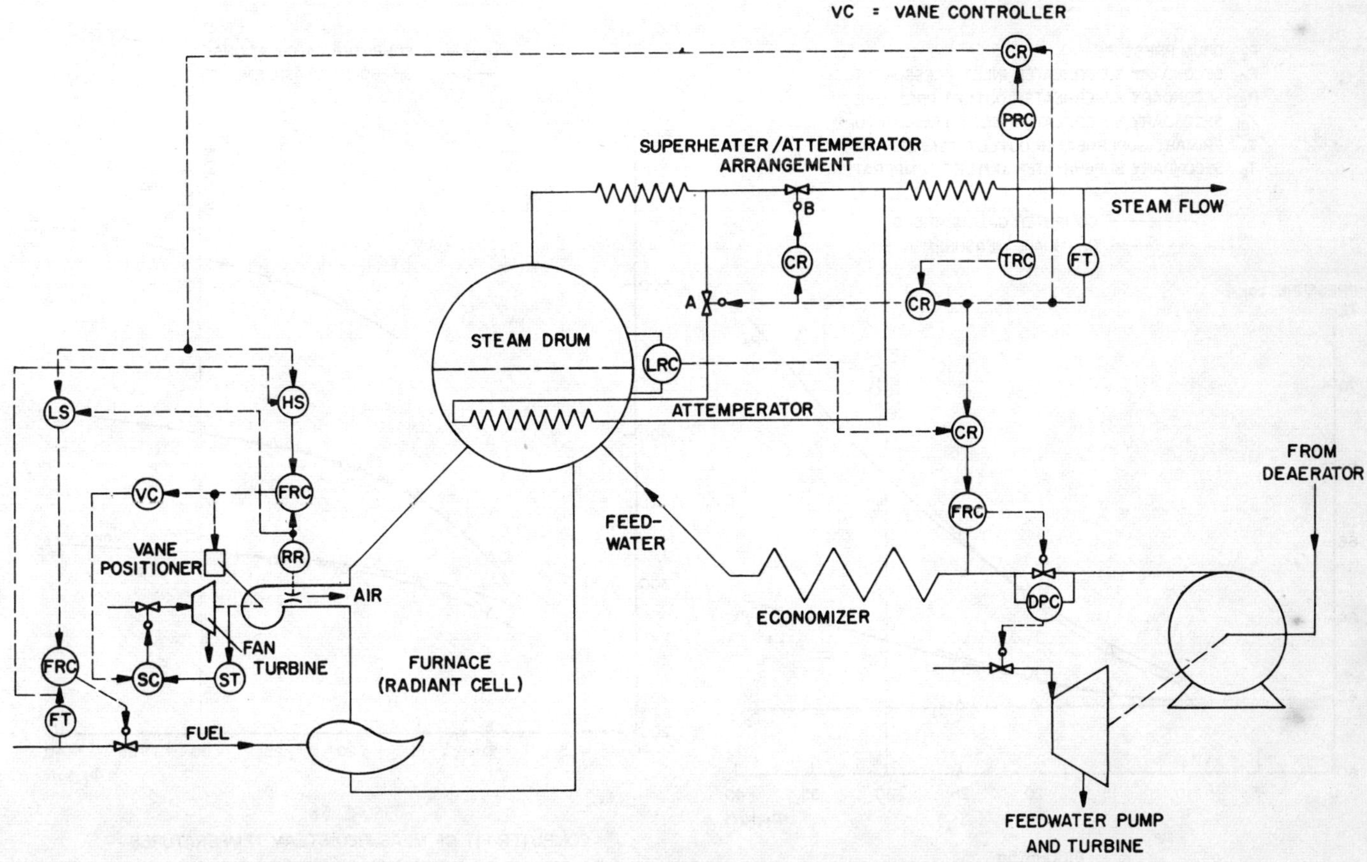

FIGURE 3
SCHEMATIC DIAGRAM OF BOILER WITH ONE OF THE EARLIEST CONTROL SYSTEMS

P_s DRUM PRESSURE
P_m SECONDARY SUPERHEATER INLET PRESSURE
P_1 PRIMARY SUPERHEATER OUTLET PRESSURE
P_2 SECONDARY SUPERHEATER OUTLET PRESSURE
Q_a HEAT FLUX FROM ATTEMPERATOR TO STEAM DRUM MIXTURE
Q_e HEAT FLUX TO ECONOMIZER
Q_r HEAT FLUX TO RISERS
Q_1 HEAT FLUX TO PRIMARY SUPERHEATER
Q_2 HEAT FLUX TO SECONDARY SUPERHEATER
T_f ECONOMIZER OUTLET TEMPERATURE
T_s TEMPERATURE OF SATURATED STEAM IN DRUM
T_m SECONDARY SUPERHEATER INLET TEMPERATURE
T_1 PRIMARY SUPERHEATER OUTLET TEMPERATURE
T_2 SECONDARY SUPERHEATER OUTLET TEMPERATURE
Φ_a STEAM FLOW THROUGH ATTEMPERATOR COIL
Φ_b STEAM FLOW THROUGH BYPASS VALVE
Φ_f FEEDWATER FLOW
Φ_t BOILER LOAD

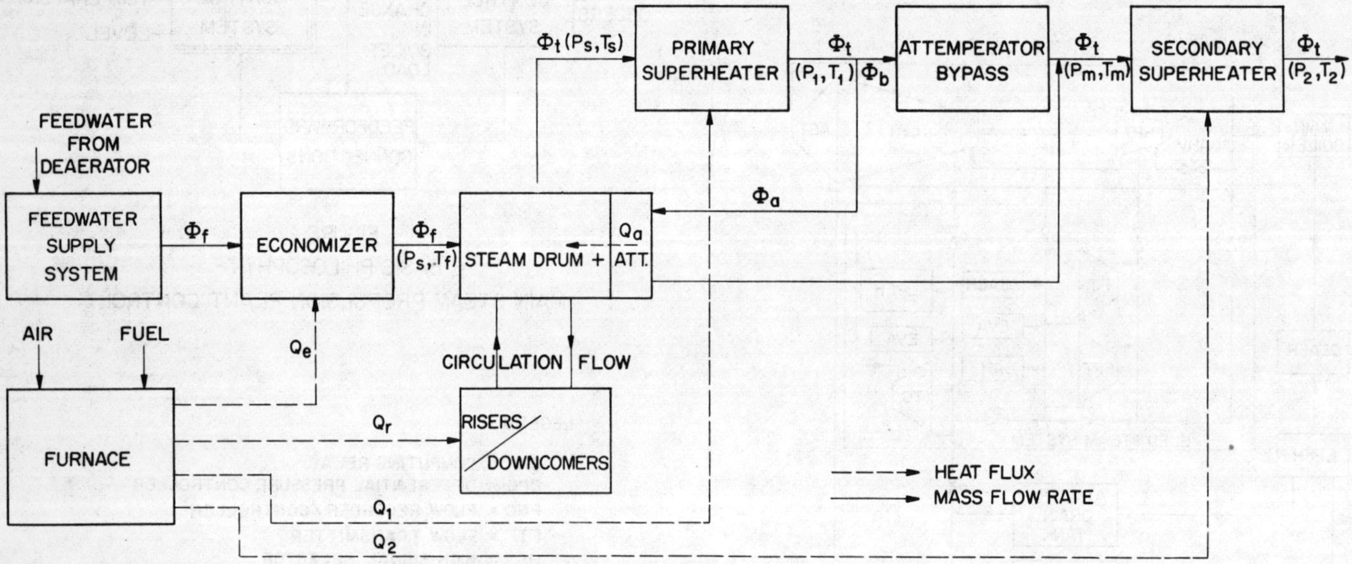

FIGURE 4

SIMPLIFIED BLOCK DIAGRAM OF A NATURAL-CIRCULATION BOILER AS USED FOR THE COMPUTER SIMULATION

P_s DRUM PRESSURE
P_m SECONDARY SUPERHEATER INLET PRESSURE
P_2 SECONDARY SUPERHEATER OUTLET PRESSURE
T_m SECONDARY SUPERHEATER INLET TEMPERATURE
T_1 PRIMARY SUPERHEATER OUTLET TEMPERATURE
T_2 SECONDARY SUPERHEATER OUTLET TEMPERATURE

COMPUTER CALCULATIONS
SHIPBOARD MEASUREMENTS

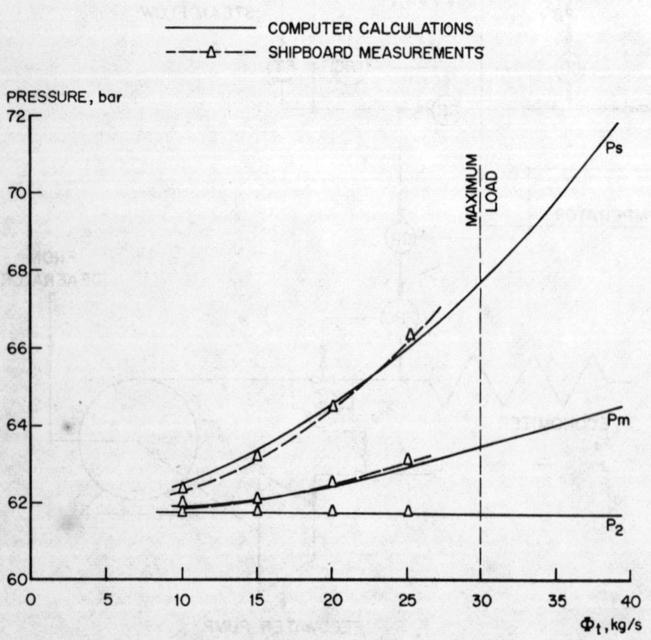

FIGURE 5a

COMPUTER FIT OF MEASURED STEAM PRESSURES AS A FUNCTION OF BOILER LOAD

COMPUTER CALCULATIONS
SHIPBOARD MEASUREMENTS

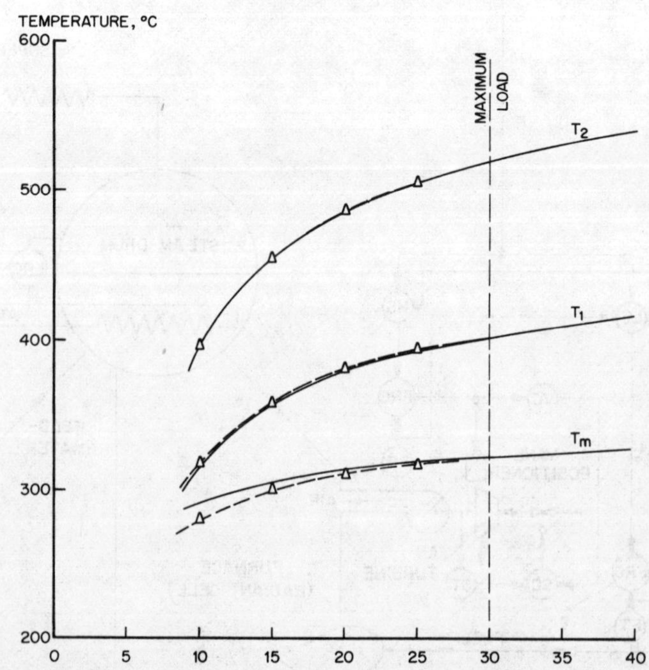

FIGURE 5b

COMPUTER FIT OF MEASURED STEAM TEMPERATURES AS A FUNCTION OF BOILER LOAD

FEEDWATER TEMPERATURE 214 °C ; ATTEMPERATOR VALVE FULLY OPEN; BYPASS VALVE 85% OPEN

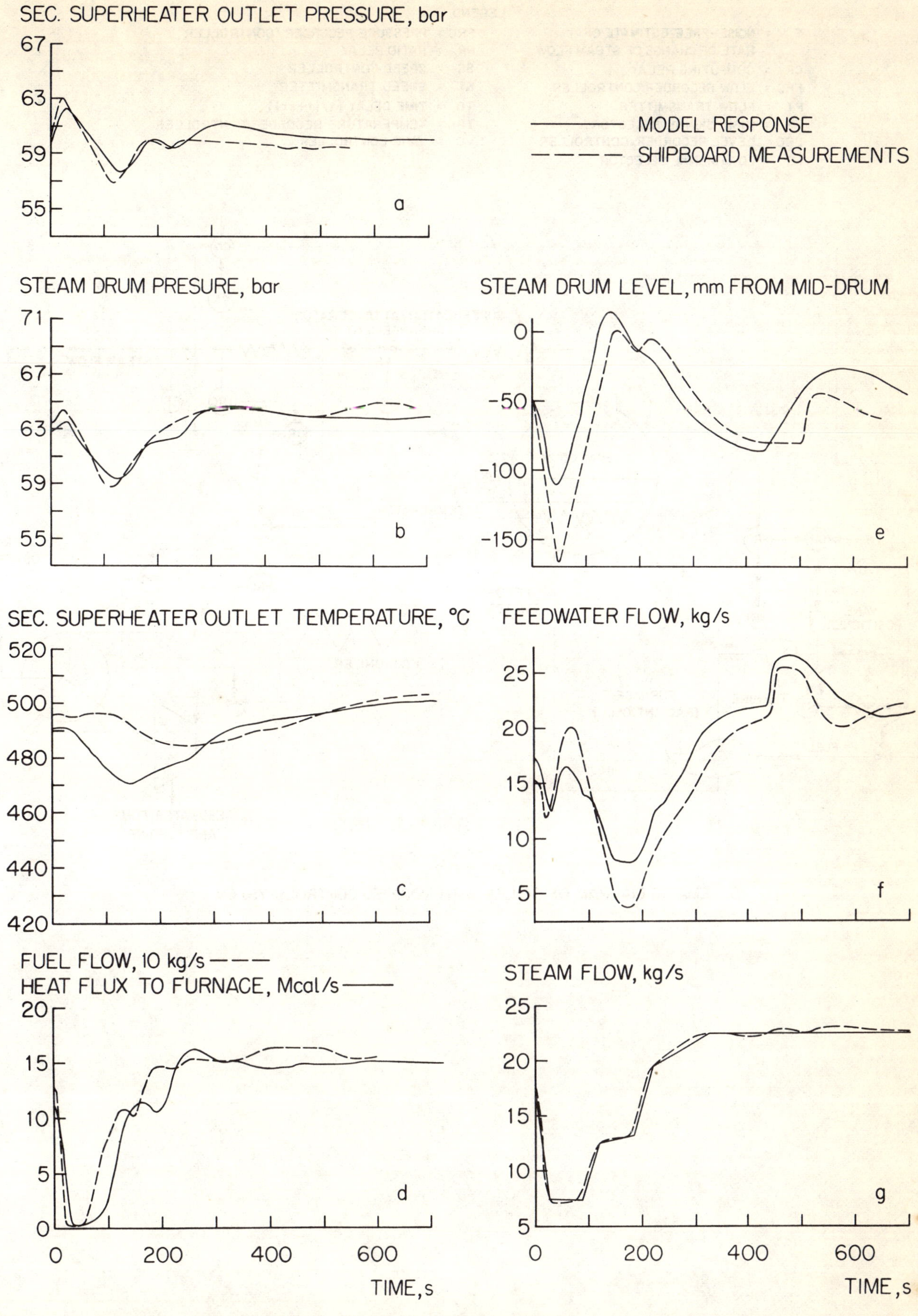

FIGURE 6

COMPARISON OF CALCULATED AND MEASURED BOILER RESPONSES TO THE MANOEUVRE FROM "HALF-ASTERN" TO "FULL AWAY"

LEGEND

ϵ	= NOISE-FREE ESTIMATE OF RATE OF CHANGE OF STEAM FLOW	PRC	= PRESSURE RECORDER/CONTROLLER
CR	= COMPUTING RELAY	RR	= RATIO RELAY
FRC	= FLOW RECORDER/CONTROLLER	SC	= SPEED CONTROLLER
FT	= FLOW TRANSMITTER	ST	= SPEED TRANSMITTER
HS	= HIGH-SIGNAL SELECTOR	TD	= TIME DELAY $(1/(1+s\tau))$
LRC	= LEVEL RECORDER/CONTROLLER	TRC	= TEMPERATURE RECORDER/CONTROLLER
LS	= LOW-SIGNAL SELECTOR	VC	= VANE CONTROLLER

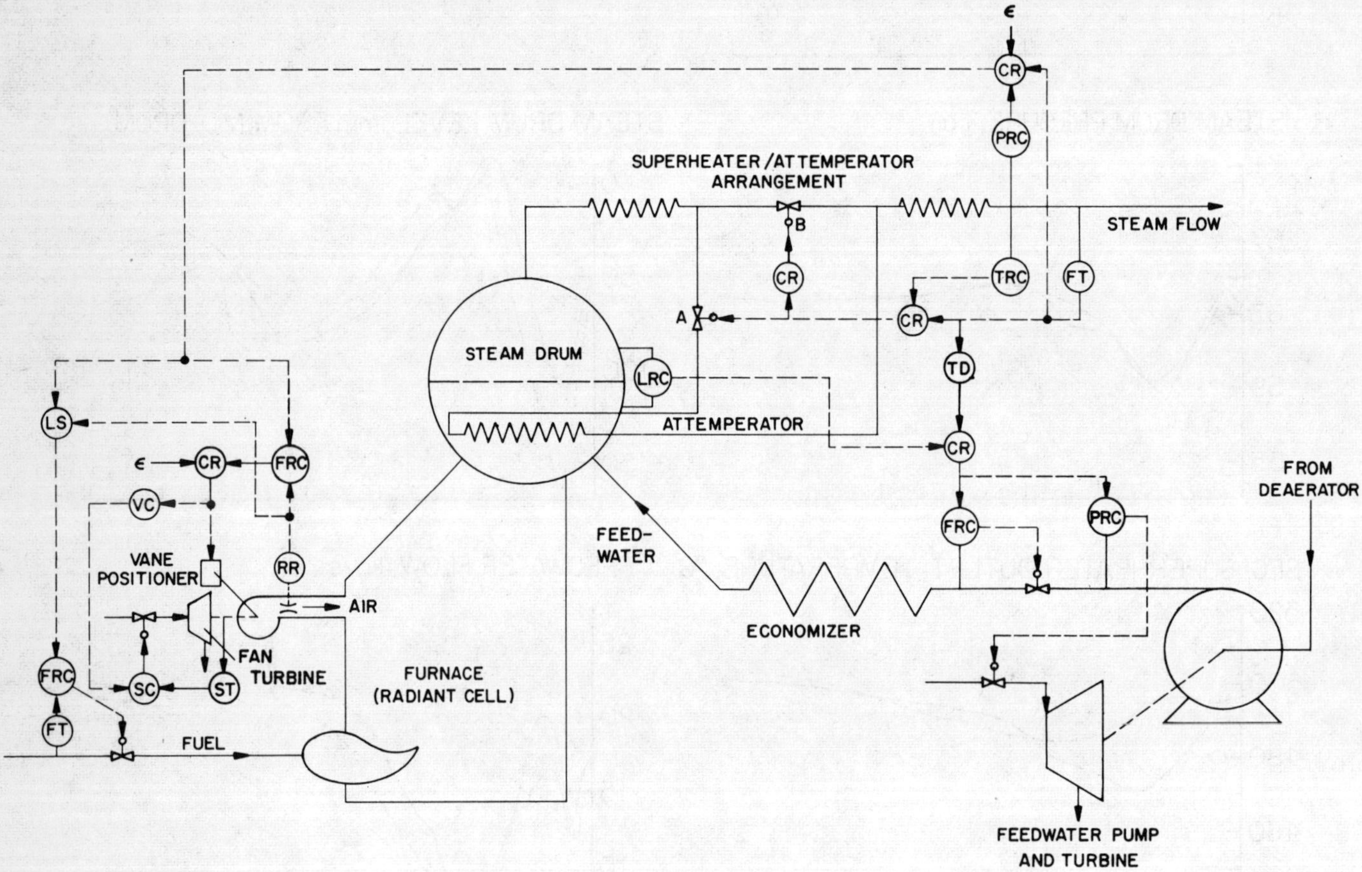

FIGURE 7
SCHEMATIC DIAGRAM OF BOILER WITH MODIFIED CONTROL SYSTEM

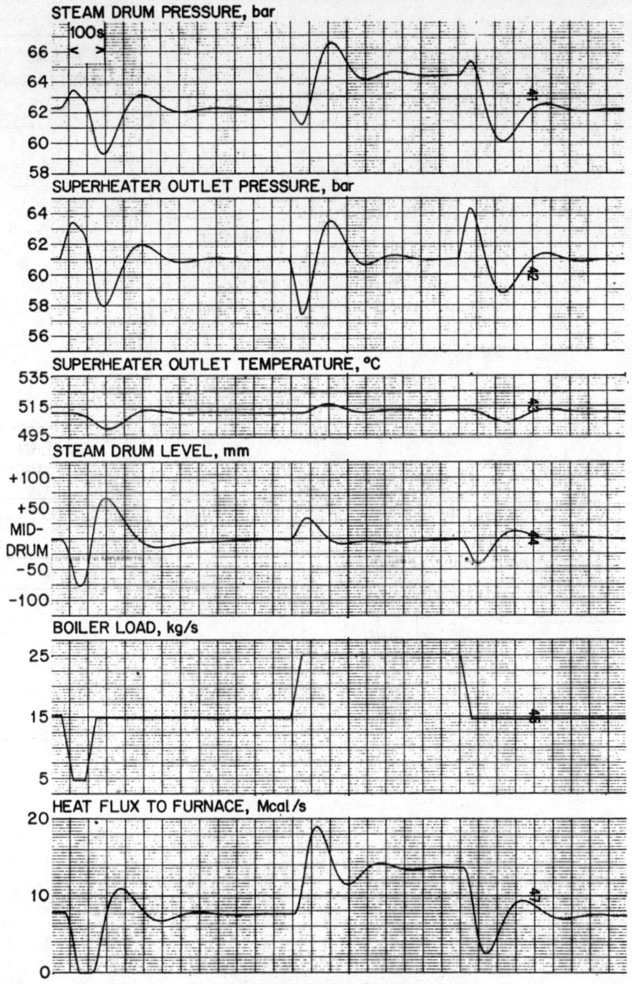

FIGURE 8

BOILER RESPONSES TO VARIATIONS IN BOILER LOAD AT A RATE OF 1.33 %/s WITH CURRENTLY USED CONTROL SYSTEM

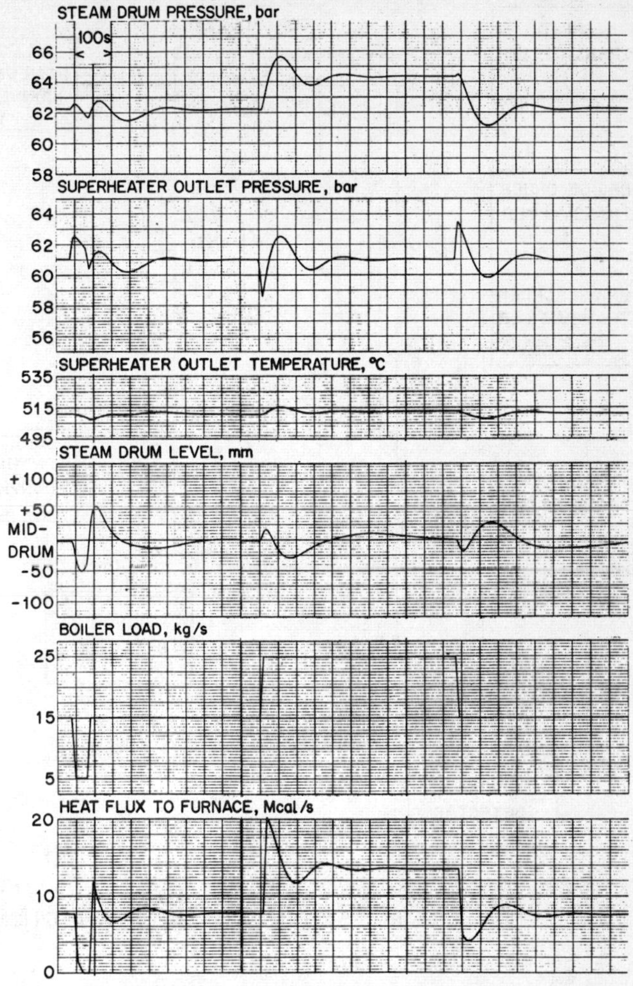

FIGURE 9

BOILER RESPONSES TO VARIATIONS IN BOILER LOAD AT A RATE OF 4%/s WITH MODIFIED CONTROL SYSTEM

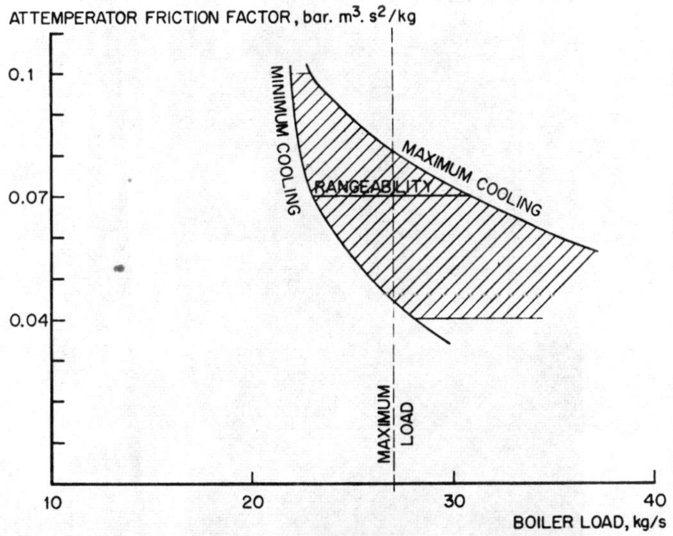

FIGURE 10

RANGEABILITY OF AN ATTEMPERATOR/BYPASS ARRANGEMENT, WITH ONLY ONE CONTROL VALVE (BYPASS VALVE B), AS A FUNCTION OF ATTEMPERATOR FRICTION FACTOR; FOR THE PRESSURE DROP ACROSS THE ATTEMPERATOR COIL A MAXIMUM VALUE OF 1.3 bar IS TAKEN INTO ACCOUNT

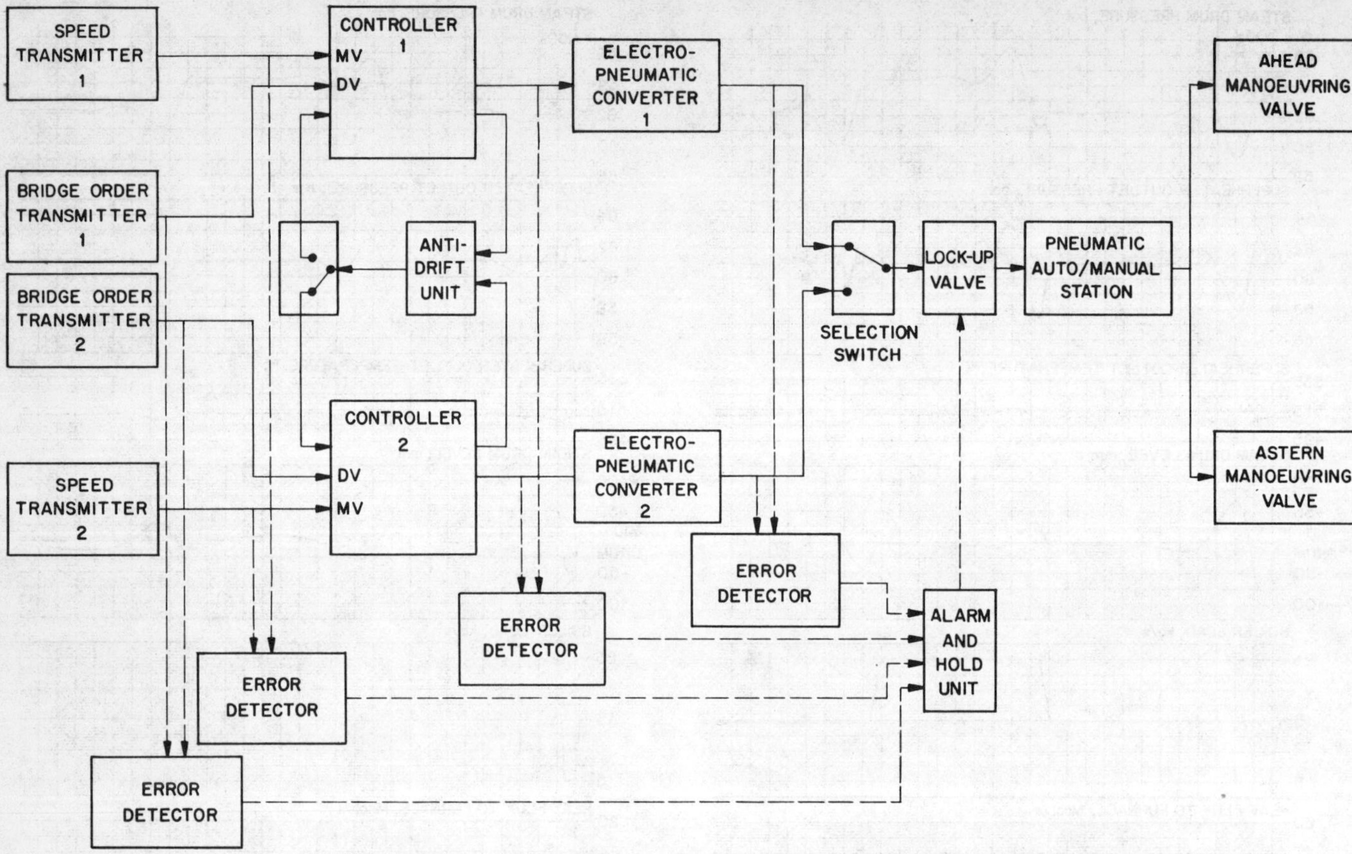

FIGURE 11
DUAL CONTROL SYSTEM WITH ERROR-DETECTION AND SWITCH-OVER UNIT FOR FAIL-SAFE OPERATION

FIGURE 12
NON-CONTACT SPEED MEASUREMENT
WITH ELECTROMAGNETIC PICK-UP ELEMENTS

FIGURE 13
PROTOTYPE OF ELECTRONIC BRIDGE CONTROL SYSTEM;
NOTE THE MODULAR CONSTRUCTION AND THE TEST PANEL

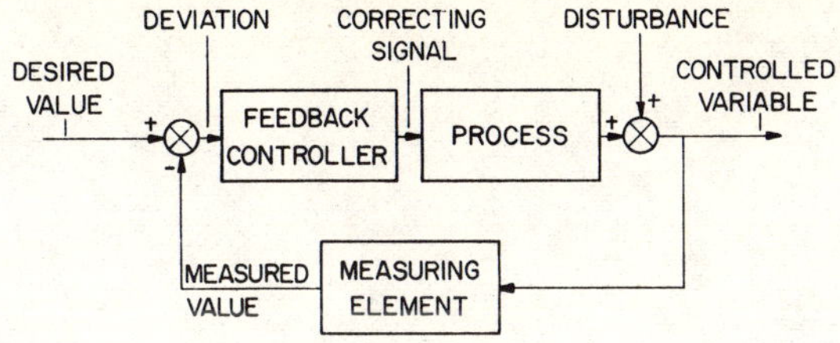

FIGURE 14
BLOCK DIAGRAM OF FEEDBACK CONTROL

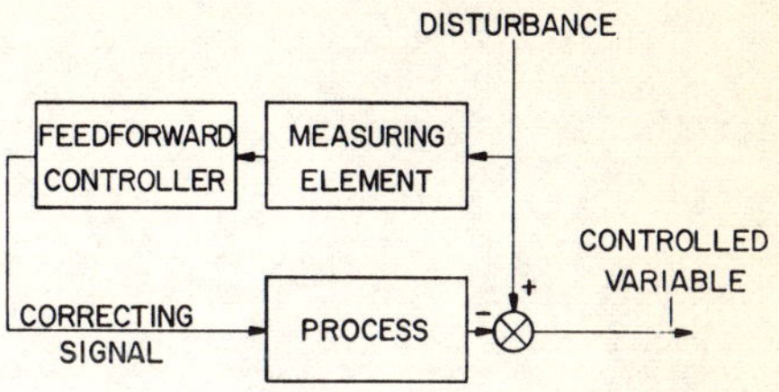

FIGURE 15
BLOCK DIAGRAM OF FEEDFORWARD CONTROL

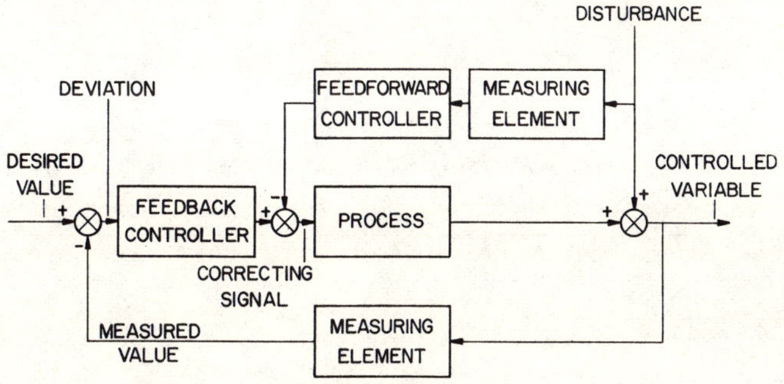

FIGURE 16
BLOCK DIAGRAM OF COMBINED FEEDBACK AND FEEDFORWARD CONTROL

C113/73

SOME COMBUSTION ASPECTS OF MONOTONIC CONTROL PROGRAMMES FOR AIR/FUEL RATIO IN FULLY MODULATING RN BOILERS

J. P. D. HAKLUYTT

SYNOPSIS *Exceptionally high volumetric heat release ratings of RN furnaces demand considerable excess air to complete oxidation at full power. The fierce modulation rate specified, of 10-90% in 30 secs, makes it impracticable to maintain even this level of excess air over a 13½:1 range of power. A compromise air/fuel programme has its bottom end dictated by Control System dynamics and its top end by combustion considerations alone, so that a simple linear programme for air and fuel between these limits inevitably imposes extreme variations of air/fuel ratio. Application of such a programme to fuel and air pressures leads to continuous increase of air/fuel ratio as power decreases and depends for safety on flame stability with reserve of blow-off resistance to accommodate component errors and hazard excursions, reliable flame-establishment and ignition-transfer, and prevention of excessive formation of white smoke or CO. These requirements have been met by modification of equipment to create a margin of safety between the combustion process and system deviations from the Control Programme.*

Penalties of such an application may involve sacrifice of boiler efficiency and acceleration of acid attack which must be weighed against advantages of system simplicity in the light of current and future operating patterns of RN ships.

NOMENCLATURE

FFO	RN Furnace fuel oil
MAS	Master Air Signal
N	Blower speed
P	Dimensionless fuel input (= fuel input/nominal full power fuel input)
Q	Fuel flow rate
RDL	Register draught loss, differential pressure
RFO	Residual fuel oil
T_f	Flame temperature
T_e	Mean gas-path temperature at discharge from economiser (14 sensing points)
Y102	Contract No. for County Class Destroyers
γ	Specific steam generation (= steam energy output/fuel energy input)
ε	Dimensionless signal error (= error in maximum signal value/error-free maximum signal value)
η	Overall boiler system efficiency
η_c	Combustion efficiency
λ	Dimensionless air flow factor (= air mass flow rate/stoichiometric air mass flow rate)

INTRODUCTION

1. Demands for extraordinary flexibility coupled with great reliability and ease of maintenance influenced auto-control development policy to prefer the simplest relationships and equipment (1) with the expectation of assisting operators competently to understand and fault-diagnose new systems in County Class Destroyers.

2. *Y102*-type boilers*, described elsewhere (2) (3) also power Tribal Class Frigates, Assault Ships, and HMS BRISTOL. Modulation of input fuel, *P*, from 0.1 to 0.9 in 30 seconds is specified within ± 2½% tolerance on steam-drum pressure and is practicable because *turn-down* of 13½:1 is available. Volumetric Heat Release attains 4.96×10^6 W/m³, (0.48×10^6 Btu/ft³ h) (3) greatly exceeding the level, 3×10^6 W/m³, above which difficulty in completing combustion in unpressurised furnaces is normally encountered.

CONTROL PROGRAMME FACTORS

3. Standard *Y102* registers supply stoichiometric air for full power with 588 mm H_2O *RDL* (23 in. WG): at least 712 mm H_2O (28 in. WG) is necessary to complete combustion adequately and is programmed. At $P = 0.07$, stoichiometric requirements are met by ~ 250 Blower RPM, *N*, with 3.8 mm H_2O *RDL* (0.15 in. WG), at which speed inertial effects emasculate air loop response. To meet the specification for rate of modulation, N_{min} is more than trebled, *RDL* thereby increases by an order of magnitude, and the air loop control programme is manipulated to increase at a rate initially faster than *P*. As *P* increases, the air flow factor, λ, decreases continuously in a near-logarithmic relationship falling short, as $P \rightarrow 1$, of the design value, $\lambda \approx 1.15$, for *Y102* Standard combustion equipment. Application of the common Master Air Signal, *MAS*, to air and twin fuel loops leads to complex variation of flow rates as boiler data illustrate in Figure 1. Straight-line relationships between fixed end points at $P = 0.07$ and $P = 1$, selected to satisfy the conditions described, procure monotonic increase of λ from 1.07 to 3.3 in an error-free system.

4. These exigencies guarantee sufficient air throughout modulation to preclude furnace pulsation

---

* Of Babcock & Wilcox front-fired *D* type design for 12000 lbs/h *FFO* and unpreheated air.

or *saturation* effects. By over-damping fuel pump loop response to be barely faster than the blower loop, steam output response, from which *MAS* is derived indirectly and which would otherwise suffer unacceptably, is maintained. Extreme λ induces flame-chilling and risks extinction, a serious hazard in automatically-controlled boilers burning *dieso*. For safe execution of rapid naval manoeuvres, secure flames are essential and combustion efficiency is subordinate to flexibility.

5. *Flame temperature,* T_f, is a fundamental index of gross energy available from adiabatic combustion, normally maximising sub-stoichiometrically. *Dieso* with lower flame emissivity than *FFO*, for which the *Y102* boiler was designed, produces higher flame and higher gas-path temperatures. Near full power with $\lambda \approx 1.1$ on the Control Programme, Figure 2 indicates that a system efficiency, η, of about 0.86 should be attainable for economiser rejection temperature, T_e, of ~ 278°C (532°F) in otherwise ideal circumstances; realistic estimates (4) predicate a general decline of η from 0.85 near $P = 1$ to 0.50 at $P = 0.07$ due to substantial changes in T_f, λ, T_e and combustion efficiency, η_c, induced by the Control Programme.

EXPERIMENTAL

Gas-path losses

6. Figure 3 shows T_e increasing with P and λ until $P > 0.6$ when minima appear near design λ; as λ drops further, CO increases. Combustion outside the furnace modifies patterns of gas-path heat transfer and is not easily detected except by inference from unexpected uptake temperatures or superheat control problems. Uncontrolled *after-burning* is more likely with *dieso* than with *FFO* because of its comparative reluctance to make black smoke which attracts operators' attention.

Specific Steam Generation

7. Overall boiler efficiency, η, has been studied by measurement of both *gross* and *nett* steam generated for representative levels of P; from this data alone *Specific Steam Generation,* γ, is derived. Figure 4 agrees with estimated values (4) except where there is inefficiency due to partial oxidation or direct fuel loss.

8. Before nett steam reaches main engines, ancillary demand must be satisfied; as a fraction of the gross value, this decreases, as P increases, to 0.13 at $P = 1$. However, because of counter-balancing boiler characteristics, maximum values of nett γ appear in the range 0.25-0.5 P. Evidently higher values of η than are attained by the Control Programme are achievable over a wide range, provided that λ is held within a few per cent of its optimum. Such severe constraint is incompatible with the *Y102* automatic-control concept; specification of extremely short *Rise Time* dominates the character of all practicable air/fuel control programmes. Optimum values of γ are approached on the Control Programme when $\lambda \to 1.15$ near to $P = 1$; otherwise there are wide departures.

Oxygen-limited combustion

9. Heat losses by partial oxidation to CO can be estimated from gas analyses (4) as nearly 2% for 1% CO. But boiler data suggest a value nearer to 3%, reaching about 5% as $P \to 1$, when direct fuel loss increases sharply in this highly-rated furnace. On the Control Programme, with P below about 0.85 and ample excess air, CO is not detected in uptakes but, above 0.85, measured CO varies significantly according to whether the furnace has left or right-handed geometry.

Direction of input swirl

10. Data from the Haslar *Y102* boiler for measured mean CO% vs λ appear independent of P in the range 0.25-0.85 and show that Port and Starboard arrangements differ by about 5% of air/fuel ratio near to $P = 1$ in tendency to release CO in uptakes.

$$\left[\%\ \text{CO}\right] \approx \frac{1.5}{\lambda^{20}}$$

Star

$$\left[\%\ \text{CO}\right] \approx \frac{4.0}{\lambda^{20}}$$

Port

-: typify results for values of λ lying between 0.9 and 1.3 and suggest that less CO is discharged when *Buoyancy* and *Swirl* forces co-operate at the fire-row screen. Losses induced in this way are small until P falls below 0.25 or exceeds 0.8. Because, for convenience, a common programme is applied to both boilers, it should be matched to the less-favoured Port system.

Control-System input signal errors

11. The square-root relationship between *RDL* and air flow diminishes effects of input errors but, for the fuel loop, deviations of input signals from exact values develop disproportionately large fuel flow errors. *Supply/Spill* atomisers are naturally inefficient as metering orifices when the flow they discharge is inferred from pressure measurements alone.

12. In practice, transmitter errors do not reach manufacturers' maxima of ± 0.01 full power signal and typical magnitudes are:-

a. *Zero* error ~ ± 0.0025
b. *Range* error ~ ± 0.0025
c. *Linearity* error ~ ± 0.0025
d. *Hysteresis* effects ~ ± 0.0025

-: of which a. and b. are sometimes eliminated when setting up. On initial calibration, accumulated errors within the scope of these effects are specified not to exceed ± 0.01. In service, system accuracy depends critically upon perfection of calibration and, even with this small tolerance, departures from desired flow rates can still be comparatively massive, presenting control problems which the system cannot recognise or counteract at present. Experiments show flow errors to lie between extremes related to dimensionless signal error, ε, as:-

$$\frac{-10}{P^{\frac{1}{2}}}\,\varepsilon < \left[\frac{\text{Induced Error in } Q}{Q}\right] < \frac{+12.5}{P^{\frac{1}{2}}}\,\varepsilon$$

13. As P approaches 1, the Spill Valve shuts whereupon *simplex* conditions limit over-firing to a level determined by supply pressure alone, provided that flow between Supply and Spill systems is absolutely prevented. In normal service, $\varepsilon \approx \pm 0.01$ will not be detected and Figure 5 illustrates its direct modification of λ so that, at $P = 0.07$, λ can reach 5 and, above $P = 0.8$, fall well below optima. Figure 6 illustrates the consequential modification of γ in an otherwise perfectly calibrated system. Generous provision of excess air for most of the Control Programme makes it possible for over-firing

to improve η significantly although this will not be recognisable at sea. Under-firing involves losses, besides flame-chilling and white smoke, which escalate as P falls, thereby presenting a new problem, flame insecurity.

Flame *blow-off* or change of mode

14. Fuel loop behaviour affects all burners together but, because of atomiser flow tolerances of ± 5%, individual registers may sustain air/fuel ratio variations additional to those of Figure 5 without detection. *Weak-extinction* often occurs, normally following a change from *'closed'* to *'open'* flame mode (5) below $P = 0.13$. A Pilot Register is fitted to maintain flame in the furnace but safe re-establishment of main flames depends on successful ignition-transfer; with *dieso*, delayed re-ignition is dangerous. This hazard can be alleviated only by reducing λ below programmed values or by improving equipment; the second course has been taken.

Over-firing

15. In favourable circumstances, over-firing can improve γ but risks other penalties:-

a. degradation of the safe margin of λ so that pulsation is precipitated;
b. accelerated deterioration of refractory brickwork under locally reducing conditions due to persistent CO;
c. *afterburning* with excessive uptake temperature;
d. difficulty with superheat temperature control;
e. with incomplete furnace oxidation and combustion continuing along the gas path, anomalous response of the independent loop controlling the linked dampers can increase gas-path pressure drop. As P approaches 1 and programmed λ falls below 1.15, this condition is easily provoked so that, if the blower margin has been eroded, full power may be restricted.

Pulsation

16. *Y102* boilers have a band of P, 0.2-0.4, when *flame frequency* and natural *system frequency* couple if $\lambda < 1.6$ at the peak. Rapid power modulation in this range requires that air loop programmes guarantee a sufficient margin of λ to preclude resonance. Provided that atomisers are closely toleranced, this constraint is met when $N_{min} \geqslant 1000$ RPM, already stipulated for reasons of blower dynamics.

CO as an indicator of η_c

17. With distillate fuels, and with *FFO* also (6), CO is a sensitive indicator of both combustion stoichiometry and η_c: its sudden onset nearly coincides with values of λ at which γ maximises. Air loop manipulation, to reduce λ until CO appears, is practicable only when steaming steadily since representative-sampling and sample-analysis are relatively slow processes.

Improvement of combustion equipment

18. Figure 7 shows modifications to increase η_c and reduce λ. These are cheaply undertaken, needing no new components except swirlers. Trials are continuing and show:-

a. reduced CO in gas stream for constant λ;
b. 12% reduction of stoichiometric *RDL*;
c. immunity from flame *blow-off* at minimum P by maximum *RDL* (1270 mm H_2O : 50 in. WG)
d. elimination of *'open'* flame condition;
e. resonance-band narrowed and lowered; pulsation avoided if $\lambda > 1.3$ at the peak, $P \approx 0.15$.

19. To exploit these features, Control Programme change is essential but inherent problems of slow air loop response at minimum power remain.

SO_2/SO_3 conversion

20. With very high levels of λ programmed, acid problems are expected (7), probably aggravated by reduction of *furnace residence time* in inverse proportion to λ; possible roles of CO in SO_2/SO_3 conversion are not yet fully established (7), (8) but should not signify below $P = 0.8$ unless special effects supervene (7) when burning distillate fuel. Boiler measurements show uptake SO_3 levels to be similar with both *dieso* and *FFO* despite five-fold reduction of sulphur. Instances of severe corrosion, which may have been encouraged chemically by cleaner metal surfaces when firing distillates, have nonetheless been fewer in *Y102* than in manually-controlled *Y100/136/160* boilers.

21. Although high gas temperatures and velocities due to high λ at low powers strongly influence condensation processes, experience suggests that real advantage comes from *simmering coils*, fitted only in *Y102*-type systems. Their regular use when shut down keeps corrosion products dry and so materially reduces tube attack.

CONCLUSION

22. The *Y102* Control System broadly attains design objectives but suffers unduly from large and uncertain flow response to normal small errors in fuel loop input signals. Operators are unaware of changes in air/fuel ratio, so induced, which may show profit or loss according to magnitude, direction or level of power. For systems within setting-up tolerance, probable increases of fuel consumption as a result are about 5% from $P \approx \frac{1}{4}$-$\frac{1}{2}$; below $P \approx \frac{1}{4}$, escalating to 40% at full turn-down; above $P \approx \frac{1}{2}$, smoothly rising to 10% and associated with afterburning. These increases may be seen as a standing charge paid by users of *Y102* systems for the extreme flexibility they provide at immediate notice and could otherwise be avoided.

23. Simple modification of burners enables safe application of the standard Control Programme but relaxation of the specified modulation rate below $P/4$ would allow a more economic compromise.

24. Application of the same Control Programme to *Port* and *Starboard* Boilers takes no account of an increased tendency of *Port* systems to discharge CO. Reversing swirl direction might be more expedient than changing programmes.

25. Potential difference of Air Flow Factor between individual registers, due directly to permitted atomiser tolerance, exceeds the safe margin in correctly programmed values of λ near full power. Matching of atomisers in sets with narrow tolerances would be advantageous.

26. Representative CO-sensing would give operators realistic information about combustion necessary to trim air to advantage.

27. The more direct method embodied in this paper, whereby <u>simultaneous rates of steam generated</u> and <u>fuel injected</u>, are compared, could be adapted for ships. In this way, the highest possible *Y102 System* efficiency could be realised at sea.

ACKNOWLEDGMENT

The author wishes to record his appreciation of assistance from colleagues, especially to Lieutenant Commanders R. B. Wrenn and J. P. N. Fox and staff for their rigorous control of the extended trials programmes necessary to generate reliable data, and of official permission to submit a paper expressing opinions which are not necessarily those of the Ministry of Defence.

REFERENCES

(1) J. P. H. BROWN and W. J. R. THOMAS. *"The automatic control of naval boilers"*. Trans. I.Mar.E., Vol. 73, No. 3, March 1961.
(2) W. J. R. THOMAS. *"Prototype trials of a naval boiler at A.F.E.S., Haslar"*. Trans. I.Mar.E., Vol. 76, No. 9, September 1964.
(3) E. J. MACNAIR. *"Naval Boilers"*. J. Inst. Fuel, Vol. XLI, No. 326, March 1968.
(4) H. M. SPIERS. *"Technical Data on Fuel"*.
(5) J. CHEDAILLE, W. LEUCKEL and A. K. CHESTERS. *"Aerodynamic studies on turbulent jets by I.F.R.F."*. J. Inst. Fuel, Vol. XXXIX, No. 311, December 1966.
(6) D. ANSON, W. H. N. CLARKE, A. T. S. CUNNINGHAM and P. TODD. *"Carbon Monoxide as a combustion control parameter"*. J. Inst. Fuel, Vol. XLIV, No. 363, April 1971.
(7) A. B. HEDLEY. *"Factors affecting the formation of sulphur trioxide in flame gases"*. J. Inst. Fuel, Vol. XL, No. 315, April 1967.
(8) R. A. DURIE, C. J. MATTHEWS and M. Y. SMITH. *"The catalytic formation of sulphur trioxide in fuel-rich propane-air flames"*. Combustion and Flame, Vol. 15, 1970.

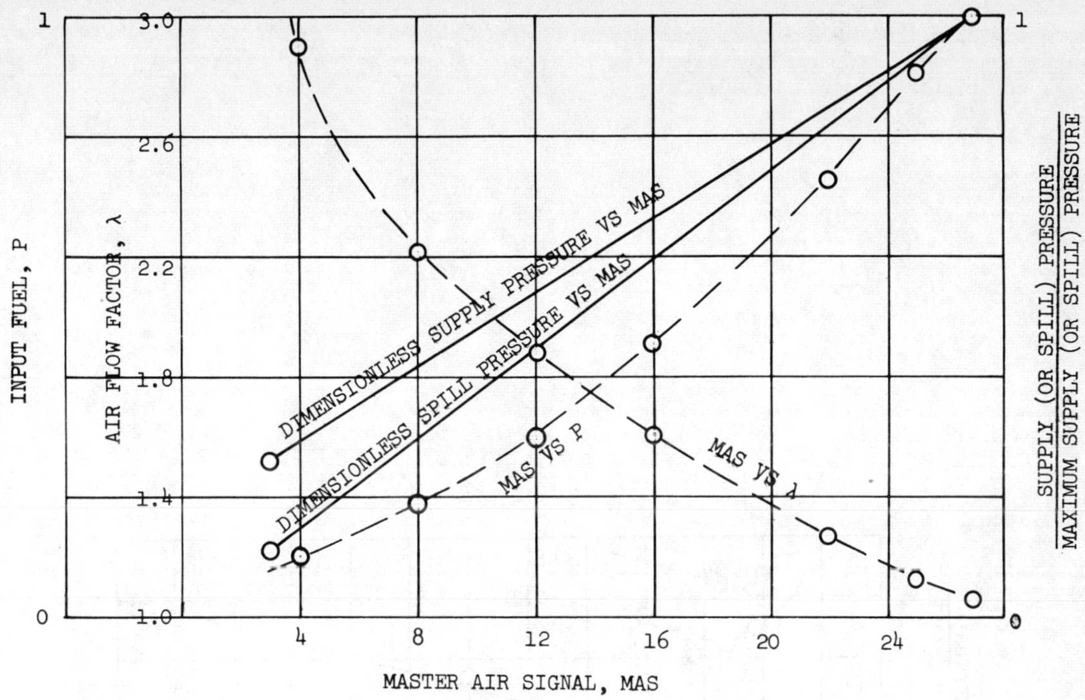

Figure 1 *MASTER AIR SIGNAL RELATIONSHIPS*

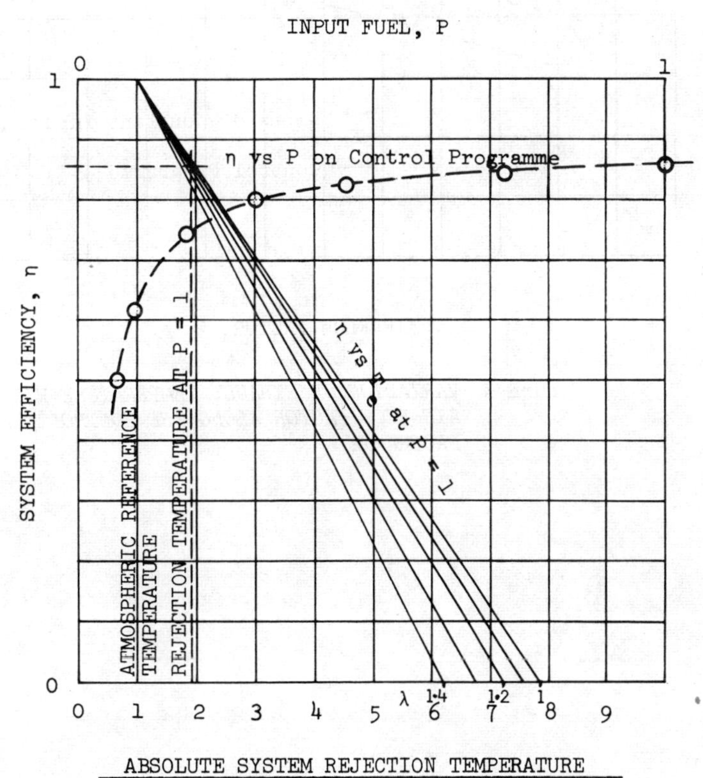

Figure 2 *THEORETICAL VARIATION OF SYSTEM EFFICIENCY WITH POWER, EXHAUST TEMPERATURE AND AIR FLOW FACTOR*

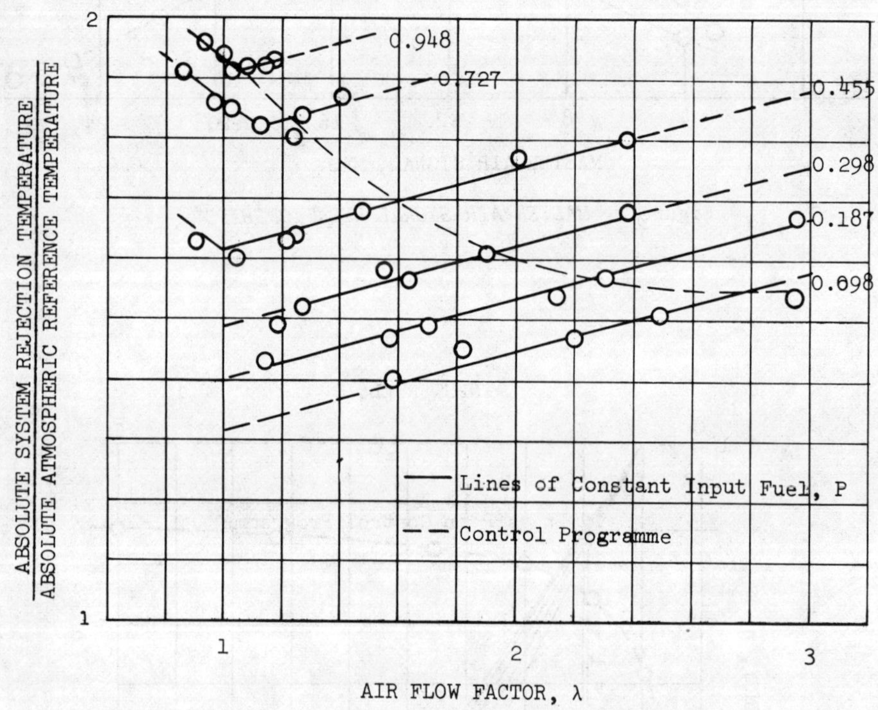

Figure 3 *VARIATION OF EXHAUST TEMPERATURE WITH AIR FLOW FACTOR ALONG THE CONTROL PROGRAMME*

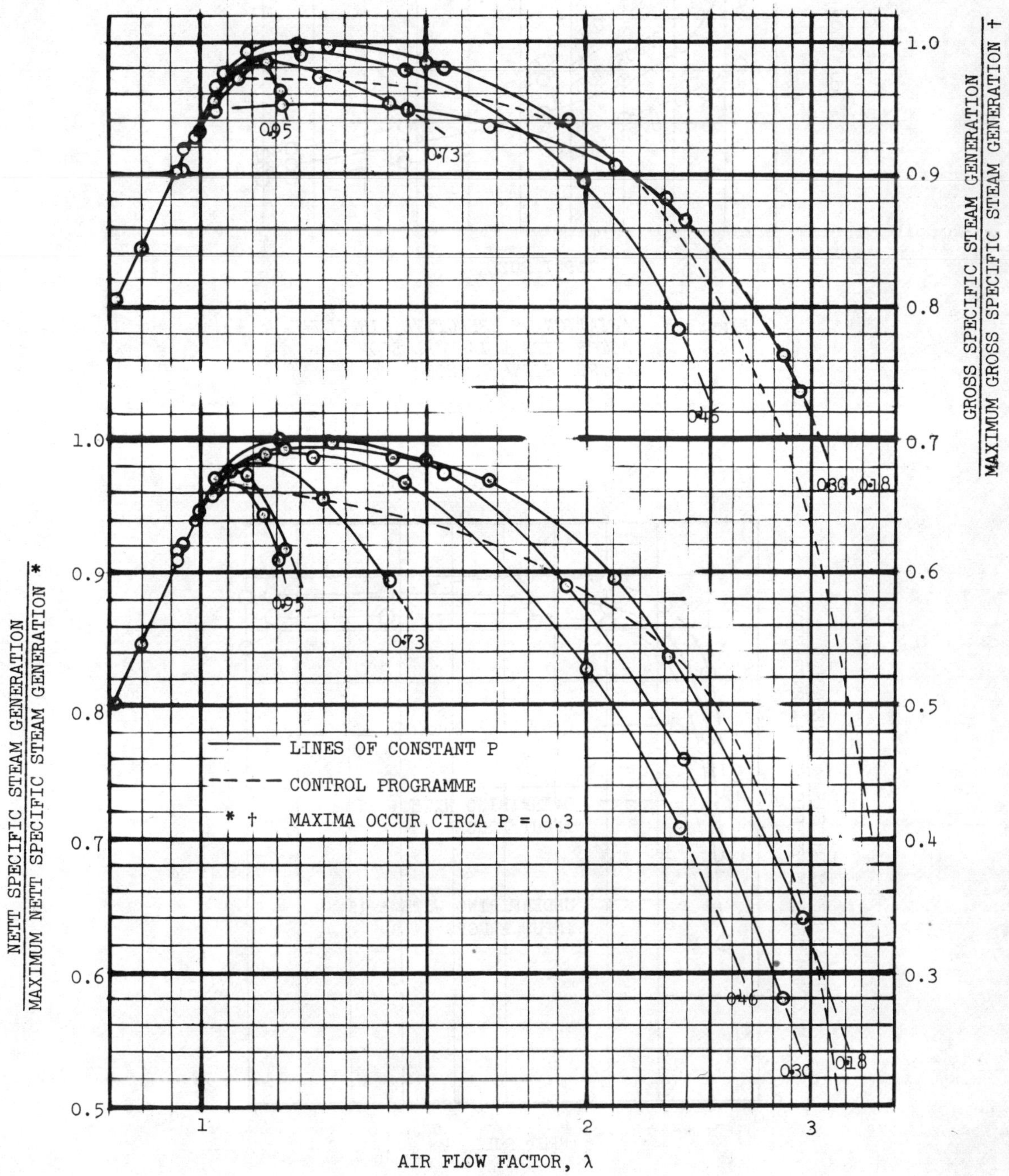

Figure 4 *VARIATION OF DIMENSIONLESS SPECIFIC STEAM GENERATION WITH AIR FLOW FACTOR AND POWER*

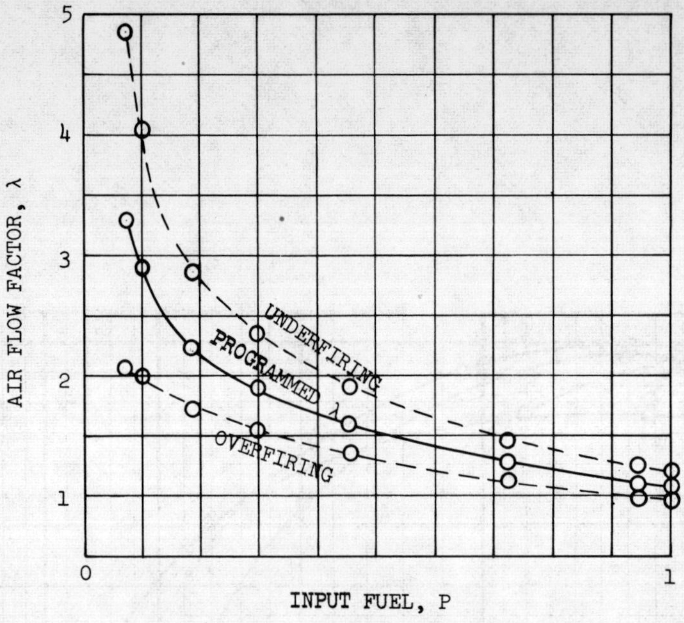

Figure 5 *VARIATION OF EFFECTIVE AIR FLOW FACTOR WITH ± 1% FUEL LOOP CONTROL SIGNAL ERROR*

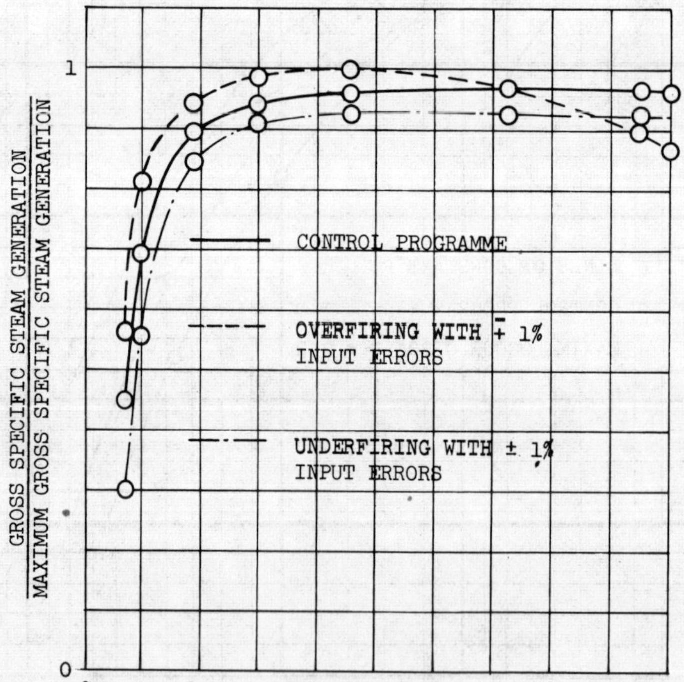

Figure 6 *VARIATION OF DIMENSIONLESS SPECIFIC STEAM GENERATION INDUCED BY SMALL FUEL LOOP SIGNAL ERRORS WITH POWER*

Figure 7

MODIFICATION OF 254 mm (10 inch) Y102 REGISTER

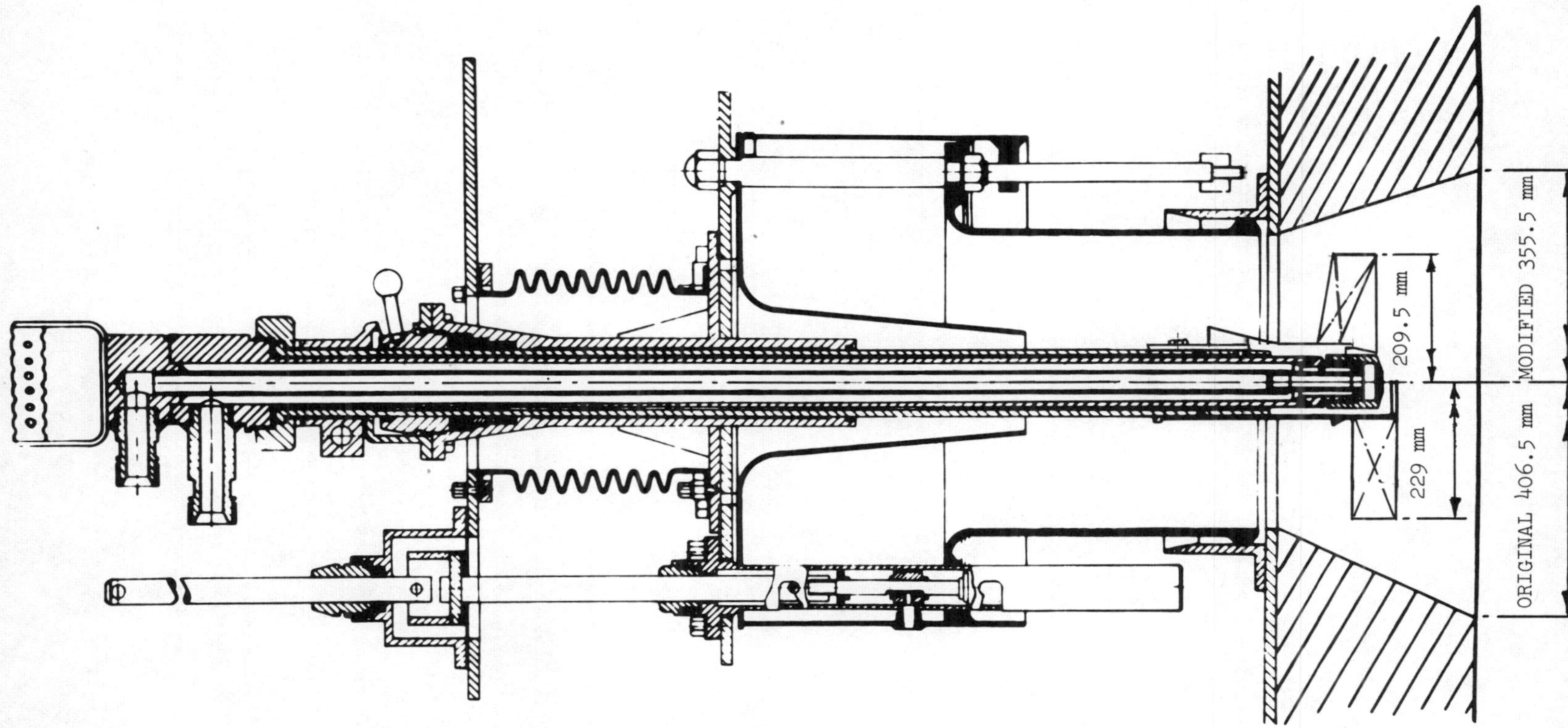

(1) Quarl narrowed from 254/406 to 254/355 mm

(2) 229 mm Swirler replaced by 210 mm Swirler

(3) Swirler/atomiser assembly advanced 51 mm

Made and printed by offset in Gt.Britain by William Clowes & Sons, Limited, London, Colchester and Beccles

DISCUSSION

F. Adrian, Ratingen, Germany

The STEAG lunen plant mentioned in Paper C115/73 as being under construction is now in operation. In general design it may be regarded as a further development of the Velox boiler, of which over 100 have been built. Only the relatively low flue-gas pressure loss in the boiler located between the compressor and the gas turbine, and in the feed heater in the exhaust gas path from the gas turbine, make it possible to generate a considerable fraction of the load in the gas turbine, as compared with the Velox boiler.

Both furnace and gas turbine are designed for gas with relatively low CV from pressure gasification of coal. This explains the output of 74MW from a modified 50MW gas turbine.

Since the beginning of the year light grade heating oil has been introduced to meet peak loads. The higher CV fuel produces less flue gas for the gas turbine and the light oil gives a higher thermal loading of the combustion chamber so that the full maximum output is not obtained but only 120MW. At this condition each of the two oil burners consumes 14.5 t/h of fuel and are probably the largest ever installed in a boiler. The two combustion chambers have a diameter of only 3.2m and a height of 7m. Fig.D1 shows a section through the two boilers situated to the right and left of the gas turbine.

The pressure gasification plant should go into commission this month so that the plant can operate as designed.

The plant has proved remarkably flexible in operation. Seven minutes after ignition the gas turbine unit is on the bars. About 15 minutes after ignition the steam turbine is started up and connected to the bars in the 20th minute. After about 30 minutes the whole unit attains the present possible output of 120MW. The steam temperature rises at about 20°C/Min up to the value required by the turbine.

I would refer finally to an article in Energie und Technik, entitled 'Hochaufgeladene Dampferzeuger' (highly supercharged boilers), published by A. Klepzig, Dusseldorf 1970 Vol.8.

J. Cliffe, West Byfleet, Surrey

Referring to Paper C130/73 the authors have drawn attention to the inverse relationship between availability and increasing unit size. However, for the reasons they have stated it is not really practical to reverse the trend to larger plant on a national power system such as the CEGB.

It is questionable how much of the reduced reliability is due to actual physical size of components, for in many cases sizes have not increased between 200 and 600 MW. It may be argued that curves such as Fig.3 of the Paper merely show the relationship between size and increased plant complexity. A simplification of plant seems essential in order to obtain an improvement, or arrest the decline in availability of larger units. Existing methods of detailed development and design, although necessary, would not in themselves solve the overall problem without a reduction in the series dependency of plant. The whole is a highly complex system with component interaction interfaces not easy to define. Credible causes and a solution for particular faults can always be found and applied, but may lead to further deleterious effects in other plant items. It is analahous to replacing a fuse with a higher rated one.

There seems no reason why even larger much simpler plant should not be built in future.

A recent paper by Wood (1) has suggested that the use of non-reheat steam cycles and lower steam temperatures should be considered in future plant economic studies as a trade off between thermal efficiency and reliability, at least for Nuclear Power Stations.

An availability comparison of CEGB non-reheat and reheat conventional plant in the 100/120MW range over a ten year cycle showed a distinct advantage for non-reheat plant. Further comparisons were not possible due to lack of large non-reheat machines, but the advantage could well be greater at 500MW. The problem in using non-reheat cycles for large plant (apart from the loss in thermal efficiency, which can be overemphasized) is the large increase in steam flows if the conventional medium pressure non-reheat cycle with high vacuum is used.

Recent developments in LP wetness control for Nuclear steam cycles has shown that higher wetnesses are feasible, and that a higher pressure non-reheat cycle may now be possible including supercritical ones (Fig.D2.) with a shortened vacuum. This would partially counteract the effect of lower efficiency. Higher pressure in itself does not seem to have been a significant cause of recent plant failures whereas higher temperature effects have been so. If the two can now be separated some improvement seems possible without increasing steam flows significantly. Higher leaving losses at a lower vacuum could perhaps be tolerated for a gain in reliability and a reduction in condenser surface.

A simplified heating system is desirable, and the recent practice of using direct contact heaters now seems a doubtful feature. Even the use of deaerators should be questioned if adequate Oxygen control can be obtained at a lower point in the feed cycle.

Generator ratings would seem to be a critical reliability point since very long outages can result from generator stator failures, which have recently been more frequent than rotor troubles.

Water cooled conductors seem to have been of doubtful value from a reliability aspect, and even the electrical cross sectional requirement should be questioned. Hydrogen cooled machines in the 600 MV range are still being supplied in the US and France, although the more severe limitations due to transporting to site in the UK are recognised.

Comparisons between US and UK availability figures as in Fig.4 would seem to indicate a higher absolute level size for size in the US, some explanation may be due to the large number of cross compound units in the US, many with low speed shafts, and 4 pole generators. The use of 4 pole machines would ease some of the problems with large units and reduce the severe stator vibration forces experienced with 2 pole machines, which have led in some cases to derating in the UK. A return to 4 pole generators should be considered for larger plant and would help to simplify exhaust flow requirements for increased steam flow cycles. In fact very few 2 pole machines have been built for Nuclear wet steam cycles, where capacity exceeds 300 MW.

The supercritical cycle should not necessarily be condemned on the grounds of complication provided double reheat cycles are not being considered. Some more recent supercritical cycles employing a recirculation system rather than a once through one, have been simpler than earlier schemes, with less feed heater start up and by-pass connections.

I would like to ask the authors of Paper C131/73 if in the case of condensers mounted on the roof of the power station, there have been any problems due to wind effects and preferential air distribution.

REFERENCES

(1) Wood K. 'Designing a Nuclear Power Station for High Availability' Conf. Improvement of Reliability in Engineering. I.Mech.E. 1973.

K.Ebert, Winterthur, Switzerland

In Paper C114/73 it is pointed out that sliding-pressure power station units can only take part in the grid frequency control, if the unit is operated with the so-called modified or controlled sliding pressure. In addition to what was reported on the control behaviour of sliding pressure units, the following comments may be of interest:

Fig.D3 shows the results of an analogue computer study on the control behaviour of an oil-fired unit where the load is increased from 50% load with a load gradient of 10% CMR/min. The investigation has been carried out for the following modes of operation:

(1) Constant pressure.
(2) Natural (pure) sliding pressure
(3) Controlled sliding pressure operation.

For the case controlled sliding pressure operation two types of control systems have been considered. With the first control system the turbine is under the influence of the generator out-put controller, while the boiler load controller is under the influence of the live-steam pressure. This system corresponds more or less to the control system shown in Fig.8f of the paper.

With the second control system for controlled sliding pressure operation the turbine is under the influence of a feed-forward action and the boiler load controller is identical with the unit output controller.

It will be noted that, with constant pressure operation the generator output follows the load demand signal, for a slight overshoot in firing rate, with a delay of only 30 seconds. This is achieved with the help of the stirage capacity of the boiler, which can be clearly seen from the large negative pressure deviation. Since the balance between the heat pick-up and the steam flow in the superheaters is only slightly disturbed, the steam temperature deviation at boiler outlet remains small, both without and with automatic temperature control.

With natural sliding pressure operation with blocked turbine valves the control behaviour of the unit is quite different. In spite of a large overshoot in firing rate, the generator out-put follows the load set point with a delay three times greater than with constant pressure operation, since, proportionally to the load increase, the steam pressure must also be increased. The long delay between firing rate and steam generation results in large temperature deviations which are also two to three times greater than with constant pressure operation.

The curves for the two systems with controlled sliding pressure show how the control behaviour of the unit can be improved by applying this mode of operation whereby the system with output controlled turbine shows better results than the system with only feed-forward action on the turbine valves. The time delay between generator output and the load demand signal is - owing to the delayed pressure increase - in the same order of magnitude as with constant pressure operation.

By co-ordinated control action on turbine and boiler, and adequate overshoot in the firing rate, the delay between the generator output and the load demand signal can even be completely eliminated for major load increases such as, from 50% to 100% load; this without excessive temperature deviations at the boiler outlet. These results confirm the statement given in the paper that the controlled sliding pressure operation is suited for quick and large load changes so that the requirements of the grid frequency control can be fulfilled and a economical steam plant operation achieved.

R.V.McCrae, Skelmersdale, Lancashire

The Authors of Paper C130/73 are to be commended upon defining a number of areas where plant users, designers and manufacturers should concentrate their interests, in order to improve the reliability and availability of power station equipment. I would particularly agree with the statement in Section 3.2 of the paper where the author suggests that in overcoming a plant problem, there is sometimes the choice between adding controls and complexity, or reverting to a more fundamental and more simple solution.

One aspect where this has become apparent in large power stations, is the means by which defective high pressure feed water heaters are isolated upon receipt of a signal for high water level in the heater shell, caused by tube leaks or a blocked heater drain. Some years ago, it was not unusual to use isolating valves actuated by high pressure feed water, to isolate the defective high pressure heaters from the high pressure feed system, and automatically open a by pass line round the defective heaters. For reasons which need not be dwelt upon in this discussion, the valve manufacturer has tended in more recent years to supply valves actuated by electric motors which, of course, involve some additional complexity in wiring and switching circuits, besides requiring dependence upon an additional source of operating power.

Developments of large plant high pressure feed water heater systems in this country, and in Germany, have now however allowed the valve manufacturer to revert to the form of isolation valve actuated by feed water pressure, rather than by motor actuator. This return to the simpler, and more fundamental system has advantages of increasing the potential reliability of the system whilst allowing a controlled rapid closure of the isolation valves in the event of a disastrous high pressure heater tube failure. A typical system of this type is shown in Fig.D4 which illustrates a combined inlet isolation and bypass valve, and an outlet isolation valve. Each valve is operated by the feed water pressure that is to be isolated from the defective heater. Such a protection system, can be used for a single or double banked heater system, and a typical form of the outlet isolation valve is shown in Fig.D5 for a double banked heater system for a 500-700 MW turbo-generator unit.

I feel that it is well worthwhile for all who are involved in plant design, to spend adequate time on developing the most simple and the most reliable systems of protection for the vital areas of power plant. Such efforts may give better economic returns than similar efforts expended towards the development of higher efficiency plant.

J.W.Mitchell, Newcastle Upon Tyne

The authors of Paper C123/73 have given a very interesting account of measurements of changes in bearing levels on large steam turbine generators together with an analysis of associated changes in bearing loadings.

My company has undertaken somewhat similar investigations in collaboration with the CEGB and measurements have been made over the whole length of machines ranging from 350 MW to 660 MW unit rating.

In addition to the effect of thermal expansion in the region of H.P. and I.P. turbines, we have observed the changes in level bearings mounted in L.P. casings and the long term changes in alignment that take place due to foundation movement.

As the authors have pointed out, simple journal bearings have a substantial capacity for accommodating the resulting changes in loading and we have not found it necessary to make adjustments to cold alignment on H.P. and I.P. turbines. We have noted that the changes in bearing levels in this region are somewhat less on modern turbines with close coupled or casing mounted steam chests, no doubt on account of the absence of foundation heating due to loop pipes.

We have in a few instances experienced oil whirl of L.P. bearings on some of our early designs of 500 MW units. This was caused by upwards expansion of casings due to windage heating during light load running and was readily overcome by a small adjustment to the cold alignment and by modification to the exhaust cooling sprays.

We have also experienced a small number of cases of partial unloading of L.P. bearings on turbines with bellows joints between L.P. casings and underslung condenser shells due to deflection of L.P. casings by vacuum loading. In these cases also a small adjustment to the levels of one or two bearing bushes has provided an adequate and permanent solution.

Discussion of measurements of in-service misalignment of turbo-generators almost invariably raises the subject of the merits or otherwise of turbines and generators with only one bearing between adjacent rotors and this matter has been mentioned by another contributor to the discussion.

Whilst it is true that the use of only one bearing between rotors makes the machine at least nominally more tolerant of misalignment, this arrangement has the disadvantage of more difficult checking and adjustment, especially during partial overhaul when not all turbine cylinders may be opened. The facility for making checks of alignment at coupling faces with adjacent rotors supported on their own bearings is very convenient and accurate.

It is also demonstrable that in the event of a serious disturbance on one rotor, the use of two bearings inhibits the transmission of the disturbance to adjacent rotors.

In my view, these arguments will go on almost indefinitely since each manufacturer will tend to prefer his own established practice and the balance of advantages and disadvantages is fairly even.

The authors of Paper C130/73 have given an interesting account of a number of factors underlying the marked reduction in reliability experienced in connection with recent increases in unit rating of steam turbine generating plant.

The paper is constructive, examines the subject objectively and does not indulge in unrealistic proposals such as reversion to smaller unit sizes and use of boilers on range systems. Indeed, the inescapable reasons for continued increase in unit size are outlined very clearly.

In spite of recent depressing experiences, I believe the authors are somewhat pessimistic in their outlook. The increases in unit size have been very rapid and have in many cases pushed against the limits of current technology. From the mass of recent experience has come a much better understanding of limiting factors and new methods of analysis, coupled with new data, are becoming available.

In some cases, there is evidence that development took place a little too fast and on too large a scale. The British 500 MW units are a possible example and in the case of turbines and generators their larger physical size in relation to their 3600 r.p.m. American counterparts made certain problems more difficult, for example in availability of adequate rotor forgings, in thermal stress and distortion and in electrical loading of generator stators. Modifications to many of these machines are proving to be very effective and overall performance is now very encouraging.

In the light of experience on 500 MW units, decisions made in connection with the design of later units, including the 660 MW, 3000 r.p.m. machines for the CEGB and SSEB appear to be substantially correct and this gives encouragement for the future. Certain later designs of 500 MW units, on which some of the design compromises on earlier machines are not present, are behaving markedly better than earlier units. This is shown in Figure 5 of the paper, where the horizontal ordinate includes operational requirement and does not entirely reflect availability. The station with the highest ratio of average load to maximum capability comprised, over the period concerned, only the first two of four prototype units, i.e. boilers, turbines, generators, feedheating and condensing plant, in their first year of operation.

At the other end of the scale, the three stations with lowest ratio of average load to maximum output capacity are those which suffered to the greatest extent from difficulties with low pressure feedheaters of direct contact type, to which reference was made by the authors in their verbal presentation.

The authors have drawn attention to the increasing complexity of modern plant, some of which, such as the hydrogen cooling systems for generators, are inescapable. We should, however, perhaps be content with the inherent higher efficiency of larger units and not seek the last tenth of one point in efficiency at the expense of undue system complexity.

In this connection, the use for feed pump drive of a back pressure turbine exhausting to feedheaters has proved to be an example of excessive interdependence of components, a situation that will be eased considerably on future units by the use of a live steam supply to augment the power available from bled steam.

In discussing this matter, I believe the authors have confused feed pump drive turbines of back pressure and condensing type. Only the latter reduces the exhaust loading of the main turbine to any significant extent.

To conclude, the higher standards of design, manufacture and management of power plant mentioned by the authors are already evident and I feel confident that the recent downward trend of reliability will soon be reversed.

W.T.Norris, Manchester

I would like, if I may, to anticipate a paper my colleagues and I hope to lay before the Institution shortly and tell you a little of the work we are doing and to which Mr.Taylor alluded in his most interesting paper.

Some years ago, our engineers and scientists felt too little was known about what happened to salt contaminants injected into once-through boilers. Wylfa Power Station was indeed to have a once-through boiler (the one whose design Mr.Taylor has just described for us) and it was felt that for successful operation, we should know more about it from the waterside corrosion angle, particularly since the Station is a seaside Station and seawater contamination of the boiler feedwater through condenser leakage was at least a possibility.

We knew, of course, that once-through boilers had operated successfully in other places; but Wylfa is a low pressure boiler (4.2 M Pa; 600 p.s.i.g.) and the salts are much less soluble in low pressure steam than in the high pressure steam of the other boilers we knew of. In fact, when we began our work there were conflicting theories about whether salt would deposit in the boiler. We simply did not know. So we built a full scale model to find out.

We took a single serpentine tube of the kind used in the boilers at Wylfa and had a re-circulating system with a pump to provide for pressure drop losses. The tube was heated with alternating current passed along its length and divided into hairpin sections so that the heat flux could be varied over the different lengths of the tube.

Each section was separated from its adjacent section with an insulating flange. The upper superheater and lower economiser were present but not heated. Our boiler like that at Wylfa could be operated in the La Mont mode.

Water chemical conditions were carefully controlled so as to be similar to those found at Wylfa itself, except for contaminants deliberately added upstream of the test section.

Most of the contaminants added were radioactively labelled so that we could follow their passage in and through the boiler. With an x-ray detector which could be manoeuvred so as to scan the test section and locate deposition sites whilst the boiler was on load. The use of radioactive tracers also meant we could detect very low levels of contaminant in the feedwater or the outcoming steam.

The rig was also extensively thermocoupled so that inferences could be made using work of our colleagues at CERL and elsewhere concerning the hydrodynamic conditions in the different parts of the boiler.

I will not here attempt even to summarise all our findings but will mention a few of what seem to me to be significant points.

Firstly, salts did indeed deposit in the boiler. On full load, we found no dry wall patches on the upper surfaces of the tubes at low steam qualities as we had experienced at Trawsfynydd. But we did find extensive deposition of soluble salts at the dry-out zone - where the wall ceases to be wet - at about 96% steam quality. This occurred for all levels of contaminant added - typically for say, NaCl, these ranged from 0.1 ug kg^{-1} to 30 ug kg^{-1}: that is from normally unmeasurable and barely detectable levels to levels well over those we might normally expect to find. In the case of NaCl about 85% of the salt was deposited irrespective of the feed concentration and 15% was carried through the boiler essentially complete as NaCl. Although most of the deposit was to be found at the dry-out zone, there was a low but even deposit throughout the superheater section as though droplets not yet evaporated in the steam flow had struck the wall and then evaporated leaving their burden of salt behind.

The occurrence of deposition apparently conflicts with the results of Mr. Taylor's work; this conflict may be resolvable since we also found that heavy deposits can be removed in lumps rather as if they were blown away by the steam flow.

We injected hydrolysable chlorides such as magnesium chloride - which did indeed hydrolise: the carryover of the chloride ion exceeded that of the magnesium by about a factor or two. Ammonia was powerless to prevent corrosion consequent on this hydrolysis.

We found significant corrosion in our rig but

not as we might have expected where most of the salts deposited. Indeed measured deposition is at best only a guide; deposition does not guarantee corrosion - and contrariwise - absence of detectable deposition does not guarantee absence of corrosion because a liquid concentration may be occurring. In this sort of experiment the whole of the evidence - deposition, tube temperature measurements reading, hydrogen evolution, the state of the emergent steam, subsequent internal and metallographic examination and subsidiary laboratory experiments - were all needed to determine what was happening. We might have used but did not in fact use radiotracer methods for voidage and slip measurement.

The significant corrosion was at a point we found just before the dry-out zone at the downstream end of a horizontal pass - at a point of high steam quality. The treatment we finally recommended to the Station to combat this (and other hypothetical) hazard was the continuous addition of very small quantities of disodium hydrogen phosphate - at levels comparable to the level of adventious contaminant in the feed. I will not expatiate on the detailed arguments for this somewhat unconventional treatment for a once through boiler but would ask you to note that if we are to have solids entering a once through boiler - and one cannot prevent this especially if condenser leakage occurs - then it would be better if those solids were not likely to lead to corrosion if they become concentrated in pores, holes, crevices or in a surface film.

As a result of this work, there are two points I would like to make.

Firstly, if one is proposing to operate a boiler of new design, especially one as this which, being associated with nuclear reactor, has to work reliably with little or no possibility of subsequent modification once it is commissioned, then an experimental mock-up of this kind is invaluable in allowing the effect of different methods of operating the boiler to be explored, without endangering the real boiler itself.

Secondly, we found and I believe others doing comparable work find, that the rig can very readily become used for a corrosion trial. This is unfortunate because corrosion experiments if done convincingly tend to take a long while to do. If an operationally reasonably short time scale is to be met, then the full armoury of diagnostic techniques should be deployed and a set of experiments planned and re-planned as required as the experiments continue. Ultimately, a long term test may be needed to demonstrate satisfactory proposed operating regime but much and possibly all that is needed can be found in comparatively short tests.

D.G. Paterson, Epsom, Surrey

In paragraph 31 of Paper C116/73 Mr. Lanyon refers to the fact that the steam reducing valves, operating at full throughout, give rise to a noise level of 105 DbA, necessitating the use of ear muffs in the boilerhouse.

An upperlimit of 90 DbA has been accepted and is being established by various Bodies in Europe, as an absolute maximum acceptable level of noise in workplaces, and legislation 'in the pipe-line' in this country is unlikely to accept that the provision and wearing of ear muffs is an acceptable solution.

The only real solution is to fit suitable silenced valves. The technology of combining high pressure steam reducing, de-superheating, and silencing together in one control valve, is complex, - and few firms have the experience to back the technology.

In Germany, where supercritical steam pressures have been the norm for many years in power stations, at least one firm has developed a valve to fulfil this requirement, and the Hannimann Reducing Valve, made by a Dusseldorf firm who specialise in control problems, is well known in Germany, and is used in many power stations.

While such a valve is not initially cheap, the cost of conforming to the requirements of the protection of the environment is, or will be, unavoidable.

The pay-off comes indirectly, from reduction of staff problems, less wear, and therefore less maintenance, and the preservation of linear control characteristics between the maintenance periods - usually two years.

The same technology has been applied to the noise nuisance associated with the reduction of natural gas pressures from mains pressure down to one or two atmospheres, and a valve under test by the Dutch Gas Authority, 'Gasunie', has beaten the 90 DbA sound limit.

A cross section of the valve is shown in the Fig.D6. Pressure is dropped in successive steps, through the valve seat, the perforated cage, and the perforated diaphragms. The attemporating water is admitted through the injection tube which is located in the bottom part of the chest. As the profiled plug lifts, water is admitted through small holes drilled in the plug itself, in proportion to the steam flow, and is instantly atomised.

The configuration and sizes of the drilled holes is determined by a computer programme developed for the purpose. The pressure reduction of the spray water is controlled by an injection valve designed on the same principles, and giving similar characteristics of control and maintenance.

W.Riess, Nurenburg

Paper C123/73 describes the difficulties in the operation of a turbo-set arising when the height of the bearing changes due to temperature effects. The bearing loading increases or decreases and in the limit either overloading or instability may occur.

In my opinion these difficulties can only arise to such a serious extent, when, as in the case considered, two bearings are provided between adjacent cylinders. (See Fig.1 of paper). In particular, changes in height in these bearings, even small changes, produce very considerable variations in loading.

With only one bearing between cylinders the whole shaft is more elastic, more flexible. Changes in height induce practically no change in loading and the effects mentioned do not arise. Variations in height of individual bearings up to 1mm are readily permissible. The limit is not determined by the bearing loading but by the alternating bending stress in the shaft and coupling. Consequently, the company with which I am associated have for many years fitted only one bearing between adjacent cylinders, and other turbine manufacturers have followed suit.

Continuous measurement of the bearing height is not necessary in this case. To record levels marks are made on the bearing pedestals or on the foundation so that after long intervals, usually at overhaul, large permanent changes in the alignment due to changes in the foundation can be checked with a theodolite and corrected as necessary.

As already mentioned, changes in bearing loading resulting from variations in bearing height are practically negligible in German generating plant. On the other hand, large changes in loading occur in turbines with nozzle control due to the varying steam forces arising from partial admission to the first wheel. When these forces are directed upwards they can lead to considerable reductions in bearing loading, especially at No.1 bearing, and give rise to bearing instability. The opening sequence of the nozzles valves must be chosen so that this unloading does not occur.

In discussing instability no mention is made in the paper of blade clearance exciation. This arises in the blade clearance from an alternating centripeal force 90° in advance of the shaft oscillation. This tends to cause instability and becomes of greater importance with larger turbine outputs. Has the author heard of this before?

Under Prof.Thomas, at the Technical University in Munich, detailed research is at present being carried out to determine the exciting forces in the blade clearance. Computer programmes already exist with which, when the exciting forces and bearing constants (spring and damping figures) are known, the limit of stability can be calculated.

Stability is found to be greatly influenced by:

(i) The critical speed of the shaft.
(ii) The type of bearing.
(iii) Bearing clearance.
(iv) Oil viscosity.
(v) The form of blading clearance.
(vi) The clearance losses.

High critical speed, viscous oil, low clearance losses and in most cases small bearing clearance all assist stability. Of the various types of bearing, the tilting-pad type is by far the most stable.

I would point out that the instability frequently corresponds to the natural frequency of the shaft and not to half the operating frequency (synchronous frequency) as mentioned in the paper.

With regard to Paper C126/73 I would like to report briefly on some experiences with similar equipment.

We normally fit larger steam turbines with a steam heating system to admit heated steam between the inner and outer casings. Both HD and lD cylinders each have two inlet nozzles paired-off in front to a wedge shape. In each surface of the wedge a hole is drilled, the axis of which is directed at an angle into the space between the casings so as to avoid direct impingement of the heating medium. (Figs.1 and 2).

This heating system can also be used for air cooling, for which a detachable connection to the compressed air system is provided (Fig.3).

The example shows in the first place cooling by reducing steam conditions (Fig.4). This is very effective but, as mentioned in the paper, not always possible with an unforeseen shutdown.

For air cooling a total quantity of 0.1 Nm^3/s of air at 4 bar, 30°C is used for the two cylinders. The rate of temperature reduction shows considerable acceleration of the cooling process (Fig.5). The large difference in the temperature in the HD cylinder is most probably due to unsuitable location of a measuring point, as shown by comparison with the time/temperature curve for the lD cylinder (Fig.6).

The curve of relative expansions during the whole cooling process (Fig.7) shows that when cooling with steam, as is readily understandable, the motor cools more quickly than the casing. On the other hand when cooling with air there is a wide degree of equalisation of the relative expansions, which leads to the conclusion that motor and casing are cooled uniformly.

Corresponding problems can also arise in other parts of modern plant. For example a new 500 MW unit being built without a boiler stop valve or pressure test closure. Consequently when pressure testing the boiler there is water right up to the turbine emergency stop valve. To be able to carry out such a pressure test relatively soon after shutdown air cooling is provided for the HD valve body and the live steam piping.

A.Roberts

The authors of Paper C123/73 describe a technique for the analysis of alignment changes of a multi-rotor system which requires the approximation of a many-bearing system by one with only four. In this Department we have a general computer programme which can perform a similar analysis for a system containing an arbitrary number of bearings of any specified design. In view of this we can comment on the validity of analysing the effects of vertical alignment changes of a 500 MW turbo-generator (with 12 bearings) in the manner described by the authors.

The assumption implicit in the authors' analysis is that the sum of the loads carried by the four bearings considered remains constant for all machine alignments. Fig.D7 shows a plot of the distribution of this sum for the first four bearings of a typical 500 MW turbo-generator over a range of operational alignments. This shows that this does vary in that there is a spread of up to ± 15%. This indicated that the method described by the authors will usually give a qualitative indication of the effects of alignment changes but that in order to quantify these effects a more refined treatment which includes consideration of the complete shaft system is necessary.

Turning to the problem of vibration arising from changes in alignment it is possible to distinguish between two types. Forced vibrations excited by an unbalance of the rotor system and self excited vibrations resulting from the journal bearings acting as a feed back loop. This division is precise in the case of a linear system but less so for a non-linear one such as a rotor on journal bearings. However, experience indicates the division to be useful one to make. One effect of bearing alignment changes is to change bearing stiffness and damping parameters but work carried out in this Department has shown that the effect of these changes on forced vibration is small. A second way in which vertical alignment changes can produce excessive forced vibrations is if they lead to a shaft-casing rub which causes a thermal bend in the rotor. However, calculations we have carried out indicate that this could only occur if gland clearances were significantly different from design either as a consequence of incorrect setting or distortion of the cylinder.

Self excited vibrations due to light loading can generally be avoided by suitable design of bearing. Theory (2) (3) indicates that a bearing feeds back energy into the system at a frequency around half the shaft angular speed and this may give rise to self excited vibrations if the damping is sufficiently low and the system, or a sub-system, has a resonance in the vicinity of this frequency. The frequency at which the system responds is either equal to the resonant frequency of close to half running speed. Which of these occurs depends on the parameters of the system. The ways in which self excited vibrations due to light loading can be avoided are therefore

(1) Choose a design of bearing which has two or three lobes so that even if the gravitational load is reduced additional oil wedges are formed to provide stability.

(2) Avoid resonances close to half running speed.

In general both methods are adopted by manufacturers and incidents of light load instability on commissioned plant are rare and often indicate bearing wear or the fitting of bearings which did not meet design tolerance.

REFERENCES

(2) Tondl, A. Some Problems of Rotor Dynamics (Chapman and Hall, London).

(3) Hori, Y. A Theory of Oil Whip J.Appl.Mech. June 1959.

M.J.Samworth

The authors of Paper C130/73 make it clear that availability can be improved in only two ways: viz

(a) by improving the reliability of the components, or

(b) by introducing redundancy (i.e. standby plant) but they give no indication of the relative efficacy of the alternatives.

We have studied the simple situation in which failures occur at random and repair times have a negative exponential distribution. The table given below is extracted from an internal report. It concerns a power station which requires six mills to generate full load and indicates that when the average time between failures is twice the average repair time and extra mill is more valuable than a five-fold improvement in the running time between failures.

UNIT AVAILABILITY DUE TO MILLS: DEPENDENCE ON 'TRAFFIC INTENSITY' AND PRESENCE OF A STANDBY.

		No. of standby mills	
		0	1
Traffic Intensity $\frac{\text{average repair time}}{\text{average time between failures}}$	0.5	92.3	98.97
	0.1	98.4	(99.95)

Franz Schulz

I should like to make a few comments on Paper 132/73. I regret that I cannot report on comparable comprehensive research in Germany on boilers for gas-cooled reactors as described in this excelled paper. However, I would mention that the only boiler operating in Germany in a gas-cooled nuclear power plant has proved highly successful during more than five years of service on load. This is the forced circulation boiler for the high temperature research reactor (AVR) in Julich. So far no operating problems at all have arisen with this boiler - no leakages, no instability, etc. This is the more remarkable since the mean helium inlet temperature at 850°C is approximately 100°C higher than in any other high temperature reactors, either completed or under construction. Local peak values in fact reach 950°C. Ferritic steels were used exclusively for the tubes of this forced circulation boiler.

Referring to the paper itself I will limit my comments chiefly to questions of gas side heat transfer and to flow conditions in cross-flow tube elements, because we at Julich are working in this area. For this purpose we have a high pressure gas duct (Fig.D8) in which air, CO^2 or helium can be circulated at pressures up to 40 bar, temperatures up to 400°C and in volumes up to $9m^3/s$. The maximum electrical heating load is 2 MW. In the test section, which is 2m in diameter, relatively large sections of heat exchange can be investigated. The range of Reynolds number covered is from about 5.10^5 to 5.10^6.

Section 9 and Fig.4 of the paper refer to velocity measurement inside the coiled tube bundle. Apart from the measuring technique used, which I regard as very difficult, I should be interested to know at which axial position within the tube bundle and at what Reynolds number the measurements were made, and how it was possible to influence the distribution by means of baffles. As you know, we have measured far less favourable velocity profiles behind bundles comprising rows of straight tubes and also behind coiled tube heat exchangers, which varied without relation to the Reynolds number and depended on chance circumstances. In any case our measurements relate to non-ribbed tubes as ribbed tubes have hitherto not been used in Germany, mainly due to difficulty in testing for nuclear power stations. We have found that velocity profiles are much more uniform with artificially roughened tubes. Perhaps this is also the case for ribbed tubes.

In section 12 it is stated that the gas-side heat transfer is the same in coiled tube banks as in straight tube banks. I would record that in at least one case we have found clearly measurable differences.

The graphs in Fig.2 show measured values of heat transfer ($Nu.Pr^{-0.5}$) and the pressure loss coefficient as a function of the Reynolds number for a reverse coiled tube heat exchanger. For comparison curves are shown for the well-known Grimison relation (thin full line) and for results obtained from a straight tube bank with the same tube pitch (dotted line). Depending on the Reynolds number differences of up to 20% were measured. We believe that here again the range of Reynolds number and, above all, the pitch have a big influence.

Fig.5 of the paper shows the relation between heat transfer and tube depth in the bundle, i.e. the number of the tube row. According to our measurements the Reynolds number is very important. The authors use the plateau level of these curves for the design line. Can they be sure that the plateau level was even attained, since their curves are rising up to the seventh row?

Referring to Fig.7. showing data relating to water-steam side stability in one of three parallel coils, I should be interested to know whether the total flow through the three coils was kept constant, for example by means of the feed pump and what the phase displacement (if any) of the pulsations was in the other coils. Were any stabilising orifices, etc. (ferrules) that might be considered fitted in the three coils?

Vesser, Heidelberg

I should like to make a few comments on Paper C125/73. Since 1966, KRAFTANLAGEN AG have supplied up to 23 Ljungstrom marine air preheaters of a so-called 'new design' : the essential design principles of which had been agreed upon with the Ljungstrom group. The longest operation time with the first of these preheaters is now between 40,000 - 45,000 hours. Our partners in the UK, Japan, the United States and Sweden have supplied in the same time a total of more than 500 marine air heaters of the same design, which are installed in the tankers of nearly all oil companies and are even on the largest ships. Therefore we feel that we are in a position to be able to report operating experiences with such air preheaters.

Maintenance work It is true that the rotary air preheaters involve maintenance work which is not apparent with a low efficiency economiser cycle boiler because there is no such air preheater involved, but on the other hand, this maintenance work does not require specialists within the crew, and the rotary air heaters certainly offer an efficiency which cannot be obtained with the low-efficiency cycle.

By-pass Kraftanlagen and most suppliers offer, with the Ljungstrom marine air preheaters, a so-called 'internal by-pass'. It is incorporated in the four corners of the rectangular preheater housing and therefore does not need any additional ducting. We think it is reasonable to make use of this very simple and cheap arrangement for the benefit of optimising the operation under certain load conditions and availability even in an emergency case such as a fire.

Enamel With the Ljungstrom rotary air preheaters coatings for the corrosion protection at the cold-end heating elements are used, but one should not forget that the marine air preheaters referred to are designed and operated with gas-out temperatures of about 105°C and air-in temperatures of 38 - 40°C without a steam coil to preheat the air before entering the heating elements. This means cold-end metal temperatures at full load of 70 - 80°C. We feel that vitreous enamel has a high corrosion resistance and is not sensitive to mechanical and thermal shock.

Ceramics Ceramic materials which are cheaper than the enamelled heating elements are not used with Ljungstrom air preheaters, because the ceramics suffer easily from mechanical and thermal shocks.

Soot accumulation There have been no problems with soot accumulation in the hot air ducts or wind box since the elimination of an air side soot shower which had been supplied previously with marine air preheaters to enable soot blowing.

Mr.Owen states that the deposits affect the heat transfer rates. This is certainly the case with an economiser or a recuperative air preheater, but with a regenerative one as the Ljungstrom this is not true. The regenerative preheater is not vulnerable for deposits on the element. The pressure drops go up, but the heat transfer is the same or even better as long as there remains a free passage for the gas and air streams.

Gas leakage We have not had any problems with leakage into the engine room, and we feel this is just a matter of proper design and manufacture of the preheater and the boiler casing itself.

Fouling and fire We are recommending and using so-called 'full enamelled heating elements' for marine application, that is vitreous enamel coating of all heating elements throughout the total height of the air preheater. This results in the following:

(1) The build-up of deposits on the heating elements is small and the gas-side sootblower, which is normally used 3 - 4 times a day is able to remove the soot particles sufficiently.

(2) If, depending on fuel and especially the efficiency of operation of the boiler, the build-up of deposits cannot completely be eliminated, the neutral surface of the enamel easily allows washing of the air heater even when the boiler is on load. (Gas and air go then through the 4-corner bypasses.) Experience has shown that this washing of air preheaters with very low cold-end temperatures is necessary once in 6 weeks maximum and once in 2 years minimum, the average is about once in 6 months.

(3) The enamel is very good protection against fire, and since the use of full enamelled heating elements there has never been a fire connected with marine air preheaters delivered by Kraftanlagen AG.

J. Wachter, Stuttgart

Paper C124/73 indicates that load rejection tests serve to check the behaviour of the governor gear, but nothing is stated regarding safety equipment for taking the turboset out of service if the governor gear fails. With the ever-increasing size of unit the demands made on this equipment in terms of availability are very exacting. There is the risk that various safety devices are at rest during normal operation will no longer function at the critical moment. To minimise this risk operating instructions call for tests at set intervals.

Testing most safety devices however, presents one danger - the set may reject its load and shut down.

With the general introduction of automation for generating units the testing of safety gear has also been automated and turbine builders have developed automatic equipment for testing safety devices during operation without endangering the unit. Supplementary safety equipment takes over the protection of the unit during testing.

Items frequently checked with automatic equipment include

(1) Safety devices: remote operated trip, overspeed trip, condenser protective gear, shaft position indicator.

(2) Emergency and governor valves. Inadvertent shutdown due to maloperation by hand is avoided and testing follows fixed instructions.

As an example I would like to show how the overspeed trip is tested.

Overspeed trip (Fig.10) At the pre-set overspeed the centrifugal bolt (2) emerges from the shaft and trips the oil relay valve (5) and the indicator through the trigger (4). The auxiliary oil supply to the emergency valve is thus connected to the discharge, the pressure falls to zero and the valve trip. When testing, the overspeed is simulated by oil pressure applied under the bolt. When the pre-determined pressure is attained both bolts emerge suddenly a short distance out of the shaft and trip the valve (5) through the trigger (4) and the emergency valve safety device through the relay oil circuit. The proper functioning of the two over-speed trips is supervised by two pressure monitors in the pressure oil line and by the limit switch (6). When the trip has occurred the drive of the test signal indicator operates until its limit switch shows normal position and the test oil pressure is sufficiently reduced. Valve (5) is then returned to its operating position by the starting oil supply (11) and latched in with trigger (4). The control of the individual tests is effected by means of contractors.

The testing of emergency and governor valves is also vitally important. Care must be taken that no changes in load or steam pressure take place during testing which is therefore carried out below a prescribed limit of load and only one emergency valve with its associated governor valve is tested at a time.

Fig.D11 shows the diagrammatic arrangement of emergency and governor valves with the test control valve and solenoid operated valves. The governor valve is closed by the motor operating gear via the oil relay valve until the limit switch operates. Closure time is measured to check mobility. When 'valve closed' is signalled the oil pipe to the emergency valve is closed off by the solenoid valve. At the same time the space below the piston is opened to drain and the emergency valve closes.

The limit switches enable the closure time to be checked against pre-determined valves.

Tests on the valve control gear are then carried out. The testing sequence in each case is controlled by contactor gear. Fig.D12 is a block diagram showing the operating sequence for testing the emergency and governor valves.

The sequence control equipment is so designed that there is a continuous check on the electric switching elements, thus avoiding the indication of faults in the electronic apparatus itself.

In conclusion it may be said that with load rejection tests and automatic checking of safety equipment a high degree of security in the operation of turbo-sets has been achieved.

REFERENCES

(4) Dieter, F. Hetzel. M. and Jenseit.W. 'Siemens automatic testing apparatus for safety equipment, emergency and governor valves'. Siemens-Zeitschrift 41 (1967) Supplement, 'Steam turbines for large outputs'.

R.J.S.Ward, London

Paper C128/73 deals primarily with steady state operation of boiler plant at rated output. It should be recognised that for large fossil fired plant on the CEGB system, at least, the requirement in the near and foreseeable future will be for operation at any point in the range 50% to 100% MCR output and also an increasing need for overnight and weekend shutdown.

In addition to the duties brought about by cyclic changes of system demand it is necessary to maintain an adequate reserve of generating capacity to cater for the most severe credible incident which could involve loss of generation.

Greater emphasis is being given within the CEGB to specifying performance requirements in these areas of operation for future power stations.

With regard to existing large fossil fired stations there is a case for extending the scope of performance tests already carried out to establish the capability in the boiler plant and its associated control equipment to respond to sudden changes in MW demand.

An earlier paper C114/73 describes German experience with sliding pressure operation of once-through boilers. A limited amount of sliding pressure tests have been performed on a drum type boiler in the U.K. but no conclusions have yet been drawn as to its suitability for the future CEGB requirements. I should like to see this work extended in order to determine which are the preferred methods of operating large generator units in the future.

A.Wierzbicki, Skelmersdale, Lancashire

A very comprehensive review of various methods of water level indication has been presented by the author of Paper C127/73. It would be appreciated if the author could give further explanation and comments on the following items

(a) Errors in Direct Indication

It is stated in the Paper that 'multiport' indicators radiate less heat, because of reduced metallic surface. In fact the reverse is true. The 'multiport' indicators present larger surface area, but lose less heat, because being associated with higher pressures, they have thicker bodies, and therefore, reduced conductivity.

(b) Electronic Remote Reading Indicator

It is understood that during the development stages, these instruments suffered from vibrations transferred through the connecting piping from the boiler. It would be interesting to learn how this problem was overcome.

Is the reliability of these devices high enough for them to supersede conventional methods of indication, or are they intended to be supplementary?

Having satisfied the requirements of isolating valves and external piping connections, these indicators will be the same distance from the boiler as conventional units. How is the problem of differential water density compensated for?

B.Wood, Fellow

It is valuable to have Mr.Lanyon's analysis (Paper C116/73) of the working of the power and steam process in the sugar industry. In my youth I regarded the back pressure steam turbine with low pressure steam utilised for process as the ideal thermodynamic combination long before 'total energy' was invented. However, with the tendency for power demand to rise relative to steam demand one is driven to higher initial steam conditions, with consequent extra cost for boilers, greater pernickertiness on steam purity and worsening reliability in both turbine and boiler.

Recently the gas turbine with recuperation boiler has appeared as a competitor offering greatly reduced capital cost (1/3 to 1/2) and at least as high reliability. The boiler can be designed for any convenient pressure, say 100 lb/in^2 and if unfired (or supplementary fired in small degree) is cheap and simple. It requires no fancy water treatment and has no combustion chamber.

The ratio of power to steam is now much

increased, possibly $2\frac{1}{2}$ fold - see Table 1. If extra steam is required it will still be cheaper to produce it in low pressure boilers, which may be shell type. The gas turbine can run in emergency without boiler and thus dispenses with the costly standby connection to the public supply.

The somewhat lower efficiency of the GT process is not a dominant factor when plant runs only 4 months in the year. Admittedly the gas turbine is more choosy on fuel, but if interruptible gas can be used that is ideal. (distillate oil as supplement).

TABLE A

Comparison of back pressure steam and gas turbine with recuperation boiler, 200°F feed assumed in each case.

Plant	Back pressure Steam 44 bar 410°C	Gas turbine plus recuperation boiler
Heat in fuel (LCV)	100	100
Heat to turbine	90	100
Utilised at coupling	15	25
Rejected	75	75
Recovered in steam	75	52.5
Overall efficiency %	90	77.5
Ratio KW/heat in steam	0.20	0.475

* no bypassing

Findings (Paper C118/73) are valuable and I am pleased to find in close agreement with what I discovered in 1948 (5) (6). I cited the order of various quantities based partly on measurements and partly on inference as:

Total loss = 1% of water circulated per 12°F range

of that, 10% = 0.1% of total, lost by carry over (in absence of eliminators)

of that 10% = 0.01% of total, lost as visible plume.

This last is unavoidable and not affected by eliminators. I cannot recollect ever having seen a tower operating in our climate at full load without plume. Therefore I have never seem plume created by mixing or chilling of vapours after leaving the tower. This occurs of course with superheated steam discharges when there is a clear gap near the outlet.

The notion that raining from towers was produced primarily by such subsequent mixing (and therefore out of control of the maker) put forward by Blum (7) was dismissed by 1950 for two reasons. First the growth of droplets to a size where they would fall out took too long. Secondly the droplets falling within some hundreds of feet of the tower were found to have about the same salt content as the spray water. This led to eliminators being fitted on all CEGB towers about 1951 with very reasonable success and general absence of complaint for over 20 years.

The mist is usually created in the fill by an action which is obvious from Fig.D13 namely imperfect contraflow. This is a psychrometic diagram using the more logical and more convenient Cartesian coordinates of t & i (temperature and enthalpy). When Germany goes metric and hygrometric tables are produced in ISO units it would be a good opportunity to drop the Mollier diagram which is clumsy and accept my diagram as being better (though the change to a specific heat for water other than unity will be an intolerable handicap).

Although we may usefully analyse Tower performance on assumption of nominal contraflow, in fact, some drops and some runnels come right through the fill without cooling of the interior water. When these splash near the bottom of the fill or into the pond the hot interior is exposed. Hence there is some mixing between water at point 'C' and air at condition 'A'. The joint of these points crosses the saturation line into the wet region even though A - B does not. Supersaturation then occurs with potential condensation on nuclei. While the creation of fine droplets appears to be practically instantaneous their re-evaporation or fall-out is not. The case illustrated is I of table 1 in the paper. E is the final state according to heat balance.

It appears from this that various proposals, coming from the USA, for avoiding plume are unlikely to be effective except under favourable conditions, e.g. very dry atmosphere when the plume would not be troublesome anyhow.

Paper C130/73 seems to start out as an abjective investigation into why big units in the UK have not proved reliable. This is a painful operation as it entails challenging many accepted ideas carried over from earlier times, for instance

(1) Why does larger plant have an intrinsically better thermal efficiency? In initially going from the formal practice of using too high a pressure for the size of machine we benefited from getting rid of excessively short blades. Any benefit in this direction has practically fallen to nil by the time we reach 500 MW where even the i.p. is needing two flows and the l.p. six. On the other hand, up-rating to 660 MW on the same exhaust area must result in a calculable sacrifice.

Hence in my submission the curve of Fig.2 should fall after 500 MW not continue to rise.

(2) Fig.3 shows such a clear trend of worsening availability with megawatts that one is tempted to draw in by eye 660 MW and 1100 MW curves in the empty space below. Clearly something very radical has to be done if this consistent trend is to be reversed. Is is known what these measures are and do they carry conviction? If not it must be better to stay in the groove and improve what we have with benefit of the learning curve. Heat rates showed vast improvements in second generation 60 MW sets.

(3) Fig.5 purports to show a correlation between load factor and average station efficiency. In the days when the fuel returns gave full information about annual performances the CEB (who were mainly electrical or accountants) devised a formula relating annual efficiency and load factor. However the statistics never showed such a true correlation. Neither do the present figures. What they indicate is that any load factor between 45 and 75% will allow for attaining the same efficiency. However we know that none of the stations is doing 75% LF over the year.

Hence the date seems to be spurious. The meaning of the curves is not made clear.

(4) Paragraph headings 5.1 and 5.2 would perhaps be more appropriate and more general if the word 'component' were substituted for 'plant'. However the wording and concept need extreme care; for instance the 6 flows of a 500 MW turbine are in parallel as are the 60 or so blades in each but the risk that one blade fails is undoubtedly increased by having a large number in parallel, the outage is then of the whole 500 MW.

The truth is that we have never really thought out the logic of optimising for reliability because we have always pretended that main plant reliability which was once high would continue to be. In fact the failure of the No.1 circuit concept in sequential automatic gear for sub-stations in the mid 1920's brought home then by experience the point made in Fig.6 that if 40 or more devices in series had each to close their contacts to allow start-up then start-up practically never took place. Highly reliable automatic supervisory gear was however developed using only three sub-circuits of sequence control.

The authors of Paper C131/73 are right in thinking that a profound worsening of turbine vacuum is a wrench to turbine designers. The wrench is most violent in desert conditions with high dry bulb temperatures. This is nevertheless the location where an air-cooled condenser is most likely to be justified. The problem then becomes not so much the worsening of vacuum as the wide range encountered. The last row of turbine blades require a certain volumetric flow to allow them to perform correctly. If the velocity is too high they cannot extract sufficient energy and the leaving loss becomes excessive. At the other extreme when the flow is too low the blades act as brakes (less than zero efficiency). Since however low volume flow occurs at worst vacuum which is the likely critical condition from output considerations, i.e. high load on hottest day, it has to take charge. Hence the annulus must be small enough to fit this worst condition, say 12in Hg. The consequence is that the leaving loss is very high at better vacuum. In other words the turbine cannot make use of the high vacuum. Hence it will pay to shut down fans rather than create better vacuum and under-cool the condensate.

The economics are therefore more subtle than shown in Fig.5. Loss of output has to be taken into account at peak demand throughout the year as well as fuel consumption. This means that the economic area of condenser is larger than the maker is likely to choose, and a still larger area is economic if fouling is allowed for. The turbine should be cheaper - because although it swallows more steam it uses shorter last-blades. The boiler is however dearer for a given output at the generator. Fouling is the only ingredient where there is any lack of data.

REFERENCES

(5) Wood, B. and Betts, P. 'A contribution to the theory of natural draught cooling towers', I.Mech.E. Proc. 1950 , 163 , 54.

(6) Wood, B. and Betts, P. 'A temperature - total heat diagram for cooling tower calculations', The Engineer, 1950 March 17 and 24.

(7) Blum, A. 'Drizzle precipitation from water cooling towers'. The Engineer, 1948 , 186 , 128.

Ernst Meyer, Mannheim

My first comment on Paper C114/73 refers to sliding-pressure sliding temperature start-up. The Authors have already indicated, and I should like to make it again perfectly clear, that this method of starting up is universally applicable and therefore not restricted exclusively to sliding-pressure operation. It can always be used, subject to certain necessary provisions regarding the boiler. These include, amongst others

1. Stability of flow in the evaporator section even under cold start conditions, i.e. at atmospheric pressure, low feed temperature and minimum mass flow in the evaporator tubes.
2. Use of effective water/steam separating equipment.
3. Arrangement of heating surfaces such that the admissible temperature differentials in parts held together by welding or clamping are not exceeded, especially during the first phases of cold start-up when steam production has not yet commenced or is still very low.
4. In tower boilers the positioning of the feed heater and evaporator must be such that at no phase in the start-up is the continuity of hydraulic head lost in the long downcomers between these heating surfaces.
5. Use of a firing system which is so stable in operation at very low output that, even in the first phase of cold start, the most exposed tubes of the superheater not yet carrying steam remain sufficiently cool.

I should now like to comment on dynamic behaviour. Since as far as possible all units should take part in the maintaining of system frequency, pure sliding pressure operation cannot be considered. Modifications of it - throttling, by-passing to lower turbine stages, condensate arrest, feed heater throttling - can cope with sudden load changes of about 5 per cent of the actual load and operate under uniform rates of change of load with gradients which are adequate for present day system conditions.

I would suggest for consideration, however, that the self-regulating effect of the system becomes steadily less because more and more consumers are being equipped with regulating apparatus which eliminates the effect of frequency on load demand. Since moreover the static characteristics of systems have a tendency to increase rather than to decrease, disturbances of the system balance will in all probability in future be accompanied by greater changes in frequency than at present. In my opinion, therefore, there should not be too few units with fixed pressure operation retained in the system. Under conditions of major disturbances in the system these units can instantaneously provide 10, 15 per cent or more of their rated output for stabilising the system.

Finally a comment on reliability. Since fixed pressure and sliding pressure units are basically similar in construction and are shut down and started up by similar methods, and since there are no great differences in governing concepts, suitability for automation or degree of automation, they differ in regard to potential risks only in that fixed pressure operation imposes considerable thermal stresses on the turbine and sliding pressure imposes them on the boiler.

I have considered here not only the thick-walled separators and headers but also every point where a tube passes through the welded walls of the boiler which for the evaporator, or first-stage superheater, vary in temperature with the load and consequently expand or contract. I have also in mind all the external connections from the feed water, steam, air and fuel pipework, since the junction points with the boiler change their position in space with the movement of the wall and correspondingly distort the connected pipework, and finally the problems associated with the support of the boiler walls.

I realise, of course, that all these additional stresses in constructional parts can be kept within allowable limits by suitable layout and detail design, but what plant ever behaved in every detail exactly in the way the designer throught it would?

Looked at in this way, I have the impression that by changing from fixed pressure to sliding pressure operation the risks have been transferred rather than eliminated.

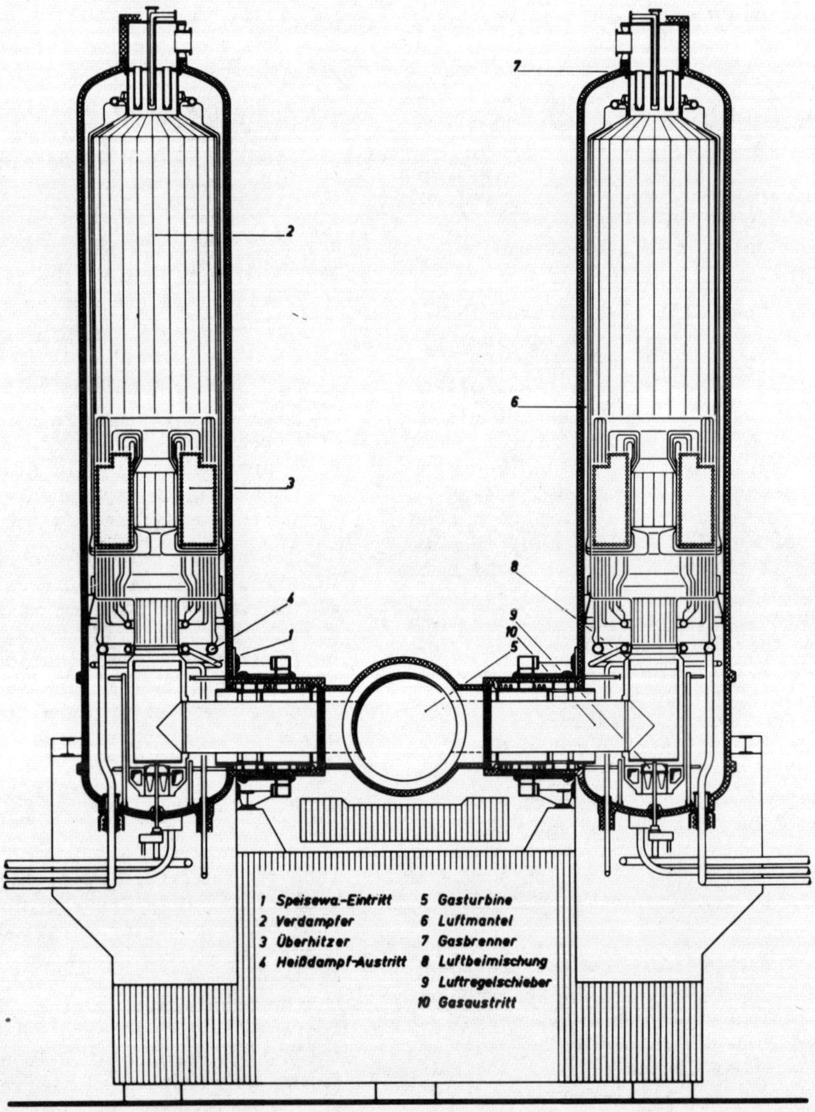

Fig. D1

1. Feed Water inlet
2. Evaporator
3. Superheater
4. Live steam outlet
5. Gas turbine
6. Air jacket
7. Gas burner
8. Additional air
9. Air regulating valve
10. Gas exhaust

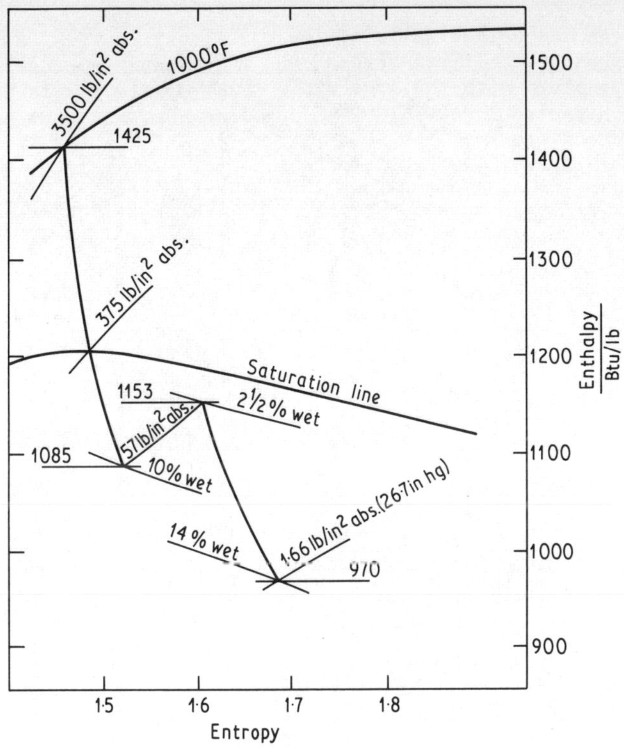

Fig.D2 Supercritical non-reheat steam cycle

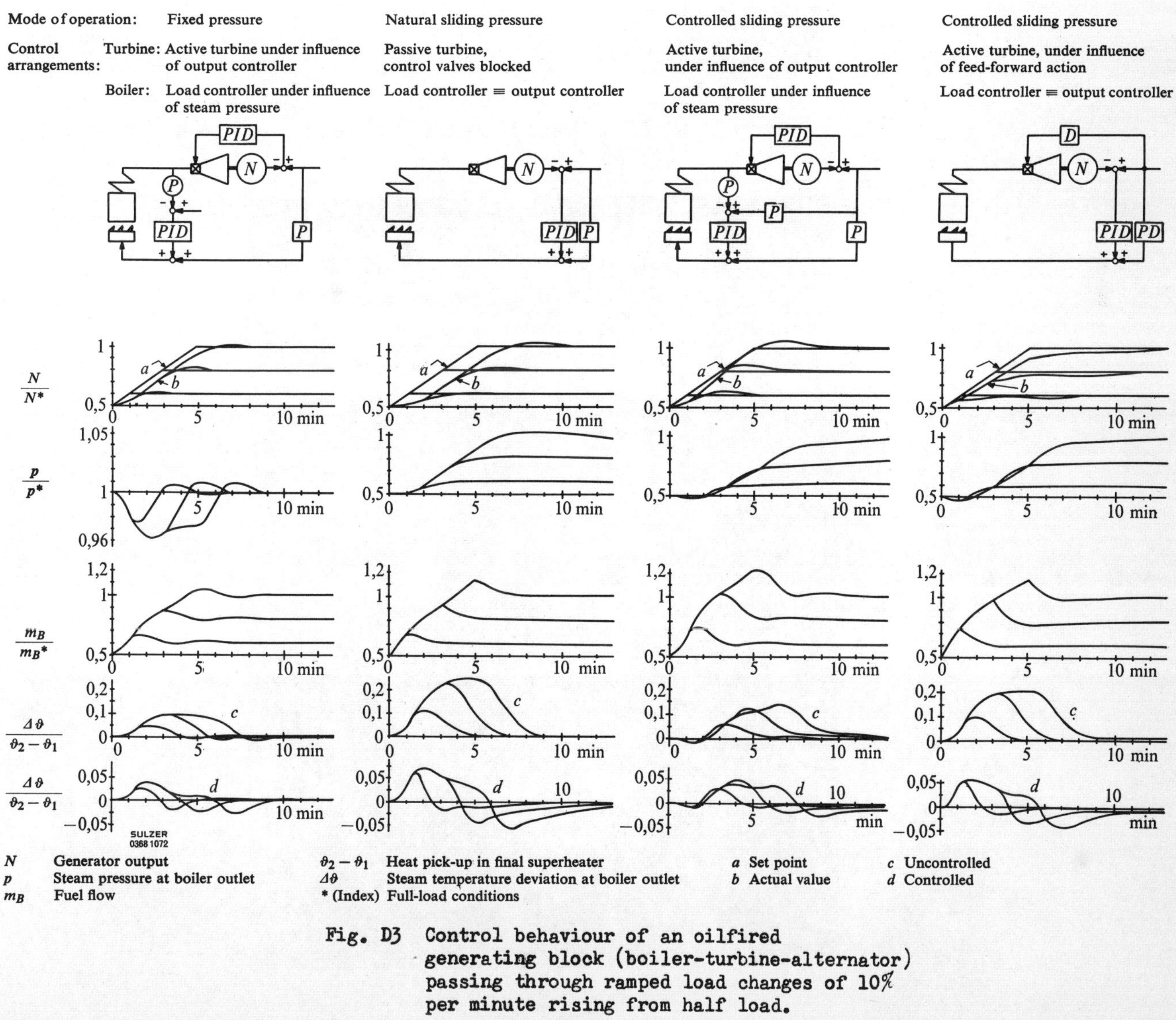

Fig. D3 Control behaviour of an oilfired generating block (boiler-turbine-alternator) passing through ramped load changes of 10% per minute rising from half load.

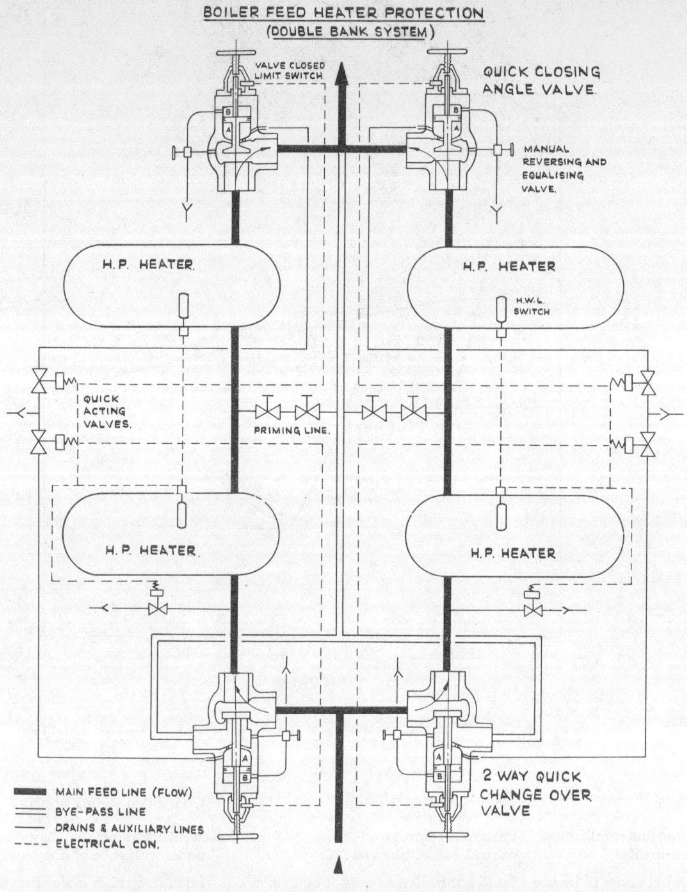

Fig. D4 Boiler feed heater protection (double bank system).

Fig. D5

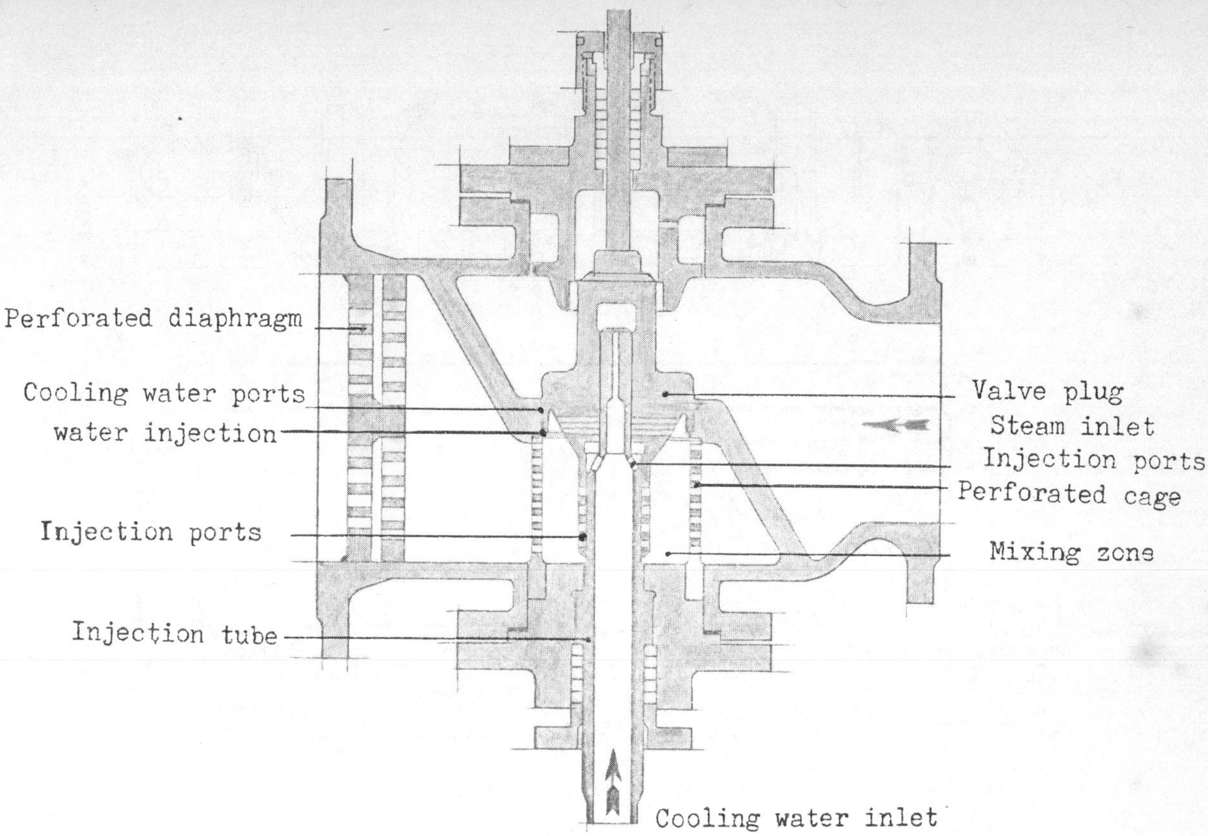

Fig. D6 High pressure steam reducing valve incorporating attemporation and silencing.

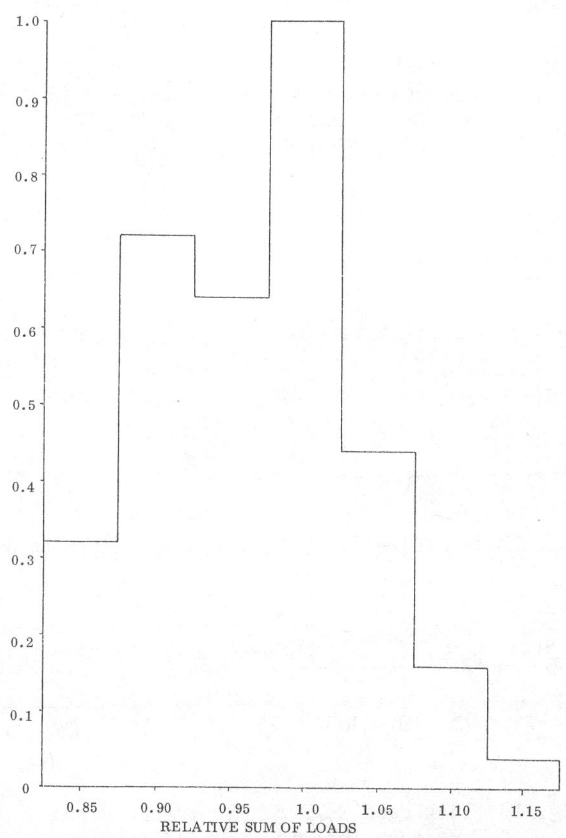

Fig. D7 Plot of relative occurrence of a given total load (normalised to unity at peak occurrence) against total load (normalised to unity at the peak of distribution.

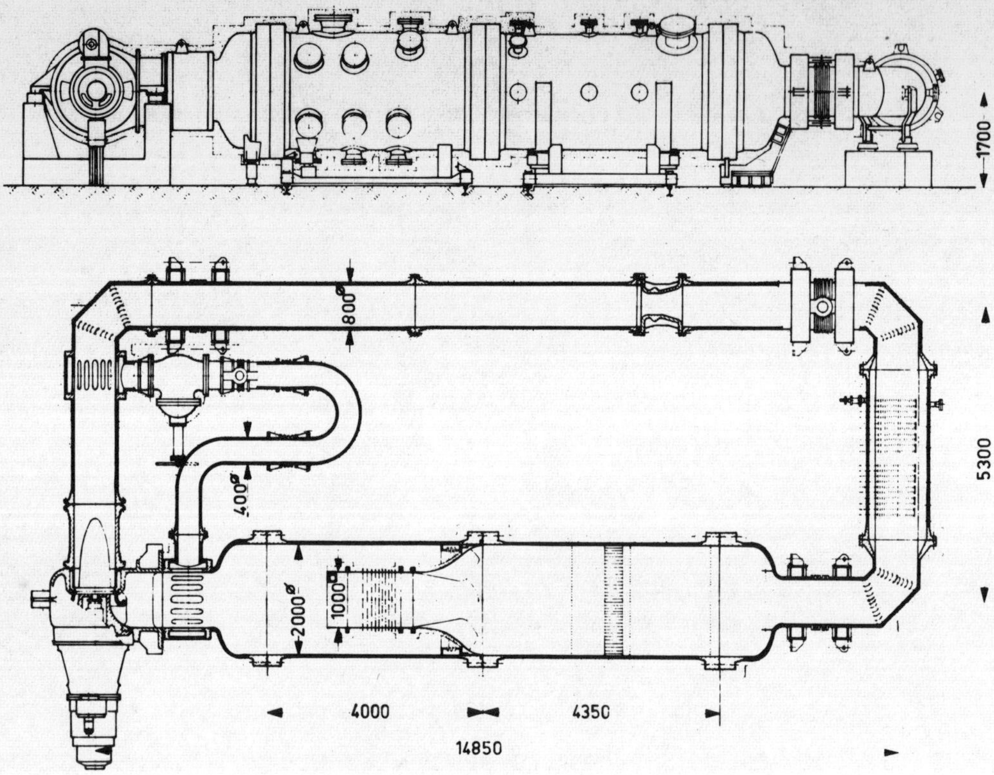

Fig. D8 High pressure gas duct at Julich nuclear research establishment.

P_{max} = 40 bar T_{max} = 400°C V_{max} = 9m^3/s

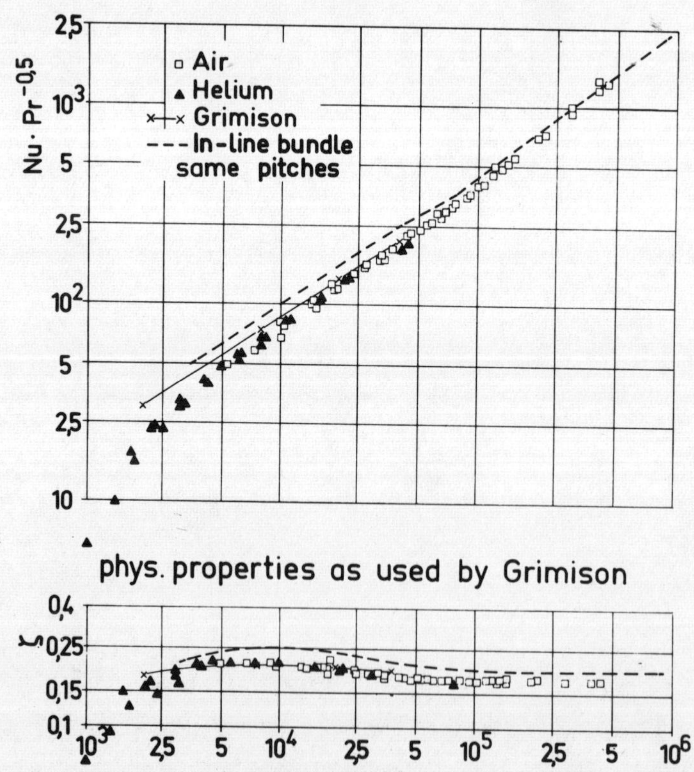

Fig. D9 Test results for heat transfer and pressure loss in a coiled tube heat exchanger compared with straight tube bank and with Grimison data for

transverse pitch S_t = 1.68D

longitudinal pitch S_l = 1.28D

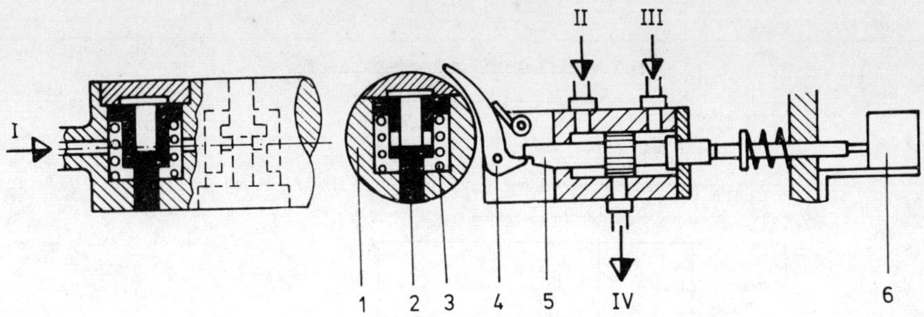

Fig. D10

OVERSPEED TRIP

1. Turbine shaft
2. Centrifugal bolt
3. Spring
4. Trip lever (trigger)
5. Tripping piston
6. Limit switch

I Test oil inlet

II Relay oil for starting

III Relay oil to emergency valve

IV Oil return

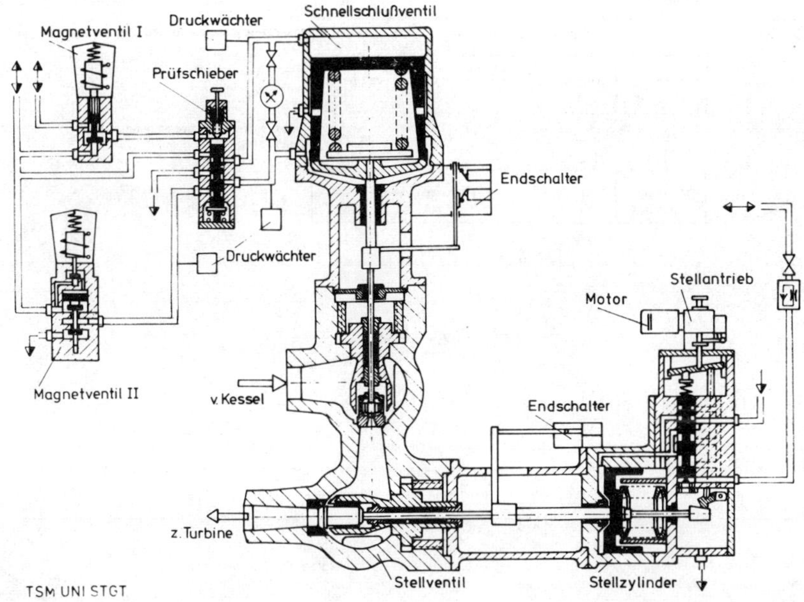

Fig. D11

ARRANGEMENT OF EMERGENCY AND GOVERNOR VALVE

Magnelventil	-	Solenoid valve
Druckwächter	-	Pressure monitor
Prüfschieber	-	Test relay valve
v. Kessel	-	from boiler
z. Turbine	-	to turbine
Endschalter	-	Limit switch
Motor	-	Motor
Stellantrieb	-	Operating gear
Stellzylinder	-	Servo-cylinder

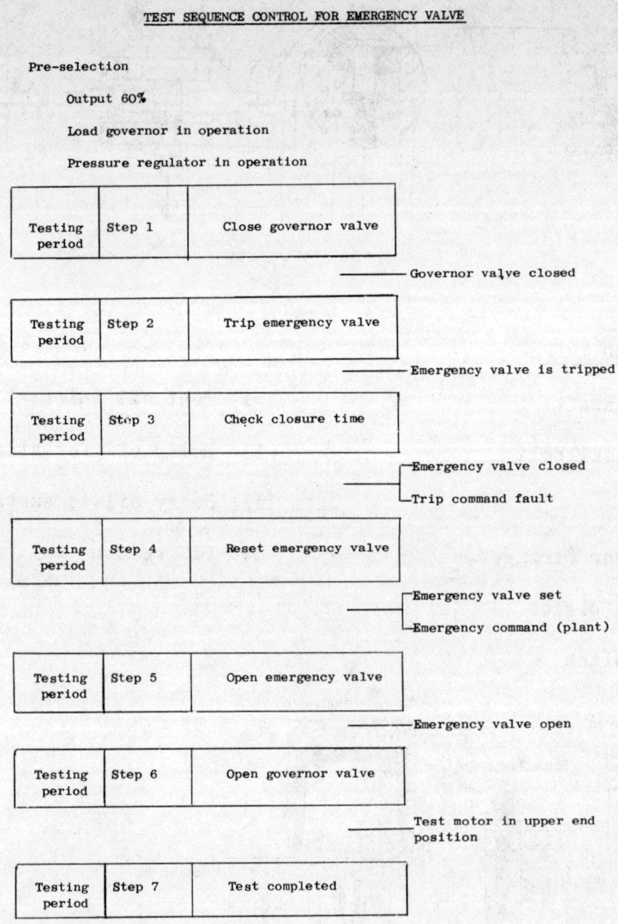

Fig. D12

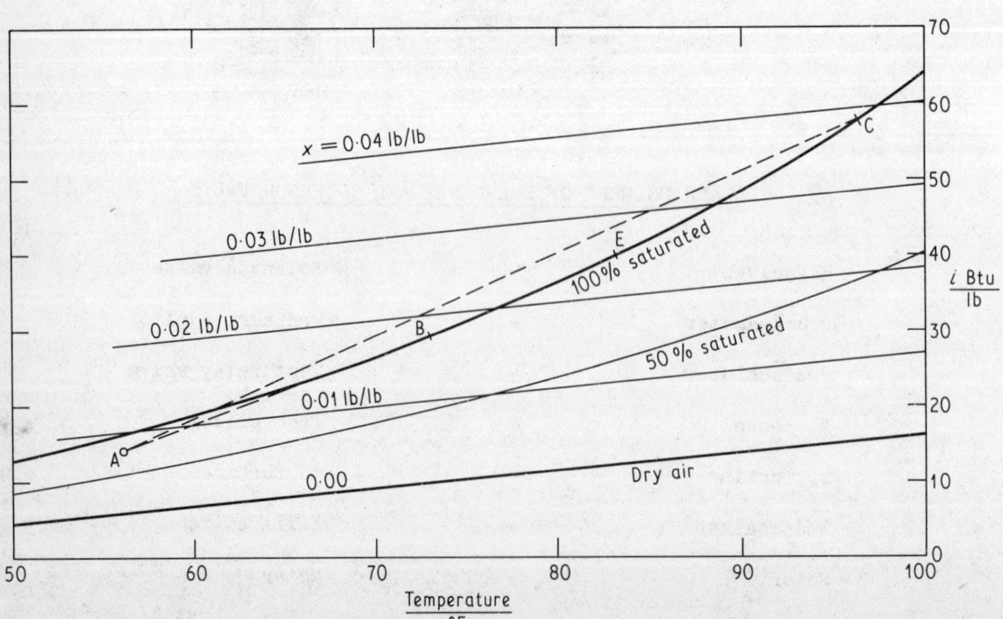

Fig. D13

AUTHORS' REPLIES

J.A.Fuller

(a) Errors in Direct Reading Indication

The comment made regarding the amount of radiation from multiple aperture indicators, i.e. 'multiport' 'bullseye' etc., is undoubtedly true in the particular instance which A. Wierzbicki has in mind, but equally comparisons between different designs indicates that this is not always so.

(b) Electronic Remote Reading Indicator

The vibration troubles are not ones of which I have any knowledge and presumably occurred at a very early stage of the development.

The device, subject to specific requirements by H.M. Factory Inspectorate, may be used in the U.K. in lieu of conventional methods of indication.

The electronic indicators will not have the same problems of differential water density as a conventional indicator, due to the large mass of the indicator body relative to its surface area, thus giving a greater degree of body temperature equalization between the steam and water sides than is customary with conventional indicators.

K.Buchwald, L. von Enzenberg, H.Muller, W.Reiss and H.Waldmann

We would like to add the following to our Paper C114/73.

Acknowledgements

We wish to thank Mr. Bieber, Mr. Klein, Dr. Martin and Mr. Mathias for the valuable assistance in compiling the individual sections and also the various firms for making particulars available.

Further details of the individual co-authors

1. Dipl.-Ing. Karl Buchwald, Brown Boveri & Cie., Mannheim.

2. Dipl.-Ing. Leonhard von Enzenberg, Kraftwerk Union AG, Erlangen.

3. Dipl.-Ing. Hans Muller, Director, Bayernwerk AG, Aschaffenburg Power Station.

4. Dipl.-Ing. Walter Rieb, Maschinenfabrik Augsburg-Nurnberg AG, Nurnberg.

5. Obering. Hans Waldmann +), Maschinenfabrik Augsburg-Nurnberg AG, Nurnberg.

+) Responsible for coordination of the individual contributions and editing of the paper.

R.A.W.Green and A.A.Leadbeater

Mr. McCrae has provided an excellent example of a system which, by using the power of the working fluid, offers the possibility of eliminating a number of electric motors, cabling, starters and external power supplies. Given adequate development, such features offer a useful reduction in the complexity of modern plant.

I do not agree with Mr. Samworth that availability can be improved only by better component reliability or by introducing redundancy. The paper stresses the need for simplicity and the avoidance of a long series of dependent components.

I cannot follow the calculation for unit availability in the example given. It seems to me that the six-mill unit would have an availability of 67%, the addition of a standby mill would give 67% x 7/6 or 78%, and a five-fold improvement in running time between failures would give a unit availability of 91% for the six-mill case.

Mills with such poor performance should never be installed of course, but no general rules can be drawn from an isolated example and the theoretical gains made by providing redundancy may be offset by the increased number of components and by additional complexity.

In reply to Mr. B.Wood, the reasons for an 'intrinsically' better thermal efficiency in larger plant are broadly two-fold; the plant leakage losses are relatively smaller and it becomes economic to recoup some avoidable losses. I have every confidence that the curve of Fig.2 will continue to rise with increase in unit capacity.

I had hoped that this paper shed some light on the measures necessary to arrest the trend shown in Fig.3.

The data from which Fig.5 was drawn, was taken directly from the C.E.G.B. Statistical Yearbook 1971. The apparently high annual load factor derives from plant which was operating at an interim rating, lower than the designed rating. Many factors influence thermal efficiency, apart from load factor, and the dotted curves are an attempt to define an envelope within which most points will lie. For a given power plant there is a strong correlation, both in theory and in practice, between load factor and thermal efficiency.

Mr. Wood is quite right to point out that components may be in parallel in relation to the working fluid, but they are in series from a reliability standpoint; the boiler water-wall tubes provide another example.

I agree with Mr. Cliffe that a reduction in plant complexity is necessary, and this is particularly appropriate to nuclear plant where fuel cost is low and thermal efficiency is a less dominating factor in the economics. I think, however, that supercritical pressure will entail some penalty in reliability.

In the U.S.A. some plants have dispensed with the deaerator and control feed water oxygen in the condenser. Some alternators there use hydrogen-cooled conductors in 800 MW machines, but some serious failures have occurred and it is probably pushing the design beyond practical limits.

Mr. Mitchell has indicated some encouraging trends which have derived from improved design and plant development, but if the logic of the paper is sound, these measures will not in themselves arrest the decline in availability of larger units.

L.C. Val Holtz and A.G. Hup

Fig.D14 is the correct version of Fig.7 which appears on Page 230.

W.M. Lanyon

In reply to B.Wood thorough investigation into the use of gas turbine in the British Sugar Corporation, was carried out in 1968. We came to the conclusion that fuel usage would be about 5 per cent greater and more expensive per ton bought. We also felt that the Capital cost at that time did not show an advantage.

From Mr. Wood's remarks it would seem that a re-investigation of the situation is about due.

I would like to thank D.G. Paterson for the information regarding quieter pressure reducing valves. This is most helpful and we will follow it up.

P.B. Owen

Contribution to a paper, be they criticisms or praise, are always welcome. The author would particularly like to thank this speaker for his well presented contribution which concerns the application of rotary air heaters for marine boilers. The contribution clearly suggests that rotary air heaters are not as troublesome as the author had inferred in his paper. However, the problem is not really as simple as that. What the author was advocating was a complete philosophy for engine room design, which by its nature could not include a rotary air heater.

The paper suggests that when everything is taken into account, then the high efficiency complicated type of heat balance may not, in fact, be as efficient as one might imagine. The inference is that this is because of the high maintenance cost of the additional equipment in the high efficiency heat balance.

The multi stage feed heaters in the high efficiency heat balance deliver feed water to the boiler at such a high temperature that economisers are out of the question. So some form of exhaust gas air heating is essential of the boiler efficiency is going to be anything short of disastrous. With this constraint the author accepts that it is nor unreasonable to consider rotary air heaters and not some form of direct contact tubular design.

As the author sees it, the application of a rotary air heater in these circumstances is simply a logical result of adopting a multi-stage feed heating type of heat cycle in the first place.

Furthermore, the author suggests that such a rotary air heater would be one more maintenance item which could detract from the overall economics of such a high efficiency concept. The contributor in fact seems to agree with this. In the second paragraph of the contribution he states - "it is true that the rotary air heater gives maintenance work which is not apparent with a low efficiency economiser cycle boiler."

So the author maintains that it is correct that the most economic design of plant is the type advocated in the paper, with one stage of direct contact feed heating, an economiser type of boiler, and steam air heater. The apparent economical advantage of multi-stage feed heating/high efficiency boiler type of heat balance will surely be affected by the extra maintenance cost of items such as the rotaty air heater.

P.A. Taylor, W.M. Urquhart and R.C. Jeffery

We would like to thank Mr. Schulz for his interesting contribution and note his encouraging remarks concerning the operation of the AVR high temperature gas cooled reactor.

We would answer his queries about our test work as follows:-

(1) The velocity profiles of Fig.4. The measurements shown were made on a $\frac{1}{3}$ scale model of a reheater. The bank was 45 rows deep of plain tubing and the velocity traverses, were made 5 rows before the exit and the Reynolds number approximately 20,000.

(2) Comparison of gas side heat transfer in coiled and straight tube banks - Mr. Scholz's results for his straight and coiled tube banks are noted. In the case of our own work, for the particular tube pitches used, the results for the two banks, over a range of Reynold's numbers corresponding to the boiler operating range, differed by only 2 to 3 per cent.

(3) Heat transfer depth effects - We have additional data from tests on a 16 row deep bank which tend to confirm the results shown on Fig.5.

(4) Water side stability tests - We confirm that the total water flow to the three coils was supplied at a constant rate to a feed manifold by a positive displacement pump for a particular test and that stabilizing orifices were provided. The flow distribution between the three circuits was set up initially by trimming these orifices. The phase displacement of the pulsations in the three coils could occur in one of several modes and could vary slowly between different modes with test conditions held constant.

It should be noted that the steam pressure applicable to Fig.7 is well below the boiler operating conditions for the flow rate shown.

We would like to thank Mr. Lawrence for his account of the very interesting work carried out by his organisation on the deposition of salts at the Wylfa boiler conditions. It is obvious that there is still a great deal to be learnt on this subject. However we are encouraged by the successful operation for some years of the Nuclear Ship Otto Hahn which has a once through boiler operating at a steam pressure less than Wylfa (30 bar).

I would support the points Mr. Lawrence makes at the end of his contribution, especially as to the value of an experimental mock-up in allowing the exploration of different methods of boiler operation without endangering the real boiler.

D.E. Upton

Mr. Ward rightly draws attention to the flexibility required of plant in generating systems, trends in specified requirements and the extent of tests appropriate to assessing performance.

It may be said that already, in addition to a particular steady state test to determine thermal efficiency at a specified condition, it is quite common for demonstrations at other loads to be mounted for information purposes and further for steady state and load change runs to be observed to confirm the stability of the boiler and control equipment to deliver steam at conditions within a close tolerance of the desired value.

The generating boards in the United Kingdom have for many years taken a lead in mounting specific trials such as a series relating to hot and warm start operation and, as indicated in the paper, have arranged extensive instrumentation of some recent installations. There is thus a considerable experience from which to develop future testing as the need for this emerges.

G.Wronski, A.Davies and B.D.Burrows

We are most grateful to Mr. J.M. Mitchell for his valuable contribution. While our investigation was in the main associated with the high temperature region of the turbine, we would agree that thermal movements do occur at the l.p. turbine and alternator end, dependent on the support arrangements.

Our method of analysis of considering 4 bearings only could be applied to any 4 bearings in the multi-rotor arrangement of a turbogenerator unit.

While we agree with Dr. A. Roberts that general computer programme exists in several locations for the full analysis of alignment changes on a multi-rotor system, our A diagram has been developed as a means of rapid visual analysis of an extensive range of operational conditions. Once the operational conditions that cause any disturbance to any bearing has been identified the analysis may then be more detailed if so desired.

Our analysis was based on a theory general for 'n' bearings but experience indicated that the total load on the first five bearings remained reasonably constant as a result of the flexibility of the l.p. rotor. The effect of changes on bearing 5 is relatively small on the zero load bands for bearings 2 and 3 allowing for all other tolerances stated in our paper. We consider that bearing alignment changes that effect the bearing stiffness will have an effect on the forced vibrations and we should be interested to see more details of their work in this field. Holmes' showed that there is a definite transition to non-synchronous whirl as the applied load and hence the bearing stiffness is reduced. Using this method it can be shown that the large amplitude vibrations can and do occur in practice and we have been able to produce shaft orbits very similar to those measured within operational bearings.

We would agree that incidents of light load instability on commissioned turbines are small and in several cases have been reduced by a change of bearing design. However, there have been cases when changing a bearing design has not been fully effective and we consider a change in bearing cold alignment would have reduced the problem in a more positive and permanent way.

We would like to thank Mr. Riess for his interesting comments on our paper. We agree with his views that unbalanced steam forces can contribute to bearing instability as was shown in the calculated example of the application of our method when the paper was presented. It is also true to say that with a single bearing between adjacent cylinders the changes of height of this bearing relative to the outboard bearings have much less effect on the bearing load distribution. This method of shaft support, amongst others, has been used by British turbine manufacturers for many years and it is only the advent of the large units which has changed their approach. The main disadvantages are twofold; the difficulty of concentric shaft alignment on the correct catenary and the loss of concentricity between casings and shafts when the intermediate bearing pedestal tilts.

The problem of aerodynamic excitation caused by flow through blade tip and shaft glands is really outside the scope of the paper which concerns itself with the practical aspects of dealing with dynamic forces on bearings, whatever their origin. The subject is, of course, most important and we feel certain that the results of Prof.Thomas' researches shall be awaited with great interest. In the meantime, work carried out by Kramer (9) would indicate that the factors conductive to this phenomenon are a high heat drop, low efficiency and high leakage loss in a blade row, coupled with lightly loaded bearings. It seems that British designers have been fortunate in avoiding these pitfalls since the authors' experience would indicate that most vibration difficulties can be solved by ensuring correct bearing alignment, shaft concentricity and balance and freedom of axial, transverse and radial expansion under varying operational conditions.

The tilting pad design of a journal bearing is indeed admissible, even if somewhat expensive, providing that adequate oil supply is provided to each individual pad.

As regards the frequencies of journal motion under unstable conditions, those observed by us and reported in the paper, although not equal to half synchronous frequency, approximated to it. We would be indebted to Mr. Riess if he would quote examples of vibrations at natural frequency, on operational turbo-generator units.

H. Rogener, Hannover

In reply to B. Wood, I can confirm that as a result of my own experience in our climate fully loaded power station cooling towers always have a plume. From our measurements the loss of water due to visible vapour can, however, amount to over 0.1 per cent of the water circulated, dependent on ambient air conditions.

It is, of course, true that the imperfect contraflow described by B. Wood can contribute to the creation of mist. But the well-known theory of Merkel, which is also based on the considerations outlined by B. Wood, shows that the formation of mist can also occur with complete contraflow; the water droplet content of the mist calculated according to this theory, however, is considerably below actual measured values. On the other hand, the theory developed by me and established quantitavely by my colleague Dr. Poppe shows close agreement with the measured values.

I agree entirely with B. Wood's view that the visible plume is completely harmless provided it contains no droplets produced by mechanical disintegration.

REFERENCES

(8) Hulme, R. J.Mech.Engng.Sci. Vol.2. No.4. (1960)

(9) Kramer,E. 'Instabilities of Rotating Shafts' Conference on Vibrations in Rotating Systems (I.Mech.E. London, 1972).

Fig.D14

LEGEND

ϵ	:	NOISE-FREE ESTIMATE OF RATE OF CHANGE OF STEAM FLOW
CR	:	COMPUTING RELAY
FRC	:	FLOW RECORDER/CONTROLLER
FT	:	FLOW TRANSMITTER
HS	:	HIGH-SIGNAL SELECTOR
LRC	:	LEVEL RECORDER/CONTROLLER
LS	:	LOW-SIGNAL SELECTOR
PRC	:	PRESSURE RECORDER/CONTROLLER
RR	:	RATIO RELAY
SC	:	SPEED CONTROLLER
ST	:	SPEED TRANSMITTER
TD	:	TIME DELAY $(1/(1+s\tau))$
TRC	:	TEMPERATURE RECORDER/CONTROLLER
VC	:	VANE CONTROLLER

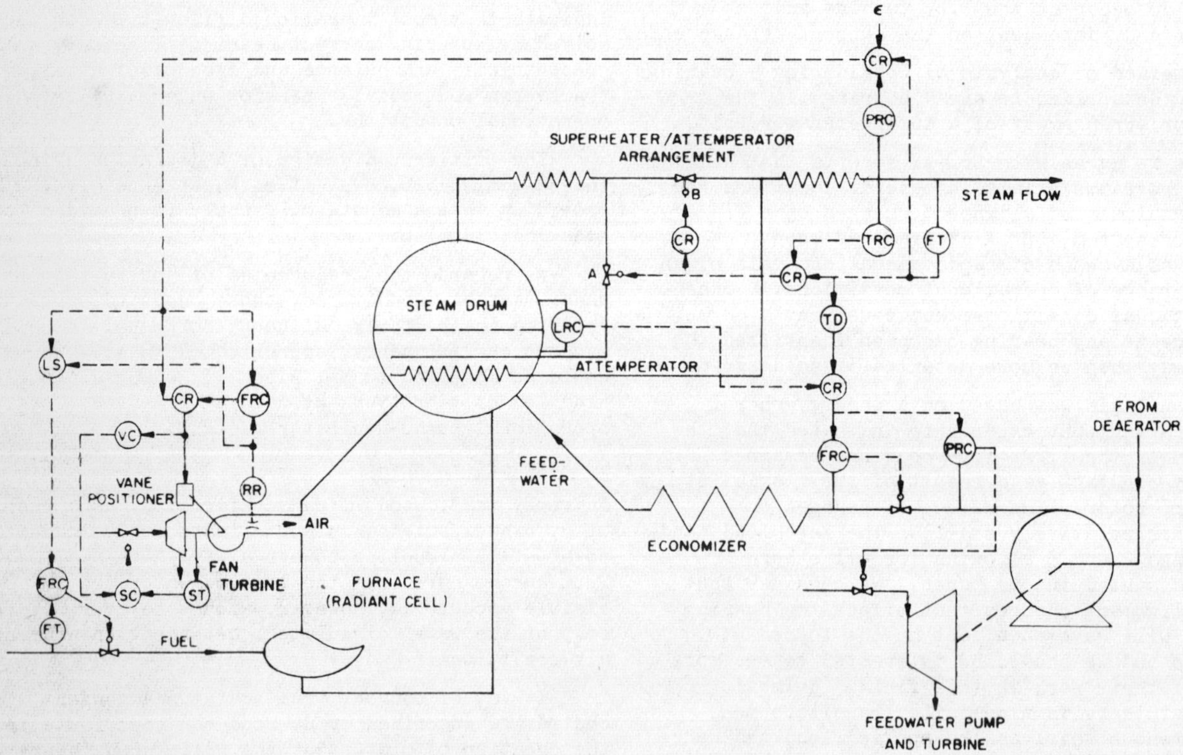

LIST OF DELEGATES

Name	Position and Company
Adrian, F. (Chairman)	Direktor, Balöke-Durr AG, Ratingen, W. Germany
Anderson, G.A.	Manager - Boiler Department, National Vulcan Eng.Ins., Manchester
Arens-Fischer, F. (Author)	Abt.-Leiter, RWTUV, Essen, W. Germany
Baker, M.J.	General Manager, (Post Construction Sales) International Combustion Ltd., Derby
Barrows, B.D. (Author)	Assistant Engineer, Central Electricity Generating Board, Solihull
Bell, A.	Manager-Power Plant Division, Foster Wheeler John Brown Boilers Ltd., London
Bennert, J.	Planungsing, Brown, Boveri & Cie. A.G., Mannheim, W. Germany
Bialuschewski, H.	Abteilungsleiter, AVR GmbH, Julich, W. Germany
Blakemore, H.J.	Engineer, Central Electricity Generating Board, London
Boffo, W.	Hauptabtleiter, Pfalzwerke AG, Ludwigshafen/Rh, W. Germany
Boger, G.	Engineer, KO GmbH, Neckar, W. Germany
Bökenbrink, D.	Assistant Engineer, Inst. fur Dampf - und Gasturb, Aachen, Germany
Bonnici, A.L.	Contract Engineer, Rosemount Engineering Co.Ltd., Bognor Regis
Brandt, J.	Engineer, AR Brandt & Kritzler, Wenden, W. Germany
Brophy, M.	Design & Development Engineer, Electricity Supply Board, Dublin
Brunecke, E. (Chairman)	Abteilungsleiter, RWE-Hauptverwaltung, Essen, W. Germany
Buchwald, K. (Author)	Engineer, Brown, Boveri & Cie AG, Mannheim, W. Germany
Bundschuk, E.	Engineer, Badenwerk Ab., Rheinhafen, W. Germany
Burkle, E.	Gruppenfuhrer, EVT GMBH, Stuttgart, W. Germany
Buttner, W.	Engineer, BASF, Ludwigshafen/Rhein, W. Germany
Cameron, P.J.	Engineer, The Nuclear Power Group, Risley
Campbell, W.W.	Consultant, Merz & McLellan, Newcastle
Chojnowski, B.	Section Leader, Central Electricity Generating Board, Southampton
Clegg, B.	Superintendent, Central Electricity Generating Board, Elland, Yorks
Cliffe, J.	Engineer, McLellan & Partners, Byfleet
Clingan, C.A.	Assistant Chief Engineer, Ewbank & Partners Ltd., Brighton
Codling, N.H. (Press)	Editor, Energy International, Brussels, Belgium
Collins, P.D.	Plant Services Engineer, E.S.B., Dublin, Ireland
Collmann, W.	Handlungsbevollmächtigter, STEAG AG, Essen, W. Germany
Corbett, D.	Superintendent, Central Electricity Generating Board, Newport
Cost,	Obering, TÜV, Hannover, W. Germany
Crampton, F.J.P.	Head - Mechanical Engineering Section, Central Electricity Generating Board, Nottingham

Name	Position and Company
Cranfield, Dr. R.R.	Research Officer, Central Electricity Generating Board, Southampton
Crisford, D.S.	Planning Engineer, Central Electricity Generating Board, London
Currie, J.W.	Project Manager, South of Scotland Electricity Board, Glasgow
Davies, A. (Author)	Rotating Plant Engineer, Central Electricity Generating Board, Solihull
Deleon, E.	Head - Development Department, Power Station Obrenovac, Jugoslavia
Dick, W.J.C.	Assistant Engineer, N-Scotland Hydro-Electric Board, Edinburgh
Disley, K.T.	Commercial Director, Foster Wheeler John Brown Boilers, London
Driessler, R.	Engineer, Saarbergwerhe AG, Saarbrücken, W. Germany
Drobek, F.K.	Direktor, Lech-Elektrizitätswerke AG, Augsburg, W. Germany
Duellmann, P.	Engineer, Rosemount Engineering GmbH, Wessling/obb, Germany
Duffin, S.	Turbine Engineer, British Engine Ins. Co.Ltd., Manchester
Eaves, P.S.K.	Systems Engineer, Central Electricity Generating Board, Cheltenham
Ebert, F-H.	Prokurist, Kraftanlagen AG, Heidelberg, W. Germany
Ebert, K.	Abt.-Leiter, Gebr. Sulzer AG, Winterthur, W. Germany
Ehlert, J.	Engineer, Gelsenberg AG, Essen, W. Germany
Elie, R.H.	Utilities Engineer, Shell Institution, The Hague, Holland
Elliott, Prof. D.E.	Professor of Mechanical Engineering, The University of Aston, Birmingham
Ellis, D.G.	Superintendent, Central Electricity Generating Board, London
Enzenberg, L. (Panel)	Abt. Bev., Kraftwerk Union, Erlangen, W. Germany
Essell, P.G.S. (Author)	Research Officer, Central Electricity Generating Board, Leeds
Ewbank, M.H.	Chairman, Ewbank & Partners Ltd., Brighton
Fairclough, J.E.	Superintendent, Central Electricity Generating Board, Newport
Farish, R.	Superintendent, Central Electricity Generating Board, Rugeley, Staffs
Ferguson, J.	Sales Director, James Howden & Co.Ltd., Glasgow
Fuller, J.A. (Author, Chairman)	Director, Hopkinsons Ltd., Huddersfield
Gardner, H.G.	Senior Engineer, Esso Petroleum Co.Ltd., Fawley
Garleff, J.	Abteilungsleiter, H.E-W AG, Hamburg, W. Germany
Geigle, F.	Engineer, Tech. Über Wachungs-Verein, Koln, W. Germany
Gerber, H.	Leitg.Konstr.Kesselanl., Gebr.Sulzer AG, Winterthur, W. Germany
Gill, G.M.	Research Officer, Central Electricity Generating Board, Manchester
Goldstern, W. (Panel)	Berat. Ingenieur, V.D.I.-Fachgruppe Energietechnik, Essen, Germany
Gordon, C.C.	Second Assistant Engineer, Central Electricity Generating Board, London
Gräebener, K-H.	Projektführer, Kraftwerk-Union, Frankfurt, W. Germany
Green, D.	Manager, S-Scotland Electricity Board, Glasgow
Green, R.A.W. (Author)	Project Liaison Engineer, Central Electricity Generating Board, Upminster
Grolle, J.	Manager - Steam Turbine Dept., The Rotterdam Dockyard, Holland

Name	Position and Company
Haartti, A.	Design Engineer, Ekono Oy, Helsinki, Finland
Hakluytt, Cdr. J. (Author)	Engineer, A.M.E.E., Gosport
Hamann, P.	Hetriebsleiter, Universität Stuttgart, W. Germany
Hamill, J.D.	Sales Engineer, Warnants & O'Sullivan Ltd., Dublin
Hanlon, A.	Station Superintendent, Central Electricity Board, Tilbury
Hanson, T.J. (Author)	Mechanical Engineer, Electricity Supply Board, Dublin
Hartshorne, M.	Assistant Engineer, Central Electricity Generating Board, Manchester
Hayden, R.L.J.	Engineering Director, Foster Wheeler John Brown Boilers Ltd., London
Hayes, C.W.	Manager - Turbine Dept., W.H. Allen Sons & Co.Ltd., Bedford
Hayes, J.	Station Superintendent, Central Electricity Generating Board, Didcot
Heikens, H.J.	Mechanical Engineer, B.V.Interutil, Vlaardingen, Netherlands
Hermiston, J.	Senior Engineer, New South Wales House, London
Heron, Dr. K.	Section Head, Central Electricity Generating Board, Bristol
Hinchley, P.	Section Manager, I.C.I. (Agricultural Division), Teesside
Hodge, K.P.	Operations Superintendent, Central Electricity Generating Board, Didcot
Hoerner, Dr. G.	Prokurist, BASF AG, Ludwigshfen/Rhein, W. Germany
Holbrook, P.H.G. (Author)	Engineer, Central Electricity Generating Board, Wylfa Power Station
Hollick, W.	Senior Engineer, Unilever Ltd., London
Hoppe, V.	Sachbearbeiter, RWE-Hauptverwaltung, Essen, W. Germany
Hother-Lushington, S. (Author)	Research Officer, Central Electricity Generating Board, Leeds
Howells, J.C.	Assistant Engineer, Central Electricity Generating Board, Solihull
Huber, M.	Vertrieb Isomix-Anlagen, Gebr. Sulzer AG., Winterthur, W. Germany
Illingworth, L.	Sales Manager, Foster Wheeler John Brown Boilers Ltd., London
Jayoschek, Prof. K.	Engineer, Technische Hochschele, Darmstadt, W. Germany
Jeffers, Dr. D.E.	Research Officer, Central Electricity Generating Board, Manchester
Jorgens, W.	Prokurist, STEAG AG, Essen, W. Germany
Kändler, P.	Organisationsleiter, STEAG AG, Essen, W. Germany
Kauffmann, G.	Engineer, Alsthom, France
Kelly, A.G. (Panel)	Chief Project Engineer, Electricity Supply Board, Dublin
Kendall, E.R.	Mechanical Services Engineer, C.J.B. (Projects) Ltd., London
Klotz, E.R.	Superintendent, Central Electricity Generating Board, Bedlington
Knirsch, H. (Author)	Abteilungsleiter, GEA Airexchangers Ltd., London
Koller, V.P. (Author)	Engineer, Central Electricity Generating Board, Wylfa Power Station
Krempl, R. (Author)	Wiss.Assistant, Ruhr-Universität, Bochum, W. Germany
Labentsch, H.	Verkaufsleiter, Reglerbau Hannemann Gmbh Co. Dusseldorf, W. Germany
Lanyon, W.M. (Author)	Chief Mechanical Engineer, British Sugar Corp.Ltd., Peterborough

Name	Position and Company
Larink, J.	Wissenschaftl. Verlagsleiter, VDI-Verlag GmbH, Dusseldorf, W. Germany
Laursen, N.	Engineer, Isefjordverket I/S, Kopenhagen, Dänemark
Leadbeater, A.A. (Author)	Station Superintendent, Central Electricity Generating Board, Leeds
Lenz, H.	Assistant Director, Brown Boveri International, Baden, Switzerland
Lenz, W. (Panel)	Geschaftsfuhrer, V.D.I., Dusseldorf, W. Germany
Leupold, H.F.	Sachbearbeiter, RWE-Hauptverwaltung, Essen, W. Germany
Lezenik, B.	Engineer, Kraftwerk Union AG, Erlangen, W. Germany
Loebell, A.	Engineer, British Brown Boveri Ltd., Oerliko, Switzerland
Loreck, Dr. R.	Engineer, Kraftwerk Union AG, Erlangen, W. Germany
Marshall, F.	Senior Research Officer, U.K.A.E.A., Risley
Marshall, L.S.	Mechanical Engineer, British Brown-Boveri, London
Marnet, Dr. C.	Vörstandsmitglied, Geschaftsbereiches Elektrizitatsversorgung, Germany
Masters, E.F.O.	Partner, Preece Cardew & Rider, Brighton
Matthews, C.	Branch Manager, British Petroleum Co., London
Maume, H.J.	Test & Efficiency Engineer, Electricity Supply Board, Dublin
Mayers, W.L.	Group Manager, Central Electricity Generating Board, London
Mäule, R. (Author)	Prokurist, Elektr. - Vers. AG, Esslingen, W. Germany
Mayr, A.	Engineer, Kernkraftwerk, Obrigheim/Neckar, W. Germany
Meier, Dr. G.	Ber.-Director, V.E.W. AG, Dortmund, W. Germany
Meyer, E.	Abteilungsleiter, Brown, Boveri & Cie A.G., Mannheim, W. Germany
Meyer, H.	Engineer, Brown Boveri Ltd., Baden, Switzerland
Meyler, J.J.	Engineer, Electricity Supply Board, Dublin
Michel, Dr. R.	Abteilungsdirektor, Kraftwerk Union AG, Erlangen, W. Germany
Mitchell, J.M.	Director, C.A. Parsons & Co.Ltd., Newcastle-Upon-Tyne
Morris, H. (Panel, Chairman)	Assistant Director, South of Scotland Electricity Board, Glasgow
Morton, Prof. A.J. (Panel)	Lecturer, Simon Engineering Laboratories, Manchester
Mulitze, E.	Engineer, Vereidigter Sachrerstandiser, Wilhelmshaven, Germany
McCarthy, T.F.	Engineer, Electricity Supply Board, Dublin
McCrae, R.U.	Engineering Director, Dewrance & Co., Skelmersdale
McEvoy, E.	Station Superintendent, Central Electricity Generating Board, London
McNeillis, Dr. J.	Engineering Manager, Central Electricity Generating Board, London
Nagel, F-J.	Engineer, Thyssen Niederrhein, Oberhausen, W. Germany
Natusch, K.	Engineer, R-W Elektrizitätswerk AG, Essen, W. Germany
Niggeschmidt, W.	Dozent, Technische Hochschule, Darmstadt, W. Germany
Norris, Dr. W.T.	Research Manager, Central Electricity Generating Board, Manchester
North, R.S.	Manager - Thermal Design, International Combustion Ltd., Derby

Name	Position and Company
Novak, Dr. H.	Vorstandsmitplied, Grosskraftwerk Franken AG, Nuernberg, W. Germany
Oakes, J.S.	Partner, Kennedy & Donkin, Woking
O'Connor, J.B.	Deputy Head, Electricity Supply Board, Dublin
O'Donnell, I.H.D.	Second Assistant Engineer, N-Scotland Hydro-Electric Board, Edinburgh
Orth, E.	Engineer, Wibera AG, Düsseldorf, W. Germany
Owen, P.B. (Author)	Project Co-Ordinator, Shell International Marine, London
Paczuski, J.S.	Service Engineer, Babcock & Wilcox (Opp) Ltd., London
Padberg, S.	Handlungsbevollmachtigter, STEAG AG, Essen, W. Germany
Panes, G.C.	Marketing Manager, Hopkinsons Ltd., London
Paterson, D.G.	Consultant, Paterson-Kohl Ltd., Epsom
Paul, A.	Maintenance Superintendent, Central Electricity Generating Board, Dungeness
Pauli, H.	Engineer, V. Kesselwerke AG, Düsseldorf, W. Germany
Peaver, R.G.J.	Engineer, Binnie & Partners, London
Pfost, Dr. H. (Author)	Engineer, KWU, Erlangen, W. Germany
Pohl, F.	Redahteur, Breundoff-Wärme-Kraft, Düsseldorf, W. Germany
Postlethwaite, A.F.	Assistant Engineer, Central Electricity Generating Board, Gloucester
Pratt, Capt. H.L.	Assistant Director - Warship Design, Ministry of Defence, Bath
Preston, J.F. (Panel)	Head of Ship Designing, Shell International Marine Ltd., London
Quack, Prof. R.	Lecturer, University of Stuttgart, W. Germany
Rae, U. (Panel)	Prokurist, Steinmuller GmbH, Gummersbach, W. Germany
Raja, D.A.	Marketing Assistant, British Brown Boveri Ltd., London
Reiche, H.	Oberingenieur, Tech. Über Wachungsverein, Hannover, W. Germany
Renlund, H.A.	Manager, OTSO Insurance, Helsingfors, Finland
Rhodes, W.G.	Manager- Operations Division, Aiton & Co.Ltd., Derby
Riess, W. (Author)	Abt.Leiter Thesmodyn, MAN, Nürnberg, W. Germany
Risse W.	Oberingenieur, Hoesch Hüttenwerke AG, Dortmund, W. Germany
Ritter, R.	Dozent, Fachhochschule, Saarbruecken, W. Germany
Roberts, Dr. A.	Research Officer, Central Electricity Generating Board, Nottingham
Robey, L.A.	Chief Power Engineer, The Bowater Corporation Ltd., Northfleet
Rögener, Prof. H. (Author)	Hochichullehrer, Technical University, Hannover, W. Germany
Rook, R.A.	Engineer, Rotterdam Dockyard Co., The Netherlands
Rosenberg, E.	Engineer, Isefjordvaerket, Kopenhagen, Danemark
Ross, F.F. (Author)	Research Engineer, Central Electricity Generating Board, London
Saum, K.	Engineer, Motor-Columbus, Baden, Switzerland
Schneider, Dr. A.	Direktor, Chemische Werke Hüls AG, Marl, W. Germany
Scholz, F.	Engineer, KFA GmbH, Jülich, W. Germany

Name	Position and Company
Schulz, P-H.	Abteilungsleiter, Tech. - Uberwachungs-Verein, Hannover, W. Germany
Schumacher, A.	Geschäftsführer, FDBR e.V., Dusseldorf, W. Germany
Schwardtmann, U.	Abtlg. - Leiter, Kraftwerk Union, Frankfurta.M., W. Germany
Schwarz, Dr. O.	Geschf.Direktor, VGB, Essen, W. Germany
Scott, R.W.	Manager, Foster Wheeler J.Brown Boilers Ltd., London
Shaw, T.R.	Engineer, Central Electricity Generating Board, London
Sherry, A. (Panel)(Chairman)	Group Manager, Central Electricity Generating Board, Ipswich
Skinner, R.F.	Engineer, Central Electricity Generating Board, Stafford
Smith, A.O.	Design Engineer, U.K. Atomic Energy Authority, Risley
Smith, J.J.	Operations Superintendent N-Scotland Hydro-Electric Board, Edinburgh
Splittgerber, E.	Abt.-Direktor, ALLIANZ Vers. - AG, München, W. Germany
Steele, K.G.	Deputy Superintendent, Central Electricity Generating Board, Dungeness
Stolte, J.	Engineer, Sempell Armaturen, Mönchengladbach, W. Germany
Süthoff, T.	Engineer, Klöckner-Werke AG, Kraftwerk Rauxel, W. Germany
Swash, P.J.	Manager - Industrial Turbine Division, Siemens Ltd., London
Taylor,	Engineer, Central Electricity Generating Board, Nottingham
Taylor, P.A. (Author)	Deputy Chief Engineer, Babcock & Wilcox (Ops) Ltd., London
Thomas, R.	Performance Engineer, Fiddler's Ferry Power Station, Warrington
Thrush, D.J.	Engineer, Preece Cardew & Rider, Brighton
Treplin, F.W.	Technical Manager, Firma Ludwig Taprogge, Düsseldorf, W. Germany
Unseld, Dr. H.	Obering, Chemische Werke Hüls, Marl, W. Germany
Upton, D.E. (Panel, Author)	Chief Service Engineer, Babcock & Wilcox (Op) Ltd., London and Water Tube Boiler Makers Assn.
Urai, J.	Utilities Engineer, Shell Institute Chemie My, The Hague/Netherlands
Van Heusden, C.	Utilities Engineer, Shell Institute Chemie My, The Hague/Netherlands
Van Hofwegen, F.J.H.	Sales Manager, Rotterdam Dockyard Co., The Netherlands
Van Holtz, L.C. (Author)	Research Engineer, Shell Laboratories, Amsterdam, The Netherlands
Van Rossum, J.J.	Head of Equipment Division, Shell International Petroleum My, Hague/Netherlands
Van der Zyden, A.J.A.	Utility Designer, Shell International Petroleum My, Hague/Netherlands
Veser, K.	Direktor, Kraftanlagen AG, Heidelberg, W. Germany
Vowles, A.F.	Station Superintendent, Central Electricity Generating Board, Bradwell
Wachter, Prof. J.	Lecturer, University of Stuttgart, W. Germany
Waldmann, H. (Author)	Abteilungsleiter, MAN-Nurnberg, Nürnberg, W. Germany
Ward, R.J.S.	Senior Assistant Engineer, Central Electricity Generating Board, London
Waring, P.T.	Engineer, S.E.C., Melbourne, Australia
Watson, H. (Panel)	Deputy Chief Design Engineer, G.E.C. Turbine Generators, Rugby

Name	Position and Company
Watts, M.J.	Lecturer, University of Manchester, Manchester
Weckesser, Dr. A. (Author)	Direktor, K RWE-Bayernwerk GmbH, Gundremmingen, W. Germany
Wells, D.E.	Station Superintendent, Central Electricity Generating Board, Retford
Werne, F.K.	Chief Engineer, Ferdinand Lendjes, Düsseldorf, W. Germany
White, I.C.	Mechanical Engineer, B.P. Trading Ltd., London
White, W.W.	Director of Engineering, James Howden & Co.Ltd., Glasgow
Whitehouse, P.	Clarke Chapman-John Thompson Ltd., Durham
Whiting, R.A.	Mechanical Engineer, C.J.B. (Projects) Ltd., London
Wildman, S.V.	Turbine Technical Manager, W.H. Allen, Sons & Co.Ltd., Bedford
Widmer, M.W.	Chief Engineer, Cie Electro-Mecanique, Paris, France
Wiltshire, O.	Engineer, Kennedy & Donkin, Manchester
Wilton, G.A.	Technical Engineer, Imperial Paper Mills, Gravesend
Wood, B. (Panel) (Chairman)	Associate Merz & McLellan, London
Wronski, G. (Author)	Services Engineer, Central Electricity Generating Board, Birmingham
Yardley, J.N.	Site Engineer, Atomic Power Constructions Ltd., Romney Marsh
Zschiedrick, S.	Prok., Hauptabt.-Leiter, Pfalzwerke Ag, Ludwigshafen, W. Germany
Zuppke, B.	Abteilungsleiter, BEWAG AG, Berlin, W. Germany

INDEX TO AUTHORS AND PARTICIPANTS

Names of authors and numbers of pages on which papers begin are indicated by an asterisk (*)

SUBJECT INDEX

Titles of papers are in capital letters

Made and printed in Great Britain by William Clowes & Sons, Limited, London, Beccles and Colchester

135